物理化学入門シリーズ

原田義也・大野公一・中田宗隆

化学のための数学・物理

河野裕彦 著

裳華房

Mathematics and Physics for Chemistry

by

Hirohiko Kono

SHOKABO

TOKYO

刊 行 趣 旨

本シリーズは，化学系を中心とした理工系の大学・高専の学生を対象として，基礎物理化学の各分野について２単位相当の教科書・参考書として企画したものである．その目的は，物理化学の最も基本的な題材を選び，それらを初学者のために，できるだけ平易に，懇切に，しかも厳密さを失わないように，解説することにある．特に次の点に配慮した．

1．内容はできるだけ精選し，網羅的ではなく，基礎的・本質的で重要なものに限定し，それを十分理解させるように努める．
2．各巻はできるだけ自己完結し，独立して理解し得るようにする．
3．数学が苦手な読者のために，数式を用いるときは天下りを避け，その意味や内容を十分解説する．なお，ページ数の関係で，数式の導出を簡単にしなければならない場合には，出版社の web サイトに詳細を載せる．
4．基礎的概念を十分に理解させるため，各章末に５～10 題程度の演習問題を設け，解答をつける（必要に応じて，詳細な解答を出版社の web サイトに掲載する）．
5．各章ごとに内容にふさわしいコラムを挿入し，読者の緊張をほぐすとともに学習への興味をさらに深めるよう工夫する．

以上の特徴を生かすため，各巻の著者には，物理化学研究の第一線で活躍されている方で，本シリーズの刊行趣旨を十分に理解された方にお願いした．その際，編集委員の少なくとも２名が，学生諸君の立場に立って，原稿をよく読み，執筆者と相談しながら，内容の改善や取捨選択の検討を行った．幸い，執筆者の方々のご協力によって，当初の目的が十分遂げられたと確信している．

最後に，読者の皆様に本シリーズ改善のために率直なご意見を編集委員会に送っていただくことをお願いする．

「物理化学入門シリーズ」編集委員会

はじめに

私たちの身の回りは，原子や分子からなる化学物質で満ちあふれている．私たち生き物自体も，大小様々な分子からなっている．それら化学物質は，安定なものから，瞬時に他の分子と反応する化学的に不安定なものまで，固有の性質をもっている．窒素や酸素などの大気の成分は，300 万年ほどの人類の歴史の長さでは大きな変化はなく，生物は定常的に安定に存在する空気や水の環境に適応するように進化することができた．

地表の物質の恩恵に加えて，私たちは地中から物質を採掘し，産業や日常生活に利用している．たとえば，鎖長や形状が異なる炭化水素の混合物を主成分とする原油を，沸点の違いを利用して分留すれば，天然ガス，ナフサ（ガソリン），灯油，軽油，重油，アスファルトなどがとり出せる．さらに現代では，様々な物質が目的に応じて化学合成されている．たとえば，プラスチックなどの高分子は，ナフサから得られるエチレンやプロピレンを重合させてつくる．このような化学物質で囲まれた現代社会では，「化学の知恵」が活躍する場がますます広がっている．環境に大きな負荷をかけない物質の合成，食品・医薬品の安全性評価，など枚挙にいとまがない．実際，化学の基本的な知識と理解を応用していくことは，化学の専門的な分野だけではなく，物理や生物学などの自然科学や，製品をつくり出す工学の分野でも必要とされている．

一方，19 世紀初頭の原子説や分子説に基づいて近代化した化学自体も，19 世紀なかばから後半にかけて完成した熱力学など他の分野の展開とともに発展してきた．とくに，20 世紀の量子力学の誕生によって，原子・分子のエネルギーが離散的であることが明らかとなり，化学の領域にも質的に大きな飛躍がもたらされた．現在では，化学にも分野横断的な視点が不可欠になっている．熱力学ならびに，分子を量子力学で扱う量子化学は，いまや化学の原理的な礎となっており，これらの習得が物理化学を学ぶ主要な目的である．しかしながら，熱力学や量子化学を理解するには，その背景となる物理や数学の基礎知識が不可欠であり，その知識が不足していると，学習の途中で興味をなくしてしまうことが多いのも事実である．そのため，物理や数学の基礎知識を適宜習得しながら，現代物理化学の高みに到達できればと願っている初学者も多いはずである．本書は，このような要望に応えることを目的とし，熱力学と量子化学の入門コースを終えた大学学部生が，他書を参照することなしに内容が理解できるように構成した．

まず，物理や数学の基礎知識を精選し，第1章から第10章に微分，積分，行列・行列式，ベクトルなどの数学的基盤と，物理学の柱であるニュートン力学を配置した．また，ベクトルの場合と同様に関数の世界（関数空間）に内積を定義すれば，任意の関数を別の関数の線形結合でユニークに表せることを，周期関数を利用したフーリエ級数・フーリエ変換を例に解説した．第11章から第14章は，本書の核であり，第10章までで学んだ数学と物理を足場に，量子化学と熱力学を理解できるようにした．第11章と第12章では，関数空間の考え方に基づいて量子力学の枠組みを説明した．第14章においては，状態量や非状態量（状態変化の経路に依存する量）と微分との関係など，熱力学の数学的な基盤をできるだけ明確にするように努めた．

本文の見通しをよくするため，式や導出が長くなる箇所は付録として巻末にまとめた．また，本文の内容を具体的に理解していくための問題を該当箇所に挿入し，解答は巻末にまとめた．なお，紙数の都合もあり本書には収録できなかった解説や少し専門的な事項については，「補足」として裳華房のWebページ（https://www.shokabo.co.jp/mybooks/978-4-7853-3421-5）に掲載した．

本書では，必要な情報ができるだけ完備するように配慮して，効率よく理解を深めることができるように工夫している．本書が，物理化学を深く学ぼうとする読者の一助になれば幸いである．

本書の出版に際して，原田義也先生，大野公一先生には，数々の有意義なご助言をいただきました．ここに，改めて御礼申し上げます．また，本書の企画から校正までご尽力いただいた裳華房の小島敏照氏，内山亮子氏に御礼申し上げます．

2019年10月

著　者

目　次

第1章　化学数学序論

第2章　指数関数，対数関数，三角関数

第3章　微分の基礎

第4章　積分と反応速度式

第5章　ベクトル

第6章　行列と行列式

第7章　ニュートン力学の基礎

第8章　複素数とその関数

第9章　線形常微分方程式の解法

第10章　フーリエ級数とフーリエ変換 －三角関数を使った信号の解析－

第11章　量子力学の基礎

第12章 水素原子の量子力学

第13章 量子化学入門 －ヒュッケル分子軌道法を中心に－

第14章 化学熱力学

付 録

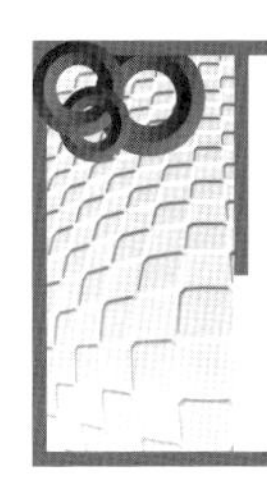

第1章 化学数学序論

現代の化学では，数式を使うことがいろいろな場面で求められる．本書は，反応速度論，量子化学，化学熱力学，分子動力学，データ解析等で必要不可欠な数学を，具体的な問題を解きながら身につけることを目的としている．この章はその導入として，高校あるいは大学初等レベルの化学の問題をとおして，化学に必要な数学や物理の基礎知識を俯瞰（ふかん）する．

1.1 オゾンの分解反応に関する問題 －単位と微分方程式を考える－

酸素の同素体であるオゾンが，熱や光によって分解することに関連した問題を解いてみよう．この問題には，熱化学や反応速度論に加え，量子論の基礎的な事項も入っているが，大学1年生レベルで解答できる問題である．単位に関する詳しい説明は問題のあとに，また，微分などの数学的な知識は第3章以降で与えられるが，まずはこの問題に取り組んで，どこが自分に足りないか，また，化学でどのような数学や物理が要求されるかを感じ取ってほしい．

【問題】 オゾンに関するつぎの文章を読み，(1) から (5) に答えよ．必要があれば，プランク定数など下記の物理定数を使え．J はエネルギーの単位であるジュールを表している．

プランク定数[†1] $h = 6.626 \times 10^{-34}$ J s　　光速度 $c = 2.998 \times 10^{8}$ m s^{-1}

アボガドロ定数 $N_{\mathrm{A}} = 6.022 \times 10^{23}$ mol^{-1}

強い酸化作用をもつオゾン分子 O_3 の2つの結合は，単結合と二重結合の中間の性質をもっている．このことは，オゾン分子 1 mol のすべての結合を切断して酸素原子 O にするのに必要なエネルギー 596 kJ が，過酸化水素分子 1 mol の O–O 単結合を切るのに必要なエネルギーの2倍の値 414 kJ より大きく，酸素分子 1 mol の結合を切るのに

[†1] 原子・分子の極微の世界を支配する量子論における基本定数である（11.1 節参照）．

必要なエネルギーの2倍の値988 kJより小さいことからもわかる．

オゾンは不安定で，つぎの熱化学方程式で示された反応によって，ゆっくり分解して酸素分子になることが知られている．

$$O_3 \longrightarrow \frac{3}{2}O_2 \qquad \Delta H = \boxed{\text{（ア）}}\ \mathrm{kJ\ mol^{-1}} \tag{A}$$

ΔHは定温・定圧の条件でその反応が進行する際に外界とやりとりする熱量（反応熱）に相当し，熱力学ではエンタルピー変化とよばれている．エンタルピーの定義より，外界から熱をもらう吸熱反応の場合は $\Delta H > 0$，逆に熱を放出する発熱反応の場合は $\Delta H < 0$ となる（ΔHは高校化学で習った反応熱と絶対値は同じであるが，符号が逆になることに注意[†2]）．

オゾンは紫外線によっても以下のように分解する．

$$O_3 + \text{紫外線} \longrightarrow O_2 + O \tag{B}$$

時間に対して一定の強度をもつ光を照射した場合，(B) のオゾン分解反応の速度定数kを定義することができる．この場合，ある時刻tにおける分解反応 (B) の速さvは

$$v = k[O_3]_t \tag{1.1}$$

と表せる．ここで，記号$[O_3]_t$は時刻tでのオゾン濃度を表している．(B) の反応以外存在しない場合，Δtを非常に短い時間とすると，vはΔtあたりのオゾン濃度の変化量$\Delta[O_3]_t$を使って，

$$v = -\frac{\Delta[O_3]_t}{\Delta t} \tag{1.2}$$

と近似的に表せる．$\Delta[O_3]_t$はtから $t+\Delta t$ の間のオゾン濃度の変化量であり，関数$[O_3]_t$のtと $t+\Delta t$ での値の差，つまり**差分** (difference)[†3]

$$\Delta[O_3]_t = [O_3]_{t+\Delta t} - [O_3]_t \tag{1.3}$$

で与えられるので，(1.2) 式に (1.3) 式を代入して (1.1) 式と等しいとすると，$[O_3]_{t+\Delta t}$は次式で与えられる．

$$[O_3]_{t+\Delta t} = \boxed{\text{（イ）}} \tag{1.4}$$

この式は，Δtだけ進んだ時刻における濃度が，前の時刻tの濃度$[O_3]_t$にある決まった値をかけることによって得られることを示している．したがって，$1/k$の時間をN分割した $\Delta t = 1/(kN)$ を時間刻みの単位として用いると，時刻 $t = n\Delta t$ でのオゾン濃度$[O_3]_{n\Delta t}$は次式で与えられる（nは自然数である）．

$$[O_3]_{n\Delta t} = \left(1 - \frac{1}{N}\right)^n [O_3]_0 \tag{1.5}$$

[†2] ΔHの符号については，本シリーズの『化学熱力学』（原田義也 著）の4.4節参照．

[†3] あるいは有限差分 (finite difference) とも総称される．

ここで，$[O_3]_0$ は (B) の反応が始まる初期時刻 0 でのオゾン濃度である．

(1)　反応の全過程で出入りする熱量の総和は，その反応の始めの状態と終りの状態だけで定まり，その途中の経路によらない．このヘスの法則に基づいて，オゾン 1 mol が反応式 (A) に従って分解する場合の反応熱を（ア）に代入せよ．

(2)　オゾン 1 mol に対して，(B) で表される反応を引き起こすのに必要な紫外線の総エネルギー E_T は少なくとも何 kJ か．光は量子論では光子とよばれる粒子の集まりとして取り扱われるが，波長 (wavelength) が 250 nm の光の場合，エネルギー E_T は光子の何個分に相当するか（現実には起こらないが，吸収された光子のエネルギーがすべて (B) の反応に使われると仮定する）．プランク (Plank, M.) とアインシュタイン (Einstein, A.) によって，ある波長 λ をもつ光の光子 1 個のエネルギー E が次式で与えられることが明らかになっている．

$$E = h\nu = \frac{hc}{\lambda} \tag{1.6}$$

ここで，ν は光の振動数 (frequency) である ($c = \lambda\nu$)．

(3)　（イ）に適切な式を入れよ．

(4)　(B) の反応によって $[O_3]_{n\Delta t}$ が時間の経過とともにどのように変化するかは (1.5) 式を使って近似的に計算できる．$k = 10^{-2}\ \mathrm{s^{-1}}$，$[O_3]_0 = 10^{-5}\ \mathrm{mol\ dm^{-3}}$ であるとして，$N = 5$ の場合に，0 s，20 s，40 s，60 s，80 s，100 s の 6 つの時刻における $[O_3]_{n\Delta t}$ の値を (1.5) 式より求めよ．ここで，dm の d（デシ）は 10^{-1} 倍を表す接頭辞（接頭語）である（詳しくは 1.2 節参照）．$\mathrm{dm^3}$ は $10^{-1}\ \mathrm{m^3}$ ではなく，$(10^{-1}\ \mathrm{m})^3$ であり，L（リットル）と等しい．

(5)　(1.1) 式 = (1.2) 式より，$-\Delta[O_3]_t/\Delta t = k[O_3]_t$ を得る．厳密に Δt を無限小とすれば，これは $[O_3]_t$ を未知関数とし，その導関数を含んだ関係式，つまり，微分方程式

$$-\frac{\mathrm{d}[O_3]_t}{\mathrm{d}t} = k[O_3]_t \tag{1.7}$$

と見なせる．まず，この微分方程式を厳密に満たす $[O_3]_t$ の関数形 $f(t)$ を求めよ．つぎに，(4) の初期条件に対して，得られた厳密解 $f(t)$ の各時刻に対する値をグラフ用紙にプロットし，(4) でプロットした近似解の値と比較せよ．

まず，(1) と (2) に答えるためには，問題の第 1 段落にある結合エネルギーに関する情報を整理する必要がある．このような量の情報を整理する際に最も理解しや

すく，誤りを避ける方法が「視覚化」である．この場合，分子の状態とそのエネルギーが情報の核心であるから，それらをどのように図式化するかがポイントになる．

まず，オゾン1 mol を酸素原子に分解するのに必要なエネルギーは596 kJ である．一方，酸素分子1 mol を原子にするのに必要なエネルギーは（988/2）= 494 kJ であるから，3/2 mol の O_2 を原子にするのに必要なエネルギーは（3/2）×（494）= 741 kJ となる．結局，酸素原子が3つばらばらにある状態を，O_3 と O_2 の分解に関する共通の基準にすることができ，各状態のエンタルピーは以下のように表せる．これを使えば，**(1)** および **(2)** の前半部分に容易に答えることができる．

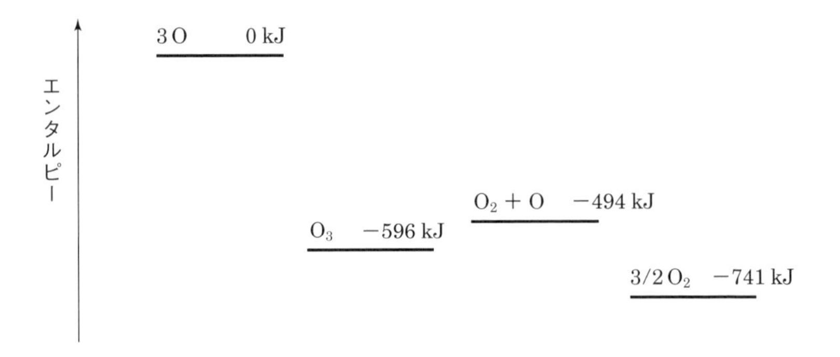

(2) の後半の問いに答えるには，ある波長 λ をもつ光子1個のエネルギー E を与える（1.6）式を使う必要がある．$\lambda = 250$ nm の場合，光子1個がもつエネルギー E は $E = 7.95 \times 10^{-19}$ J となるので，E_T を E で割ると，オゾン1 mol に対する反応（B）に必要な光子数がアボガドロ定数（Avogadro constant）のオーダーになっていることがわかる．この場合，おおよそ，1つの光子のエネルギーが1つの分子の反応に使われると考えることができる．1つの光子のエネルギーが1つの分子の反応だけに使われると，当然であるが，1 mol の分子の光反応に必要な光子数はちょうどアボガドロ定数になる．

（1.6）式からわかるように，光子のエネルギーが単位長さに含まれる波の数（波の山あるいは谷の数），つまり $1/\lambda$ で定義される**波数**（wave number）に比例するので，波数をエネルギーの単位（m^{-1} あるいは cm^{-1}）として用いることもある．数値的な計算を進めると，多くの場合，ある単位で表した数値を別の単位に変換する必要が出てくる．慣用的に使われるものまで含めると，エネルギーの単位だけでも，ジュール（J），カロリー（cal）[†4]，電子ボルト（eV）などがある．1.4節に単位換算の要点をまとめておく．問題の **(3)** ～ **(5)** については，1.5節で解説する．

1.2 SI 単位と次元

ある量を数値で示すとき，基準になる量を**単位**といい，単位の何倍かでその量を表す．同じ種類の量を表すのにも，社会的あるいは歴史的な理由から多くの異なる単位がある．たとえば，東アジアでは，長さの単位の一つとして尺（しゃく）が用いられ，日本では明治時代に 1 尺 = 10/33 メートル（約 30.303 cm）と定められた．現在では，尺は取引や計量した値の証明には用いてはならないことになっているが，大工道具などには尺に基づいた目盛が今でも使われている．

普遍性が求められる科学の世界では，無数にある単位を系統的に整理し，合理的な単位の集まり（**単位系**）を使う必要がある．まず，取り扱う量の単位を，互いに独立と見なせる量に対応する**基本単位**と，それらから組み立てられる**組立単位**（誘導単位）に分ける．これら 2 種類の単位を合わせて**単位系**と呼ぶ．単位系の種類は多数あるが，その中でも長さ，質量，時間の 3 つの基本単位とこれらから導かれる組立単位がつくる単位系を**絶対単位系**といい，1960 年の国際度量衡総会で採択された**国際単位系**（SI）[†5] はその一つである．絶対単位系の他には，物体に作用する重力[†6]（gravity）の大きさである重量（重さ）を質量の代わりに基本単位に入れた重力単位系などがある．

国際単位系（SI）では，単位が互いに乗除算の規則で結ばれており，既存の単位系の中では，実用上の利便性と理論上の一貫性を最もうまく実現している．この単位系の起源は，ジョルジ（Giorgi, G.）が 1901 年に提案した **MKS 単位系**である．MKS 単位系では，長さ，質量，時間の単位をそれぞれメートル（m），キログラム（kg），秒（s）とする．さらに電磁気学に対応するため，この 3 つの基本単位に電流（electric current）の単位アンペア（A）を基本単位として加え有理化したものが，**MKSA 単位系**である（有理化については 1.3 節で説明）．SI は長さ，質量，時間，電流の単位に，温度，物質量（amount of substance），光度の単位を追加した 7 つを基本単位としている（**表 1.1**）．

表 1.1　SI 基本単位

長さ	メートル	m
質量	キログラム	kg
時間	秒	s
電流	アンペア	A
温度	ケルビン	K
物質量	モル	mol
光度	カンデラ	cd

SI 基本単位はプランク定数やアボガドロ定数な

[†4] 熱量を表すのに主に使われるが，1.2 節で説明する国際単位系（SI）ではない．ジュールとの関係は第 14 章 脚注 4 参照．
[†5] International System of Units の略称．
[†6] 地球上の物体が地球から受ける力で，地球の質量による万有引力が主な力である．

どのいくつかの物理定数から導出される．定義に関しては補足C1（裳華房ホームページに掲載）を参照してほしい．

SIでは，これらの基本単位からつくる組立単位のうち，振動数の単位であるヘルツ（Hz）や力の単位であるニュートン（N）など，22の単位に固有の名称と記号を与えている（**表見返しの表参照**）．たとえば，力 = 質量 × 加速度 の関係からわかるように，質量1 kgの物体に作用して $1\ \mathrm{m\,s^{-2}}$ の加速度を生じさせる力が1 Nと定義されている（$1\ \mathrm{N} = 1\ \mathrm{kg\,m\,s^{-2}}$）．ジュール（J）はエネルギーのSI組立単位であり，仕事，熱量，電力量の単位でもある．1 Jは1 Nの力が物体に作用して力の方向に物体を1 mだけ動かす間に力がする仕事に等しい．つまり，力 × 距離がエネルギーの単位ジュール（J）となる（$\mathrm{J} = \mathrm{N\,m} = \mathrm{kg\,m^2\,s^{-2}}$）．仕事率は単位時間内にどれだけのエネルギーが使われる（仕事が行われる）かを表す物理量で，SIではワット（W）が用いられる（$\mathrm{W} = \mathrm{J\,s^{-1}}$）．また，表見返しの表を見ると平面角と立体角は無次元であり，基本単位からつくられていないが，SI組立単位として扱われる．立体角の単位としてはステラジアン[†7]が使われている．

組立単位が基本単位とどのような関係にあるかを理解しておくことは，概念的にも実用的にも重要である．相互の関係は物理量の次元，長さ（length），質量（mass），時間（time）の単位などを使って導ける．それぞれ，L, M, Tと表すと，長さの二乗である面積の単位は次元式 $\mathrm{L \times L = L^2}$ で表され，「面積の次元は長さについて2である」という．質量 × 速度で与えられる運動量は $\mathrm{MLT^{-1}}$ などと表される．等式の両辺が表す物理量の次元は一致しなくてはならない．式の展開や導出の際は，この性質が満たされているかどうか常に検証すべきである[†8]．

【問1.1】 力と仕事の次元式を示せ．仕事は力 × 距離で与えられる．表見返しのSI単位による表記を参考にしてもよい．

SIでは，定義された単位（SI単位）の10の整数乗倍を表すために，dなど20の接頭辞と記号を定めている（表見返し参照）．接頭辞は単独では用いず，SI単位と対にして用い，その前に置く．たとえば，dmは接頭辞dをSI単位の一つであるm

---

[†7] 2次元における平面角の概念を3次元に拡張したもので，単位はステラジアン（sr）である．中心から放射状に伸びる直線によって形作られた錐体が半径1の球面上に切り取った曲面の面積で定義される．面積が半球分であれば 2π sr である（全球の面積は 4π）．

[†8] この規則を逆に利用すると，求めたい物理量の次元に一致するように既知の量を組み合わせて式を立て，未知の公式もしくは物理法則を導き出すことが考えられる．このような手法を次元解析という．

(メートル)と対にしたもので，10^{-1} m という分量を表しており，dm^3 は L と等しい．SI では，非 SI 単位の L も併用されるが，dm^3 の使用を推奨している．

1.3 電磁気のSI単位

本節では，**電流**(electric current)の SI 単位であるアンペア(A)について説明する．電流は単位時間に通過する電荷(electric charge)の量(電気量)である．電気量の SI 単位としては，クーロン(C)が用いられる．新しい SI では，電気量の最小分割単位である電気素量 e(陽子や電子の電荷の絶対値)を $1.602176634 \times 10^{-19}$ クーロン(C)と不確かさのない値としている．この値に基づいて，ある断面を 1 秒間に電気素量(elementary electric charge)の $1/(1.602176634 \times 10^{-19})$ 倍の電荷が通過した際の電流の強さを 1 A としている．言い換えると，1 A は 1 秒間に 1 C の電荷が流れる場合の電流である($\mathrm{A} = \mathrm{C\,s^{-1}}$)．また，1 C の電荷を導体中のある点から別の点に移動させるのに必要な仕事が 1 J のとき，その 2 点間の**電位**(electric potential)の差(電圧 voltage)を 1 ボルト(V)と定義している($\mathrm{V} = \mathrm{J\,C^{-1}}$)[†9]．したがって，仕事率の単位 W は，$\mathrm{W} = \mathrm{J\,s^{-1}} = \mathrm{C\,V\,s^{-1}} = \mathrm{V(C\,s^{-1})} = \mathrm{V\,A}$ となり，1 W は電圧 1 V のもとで流れる 1 A の電流がなす仕事の仕事率と等しい．ゆえに，この条件で 1 秒間電流が流れると 1 J の仕事をすることになる．つまり，$1\,\mathrm{J} = 1\,\mathrm{V\,A\,s}$ である．まとめると以下のようになる．

$$1\,\mathrm{J} = 1\,\mathrm{N\,m} = 1\,\mathrm{kg\,m^2\,s^{-2}} = 1\,\mathrm{W\,s}(\text{ワット秒}) = 1\,\mathrm{C\,V}$$

電荷をもつ粒子間にはクーロン力が働く．電荷 q_1 と q_2 をもつ 2 つの粒子が距離 r だけ離れているとすると，その間に働くクーロン力は $F_\mathrm{e} = k_\mathrm{C}\, q_1 q_2 / r^2$ で表される．ただし，k_C は比例定数である．q_1 と q_2 が同符号(ともに正電荷あるいは負電荷)なら反発し合う斥力，異符号なら引力である．SI あるいは MKSA 単位系では，**真空の誘電率**(dielectric constant of vacuum または permittivity of vacuum)[†10] とよばれている量 ε_0 を用いて，この比例定数を $k_\mathrm{C} = 1/(4\pi\varepsilon_0)$ とする．すなわち

[†9] x 方向を向いた空間的に一様な電界(電場)E_x のなかにある正電荷 q が受ける力は qE_x であり，この力に抗して電荷を x だけ動かすのに要する仕事(位置エネルギーの変化)は $-qxE_x$ となる．電位は単位正電荷に対する位置エネルギーに相当し，移動前を基準にすると $-xE_x$ で与えられる．

[†10] 電気の絶縁体を電場の中におくと，正電荷は電場方向に，負電荷は電場と反対方向に変位し，正負の電荷の中心が分離した電気双極子が整列する電気分極が起こる．このような物質を誘電体といい，大きな誘電率を有するものほど大きな電気分極を生じる．(1.9)式で与えられている真空の誘電率は，SI あるいは MKSA 単位系において，電荷間に働く力の比例定数に関係した人工的な値であって，真空自体が誘電体というわけではない．

$$F_{\rm e}=\frac{q_1q_2}{4\pi\varepsilon_0 r^2} \tag{1.8}$$

である．このように $k_{\rm C}=1/(4\pi\varepsilon_0)$ とおくと，電磁気学の基本法則を表すマクスウェル方程式[†11]のなかに現れていた係数 4π が消え，物理的に見通しのよい方程式が得られる．このような操作を**有理化**とよび，一般に有理化された単位系は**有理化単位系**とよばれる．真空の誘電率は，実験的に求める必要があり，次式程度の大きさの値をもつ．

$$\varepsilon_0 = 8.85418782\times10^{-12}\ {\rm F\ m^{-1}} \tag{1.9}$$

ここで，F は電気容量 (electric capacity) の単位ファラド ($={\rm C\ V^{-1}}$) である．したがって，1 C の電荷 2 つを 1 m 離して置いたときに働く力 $F_{\rm e}$ は約 9.0×10^9 N と大きな値になる．

【問 1.2】 この条件で力 $F_{\rm e}$ が 9.0×10^9 N 程度になることを，(1.8) 式と (1.9) 式を使って示せ．また，${\rm F}={\rm C\ V^{-1}}={\rm C^2\ J^{-1}}$ となることから，(1.8) 式の右辺も力の単位 ${\rm N}={\rm J\ m^{-1}}$ となることを確認せよ．

特別な分野では，リットルのように，SI には属さないが SI 単位との併用が認められている非 SI 単位がある．このような単位を SI 併用単位という．化学に関係する単位としては，オングストローム (Å) $=0.1$ nm $=10\ {\rm m}^{-10}$，電子ボルト (eV) $=1.6021766\times10^{-19}$ J，原子質量単位 (u) $=1.6605390\times10^{-27}$ kg などがある．それらの量，名称，記号と SI 単位による値は表見返しに与えられている．

SI の他にも現実には様々な単位系が使われている．とくに，物理定数に即して単位を決める**自然単位系**が，物理や化学など自然科学の領域で使われることが多い．自然単位系では，特定の物理定数を基本単位として他の単位を組み立て，式中の物理量を基本単位の何倍かで表す．その結果，基本単位を式のなかで消去することができ，物理量に対応する無次元の量だけが残った簡潔な式が得られる[†12]．自然単位系の一つである**原子単位系**を使うと，原子や分子のスケールの物理量や式（たとえば，量子力学におけるシュレーディンガー方程式）を簡潔に表せる．これについては第 13 章で説明する．

[†11] 電場や磁場などの電磁気量の間の関係を与える方程式である．電磁気学の教科書を参考にしてほしい．

[†12] 導入した自然単位系において，形式的にはもとの式に現れるすべての基本単位を 1 とおくことによって得られる．

1.4　単位の換算

1つの量を表すにも現実にはいろいろな単位が使われるため，単位の換算，つまり，ある単位の値を別の単位の値に変換する必要に迫られることがある．基本的には，変換前の単位を指定された単位の数値で置き換えればよい．たとえば，運動量 $2\ \mathrm{g\ cm\ \mu s^{-1}}$ を $\mathrm{kg\ m\ s^{-1}}$ の単位で表すには，

$$2\frac{\mathrm{g\ cm}}{\mathrm{\mu s}} = 2\times\frac{1\ \mathrm{g}\times 1\ \mathrm{cm}}{1\ \mathrm{\mu s}} = 2\times\frac{10^{-3}\ \mathrm{kg}\times 10^{-2}\ \mathrm{m}}{10^{-6}\ \mathrm{s}} = 2\times 10^{-1}\frac{\mathrm{kg\ m}}{\mathrm{s}}$$

と丁寧に作業を進めていけばよい．

【問 1.3】 電子が真空中で電位差 1 V の 2 点間を通過すると，その 2 点間で速度を増し（加速されて），1 eV のエネルギーを得る．1 eV は，何ジュールに相当するか．ただし，電子の電荷の絶対値である電気素量を $e = 1.60\times 10^{-19}\ \mathrm{C}$ として計算せよ．また，1 mol あたり $1\ \mathrm{kJ\ mol^{-1}}$ のエネルギーを 1 個あたりのエネルギーに換算すると $1.04\times 10^{-2}\ \mathrm{eV}$ になることを確かめよ．

圧力は単位面積に働く力の大きさであり，SI 組立単位のパスカル（Pa）や SI 併用単位のバール（bar）の他にも，標準大気圧（atm），水銀柱ミリメートル（mmHg），トル（Torr）などが使われる．パスカルは $1\ \mathrm{Pa} = 1\ \mathrm{N\ m^{-2}} = 1\ \mathrm{kg\ m^{-1}\ s^{-2}}$ で定義され，バールは $1\ \mathrm{bar} = 10^5\ \mathrm{Pa}$ で定義されている．気象予報でおなじみのヘクトパスカル（hPa）の接頭辞ヘクト（h）は 10^2 を意味している．

【問 1.4】 1 mbar = 1 hPa であることを示せ．

【例題】 0 ℃のもとで，水銀柱が 760 mm の高さに相当する圧力として定義されている標準大気圧（atm）は何 Pa か．標準重力加速度 g[†13] は $g = 9.80665\ \mathrm{m\ s^{-2}}$[†14] とし，0 ℃の水銀の密度 $13.5951\times 10^3\ \mathrm{kg\ m^{-3}}$ を使え．

底面 $1\ \mathrm{m^2}$，高さ 760 mm 水銀柱の質量は

$$1\ \mathrm{m^2}\times 0.76\ \mathrm{m}\times 13.5951\times 10^3\ \mathrm{kg\ m^{-3}} = 1.033227\times 10^4\ \mathrm{kg}$$

[†13] 重力によって落下する物体の速度の単位時間あたりの増加量が重力加速度であるが，その値は場所によって異なる．北緯 45 度の平均海面における値が標準重力加速度として定義されている．

[†14] 日本の計量法では，加速度の単位として，SI 単位の $\mathrm{m\ s^{-2}}$ に加えて，重力加速度および地震に関わる振動加速度の計量に限定して，センチメートル（cm），グラム（g）および秒（s）を基本単位とする CGS 単位系における加速度の単位ガル $\mathrm{Gal} = \mathrm{cm\ s^{-2}}$ の使用も認めている．

であり，この底面にかかる力は質量×重力加速度で与えられるので，

$$1.033227 \times 10^4\ \mathrm{kg} \times 9.80665\ \mathrm{m\ s^{-2}} = 1.01325 \times 10^5\ \mathrm{N}$$

となる．この力が $1\ \mathrm{m}^2$ の底面にかかるので

$$1\ \mathrm{atm} = 101325\ \mathrm{N \cdot m^2} = 101325\ \mathrm{Pa}$$

の関係を得る．1 mm の水銀柱の高さを支えることができる圧力の1水銀柱ミリメートルは 1 mmHg = 101325/760 Pa であり，真空技術の分野で多く用いられる単位トルと等しい (1 Torr = 1 mmHg)．

1.5　差　分

ここで1.1節の問題に戻ろう．本節では，**(3)** から **(5)** に答えながら，差分の考え方と，差分によって微分を近似的に表せることを説明する．まず，**(3)** の答え (1.4) 式の右辺を導こう．オゾンの分解速度 v の近似式 (1.2) 式は，式中のオゾン濃度の変化量 $\Delta[\mathrm{O_3}]_t$ に (1.3) 式の差分を代入すると，

$$v = -\frac{\Delta[\mathrm{O_3}]_t}{\Delta t} = -\frac{[\mathrm{O_3}]_{t+\Delta t} - [\mathrm{O_3}]_t}{\Delta t} \qquad (1.10)$$

と表せる．この v が (1.1) 式 $v = k[\mathrm{O_3}]_t$ と等しいことから，時刻 t と $t + \Delta t$ でのオゾン濃度の関係式，つまり問題 **(3)** の答え

$$[\mathrm{O_3}]_{t+\Delta t} = (1 - k\Delta t)[\mathrm{O_3}]_t \qquad (1.11)$$

が得られる．時刻 t から時間 Δt 進んだ時刻のオゾン濃度 $[\mathrm{O_3}]_{t+\Delta t}$ は t の濃度 $[\mathrm{O_3}]_t$ に常に一定数 $(1 - k\Delta t)$ をかけたものとなり，一定時間間隔 Δt に対してつねに同じ割合でオゾン濃度が減衰することがわかる．$[\mathrm{O_3}]_0$ を解離反応が始まる初期時刻 $t = 0$ でのオゾン濃度として，$[\mathrm{O_3}]_{\Delta t} = (1 - k\Delta t)[\mathrm{O_3}]_0$，$[\mathrm{O_3}]_{2\Delta t} = (1 - k\Delta t)[\mathrm{O_3}]_{\Delta t} = (1 - k\Delta t)^2[\mathrm{O_3}]_0$ と逐次的な操作を繰り返していくと，時刻 $t = n\Delta t$ でのオゾン濃度 $[\mathrm{O_3}]_{n\Delta t}$ は

$$[\mathrm{O_3}]_{n\Delta t} = (1 - k\Delta t)^n[\mathrm{O_3}]_0 \qquad (1.12)$$

で与えられる (n は自然数である)．$1/k$ の時間を N 分割した $\Delta t = 1/(kN)$ を用いると，時刻 $t = n\Delta t$ でのオゾン濃度 $[\mathrm{O_3}]_{n\Delta t}$ は (1.5) 式で与えられることになる．

$$[\mathrm{O_3}]_{n\Delta t} = \left(1 - \frac{1}{N}\right)^n[\mathrm{O_3}]_0 \qquad (1.13)$$

これを時間の関数としてプロットすればオゾンがどのように減衰していくかわかる (**(4)** の答え)．

しかしながら，以上の v の差分による取り扱い (1.2) 式はあくまでも近似である．

正しくは，v は時刻 t の瞬間における成分量の変化率[†15]であり，(1.7) 式左辺のつぎの微分で表されるべきものである．

$$v = -\frac{\mathrm{d}[\mathrm{O_3}]_t}{\mathrm{d}t} \tag{1.14}$$

この式の微分の無限小変化量 $\mathrm{d}[\mathrm{O_3}]_t$ を微小区間 Δt の差分 $[\mathrm{O_3}]_{t+\Delta t} - [\mathrm{O_3}]_t$ で近似し，それを区間 Δt で割って得られる**差分商** (difference quotient, divided difference) が (1.10) 式右辺である．つまり，

$$v = -\frac{\mathrm{d}[\mathrm{O_3}]_t}{\mathrm{d}t} \approx -\frac{[\mathrm{O_3}]_{t+\Delta t} - [\mathrm{O_3}]_t}{\Delta t} \tag{1.15}$$

である．この差分商において Δt を無限小の極限にしたものが微分であり（第3章で微分の定義を詳しく説明する），Δt を短くした場合（あるいは，大きな分割数 $N \gg 1$），(1.15) 式右辺が微分に基づいた正しい解に近づくことが期待できる．

実際，つぎのようにして，(1.13) 式から厳密解を求めることができる．まず，第2章で導入する自然対数の底として知られている**ネイピア数** (Napier number) $e = 2.71828\cdots$ がつぎの極限値

$$\lim_{N\to\infty}\left(1+\frac{1}{N}\right)^N = e \tag{1.16}$$

で与えられるので，$\lim_{N\to\infty}(1+1/N) = e^{1/N}$ の関係が成り立っていることがわかる．両辺の逆数をとると[†16]

$$\lim_{N\to\infty}\left(1-\frac{1}{N}\right) = e^{-1/N} \tag{1.17}$$

となり，$N\to\infty$ の極限で (1.15) 式を評価すると，e を底とする指数関数で表せる (1.7) 式を満たす厳密解

$$\begin{aligned}\lim_{N\to\infty}[\mathrm{O_3}]_{n\Delta t = n/(kN)} &= [\mathrm{O_3}]_0 \lim_{N\to\infty}\left(1-\frac{1}{N}\right)^n = [\mathrm{O_3}]_0\, e^{-n/N} = [\mathrm{O_3}]_0\, e^{-kn\Delta t} \\ &= [\mathrm{O_3}]_0\, e^{-kt}\end{aligned} \tag{1.18}$$

が得られる．ここで，$\Delta t = 1/(kN)$ の関係を用いており，時間 t は $n\Delta t$ で定義されている（n は任意の自然数）．

【問 1.5】 (1.18) 式の指数関数的減衰を示す解 e^{-kt} を (1.7) 式の反応速度式に代入し，

[†15] 単位時間あたりの変化量で定義されている．

[†16] $x \ll 1$ の場合，$1/(1+x) = 1-x$ とおける．

高校で習った指数関数の微分 $\mathrm{d}(e^{ax})/\mathrm{d}x = ae^{ax}$ を使って両辺が等しいことを証明せよ．このことからも，e^{-kt} が (1.7) 式の厳密解であることがわかる．

差分は (1.7) 式のような微分を含んだ方程式 (微分方程式) の近似解を簡便に与えるのみならず，以上のように，厳密解を教えてくれることもあり，きわめて有用である．(1.13) 式は次々と時間が進んだ点での値が得られる漸化式であり，**差分方程式**とよばれている．微分方程式を差分方程式で近似し，数値解法などによって微分方程式を解く方法は**差分法**とよばれている．第4章では，この微分方程式を満たす解を積分を使って直接求め，(1.18) 式が厳密解であることを再度確認する．

第2章

指数関数，対数関数，三角関数

第1章のオゾンの分解反応の問題で見てきたように，化学においても，数学的な考えや道具を用いることなしに，現象の背後にある普遍的な法則性を導き出すことはできない．化学の定量的理解は，2つあるいは複数の変数の間の対応関係を調べることから始まることがほとんどであり，その対応関係を表す“関数”が普遍的な数学的基礎を与えていると言っても過言ではない．第1章で使った指数関数もその1つである．本章では，指数関数，対数関数，三角関数など，化学で最もよく使われる関数とそれらの逆関数を中心に，各関数の定義を学び，基本的な性質を整理する．

2.1 初等関数

初等関数 (elementary function) とは，指数関数，対数関数，三角関数，逆三角関数，代数関数 (2.5節で説明)，およびそれらの四則演算や合成で表現できる関数のことである．代数関数以外の関数は一般に超越関数とよばれ，初等関数のなかの超越関数は初等超越関数とよばれる．本章で扱う指数関数，対数関数，三角関数は初等超越関数である．

これらの関数の説明に入る前に，まず，任意の整数と任意の正の整数 (自然数) の割り算で得られる**有理数** (rational number) と，それ以外の小数を使ってしか表せない**無理数** (irrational number) からなる**実数** (real number)[†1] を考え，それらの加法，減法，乗法，除法の四則演算が満たす3つの法則を復習しておこう．

$$\text{分配法則}：a(b+c) = ab + ac \tag{2.1}$$

$$(a+b)c = ac + bc \tag{2.2}$$

$$\text{結合法則}：(a+b)+c = a+(b+c) \tag{2.3}$$

$$(ab)c = a(bc) \tag{2.4}$$

[†1] 連続な数の集まりである．

$$交換法則：a + b = b + a \tag{2.5}$$

$$ab = ba \tag{2.6}$$

ここで，a, b, c は任意の実数である．どのような式の変形も，算術の基本となるこれらの法則に従って行われなければならない．

【問 2.1】 分配法則を使って，負の数と負の数をかけると正の数になることを証明せよ．a と b を正の数とし，$(-a)[b + (-b)] = 0$ と $[a + (-a)]b = 0$ にそれぞれ (2.1)，(2.2) 式を適用し，それらの差が $ab - (-a)(-b) = 0$ となることを証明すればよい．

2.2　指数関数

ここから，関数とは何かを説明し，よく使われる指数関数などの初等関数を紹介していく．変数 x の値を入力すると出力として y の値が決まるとき，y を x を**独立変数**とする**従属変数**という．この対応関係を適当な文字[†2]を使って $y = f(x)$ のように表したものが**関数** (function) であり，独立変数の集合から従属変数の集合への**写像**とも見なせる．たとえば，1 とは異なる正の実数 $a > 0$ に対して，a^x と定義された関数 $f(x) = a^x$ を，a を**底** (base) とし x を指数とする**指数関数** (exponential function) という．

指数関数 a^m や a^n は ($a > 0$ とする)，m と n を整数とすると (正でも負でもよい)，つぎの性質 (**指数法則**) を満たす．

$$(a^n)^m = a^{nm}, \quad a^n a^m = a^{n+m}, \quad \frac{a^n}{a^m} = a^{n-m}\left(a^{-m} = \frac{1}{a^m}\right), \quad (ab)^n = a^n b^n \tag{2.7}$$

これらは a や b を実際に必要回数かけていけば簡単に証明できる．この指数法則は，m と n が整数であれば，a や b が負の実数の場合にも成り立つ．a が正負のどちらであっても，$a^0 = 1$ である ($a \neq 0$ に対して，a^n/a^n と考えればよい)．

m や n が有理数の場合にも，(2.7) 式の値が実数として与えられる場合に限ると，つぎのように拡張することができる．まず，a を定数，n を正の整数として，x の n 次方程式 $x^n = a$ の解である**べき乗根** (power root)，つまり，a の n 乗根を導入しよう[†3]．a を実数とすると，その実数に限った ***n* 乗根** (n th root) は，n が奇数の

[†2] これまでの例からもわかるように，とくに理由がなければ，function の頭文字から f が選ばれることが多い．

[†3] 第8章では (2.7) 式を複素数にまで拡張し，n 乗根を定義している．複素数まで許せば，n 乗根は n 個ある．

ときは a が正負にかかわらず1つだけである．n が偶数のときは，n 乗根は，$a>0$ なら絶対値の等しい正負2つ，$a<0$ なら存在しない．これらは $y=x^n$ のグラフと $y=a$ の交点の数からわかる．したがって，a を0以外の実数，n を正の整数とすると，記号 $a^{1/n}=\sqrt[n]{a}$ をつぎのような実数として定義できる．

n が奇数の場合：a の唯一の実数 n 乗根[†4]

n が偶数の場合：$a>0$ なら a の実数 n 乗根のうち正のもの[†5]，
$a<0$ なら存在しない

この定義に基づけば，a や b が正の実数ならば，その指数がどのような有理数であっても，(2.7) 式のような指数法則が成り立つ[†6]．指数が負の有理数の場合は，$x^n=(1/a)^{n'}$ の n 乗根 $a^{-n'/n}$ を考えればよい．a や b が負の実数ならば，分母が奇数の有理数である指数の場合にだけ，指数法則が成り立つ．$a<0$ でも，n が奇数ならば，$a^{1/n}$ が負の実数として決まるからである．一般的な m と n が無理数の場合は，どのような無理数も有理数の極限として表せることを利用すればよい．したがって，底が正 $(a,b>0)$ の場合は，指数が実数であっても指数法則を適用できる((2.11) 式と問 2.2 参照)．

1.4 節で説明したように，ネイピア数 $e=2.71828\cdots$ を底とする指数関数

$$y(x)=e^x \tag{2.8}$$

は，未知関数とその微分を関数として含む方程式，つまり，**微分方程式** (differential equation)

$$\frac{\mathrm{d}y}{\mathrm{d}x}=y \tag{2.9}$$

の解になっており，微分しても元の関数と同じになる唯一の関数である[†7]．e^x を $\exp(x)$ と書くこともある．**図 2.1 左**のグラフに示したように，指数関数 a^x は，$a>1$ の場合，x とともに単調に増加する関数である．$a<1$ の場合は，単調に減少する (**図 2.1 右**)．つぎに，指数法則の成立を e^x を例に見ていこう．

指数関数 e^x は次式のように表すこともできる (問 2.2 参照)．

$$y(x)=e^x=\lim_{N\to\infty}\left(1+\frac{x}{N}\right)^N \tag{2.10}$$

---

†4 たとえば，$(-2)^3=-8$ だから $(-8)^{1/3}=-2$．

†5 正のものは $a^{1/n}$ であり，負のものは $-a^{1/n}$ で表される．

†6 $a^{n'/n}$ や $a^{m'/m}$ が正の実数として一義的に決まるので，たとえば，$a^{n'/n}a^{m'/m}=a^{(n'/n)+(m'/m)}$ を nm 乗して両辺が等しいことを示せばよい．

†7 関数における接線の傾きがその関数自体と等しい．(2.8) 式を定数倍したものも解となる．

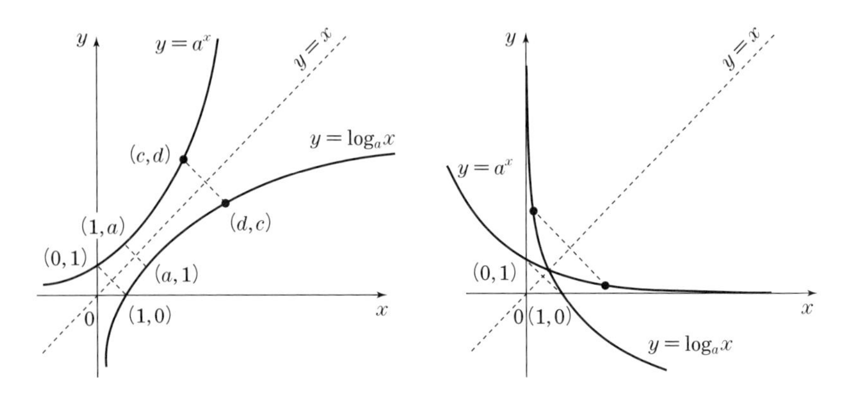

図 2.1　a を底とした指数関数 $y=a^x$ と対数関数 $y=\log_a x$ のグラフ
左は $a>1$ の場合，右は $1>a>0$ の場合である．

$x=1$ を代入した (2.10) 式は，第1章 (1.16) 式のネイピア数 e と一致し，確かに e^1 になっている．また，$x=0$ を代入した (2.10) 式は 1 となり，$e^0=1$ を確認できる．

【問 2.2】 $x=0$ で $y=1$ の初期条件の下で (2.9) 式の解が (2.10) 式のように表せることを，差分法を使って示せ．第1章 (1.18) 式を導いた議論を参考にすればよい．まず，微小区間 $\Delta x = x/N$ に対して (2.9) 式左辺を差分近似で表せば，$[y(\Delta x) - y(0)]/\Delta x$ となり，右辺を初期値 $y(0)$ とすると，$y(\Delta x) = (1+\Delta x)y(0)$ が得られる．$x = N\Delta x$ であることに注意して $y(N\Delta x)$ を求めると，(2.10) 式最右辺が得られる．

指数関数 e^x が (2.10) 式で表せることを使えば，

$$e^x e^y = \lim_{N\to\infty}\left(1+\frac{x}{N}\right)^N\left(1+\frac{y}{N}\right)^N = \lim_{N\to\infty}\left(1+\frac{x}{N}+\frac{y}{N}+\frac{xy}{N^2}\right)^N \qquad (2.11)$$

と表せる．$N\to\infty$ では，$x/N,\ y/N \gg xy/N^2$ なので，次式が成り立つことがわかる．

$$e^x e^y = e^{x+y} \qquad (2.12)$$

(2.12) 式は (2.7) 式の指数法則 $a^n a^m = a^{n+m}$ に対応しており，x と y が一般の実数でも指数法則が成立していることを示している．

2.3　指数関数の逆関数 －対数関数－

本節では，指数関数の逆関数である対数関数について説明する．その前に，**逆関数** (inverse function) について復習する．まず，関数 $y=f(x)$ を独立変数 x につ

いて解き，$x = g(y)$ の形にすることを考える．この g を f^{-1} と表すと，

$$x = f^{-1}(y) \tag{2.13}$$

と書ける．y を独立変数とする関数 $f^{-1}(y)$ に $y = f(x)$ を代入すると，

$$f^{-1}(y) = f^{-1}[f(x)] \tag{2.14}$$

と表せる．(2.13) 式と比較すると，f^{-1} は $f^{-1}f = 1$ を満たす関数と見なせる．

【問 2.3】 $y = f(x) = 2x + 1$ とすると，$x = f^{-1}(y) = (y - 1)/2$ と表せる．これらの f と f^{-1} に対して，(2.13) 式の右辺 $f^{-1}[f(x)]$ が確かに x になることを示せ．

$y = f(x)$ と $x = f^{-1}(y)$ における x と y の関係は全く同じで，$x = f^{-1}(y)$ によって新しい関数が定義されているわけではない．(x, y) 面上に描いた $y = f(x)$ と $x = f^{-1}(y)$ のグラフは同じものである．f の逆関数とは，関数 $x = f^{-1}(y)$ の y と x を入れ替えたものである[†8]．

$$y = f^{-1}(x) \tag{2.15}$$

逆関数 $y = f^{-1}(x)$ における x と y の関係は $x = f(y)$ と同じであるから，この関係は結局もとの関数 $y = f(x)$ の x と y を入れ替えれば得られる．$y = f(x)$ のグラフ（あるいは，$x = f^{-1}(y)$ のグラフ）と，その x と y を入れ替えた逆関数に対応する $x = f(y)$ のグラフは，直線 $y = x$ に関して対称である．$y = f(x)$ を満たす (x, y) 面上の 1 つの点 (x', y') は，$x = f(y)$ では $(x, y) = (y', x')$ に対応する．逆関数の独立変数 x（定義域）と，従属変数 y（値域）は，それぞれ，もとの関数 $y = f(x)$ の従属変数 y と独立変数 x に対応していることに注意する必要がある．

【問 2.4】 $y = 2x + 1$ およびその x と y を入れ替えた逆関数に相当する $x = 2y + 1$ のグラフを描いて，$y = x$ に関して対称であることを確認せよ．

ここから，上で説明した逆関数の定義にならって，指数関数 $y = a^x$ の逆関数を導入する（$a > 0$ である）．$y = a^x$ を $y = f_a(x)$ と表し，関数 $f_a(x)$ の逆関数を，$y = f_a^{-1}(x)$ で定義する．この逆関数が a を底とする**対数関数**（logarithmic function）であり，通常，

$$y = \log_a x \tag{2.16}$$

と表す．(2.16) 式は $y = a^x$ の x と y を交換した $x = a^y$ と等価であるから，図

---

†8　数学の集合論では，$f(x)$ の値域 $\{y\}$ から定義域 $\{x\}$ への変換 f^{-1} そのものを逆写像あるいは“逆関数”とよんでいる．

2.1に示したように，対数関数 $y=\log_a x$ のグラフは指数関数 $y=a^x$ と $y=x$ について対称となる．対数関数の変数 x は**真数**とよばれ，その定義域は $x=a^y>0$ から正の実数でなければならない．(2.16)式と等価な $x=a^y$ の右辺の y に (2.16)式右辺を代入すると，

$$x=a^{\log_a x} \tag{2.17}$$

と表せることがわかる．つまり，ある数 x を a を底とする指数関数 $x=a^y$ を使って表そうとした場合，その指数 y は x の対数 (logarithm) $\log_a x$ によって与えられる．一方，(2.16)式右辺に $x=a^y$ を代入すると $y=\log_a a^y$ を得るから，これと同じことであるが，

$$x=\log_a a^x \tag{2.18}$$

の関係があることがわかる．(2.18)式からも，対数が数 (a^x) の指数部 (x) を引き出す関数であることがわかる．

対数関数の性質を以下にまとめる．ただし，$a>0$, $b>0$, $a\neq 1$, $b\neq 1$ である．

$$\log_a 1=0 \tag{2.19}$$

$$\log_a a=1 \tag{2.20}$$

$$\log_a xy=\log_a x+\log_a y \tag{2.21}$$

$$\log_a \frac{x}{y}=\log_a x-\log_a y \tag{2.22}$$

$$\log_a x^b=b\log_a x \tag{2.23}$$

(2.19), (2.20)式は (2.17)式と $a^0=1$, $a^1=a$ からわかる．(2.21), (2.22)式は，それぞれ，対数を使えば掛け算は足し算を，割り算は引き算を使って計算できることを示している[†9]．

【問2.5】 (2.21)～(2.23)の3式を証明せよ．$x=a^s$, $y=a^t$ とおいて，指数法則 $xy=a^{s+t}$, $x/y=a^{s-t}$, $x^b=a^{sb}$ の対数を (2.18)式を使って表せばよい．

10を底とする対数は**常用対数** (common logarithm) とよばれている．自然科学の分野では，底を省いて log と表すことが多く，溶液中の水素イオン濃度 $[\mathrm{H}^+]$ の対数である pH の定義などに使われている．

$$\mathrm{pH}=-\log[\mathrm{H}^+] \tag{2.24}$$

[†9] 2つの任意の実数は指数表示 a^x と a^y で表せるので，対数関数を使って得られる指数の和 $x+y$ から積 a^xa^y の値を求めることができる．この原理を使った計算用具が計算尺であるが，現在ではほとんどの用途を関数電卓にゆずっている．

【問 2.6】 ある水溶液を希釈したところ pH が 4 から 5.7 に変わった．水素イオン濃度はおおよそ何倍あるいは何分の 1 になったか答えよ．$\log 2 \approx 0.3$ として，$\log 2 + \log 5 = 1$ の関係を使えばよい．

また，異なった底の値に対して対数を求めたい場合は，つぎの底の変換公式を使えばよい．

$$\log_a x = \frac{\log_b x}{\log_b a} \tag{2.25}$$

この証明には，まず，右辺を s とおいて，$s \log_b a = \log_b x$ とし，これに (2.23) 式を適用して x を a の指数 $x = a^s$ で表す．この両辺の a を底とする対数を求めると，$\log_a x = \log_a a^s = s$ となるから，s が (2.25) 式左辺とも等しいことがわかる．底を e とする対数 $\log_e x$ は**自然対数** (natural logarithm) とよばれ，$\ln x$ と略記される．

【問 2.7】 自然対数と常用対数との間には，(2.25) 式よりつぎの関係が成立することを示せ．

$$\ln x = \ln 10 \times \log x \tag{2.26}$$

$\ln 10 = 1/\log e \approx 2.3026$ である．

2.4 三角関数

前節までに指数関数，対数関数と，順に代表的な初等関数を見てきたが，その締めくくりとして，この節では**三角関数** (trigonometric function) について復習する．後半には，逆三角関数と，初等関数の 1 つである双曲線関数に関しても簡単に説明する．

図 2.2 に示すように，直交座標軸 x と y からなる平面上に原点 O と半径 r の円周を考え，円周上の座標 (x, y) の点を P とする．辺 OP と x 軸の正の部分がなす角度を θ とすると，(x, y) は半径 r と角度 θ を与えれば決まってしまう．角度を示す単位としては度 (° または deg) の他に**ラジアン** (rad) が使われる．ラジアンは，円の弧と半径の長さとの比としての無次元数で定義されている．つまり，角度 θ をラジアンで表すと，$\theta = 0$ から θ までの円の弧 (図 2.2 の P_0 から P への円周に沿った線) の長さ l は次

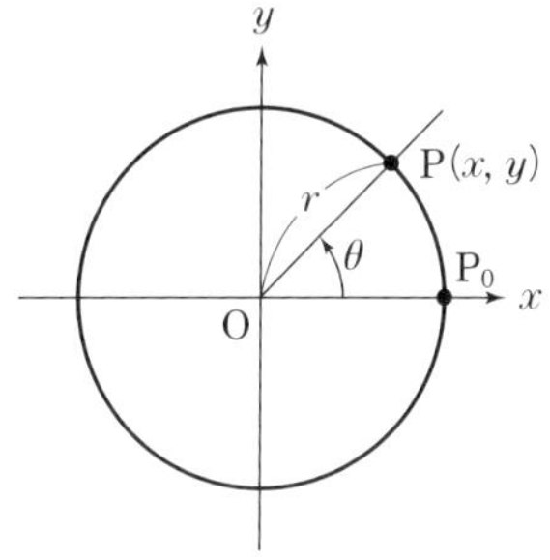

図 2.2　x-y 平面上の半径 r の円周上の点 P = (x, y)
原点 O と P をつなぐ直線と x 軸の正の部分がなす角度を θ と定義する．

式で与えられることになる．

$$l = r\theta \tag{2.27}$$

弧に対応する扇形の面積 S

$$S = \frac{1}{2}rl = \frac{1}{2}r^2\theta \tag{2.28}$$

は θ に比例する[†10]．円の面積は πr^2 であるから，(2.28) 式より，対応する円を一回りした角度は $\theta = 2\pi\,\mathrm{rad}$ でなければならないことがわかる．つまり，360°が $2\pi\,\mathrm{rad}$ に相当し，以下の関係がある．

$$\frac{360\,\mathrm{deg}}{2\pi\,\mathrm{rad}} \approx 57.29578\,\mathrm{deg\,rad^{-1}} \tag{2.29}$$

以下の6つの比の値は，いずれも r の値に関係なく，図2.2で定義されている角度 θ を独立変数とする関数と見なせる．

$$\frac{y}{r},\ \frac{x}{r},\ \frac{y}{x},\ \frac{x}{y},\ \frac{r}{x},\ \frac{r}{y}$$

これらの関数を総称して**三角関数**といい，

$$\sin\theta = \frac{y}{r} \tag{2.30}$$

$$\cos\theta = \frac{x}{r} \tag{2.31}$$

$$\tan\theta = \frac{y}{x} \tag{2.32}$$

$$\cot\theta = \frac{1}{\tan\theta} = \frac{x}{y} \tag{2.33}$$

$$\sec\theta = \frac{1}{\cos\theta} = \frac{r}{x} \tag{2.34}$$

$$\mathrm{cosec}\,\theta = \frac{1}{\sin\theta} = \frac{r}{y} \tag{2.35}$$

のように表す．それぞれ，**サイン関数**（sine function；**正弦関数**），**コサイン**（cosine；**余弦**），**タンジェント**（tangent；**正接**），**コタンジェント**（cotangent；**余接**），**セカント**（secant；**正割**），**コセカント**（cosecant；**余割**）という．**図2.3** に正弦・余弦関数，**図2.4** に正接関数を示した．三角関数の角度をラジアンとすると，たとえば，$\sin(\pi/4) = 1/\sqrt{2} \approx 0.71$ となる．言うまでもないが，関数電卓の三角関数に角度を入力する際，角度が度かラジアンのどちらで定義されているか注意しなければならない．

図2.2のように円を使って角度を定義すると，図2.3や図2.4で示されているように，三角関数は周期 2π の周期関数として $-\infty < \theta < \infty$ の領域に拡張できる．

[†10] 扇形の面積は，微小な角度の三角形と見なせる扇形の集まりとして考えることができる．

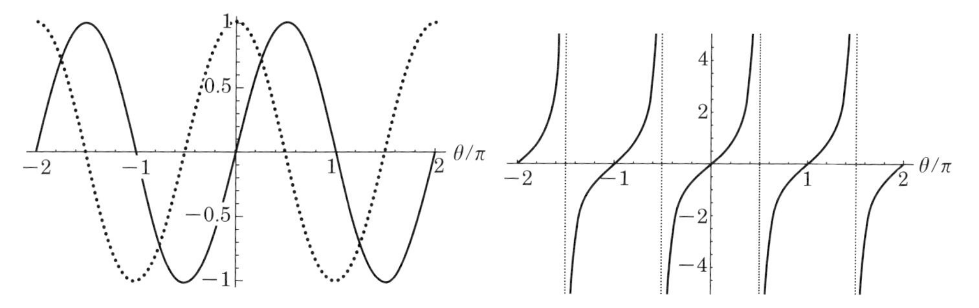

図 2.3 代表的な三角関数である正弦関数 $\sin\boldsymbol{\theta}$（実線）と余弦関数 $\cos\boldsymbol{\theta}$（点線）のグラフ

図 2.4 正接関数 $\tan\boldsymbol{\theta}$（実線）のグラフ
点線は $\theta=(2n+1)\pi/2$ の位置を示している．

ただし，n を整数とすると，$\tan\theta$ と $\sec\theta$ は $\theta=(2n+1)\pi/2$（つまり，$x=0$）では定義できない（図 2.4 縦の点線参照）．また，$\cot\theta$, $\mathrm{cosec}\,\theta$ は $\theta=2n\pi/2(y=0)$ では定義できない．

【問 2.8】 真空中を z 軸方向に進む光の電場は，一般に位置 z と時刻 t に依存する．電場の y 軸成分は 0 で，それと垂直な x 軸成分 $E_x(z,t)$ だけが変化するような光は直線偏光とよばれ，次式のように振動する．

$$E_x(z,t)=\sin\left[2\pi\nu\left(\frac{z}{c}-t\right)\right] \tag{2.36}$$

ここで，c は光速，ν は光の振動数である．三角関数の周期性から，(2.36) 式の $E_x(z,t)$ が表す波の波長と時間に関する周期を ν の関数として求めよ．また，$E_x(z,t)$ が速度 c で伝わる波を表していることを示せ（波の山が z 軸の正方向に速度 c で動いていくことを示せばよい）．

(2.30)，(2.31) 式から，正弦関数は $\theta=0$ を原点とする奇関数，つまり，$\sin(-\theta)=-\sin\theta$ であり，余弦関数は偶関数，つまり，$\cos(-\theta)=\cos\theta$ であることがわかる．よく使われる関係式としてはつぎのようなものがあり，三角関数の定義から容易に確かめることができる．

$$\sin\left(\theta\pm\frac{\pi}{2}\right)=\pm\cos\theta \tag{2.37}$$

$$\cos\left(\theta\pm\frac{\pi}{2}\right)=\mp\sin\theta \tag{2.38}$$

$$\sin(\theta\pm\pi)=-\sin\theta \tag{2.39}$$

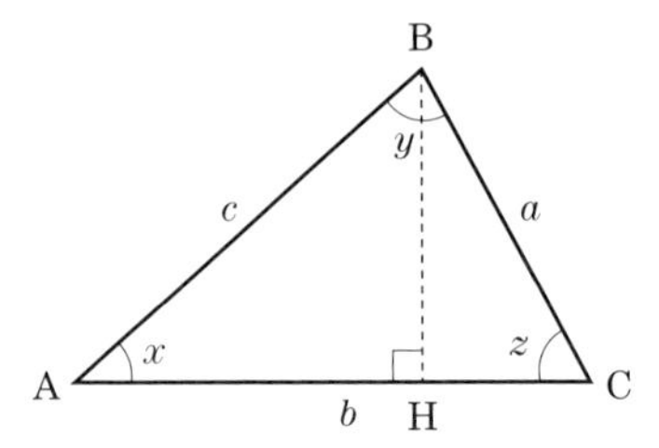

図 2.5　三角形 ABC の辺の長さ $\boldsymbol{a, b, c}$ と角 $\boldsymbol{x, y, z}$

$$\cos(\theta \pm \pi) = -\cos\theta \tag{2.40}$$

$$\sin^2\theta + \cos^2\theta = 1 \tag{2.41}$$

最後の式はピタゴラス (Pythagoras) の定理 (三平方の定理) そのものである．

三角形の辺の長さと各頂点の角度の間の関係を示す公式もある．**図 2.5** のような一般の三角形 △ ABC を考える．この三角形で頂点の角度と辺の長さを

$$\angle\mathrm{BAC} = x,\ \angle\mathrm{ABC} = y,\ \angle\mathrm{ACB} = z$$

$$\overline{\mathrm{BC}} = a,\ \overline{\mathrm{CA}} = b,\ \overline{\mathrm{AB}} = c$$

とすると，つぎの二つの等式が成り立つ．

$$\frac{a}{\sin x} = \frac{b}{\sin y} = \frac{c}{\sin z} \tag{2.42}$$

$$c^2 = a^2 + b^2 - 2ab\cos z \tag{2.43}$$

(2.42) 式を**正弦定理**，(2.43) 式を**余弦定理**という．$z = \pi/2$ の場合の余弦定理はピタゴラスの定理そのものである．他の重要な三角関数の公式である**加法定理**，**和と積の関係式**，**倍角・半角の公式**，**べき乗**[†11] **の公式**などは付録 A2 (p.230) にまとめた．

【問 2.9】 図 2.5 の △ ABC の面積を $\sin x$, $\sin y$, $\sin z$ で表して，(2.42) 式を証明せよ．また，図の △ ABH にピタゴラスの定理を適用して得られる関係 $\overline{\mathrm{AB}}^2 = \overline{\mathrm{AH}}^2 + \overline{\mathrm{BH}}^2$ から (2.43) 式を求めよ．$\overline{\mathrm{AH}}^2 + \overline{\mathrm{BH}}^2$ を a, b, z で表せばよい．

【問 2.10】 異なる周波数の複数の光を物質に入射したときに，いずれとも異なる周波数の光を発生する現象は光混合とよばれている．たとえば，振動数 ν_1 と ν_2 の光の電場の時間 t に依存する部分を，それぞれ $E_1(t) = \sin 2\pi\nu_1 t$ と $E_2(t) = \sin 2\pi\nu_2 t$ とすると (物質の同じ場所に入射しているとする)，$E_1(t)\,E_2(t)$ に比例した新しい光が発生する．

---

†11　非負の整数 n を使って x^n のように表せる項である．「べき」は漢字で書くと「冪」であり，ある一つの数を繰り返しかけ合わせる操作である．

表 2.1 逆三角関数の記号と定義域

逆三角関数の記号	変数定義域	逆関数の主値の値域
$y = \sin^{-1}x$ (または $\arcsin x$)	$-1 \leq x \leq 1$	$-\pi/2 \leq y \leq \pi/2$
$y = \cos^{-1}x$ (または $\arccos x$)	$-1 \leq x \leq 1$	$0 \leq y \leq \pi$
$y = \tan^{-1}x$ (または $\arctan x$)	$-\infty \leq x \leq \infty$	$-\pi/2 < y < \pi/2$
$y = \cot^{-1}x$ (または $\mathrm{arccot}\, x$)	$-\infty \leq x \leq \infty$	$0 < y < \pi$
$y = \sec^{-1}x$ (または $\mathrm{arcsec}\, x$)	$x \leq -1,\ 1 \leq x$	$0 \leq y \leq \pi$
$y = \mathrm{cosec}^{-1}x$ (または $\mathrm{arccosec}\, x$)	$x \leq -1,\ 1 \leq x$	$-\pi/2 \leq y \leq \pi/2$

実際に，$E_1(t)\,E_2(t)$ が 2 つの振動数の和 (和周波数) と差 (差周波数) の 2 成分からなることを，付録 A2 の三角関数の積の公式を使って示せ.

三角関数の逆関数に対しては，**表 2.1** に示した記号や名称が用いられている. 日本語では対応する三角関数の名称に "逆" をつける. たとえば，$y = \sin^{-1}x$ は逆正弦関数とよばれる. 本書では $y = \sin^{-1}x$ などと書く流儀を採用し，混乱を避けるため逆数は $1/(\sin x)^n$ あるいは $(\sin x)^{-n}$ のように記すことにする $(n \geq 1)$. $\sin^{-1}x$ などはインバースサイン，$\arcsin x$ などはアークサインのように読む.

周期関数の逆関数は多価関数になるので[†12]，通常は逆三角関数を一価で連続な領域に制限して考えることが多い. たとえば，逆三角関数は，表 2.1 の右端の列で示した領域で一価連続であり，その範囲での値を**主値** (principal value) と呼んでいる[†13]. 本書では紹介しないが，逆三角関数の間にも，三角関数の公式に類似した様々な関係式が存在する. 必要があれば，数学公式集[†14] などを活用するとよい.

【問 2.11】 $y = \sin^{-1}x$ のグラフを $y = \sin x$ との関係を利用して描け. $y = \cos^{-1}x$ と $y = \tan^{-1}x$ も同様に描け.

【問 2.12】 x-y 平面上の水分子 H_2O を考える. O 原子の原子核が原点に，2 つの H 原子が点 $(x, y) = (0.71\ \text{Å}, 0.55\ \text{Å})$ と $(-0.71\ \text{Å}, 0.55\ \text{Å})$ に置かれている. この水分子の O-H の結合距離を求めよ. また，H-O-H の結合角を θ とし，その半分を $\theta/2 = \tan^{-1} q$ と表すとすると，q はいくらか. q の値から考えて，結合角 θ は 90° と 120° の間かそれとも 120° と 180° の間か，その理由とともに答えよ.

---

†12 たとえば，図 2.3 や図 2.4 の対角線に対して折り返した関数を考えればよい. 問 2.11 参照.

†13 主値の範囲で定義された逆関数であることを示すために，Arcsin などのように頭文字を大文字にすることがあるが，小文字の場合にも主値の意味に使用することが多い.

†14 たとえば，『岩波 数学公式 II』(岩波書店，1987).

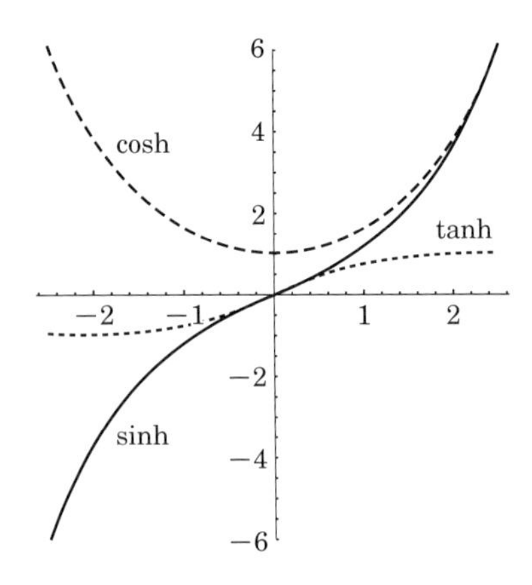

図 2.6　代表的な双曲線関数 sinh, cosh, tanh のグラフ

三角関数は円周上の点と関係づけられていたが，双曲線上の点と関係づけられる一群の関数を**双曲線関数** (hyperbolic function)[†15] という．この節の最後に，双曲線正弦関数 (sinh)，双曲線余弦関数 (cosh)，双曲線正接関数 (tanh) の定義式を与えておく．これらの双曲線関数と双曲線との関係は補足 C2 で説明しておく．

$$\sinh x = \frac{e^x - e^{-x}}{2} \quad (2.44) \qquad \cosh x = \frac{e^x + e^{-x}}{2} \quad (2.45) \qquad \tanh x = \frac{\sinh x}{\cosh x} \quad (2.46)$$

$\sinh x$ は $x = 0$ を中心として奇関数，cosh は偶関数である[†16]．cosh の曲線はロープが重力でたるんでできる曲線の標準的なモデル（カテナリー曲線あるいは懸垂曲線）と見なされている．双曲線関数は指数関数の四則演算だけで表せるので，初等超越関数である．双曲線関数の性質やその他の双曲線関数の定義についても補足 C2 にまとめておく．

【問 2.13】 (2.44) 式と (2.45) 式の定義から，$\sinh x$ と $\cosh x$ が $x = -\infty, 0, \infty$ でどのような値をとるか答えよ．また，$\tanh x$ の $x \to \pm\infty$ での極限の値はいくらになるか答えよ．

[†15] hyperbolic は双曲線 hyperbola の形容詞．sinh や cosh はハイパボリックサインやハイパボリックコサインと読む．

[†16] 指数関数 e^x は $e^x = \sinh x + \cosh x$ とも表せるので，e^x の偶関数部分が cosh，奇関数部分が sinh とも見なせる．

2.5 代数関数

本章の最後に，代数関数について簡単に説明しておく．$f(x)$ が x の整式，つまり，単項式あるいは多項式[†17]であるとき，$y=f(x)$ を**整式関数**（**有理整関数**）といい，代数関数の代表的な例である．$f(x)$，$g(x)$ が整式関数のとき，$y=f(x)/g(x)$ を**有理関数**という[†18]．また，$f(x)$ を整式関数とするとき，$f(x)^{n/m}$ のように分数べきで書かれる部分をもつ関数（根号を含む関数）を**無理関数**という．有理関数や無理関数は代数関数の特別なものである．一般に，$y=f(x)$ が $a_0(x), a_1(x), \cdots, a_n(x)$ を有理関数とする代数方程式

$$a_0(x)y^n + a_1(x)y^{n-1} + \cdots + a_n(x) = 0 \tag{2.47}$$

を満足すれば，$f(x)$ を**代数関数**という[†19]．これに対して，満たすべき (2.47) 式の形の方程式が存在しない関数を一般に**超越関数**とよんでいる[†20]．指数関数，対数関数，三角関数などの**初等超越関数**は (2.47) 式の形の方程式を満たさない．代数関数と超越関数の逆関数は，それらが存在すれば，それぞれ代数関数と超越関数になる（一般には，初等関数の逆関数は初等関数になるとは限らない）．(2.47) 式のような代数方程式[†21]に対して，代数方程式でない方程式（超越関数なしでは表せない方程式）は超越方程式と名付けられている．

【問 2.14】 有理関数 $y=(x+1)/(x^3-x+2)$ と無理関数 $y=\sqrt{(x+1)/(x^2-x+1)}$ が (2.47) 式の形で表せることを示し，これらが代数関数であることを確かめよ．後者では y^2 まで考える必要がある．

[†17] $2a$，$-3xy^2$ のように，数や文字についての乗法だけでつくられている式を**単項式**といい，単項式の有限和の形で表される式を**多項式**という．j を非負の整数とする x のべき乗項 x^j の和で表される関数が x の多項式である．

[†18] 任意の整数と任意の自然数の割り算で表せる有理数に形式的に対応している．

[†19] 代数的な依存関係 $\sum_{m=0,n=0} a_{mn}x^m y^n = 0$ を満たす関数になっている．たとえば，$p(x)$ と $q(x)$ を多項式関数とすると，有理関数 $y=p(x)/q(x)$ も $q(x)y-p(x)=0$ と表せるから代数関数である．

[†20] 一般に，代数関数以外の関数 $y=f(x)$ は超越関数とよばれ，$\sum_{m=0,n=0} a_{mn}x^m y^n = 0$ の形の方程式の解にはなり得ない（加算，乗算などの代数的演算を有限回用いただけでは表せない）．超越関数のうち初等関数でないものとしては，ベッセル関数や誤差関数など多くの関数がある．超越関数は初等超越関数とそれ以外の超越関数からなる．

[†21] x の多項式を係数とする y の n 次の代数方程式と見なせる．

第3章 微分の基礎

この章では，微分 (differential) の考え方について概説し，代表的な初等関数やそれらの逆関数の導関数を導く．物理や化学においては，現象をある量の微小変化に対する応答として捉えることが多く，その数学的な記述の基盤が微分や積分である．第1章で現れた反応速度式はその典型である．本章の後半では，導関数を繰り返し微分していく高階微分についても説明し，何回でも微分可能な関数はテイラー級数で表せること，また，多変数関数に対する偏微分についても紹介する．

3.1 微分の定義と関連公式

第1章で，差分商と微分が関連していることを学んだが (たとえば (1.15) 式)，以下では，微分が差分商を使って厳密に定義できることを示す．**図3.1** で示すように，変数 x が a から $a+\Delta x$ に変化したとき，関数 $f(x)$ の変化量は $\Delta f = f(a+\Delta x) - f(a)$ となる．この変化量 Δf を Δx で割ったつぎの差分商

$$\frac{\Delta f}{\Delta x} = \frac{f(a+\Delta x) - f(a)}{\Delta x} \tag{3.1}$$

は，図3.1からもわかるように，$x=a$ と $x=a+\Delta x$ の間における $f(x)$ の平均

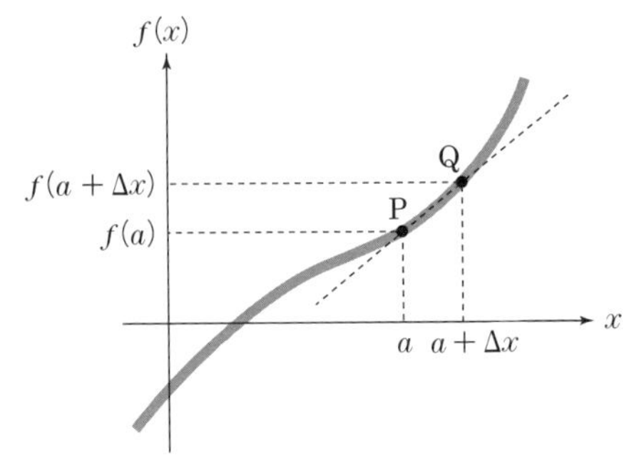

図3.1 関数 $f(x)$ の微分
$x=a$ での $f(a)$ の点Pと $x=a+\Delta x$ での $f(a+\Delta x)$ の点Qを結んだ破線の傾き $[f(a+\Delta x)-f(a)]/\Delta x$ の $\Delta x \to 0$ での極限値が $x=a$ での微分係数になる．

的な傾きと見なせる．Δx を小さくした極限 ($\Delta x \to 0$) に対して，(3.1) 式の極限

$$\lim_{\Delta x \to 0} \frac{\Delta f}{\Delta x} \equiv \lim_{\Delta x \to 0} \frac{f(a+\Delta x)-f(a)}{\Delta x} \tag{3.2}$$

が $x=a$ で確定値をとるとき，$f(x)$ は $x=a$ で**微分可能** (differentiable) であるという．この極限値のことを，$f(x)$ の $x=a$ における**微分係数** (differential constant) という．極限で確定値が存在するということは，$x=a$ への近づき方によらずに1つの値に収束するということである．$x=a$ で微分可能であれば，その関数は a でつながっていて切れ目がなく連続である．逆は必ずしも成立しない．つまり，連続であっても微分可能とは限らない．例としては，のこぎり状の関数のとがった点があげられる．

【問 3.1】 関数 $y=|x|$ は連続であるが，$x=0$ においては微分可能ではない．(3.2) 式を使って，x をプラス側からゼロに近づけた場合とマイナス側からゼロに近づけた場合とで，微分係数の極限値が異なることを示せ．

以上では，x のある点 a に対して，極限計算をして微分係数を求めているが，関数 $y=f(x)$ を x の任意の点で微分した新たな関数を $\mathrm{d}y/\mathrm{d}x$，$\mathrm{d}f(x)/\mathrm{d}x$，$f'(x)$ のように表記し，(3.2) 式にならってつぎのように一般的に導出しておくと便利である．

$$\frac{\mathrm{d}f(x)}{\mathrm{d}x} = f'(x) \equiv \lim_{\Delta x \to 0} \frac{f(x+\Delta x)-f(x)}{\Delta x} \tag{3.3}$$

Δx の無限小の極限が $\mathrm{d}x$，$\Delta y = \Delta f(x)$ の無限小の極限が $\mathrm{d}y = \mathrm{d}f(x)$ に対応する．(3.3) 式の関数を $f(x)$ の**導関数** (derivative)[†1] といい，特定の $x=a$ での微分係数がほしければ，$\mathrm{d}f(x)/\mathrm{d}x$ に $x=a$ を代入すればよい[†2]．たとえば，$f(x)=x^2$ の導関数 $\mathrm{d}f(x)/\mathrm{d}x$ は，(3.3) 式から，

$$\begin{aligned}\frac{\mathrm{d}f(x)}{\mathrm{d}x} &= \lim_{\Delta x \to 0} \frac{f(x+\Delta x)-f(x)}{\Delta x} = \lim_{\Delta x \to 0} \frac{(x+\Delta x)^2 - x^2}{\Delta x} \\ &= \lim_{\Delta x \to 0} \frac{2x\Delta x + \Delta x^2}{\Delta x} = 2x \end{aligned} \tag{3.4}$$

[†1] 関数 $f(x)$ を各点 x で微分して得られる微分係数をつなげて得られる x のあらたな関数．

[†2] $y=f(x)$ の微分という用語は，もともとは，x の微小変化量 Δx に対する y の変化量 $\Delta y = f'(x)\,\Delta x$（あるいは，$\mathrm{d}y = f'(x)\,\mathrm{d}x$）を意味していたが，実際上は，導関数を求めること，微分係数を求めること，その微分係数の意味にも使われている．

で与えられることがわかる．$f(x)$ の $x=a$ での微分係数は $f(x)$ の導関数 $f'(x)$ を $x=a$ で評価したものであるから，$f'(a)$ あるいは次式のように表すことが多い．

$$\left.\frac{\mathrm{d}f(x)}{\mathrm{d}x}\right|_{x=a} \tag{3.5}$$

(3.5) 式と (3.2) 式の微分係数は同じである．関数 $f(x)$ の $x=a$ における微分係数で与えられる傾き $f'(a)$ を使うと，その点での**接線** (tangential line) が次式で定義される．

$$y = f'(a)(x-a) + f(a) \tag{3.6}$$

図3.1の場合，$\Delta x \to 0$ の極限での破線に相当する．(3.6) 式より，接線と垂直な**法線** (normal line) の方程式がつぎのように決まる[†3]．

$$y = -\frac{1}{f'(a)}(x-a) + f(a) \tag{3.7}$$

以上の微分の定義を第1章 (1.10) 式の差分商 $\Delta[\mathrm{O_3}]_t/\Delta t = ([\mathrm{O_3}]_{t+\Delta t} - [\mathrm{O_3}]_t)/\Delta t$ と対応させると，$f(x) \to [\mathrm{O_3}]_t$，$\Delta x \to \Delta t$ である．(3.3) 式を参照すると，Δt が小さい場合には，この差分商が $\mathrm{d}[\mathrm{O_3}]_t/\mathrm{d}t$ の微分と等しいとした第1章 (1.15) 式が納得できる．$\Delta t \to 0$ では，つぎのような置き換えがつねに可能である．

$$\frac{[\mathrm{O_3}]_{t+\Delta t} - [\mathrm{O_3}]_t}{\Delta t} \longleftrightarrow \frac{\mathrm{d}[\mathrm{O_3}]_t}{\mathrm{d}t}$$

ここで，自然科学で必要となる微分の基本公式を復習しておこう．多くの複雑な関数の微分も，3.2節と3.3節で説明する初等関数の微分と，以下の微分公式 (3.8)～(3.13) 式を活用すれば導くことができる．ここで，f や g は x の関数とする．

和の微分 $$\frac{\mathrm{d}}{\mathrm{d}x}(f+g) = \frac{\mathrm{d}f}{\mathrm{d}x} + \frac{\mathrm{d}g}{\mathrm{d}x} \tag{3.8}$$

定倍数の微分 (a は定数) $$\frac{\mathrm{d}}{\mathrm{d}x}(af) = a\frac{\mathrm{d}f}{\mathrm{d}x} \tag{3.9}$$

積の微分 $$\frac{\mathrm{d}}{\mathrm{d}x}(fg) = \frac{\mathrm{d}f}{\mathrm{d}x}g + f\frac{\mathrm{d}g}{\mathrm{d}x} \tag{3.10}$$

[†3] 2つの直交する直線の傾きの積は -1 である．三平方の定理あるいは直交するベクトルの内積が0になること (5.3節参照) を使えば簡単に証明できる．

合成関数（composite function）の微分

$$\text{(1 変数関数の連鎖公式)}\quad \frac{\mathrm{d}}{\mathrm{d}x}f(g)=\frac{\mathrm{d}f(g)}{\mathrm{d}g}\frac{\mathrm{d}g}{\mathrm{d}x} \tag{3.11}$$

x の y による微分（逆関数の微分）と $\mathrm{d}y/\mathrm{d}x$ との関係

$$\frac{\mathrm{d}x}{\mathrm{d}y}=\frac{1}{\left(\dfrac{\mathrm{d}y}{\mathrm{d}x}\right)} \tag{3.12}$$

(3.10), (3.11) 式の証明は付録 A3.1 に与えておく．(3.12) 式が成り立つことは，$1=\mathrm{d}y/\mathrm{d}y=\mathrm{d}f[f^{-1}(y)]/\mathrm{d}y$ の最右辺に (3.11) 式をつぎのように適用すればよい[†4]．

$$\frac{\mathrm{d}}{\mathrm{d}y}f[f^{-1}(y)]=\frac{\mathrm{d}f[f^{-1}(y)]}{\mathrm{d}f^{-1}(y)}\frac{\mathrm{d}f^{-1}(y)}{\mathrm{d}y}=\frac{\mathrm{d}f(x)}{\mathrm{d}x}\frac{\mathrm{d}f^{-1}(y)}{\mathrm{d}y} \tag{3.13}$$

これが 1 であり，2 つ目の等式の右辺が $(\mathrm{d}y/\mathrm{d}x)(\mathrm{d}x/\mathrm{d}y)$ であることから (3.12) 式が導ける．

x と y が t を媒介変数とする関数 $x(t), y(t)$ で与えられる場合には，(3.11) 式から $\mathrm{d}y/\mathrm{d}x=(\mathrm{d}y/\mathrm{d}t)(\mathrm{d}t/\mathrm{d}x)$ と表せることがわかる．さらに，(3.12) 式を使うと，

$$\frac{\mathrm{d}y}{\mathrm{d}x}=\frac{\mathrm{d}y/\mathrm{d}t}{\mathrm{d}x/\mathrm{d}t} \tag{3.14}$$

のように媒介変数 t による微分の公式が導ける．

【問 3.2】 つぎの商 $g(t)/f(t)$ の微分に対して次式が成立することを示せ．

$$\frac{\mathrm{d}}{\mathrm{d}t}\left(\frac{g}{f}\right)=\frac{g'f-gf'}{f^2} \tag{3.15}$$

右辺を得るためには，(3.10) 式を使えばよい．(3.15) 式で $g=1$ とすると，逆数関数 $1/f(t)$ の微分を得る．

$$\frac{\mathrm{d}}{\mathrm{d}t}\left(\frac{1}{f}\right)=-\frac{f'}{f^2} \tag{3.16}$$

3.2　べき関数の導関数

導関数の例として，本節では，最も基本的な初等関数である，べき関数を対象にする．非負整数 n を指数とする x のべき乗 x^n の導関数 (3.17) 式から始めよう．

[†4] $f^{-1}(y)$ は $y=f(x)$ の逆写像で，x と y の関係は $f^{-1}(y)=x$ でも $y=f(x)$ でも同じである（ここで，f^{-1} は $1/f$ の意味ではない）．

$$\frac{\mathrm{d}x^n}{\mathrm{d}x} = nx^{n-1} \tag{3.17}$$

この式は，つぎの**二項定理** (binomial theorem) を使って証明できる（補足 C3.1 参照）．

$$(a+b)^n = \sum_{k=0}^{n} {}_nC_k\, a^{n-k} b^k \tag{3.18}$$

ここで，${}_nC_k$ は組合せ (combination) とよばれ，n 個並んだものから，k 個を選ぶ組合せの総数を表している（同じものを選ぶことは許されず，選び出す順番は問題にしない）．(3.18) 式では，$(a+b)$ を n 回かけ合わせるので，b が k 回現れ，a が $n-k$ 回現れる組合せの総数は，a と b が入った n 個の箱から k 個選ぶ方法の総数 ${}_nC_k$ になる．$n!$ などの階乗[†5]を表す記号を使うと，${}_nC_k$ は次式で与えられる．

$${}_nC_k = \frac{n!}{(n-k)!\,k!} \tag{3.19}$$

(3.18) 式を使って $(x+\Delta x)^n$ を Δx に関して展開すると，(3.17) 式を簡単に導くことができる[†6]．

$$\begin{aligned}\frac{\mathrm{d}x^n}{\mathrm{d}x} &= \lim_{\Delta x \to 0} \frac{(x+\Delta x)^n - x^n}{\Delta x} \\ &= \lim_{\Delta x \to 0} \frac{x^n + {}_nC_1 x^{n-1}\Delta x + {}_nC_2 x^{n-2}(\Delta x)^2 + \cdots + (\Delta x)^n - x^n}{\Delta x} \\ &= {}_nC_1 x^{n-1} = nx^{n-1}\end{aligned} \tag{3.20}$$

指数部が負の整数 $-n$ の場合も（n を正の整数とする）(3.17) 式が成り立ち，

$$\frac{\mathrm{d}x^{-n}}{\mathrm{d}x} = -nx^{-n-1} \tag{3.21}$$

と表せる．つぎの微分の定義に二項定理を適用すればよい．

$$\frac{\mathrm{d}x^{-n}}{\mathrm{d}x} = \lim_{\Delta x \to 0} \frac{\dfrac{1}{(x+\Delta x)^n} - \dfrac{1}{x^n}}{\Delta x} = \lim_{\Delta x \to 0} \frac{x^n - (x+\Delta x)^n}{\Delta x (x+\Delta x)^n x^n} \tag{3.22}$$

[†5] $n!$ は1から n までのすべての整数の積として定義されている．たとえば，$4! = 4 \times 3 \times 2 \times 1$ である．$0! = 1$ と定義されている．

[†6] 帰納法でも証明できる．$n = 1$ のとき，x の微分は1となり (3.17) 式は正しい．$n = k$ のとき正しいと仮定すると，(3.10) 式より $(x^{k+1})' = (x\,x^k)' = (k+1)x^k$ となり $n = k+1$ のときにも (3.17) 式が成立していることがわかる．

(3.17), (3.21) 式は，一般に n が実数の場合にも成り立つ．まず，m を任意の整数，n を 0 以外の整数 (m/n は負の分数でもよい) として，$g(x)=x^{m/n}$ の微分，つまり，指数部が有理数のべき関数の微分を考える．その合成関数 $f(g(x))=g(x)^n=x^m$ の微分

$$\frac{\mathrm{d}f(g(x))}{\mathrm{d}x}=\frac{\mathrm{d}x^m}{\mathrm{d}x}=mx^{m-1} \tag{3.23}$$

と (3.11) 式を適用した結果

$$\begin{aligned}\frac{\mathrm{d}}{\mathrm{d}x}f(g(x))&=\frac{\mathrm{d}f(g(x))}{\mathrm{d}g(x)}\frac{\mathrm{d}g(x)}{\mathrm{d}x}=ng(x)^{n-1}\frac{\mathrm{d}g(x)}{\mathrm{d}x}\\&=n(x^{m/n})^{n-1}\frac{\mathrm{d}x^{m/n}}{\mathrm{d}x}\end{aligned} \tag{3.24}$$

とを比較すると，

$$n(x^{m/n})^{n-1}\frac{\mathrm{d}x^{m/n}}{\mathrm{d}x}=mx^{m-1} \tag{3.25}$$

が成り立たなければならないことがわかる．ここから，(3.17) 式の形が得られる．

$$\frac{\mathrm{d}x^{m/n}}{\mathrm{d}x}=\frac{m}{n}x^{(m/n)-1} \tag{3.26}$$

任意の実数は有理数か，あるいは，有理数の極限として与えられるから，結局，正負の任意の実数 α に対して次式が成立する[†7]．

$$\frac{\mathrm{d}x^\alpha}{\mathrm{d}x}=\alpha x^{\alpha-1} \tag{3.27}$$

【問 3.3】 $y=\sqrt{3x^2+1}$ の微分 $\mathrm{d}y/\mathrm{d}x$ が (3.11) 式と (3.27) 式を使うと，

$$\frac{\mathrm{d}y}{\mathrm{d}x}=\frac{3x}{\sqrt{3x^2+1}} \tag{3.28}$$

と表せることを示せ．また，$y=\sqrt{3x^2+1}$ の両辺を二乗した $y^2=3x^2+1$ を y で微分して $\mathrm{d}x/\mathrm{d}y$ を求め，(3.12) 式が成立していることを確認せよ．

3.3　指数関数，対数関数，三角関数の導関数

第 2 章問 2.2 を解くことによって，次式で定義された指数関数 e^x が微分方程式 $\mathrm{d}y/\mathrm{d}x=y$ を満たすことがわかった．

[†7] $\alpha>0$ として (3.27) 式が証明されていれば，(3.10) 式を $x^{-\alpha}x^{\alpha}$ (=1) に適用することによって，$\alpha<0$ に対しても (3.27) 式が成立することが導ける．

$$y(x) = e^x = \lim_{N\to\infty}\left(1+\frac{x}{N}\right)^N \tag{3.29}$$

つまり，e^x の微分は次式で与えられることになる[†8]．

$$\frac{\mathrm{d}e^x}{\mathrm{d}x} = e^x \tag{3.30}$$

実際，(3.29) 式最右辺を x に関して微分すると[†9]，それ自身と等しくなる．また，a を任意の定数とする指数関数 e^{ax} の微分は次式で表せる．

$$\frac{\mathrm{d}e^{ax}}{\mathrm{d}x} = ae^{ax} \tag{3.31}$$

(3.11) 式の f を $e^{g(x)}$, $g(x)$ を ax とおき, $\mathrm{d}e^{g(x)}/\mathrm{d}g(x) = e^{g(x)}$ を使えば証明できる．

【問 3.4】 ある正の数 $b(\neq 1)$ を底とする指数関数 b^{ax} の導関数が次式で与えられることを証明せよ．

$$\frac{\mathrm{d}}{\mathrm{d}x}b^{ax} = (a\ln b)\,b^{ax} \tag{3.32}$$

b が $e^{\ln b}$ と表せることから始めて，(3.31) 式を適用すればよい．

つぎに，対数関数の導関数を求めていくが，本節では，対数関数の逆関数が指数関数であることを利用する．差分商を使った微分の定義から求める方法は付録A3.2 に与えておく．ここでは，関数 $y = f(x)$ の導関数 $\mathrm{d}y/\mathrm{d}x$ を，$y = f(x)$ と等価な $x = f^{-1}(y)$ の導関数 $\mathrm{d}x/\mathrm{d}y = \mathrm{d}f^{-1}(y)/\mathrm{d}y$ から (3.12) 式の関係を使って求める[†10]．

$$\frac{\mathrm{d}y}{\mathrm{d}x} = \frac{1}{\mathrm{d}x/\mathrm{d}y} = \frac{1}{\mathrm{d}f^{-1}(y)/\mathrm{d}y} \tag{3.33}$$

右辺に現れる y は $y = f(x)$ を使って x の関数に変換すればよい．この考えに従って，対数関数 $y = f(x) = \ln|x|$ を $f^{-1}(y) = |x| = e^y$ のように指数関数で表し，$\mathrm{d}x/\mathrm{d}y = \mathrm{d}f^{-1}(y)/\mathrm{d}y$ を求める．$x > 0$ の場合 $\mathrm{d}x/\mathrm{d}y = \mathrm{d}e^y/\mathrm{d}y = e^y = x$ であるので，(3.33) 式より $\mathrm{d}y/\mathrm{d}x = \mathrm{d}(\ln x)/\mathrm{d}x$ は逆数 $1/x$ と等しくなる．$x < 0$ の場合 $x = -e^y$ となるので，$\mathrm{d}x/\mathrm{d}y = -\mathrm{d}e^y/\mathrm{d}y = -e^y = x$ となって，$\mathrm{d}y/\mathrm{d}x = \mathrm{d}\ln(-x)/\mathrm{d}x = 1/x$ が成り立つ．結局，x の正負にかかわらず，

---

†8 18 世紀の数学者であり天文学者でもあるオイラー (Euler, L.) によって，$\mathrm{d}a^x/\mathrm{d}x = a^x$ を満たす実数 a は e に等しいことが示された．

†9 (3.11) 式の合成関数の微分を適用すればよい．

†10 ここでは，$y = f(x)$ と $x = f^{-1}(y)$ の右辺は，それぞれ，対数関数と指数関数である．

$$\frac{\mathrm{d}\ln|x|}{\mathrm{d}x}=\frac{1}{x} \tag{3.34}$$

が成り立つ．また，任意の正の数 a を底とする対数の導関数は次式で与えられる．

$$\frac{\mathrm{d}\log_a|x|}{\mathrm{d}x}=\frac{1}{x\ln a}=\frac{\log_a e}{x} \tag{3.35}$$

第2章 (2.25) 式より，$\log_a|x|=\ln|x|/\ln a$ あるいは $\ln|x|=\log_a|x|/\log_a e$ と表せるからである．

【問 3.5】 (3.11) 式を使って，つぎの関係を証明せよ．

$$\frac{\mathrm{d}\ln|f(x)|}{\mathrm{d}x}=\frac{f'(x)}{f(x)} \tag{3.36}$$

また，$f(x)=f_1(x)^{\alpha_1}f_2(x)^{\alpha_2}\cdots f_n(x)^{\alpha_n}$ と表せる場合，各 $f_j(x)$ が微分可能であれば ($f_j(x)\neq 0$)

$$\frac{f'(x)}{f(x)}=\alpha_1\frac{f_1'(x)}{f_1(x)}+\alpha_2\frac{f_2'(x)}{f_2(x)}+\cdots+\alpha_n\frac{f_n'(x)}{f_n(x)} \tag{3.37}$$

が成り立つことを示せ．$|f(x)|=|f_1(x)|^{\alpha_1}|f_2(x)|^{\alpha_2}\cdots|f_n(x)|^{\alpha_n}$ の両辺の自然対数をとって，微分すればよい．このように両辺の対数をとってから微分する方法を**対数微分法**という[†11]．

つぎに三角関数やその逆関数の導関数を求めていく．正弦・余弦関数などの三角関数の導関数は，以下のように三角関数で表すことができる．

$$\frac{\mathrm{d}\sin x}{\mathrm{d}x}=\cos x \tag{3.38}$$

$$\frac{\mathrm{d}\cos x}{\mathrm{d}x}=-\sin x \tag{3.39}$$

$$\frac{\mathrm{d}\tan x}{\mathrm{d}x}=\sec^2 x=\frac{1}{\cos^2 x} \tag{3.40}$$

$$\frac{\mathrm{d}\cot x}{\mathrm{d}x}=-\mathrm{cosec}^2 x=-\frac{1}{\sin^2 x} \tag{3.41}$$

他の三角関数の微分もこれらの式を組み合わせれば求めることができる．(3.38) 式は，差分商を使った微分の定義から証明できる．

[†11] 関数 $f(x)$ が複数の関数の積の場合や，$g(x)$ に加えて指数部も複雑な関数 $h(x)$ になっている $f(x)=g(x)^{h(x)}$ のような場合は，両辺の対数をとってから微分した方が計算が楽になる．

$$\frac{\mathrm{d}\sin x}{\mathrm{d}x} = \lim_{\Delta x \to 0} \frac{\sin(x + \Delta x) - \sin x}{\Delta x} \tag{3.42}$$

付録 A2 にある公式 $\sin A - \sin B = 2\sin[(A - B)/2]\cos[(A + B)/2]$ と，$\sin\theta$ が $\theta \to 0$ の極限で θ になることを使うと，$\sin(x + \Delta x) - \sin x = \Delta x \cos x$ となることがわかる．これを (3.42) 式右辺に代入すれば，(3.38) 式右辺になる．(3.39) 式も同様にして導ける．(3.40), (3.41) 式は $\tan x$ と $\cot x$ を $\cos x$ と $\sin x$ で表し，(3.15), (3.38), (3.39) 式などを適用すれば求められる．

【問 3.6】 (3.39) 式は $\sin^2 x + \cos^2 x = 1$ を使っても導ける．この両辺を x で微分し，(3.38) 式を代入することによって (3.39) 式を導け．

逆関数 $\sin^{-1} x$，$\cos^{-1} x$，$\tan^{-1} x$ の導関数はそれぞれの主値の値域 (2.3 節参照) で以下のようになる．

$$\frac{\mathrm{d}}{\mathrm{d}x}\sin^{-1} x = \frac{1}{\sqrt{1 - x^2}} \tag{3.43}$$

$$\frac{\mathrm{d}}{\mathrm{d}x}\cos^{-1} x = \frac{-1}{\sqrt{1 - x^2}} \tag{3.44}$$

$$\frac{\mathrm{d}}{\mathrm{d}x}\tan^{-1} x = \frac{1}{1 + x^2} \tag{3.45}$$

(3.43) 式を証明するには，(3.33) 式の関係を使えばよい．$y = f(x) = \sin^{-1} x$ であるから，等価な $x = f^{-1}(y) = \sin y$ を y で微分すれば，$\mathrm{d}y/\mathrm{d}x$ は $1/(\mathrm{d}x/\mathrm{d}y) = 1/\cos y$ となる．これに $\sin^2 y + \cos^2 y = x^2 + \cos^2 y = 1$ の関係を代入すると (3.43) 式になる (主値の値域 $-\pi/2 \le \sin^{-1} x \le \pi/2$ では，$\cos y > 0$)．(3.44) 式も同様に証明できる．

【問 3.7】 (3.45) 式を証明せよ．逆三角関数に関する公式[†12]

$$\tan^{-1} x = \sin^{-1}\frac{x}{\sqrt{1 + x^2}} \tag{3.46}$$

の右辺の微分に (3.11) 式と (3.43) 式を適用すればよい．

その他様々な関数の導関数に関しては，数学公式集[†13]を参考にするとよい．双曲線関数の導関数については補足 C3.2 にまとめておく．

[†12] 底辺の長さが 1，高さが x の直角三角形の tan と sin から求められる．

[†13] たとえば，『岩波 数学公式 I』(岩波書店，1987)．

3.4　高階導関数とテイラー展開

前節までに解説してきた関数 $y = f(x)$ の導関数 $\mathrm{d}y/\mathrm{d}x$ を，**第1階**（あるいは1次）**導関数**という．この第1階導関数がさらに x で微分可能であれば，もう1回微分した**第2階導関数** $\mathrm{d}^2y/\mathrm{d}x^2 = \mathrm{d}(\mathrm{d}y/\mathrm{d}x)/\mathrm{d}x$ が存在し，$\mathrm{d}^2f(x)/\mathrm{d}x^2$，$y''$，$f''(x)$ と書くこともある．一般に，**第 n 階導関数**（n th order derivative）は

$$\mathrm{d}^ny/\mathrm{d}x^n,\quad \mathrm{d}^nf(x)/\mathrm{d}x^n,\quad y^{(n)},\quad f^{(n)}(x)$$

のように表記される．

【問 3.8】 $y = x^m$ の第 n 階導関数 $y^{(n)}$ が次式で表せることを示せ．

$$\begin{cases} n \leq m: & y^{(n)} = \dfrac{m!}{(m-n)!}x^{m-n} \\ n > m: & y^{(n)} = 0 \end{cases} \tag{3.47}$$

正弦・余弦関数の任意の階数の導関数は，(3.38) 式と (3.39) 式を組み合わせ，n を非負の整数とすると，

偶数 $(2n)$ 回の微分：

$$\frac{\mathrm{d}^{2n}\sin x}{\mathrm{d}x^{2n}} = (-1)^n \sin x \tag{3.48}$$

$$\frac{\mathrm{d}^{2n}\cos x}{\mathrm{d}x^{2n}} = (-1)^n \cos x \tag{3.49}$$

奇数 $(2n+1)$ 回の微分：

$$\frac{\mathrm{d}^{2n+1}\sin x}{\mathrm{d}x^{2n+1}} = (-1)^n \cos x \tag{3.50}$$

$$\frac{\mathrm{d}^{2n+1}\cos x}{\mathrm{d}x^{2n+1}} = -(-1)^n \sin x \tag{3.51}$$

のように表せる．(3.48)，(3.49) 式からわかるように，正弦・余弦関数ともに2階の微分方程式 $\mathrm{d}^2f(x)/\mathrm{d}x^2 = -f(x)$ の解であり，それらの解は互いに独立である[†14]．

高階の微分に関しても，様々な便利な公式が存在する．たとえば，関数 f と g の積 fg の n 階微分は一般につぎのライプニッツの公式によって与えられる．

$$(fg)^{(n)} = \sum_{k=0}^{n} {}_nC_k\, f^{(n-k)} g^{(k)} \tag{3.52}$$

[†14] $\sin x$ を $\cos x$ で表すことはできない．逆もできない．詳しくは10.2節で説明する．

$n=1$ とすれば (3.10) 式の積の微分の公式になっている．(3.52) 式は，二項定理 (3.18) 式の指数 $n-k$ や k を微分の階数 $(n-k)$ や (k) で置き換えたものになっている．(3.10) 式をさらに微分していくと，$f^{(n-k)}g^{(k)}$ の係数が ${}_nC_k$ になっていることがわかる．

つぎに，ある関数の高階導関数が得られれば，その関数を級数で表すことができることを示す．3.3 節では，微分方程式

$$\frac{\mathrm{d}y}{\mathrm{d}x}=y \tag{3.53}$$

を満たす指数関数 e^x を (3.29) 式で定義した．本節では，(3.53) 式を満たす解を**べき級数展開** (series expansion) を利用して求める方法について紹介し，このような考えを進めると，何回でも微分可能な関数 (無限回微分可能な関数) はいわゆるテイラー級数で表せることを示す．(3.53) 式の微分方程式を解くことは，ある関数 y を x で微分すると y にまた戻っている，そのような特殊な関数の探索とも見なせる．やみくもに関数を探すことは非効率的なので，関数の形を仮定して探索する．ここでは，y が x のべき乗項の無限和 (3.54) 式で表せると仮定してみよう ($x=0$ を展開の中心とする)．

$$y=\sum_{n=0}^{\infty}c_n x^n \tag{3.54}$$

すべての c_n を定数とすると，これは $x=0$ で x に関して何回でも微分可能な関数である．c_n は未定であるが，(3.54) 式に対して (3.53) 式の左辺を形式的には計算できる．

$$\frac{\mathrm{d}y}{\mathrm{d}x}=\sum_{n=0}^{\infty}nc_n x^{n-1}=\sum_{n=0}^{\infty}(n+1)c_{n+1}x^n \tag{3.55}$$

したがって，(3.53) 式と等価な (3.55) 式 = (3.54) 式が成立するには，$c_{n+1}=c_n/(n+1)$ が満たされていなければならない．つまり，$c_n=c_0/n!$ である．

$$y=c_0\sum_{n=0}^{\infty}\frac{x^n}{n!} \tag{3.56}$$

y を定数倍しても (3.53) 式は成立するので，c_0 を決めるには，何らかの条件が必要である．たとえば，$x=0$ で $y=1$ なら，$c_0=1$ となる．指数関数 $y=e^x$ はこの条件を満たすから，

$$e^x=\sum_{n=0}^{\infty}\frac{x^n}{n!} \tag{3.57}$$

と無限級数で表せることがわかる．これが指数関数の展開式である．

【問 3.9】 (3.57) 式の x を ax とすると，

$$e^{ax} = \sum_{n=0}^{\infty} \frac{(ax)^n}{n!} \tag{3.58}$$

と書ける．この右辺の各項を x で微分して，(3.31) 式 $\mathrm{d}e^{ax}/\mathrm{d}x = ae^{ax}$ が成り立つことを確認せよ．

(3.57) 式のような級数展開は，テイラー (Taylor, B.) によって一般化されている．彼は，一般に，$x = x_0$ で無限回微分可能な関数 $f(x)$ はつぎのような $x = x_0$ の周りのべき級数で表せることを示した[†15]．

$$f(x) = \sum_{n=0}^{\infty} \frac{f^{(n)}(x_0)}{n!}(x - x_0)^n \tag{3.59}$$

ここで，$f^{(n)}(x_0)$ は $f(x)$ の n 階微分の $x = x_0$ での値である．(3.59) 式は**テイラー級数**とよばれ，このような級数を得る手法を**テイラー展開**という．証明のため，まず，(3.59) 式に $x = x_0$ を代入する．左辺は $f(x_0)$ であり，右辺の級数においても，$f(x_0)$ と等しい $f^{(0)}(x_0)/0!$ だけが生き残るので，右辺の $n = 0$ の項は正しい解を与えていることがわかる．つぎに，(3.59) 式の両辺を x で 1 回だけ微分し，$x = x_0$ を代入すると，左辺は $f^{(1)}(x_0)$，微分した右辺は $f^{(1)}(x_0)/1!$ だけが確かに残る．同様にして，微分を 2 回，3 回と続けていくと，$(x - x_0)^n$ の係数が $f^{(n)}(x_0)/n!$ でなければならないことがわかる．$x_0 = 0$ の周りでのテイラー展開から得られる無限級数は，とくに**マクローリン** (Maclaurin) **級数**とよばれている．

$$f(x) = \sum_{n=0}^{\infty} \frac{f^{(n)}(x=0)}{n!} x^n \tag{3.60}$$

指数関数 e^x の場合 $f^{(n)}(x = 0) = 1$ であるから，e^x のマクローリン級数はすでに求めていた (3.57) 式と確かに等しい．

正弦・余弦関数のマクローリン級数は，(3.48) ～ (3.51) 式を利用すると，次式で表せることがわかる．

$$\sin x = \frac{x}{1!} - \frac{x^3}{3!} + \frac{x^5}{5!} - \frac{x^7}{7!} + \cdots = \sum_{n=0}^{\infty} (-1)^n \frac{x^{2n+1}}{(2n+1)!} \tag{3.61}$$

[†15] (3.59) 式を $n - 1$ 項までの和と残りの項の和 $R_n(x)$（剰余項）に分けた場合に，$R_n(x)$ が $n \to \infty$ で 0 に収束することが，(3.59) 式がある値に収束するための十分条件として知られている．

$$\cos x = 1 - \frac{x^2}{2!} + \frac{x^4}{4!} - \frac{x^6}{6!} + \cdots = \sum_{n=0}^{\infty} (-1)^n \frac{x^{2n}}{2n!} \tag{3.62}$$

テイラー展開やマクローリン展開は，三角関数などの数値計算など様々な問題に応用されている．

【問 3.10】 $\ln(1+x)$ がつぎのように展開できることをマクローリン展開の公式を使って示せ．

$$\ln(1+x) = x - \frac{x^2}{2} + \frac{x^3}{3} - \frac{x^4}{4} + \cdots \tag{3.63}$$

ただし，この級数がある一定値に収束するには $|x| \leq 1$ でなければならないことがわかっている．

テイラー展開などを使えば,差分近似の妥当性を定量的に評価することもできる．例として，微分 $\mathrm{d}f(t)/\mathrm{d}t$ に対するつぎの差分の誤差を考えてみる．

$$\frac{\mathrm{d}f(t)}{\mathrm{d}t} = \frac{f(t+\Delta t) - f(t)}{\Delta t} + O((\Delta t)^n) \tag{3.64}$$

ここで，$O((\Delta t)^n)$ は次数（オーダー）n の $(\Delta t)^n$ の項が誤差を支配していることを示している．Δt が小さい状況なので，より高次の項 $(\Delta t)^{n+1}$ などは $(\Delta t)^n$ より小さいと考えられる．記号 O は「同じかそれ以下」を意味しており，ビッグオーとよばれている[†16]．$f(t+\Delta t)$ を t の周りで微小区間 Δt に関してテイラー展開すると，

$$f(t+\Delta t) = f(t) + f'(t)\Delta t + \frac{f''(t)(\Delta t)^2}{2} + \cdots \tag{3.65}$$

となるので，

$$\frac{f(t+\Delta t) - f(t)}{\Delta t} = f'(t) + \frac{f''(t)\Delta t}{2} + \cdots \tag{3.66}$$

となって，誤差が Δt の1次から始まる，かなり荒っぽい近似であることがわかる．

【問 3.11】 一般に，微分を近似する差分の表現は唯一ではなく，誤差を小さくする様々な形が存在する．たとえば，微分 $\mathrm{d}f(t)/\mathrm{d}t$ のつぎの差分近似の誤差は，(3.66) 式のような Δt からではなく，$(\Delta t)^2$ から始まる．

$$\frac{\mathrm{d}f(t)}{\mathrm{d}t} = \frac{f(t+\Delta t/2) - f(t-\Delta t/2)}{\Delta t} + O((\Delta t)^2) \tag{3.67}$$

$f(t \pm \Delta t/2)$ を t の周りでテイラー展開して，(3.67) 式を証明せよ．

[†16] これに対して，スモールオー $o(x^n)$ は x^n よりも小さいオーダーを意味している．

【問 3.12】 第1章 (1.12) 式では，(3.66) 式左辺の差分近似を $f'(t)$ として使い，時刻 $t=n\Delta t$ でのオゾン濃度 $[O_3]_{n\Delta t}=(1-k\Delta t)^n[O_3]_0$ を導いた．この近似がどの程度厳密解，つまり，(1.18) 式 $[O_3]_{n\Delta t}=[O_3]_0 e^{-kn\Delta t}$ に近いかは両式を Δt で展開すればわかる．$(1-k\Delta t)^n$ の二項展開と $\exp[-kn\Delta t]$ のマクローリン展開において，両者の差が $(\Delta t)^2$ の項から始まることを示せ[†17]．

3.5 偏微分

微分方程式は自然科学や工学のあらゆる分野に登場し，独立変数が1つの**常微分方程式** (ordinary differential equation) と，独立変数が2つ以上で偏導関数を含む**偏微分方程式** (partial differential equation) とに分けられる．現実の問題では変数が1つではなく，変数が2つ以上ある場合がほとんどである．1変数 x だけの微分の場合は，x の微小変化 Δx に対する関数 $y=f(x)$ の変化量 $\Delta f=f(x+\Delta x)-f(x)$ は Δx の一次近似 $f'(x)\Delta x$ で表されていた．複数の変数の場合にも，関数 $f(x,y,\cdots)$ の微小変化量は，すべての変数の微小変化量に関する一次近似で定義できる．各変数 $\{x,y,\cdots\}$ の変化量に対する比例定数を記号 $\{\partial f/\partial x,\partial f/\partial y,\cdots\}$ で表し，これを**偏微分** (partial differential) とよぶ[†18]．偏微分は，多変数関数の1つの変数だけに注目して行う微分であり，残りの変数については，あたかも定数であるかのように扱えばよい．以下で3変数関数 $f(x,y,t)$ を例に，説明していく．

変数 x,y,t がそれぞれ微小量 $\Delta x,\Delta y,\Delta t$ だけ変化すると，それに合わせて関数 f の値も次式の Δf だけ変化する．

$$\Delta f=f(x+\Delta x,\ y+\Delta y,\ t+\Delta t)-f(x,y,t) \tag{3.68}$$

この式をつぎのように変形してみる．最初と最後の項以外は相殺され，(3.68) 式と同じである．

$$\begin{aligned}\Delta f=&f(x+\Delta x,\ y+\Delta y,\ t+\Delta t)-f(x,\ y+\Delta y,\ t+\Delta t)\\&+f(x,\ y+\Delta y,\ t+\Delta t)-f(x,\ y,\ t+\Delta t)\\&+f(x,\ y,\ t+\Delta t)-f(x,\ y,\ t)\end{aligned} \tag{3.69}$$

1行目は x だけを変化させたときの f の変化を表し，2行目は y だけを，3行目は t だけを変化させている形になっている．ここで，それぞれの微小変化量 Δx などを各行の分母と分子にかけて，$\Delta x,\Delta y,\Delta t\to 0$ での極限値 $\mathrm{d}f$ を考えてみる．

[†17] (3.66) 式左辺の差分近似の誤差は Δt の1次から始まっているが，オゾン濃度 $[O_3]_{n\Delta t}$ は差分近似に Δt をかけたものから得られる (第1章 問題 (3) 参照)．

[†18] $\partial^2 f/\partial x\partial y$ のような高階の偏微分は，14.7節で扱う．

$$\mathrm{d}f = \lim_{\Delta x, \Delta y, \Delta t \to 0} \frac{f(x+\Delta x,\ y+\Delta y,\ t+\Delta t) - f(x,\ y+\Delta y,\ t+\Delta t)}{\Delta x} \Delta x$$
$$+ \lim_{\Delta x, \Delta y, \Delta t \to 0} \frac{f(x,\ y+\Delta y,\ t+\Delta t) - f(x,\ y,\ t+\Delta t)}{\Delta y} \Delta y$$
$$+ \lim_{\Delta x, \Delta y, \Delta t \to 0} \frac{f(x,\ y,\ t+\Delta t) - f(x,\ y,\ t)}{\Delta t} \Delta t \tag{3.70}$$

この式の中の3つの差分商は1変数関数の普通の微分の定義式に対応している．y が変化しないで x が変化するのと，y が変化したのちに x が変化するのでは結果がわずかに違うが，無限小の変化ではその差は無視できる．たとえば，(3.70) 式中の第1項の差分商

$$\lim_{\Delta x, \Delta y, \Delta t \to 0} \frac{f(x+\Delta x,\ y+\Delta y,\ t+\Delta t) - f(x,\ y+\Delta y,\ t+\Delta t)}{\Delta x} \tag{3.71}$$

は，x 以外の他の変数を変化させない

$$\lim_{\Delta x, \Delta y, \Delta t \to 0} \frac{f(x+\Delta x,\ y,\ t) - f(x,\ y,\ t)}{\Delta x} \tag{3.72}$$

と等しい．(3.72) 式のような差分商が Δx のような微小変位に依存しなければ，多変数関数 f の無限小変化である (3.70) 式の $\mathrm{d}f$ は

$$\mathrm{d}f = A(x,y,t)\Delta x + B(x,y,t)\Delta y + C(x,y,t)\Delta t \tag{3.73}$$

のような微小変位の1次式で表すことができ，このとき f が**全微分可能** (totally differentiable) であるという．

f が全微分可能のとき，たとえば，(3.73) 式の A は次式で定義される偏微分 $\partial f/\partial x$ に等しい[†19]．

$$\frac{\partial f}{\partial x} = \lim_{\Delta x, \Delta y, \Delta t \to 0} \frac{f(x+\Delta x,\ y,\ t) - f(x,y,t)}{\Delta x} \tag{3.74}$$

f が全微分可能なとき，偏微分の記号と極限の微小変化量 $\mathrm{d}x, \mathrm{d}y, \mathrm{d}t$ の記号を使えば，(3.70) 式はつぎのように表せる．

$$\mathrm{d}f = \frac{\partial f}{\partial x}\mathrm{d}x + \frac{\partial f}{\partial y}\mathrm{d}y + \frac{\partial f}{\partial t}\mathrm{d}t \tag{3.75}$$

この右辺の形式を**全微分**[†20] (total differential) という．

[†19] 偏微分によって得られた微分係数や導関数のことを，**偏微分係数**，**偏導関数**という（あるいはこれらをまとめて単に**偏微分**という）．

[†20] 1変数の関数の微分の概念を多変数の関数に拡張したものになっている．

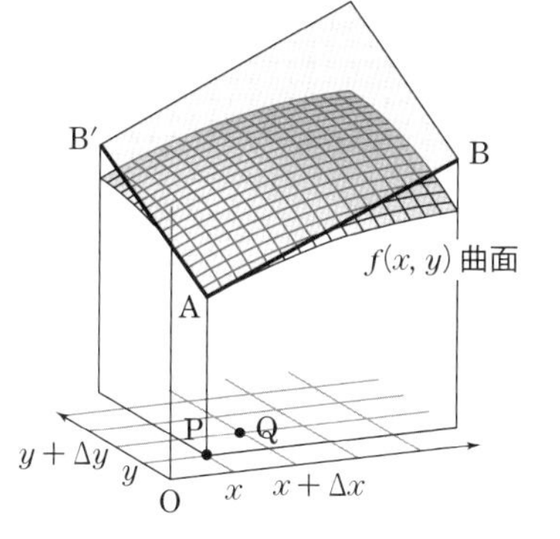

図 3.2 関数 $f(x,y)$ の曲面の一例と点 P ＝ (x,y) における曲面上の点 A に接する接平面
これは x 方向の接線 AB と y 方向の接線 AB′ を含む接平面として定義されている．点 Q での関数 f の値は，その接平面上の値で近似できる．

全微分可能とは，たとえば，$f(x,y)$ と $f(x+\Delta x,\ y+\Delta y)$ の差が，x 軸方向の差と y 軸方向の差を足したもので近似できるといってもよい．これは**図 3.2** で描いた関数 $f(x,y)$ の曲面とその接平面を考えるとわかりやすい．図 3.2 の接平面は 2 つの接線 AB と AB′ を含む面として定義される．点 P ＝ (x,y) における曲面上の点 A での x 方向の接線 AB を表す関数 g[†21] は，傾き $\partial f(x,\ y)/\partial x$ を使うと，微小変位 Δx に対して，

$$g(x+\Delta x,\ y)-f(x,y)=\frac{\partial f(x,y)}{\partial x}\Delta x \tag{3.76}$$

のように表せる．同様に，y 方向の接線 AB′ を表す関数 g は，Δy に対して

$$g(x,\ y+\Delta y)-f(x,y)=\frac{\partial f(x,y)}{\partial y}\Delta y \tag{3.77}$$

と表せる．この両接線を含む接平面 g はただ 1 つ

$$g(x+\Delta x,\ y+\Delta y)-f(x,y)=\frac{\partial f(x,y)}{\partial x}\Delta x+\frac{\partial f(x,y)}{\partial y}\Delta y \tag{3.78}$$

しかない[†22]．全微分 (3.73) 式は，2 変数 $x,\ y$ だけの場合，

$$\lim_{\Delta x,\Delta y\to 0} f(x+\Delta x,\ y+\Delta y)-f(x,y)=\lim_{\Delta x\to 0}\frac{\partial f(x,y)}{\partial x}\Delta x+\lim_{\Delta y\to 0}\frac{\partial f(x,y)}{\partial y}\Delta y \tag{3.79}$$

を意味しており，この右辺は (3.78) 式の右辺，つまり，接平面上の増加分と等しい．微小変位の極限では，$f(x+\Delta x,\ y+\Delta y)$ は点 Q ＝ $(x+\Delta x,\ y+\Delta y)$ での接平

[†21] 接線は，(3.6) 式で与えられている．

[†22] 接平面 g は $\Delta x=0$ なら (3.77) 式の接線，$\Delta y=0$ なら (3.76) 式の接線になる．

面の値で近似でき，全微分が図3.1の1変数の場合の考え方の自然な拡張になっていることがわかる．

(3.75)式の全微分は，変数 x, y, t の間にどのような関係があっても成立する．たとえば，変数 x と y が t の関数で微分可能であり，f が $f(x(t), y(t), t)$ と表され，f が実質 t のみの関数とする．t が $\mathrm{d}t$ だけ変化するときに関数 f が全微分 $\mathrm{d}f$ だけ変化すると，その $\mathrm{d}f$ には x や y が変化する影響もきちんと取り込まれている．t で微分する際，他の t の関数になっている変数も考慮した微分が全微分 $\mathrm{d}f$ であり，微小変化量 $\mathrm{d}t$ で割った量 $\mathrm{d}f/\mathrm{d}t$ は常微分とよばれ，(3.75)式の両辺を $\mathrm{d}t$ で割った次式で与えられる．

$$\frac{\mathrm{d}f}{\mathrm{d}t} = \frac{\partial f}{\partial x}\frac{\mathrm{d}x}{\mathrm{d}t} + \frac{\partial f}{\partial y}\frac{\mathrm{d}y}{\mathrm{d}t} + \frac{\partial f}{\partial t} \tag{3.80}$$

【問3.13】 3変数の関数 $f(x,y,t)$ が次式で与えられ

$$f(x,y,t) = (x^2 + t)y \tag{3.81}$$

さらに x と y とが $x = 3t^2$ と $y = e^{-t}$ のように t の関数として与えられているとする．まず，(3.75)式が

$$\mathrm{d}f = 2xy\,\mathrm{d}x + (x^2 + t)\,\mathrm{d}y + y\,\mathrm{d}t \tag{3.82}$$

と表せることを示せ．また，この式の $x, y, \mathrm{d}x, \mathrm{d}y$ を t の関数として表すと，

$$\mathrm{d}f = -(9t^4 - 36t^3 + t - 1)e^{-t}\,\mathrm{d}t \tag{3.83}$$

となることを示せ．一方，(3.81)式をもとから t だけの関数 $f(x,y,z) = f(t) = (9t^4 + t)e^{-t}$ として表し，この式から1変数の関数として $\mathrm{d}f$ を求めると，(3.83)式と一致することを確認せよ．

(3.80)式からわかるように，常微分 $\mathrm{d}f/\mathrm{d}t$ と偏微分 $\partial f/\partial t$ は一般に異なる．問3.13の例でも，(3.83)式から

$$\frac{\mathrm{d}f(t)}{\mathrm{d}t} = -(9t^4 - 36t^3 + t - 1)e^{-t} \tag{3.84}$$

であるが，(3.81)式からは $\partial f/\partial t = y = e^{-t}$ が得られ両者は異なっている．$\mathrm{d}f/\mathrm{d}t$ は t が変化したときの関数 f へのすべての影響を含めた形での変化率であり，$\partial f/\partial t$ は，f のなかに目に見える形で書いてある t だけが変化した場合の変化率である．$\partial f/\partial x$ や $\partial f/\partial t$ を計算する際には，x や y に含まれる t の影響については考慮する必要がなく，目に見えている x や t だけを変数だと考えて微分すればよい．それが偏微分である．偏微分 $\partial f/\partial x$ ではなく，y や t を通して現れる x の影響まで考慮し

たければ，常微分 df/dx を計算すればよい．

問 3.13 の場合，(3.82) 式を使うと[†23]，

$$\frac{\mathrm{d}f}{\mathrm{d}x} = 2xy + (x^2 + t)\frac{\mathrm{d}y}{\mathrm{d}x} + y\frac{\mathrm{d}t}{\mathrm{d}x}$$
$$= -(9t^4 - 36t^3 + t - 1)\frac{e^{-t}}{6t} \tag{3.85}$$

を得る．df/dx が確定するには，y と x の関係 (dy/dx) や t と x の関係 (dt/dx) が決まらなければならない．この例では，それらの関係が変数 t をとおして決まっている．

$f(u, v)$ の u と v が 2 変数 x と y の関数 $u(x, y)$ と $v(x, y)$ になっている場合も考えられる．このような場合に x や y に関する偏微分を系統的に求める方法については，補足 C3.3 を参考にしてほしい．

[†23] (3.85) 式の 2 番目の等式を得る際には，$\mathrm{d}y/\mathrm{d}x = (\mathrm{d}y/\mathrm{d}t)/(\mathrm{d}x/\mathrm{d}t)$ の関係式を使った．

第4章 積分と反応速度式

微分方程式は自然の記述には欠かせないものであるが，その解法は一般には容易ではない．実際に精度よく解くには複雑な数値解法を使ったり，数学の技法を駆使したりする場合が多い．数学的な難しい解法については第**9**章で紹介することにして，ここでは，微分方程式に慣れることを目的に，積分（**integral**）を使って，反応する物質の濃度（**concentration**）の時間変化を決める反応速度式を解く．まず，積分に関する基礎，とくに，原始関数，不定積分，定積分とそれらに関する諸公式を復習する．つぎに，**1**次から**3**次の化学反応の反応速度式の解法に適用し，各反応における物質濃度の時間変化を求める．

4.1 積分の基礎

第1章(1.7)式 $\mathrm{d}[\mathrm{O_3}]_t/\mathrm{d}t = -k[\mathrm{O_3}]_t$ のような，未知の関数 $[\mathrm{O_3}]_t$ の導関数 $\mathrm{d}[\mathrm{O_3}]_t/\mathrm{d}t$ を含む方程式は**微分方程式**とよばれている．微分方程式の未知関数を決定する方法としては，べき級数展開や積分などを使う解析的な解法と，計算機を利用した数値解法がある．(1.7)式の形の微分方程式に対する，べき級数展開を使った解法についてはすでに3.4節で説明した．様々な微分方程式に対する系統的な解法については第9章で詳しく解説するが，本章では，最も基本的な，積分を使って解く**求積法**(quadrature)を学び，化学反応の速度方程式を解いていく．そのため本節では，積分の基礎を復習し，(1.7)式の微分方程式を積分を使って解いてみる．

導関数が関数 $f(x)$ になるような次式を満たす関数 F を考える．

$$\frac{\mathrm{d}}{\mathrm{d}x}F(x) = f(x) \tag{4.1}$$

このような関数 F を f の**原始関数**(primitive function)という．たとえば x^3, x^3+2, x^3-5 は，微分すればいずれも $3x^2$ になるので，これらは $3x^2$ の原始関数である．一般に，f の原始関数の1つを F とすると，f の任意の原始関数は，$F(x)+C$ と書ける．ここで，C は任意定数である．すべての原始関数を表せる“一般形”として記号$\int f(x)\,\mathrm{d}x$を導入する（$\int$は積分記号とよばれている）．これを関数fの**不定積分**（indefinite integral）といい，ある原始関数Fを使って次式のように定義される．

$$\int f(x)\,\mathrm{d}x = F(x) + C \tag{4.2}$$

積分される関数fを**被積分関数**（integrand），Cを**積分定数**（constant of integration）という．不定積分は，Cの値を変えることによってすべての原始関数になりうる一般形とみなすことができる[†1]．(4.2)式の両辺を微分すると，$F'(x) = f(x)$より，次式が成り立つ．

$$\frac{\mathrm{d}}{\mathrm{d}x}\int f(x)\,\mathrm{d}x = f(x) \tag{4.3}$$

たとえば，$f(x) = x^n$ の不定積分は，

$$\int x^n\,\mathrm{d}x = \frac{x^{n+1}}{n+1} + C \tag{4.4}$$

であり，両辺を微分すると(4.3)式が成立していることがわかる．

(4.2)式は不定で決まった関数を与えているわけではないが，(4.2)式をxのある値で評価したもの，たとえば，$x = a$ と $x = b$ を代入したものをそれぞれ

$$\int^a f(x)\,\mathrm{d}x = F(a) + C \tag{4.5}$$

$$\int^b f(x)\,\mathrm{d}x = F(b) + C \tag{4.6}$$

のように表すと，その差は積分定数Cが相殺するので

$$\int^b f(x)\,\mathrm{d}x - \int^a f(x)\,\mathrm{d}x = F(b) - F(a) \tag{4.7}$$

となって，決まった値になる．ここで現れている$F(x)$は，(4.1)式さえ満たせばどのような原始関数であってもよいので，(4.7)式は任意の原始関数に対して成立する一般的な関係である．決まった始点と終点を含む(4.7)式は**定積分**（definite integral）とよばれ，積分範囲の下端aと上端bを明示した次式左辺の記号が用いられる．

$$\int_a^b f(x)\,\mathrm{d}x = F(b) - F(a) \tag{4.8}$$

[†1] 不定積分と原始関数に関しては様々な考え方や定義があるが，実際の取り扱いにおいて，このように考えておいて混乱することはない．

この式は「$f(x)$ の a から b までの定積分」の定義式になっている．

(4.8) 式の右辺は次式左辺の記号を使って表すことが多い．

$$\Big[F(x)\Big]_a^b = F(b) - F(a) \tag{4.9}$$

定積分の上端と下端を入れ替えると，(4.9) 式の定義から符号が逆転することがわかる．

$$\int_b^a f(x)\,\mathrm{d}x = -\int_a^b f(x)\,\mathrm{d}x \tag{4.10}$$

たとえば，$f(x) = x^n$ の a から b への定積分は，原始関数の一つが $F(x) = x^{n+1}/(n+1)$ であるので，次式で与えられる．

$$\int_a^b f(x)\,\mathrm{d}x = \left[\frac{x^{n+1}}{n+1}\right]_a^b = \frac{b^{n+1} - a^{n+1}}{n+1} \tag{4.11}$$

つぎに，この定積分が，**図4.1** で示した閉区間[†2] $[a, b]$の領域で，関数$f(x)$ と x 軸が囲む面積になっていることを示す．まず，図4.1で示した関数 $f(x)$ の $x = x$ と $x + \Delta x$ での縦線で挟まれた領域の面積 ΔS に注目する．面積は，$f(x) > 0$ なら $\Delta S > 0$，$f(x) < 0$ なら $\Delta S < 0$ の符号をもつと定義する．微小幅 Δx に対する面積 ΔS は，x における関数$f(x)$ と Δx の積によって次式のように近似できる．

$$\Delta S \approx f(x)\Delta x \tag{4.12}$$

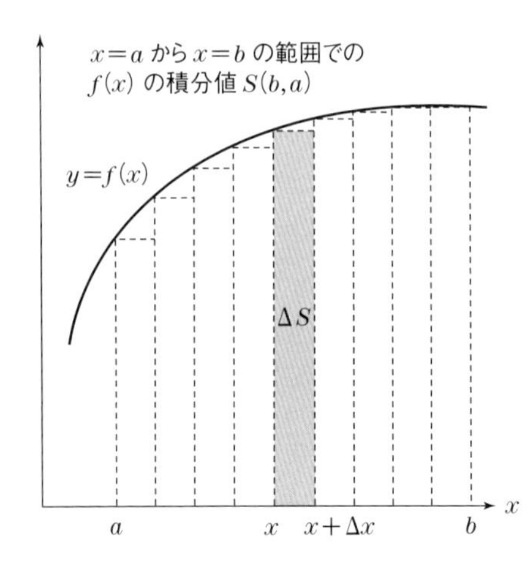

図4.1　関数 $\boldsymbol{f(x)}$ の区間 $[\boldsymbol{a, b}]$ における積分（実線の下の部分）と各微小区間の面積（破線で囲んだ部分）

[†2]　両端 a と b を含む区間，つまり，$a \leq x \leq b$ を満たす実数 x の集合．

ここで，区間 $[-\infty, x]$ の面積を関数 $S(x)$ で表すと，$\Delta S = S(x+\Delta x) - S(x)$ となって，(4.12) 式から次式の関係が成立していることがわかる．

$$f(x) = \lim_{\Delta x \to 0} \frac{S(x+\Delta x) - S(x)}{\Delta x} \tag{4.13}$$

この右辺は，第 3 章 (3.3) 式の微分の定義から，$S(x)$ の導関数 $S'(x)$ であることがわかる．$f(x) = S'(x)$ と $f(x) = F'(x)$ から，$S(x)$ は $F(x)$ と同じか，あるいは，ある定数 C だけ異なる別の原始関数と見なせる．

$$S(x) = F(x) + C \tag{4.14}$$

したがって，(4.8) 式の定積分は

$$\int_a^b f(x)\,\mathrm{d}x = S(b) - S(a) \tag{4.15}$$

とも表せる．右辺は $x = b$ までの面積と $x = a$ までの面積の差であるから，(4.15) 式は，関数 $f(x)$ と x 軸が $[a, b]$ の領域で囲む面積を与える．この面積は，$b - a = N\Delta x$ となるように選んだ大きな N と小さな Δx の極限を使って

$$\begin{aligned} S(b) - S(a) &= \lim_{\Delta x \to 0} [f(a) + f(a+\Delta x) \cdots + f(b-\Delta x) + f(b)]\Delta x \\ &= \lim_{\substack{\Delta x \to 0 \\ (N \to \infty)}} \sum_{j=0}^{N} f(a + j\Delta x)\Delta x \end{aligned} \tag{4.16}$$

のようにも表せる[†3]．形式的には，2 つ目の等式右辺の級数和を表すシグマ記号を対象領域の下端と上端を指定した積分記号に置き換え，さらに Δx を $\mathrm{d}x$ で置き換えたものが[†4]，(4.15) 式左辺の定積分記号になっている．

定積分の意味は，面積の観点から見ていくと理解しやすい．たとえば，$f(x) = \sin x$ の $-a$ から a までの定積分を考えると，その原始関数が $F(x) = -\cos x$ なので，次式のように 0 となる．

$$\int_{-a}^{a} \sin x\,\mathrm{d}x = \Big[-\cos x\Big]_{-a}^{a} = -\cos a + \cos(-a) = 0 \tag{4.17}$$

これは，$\sin x$ が奇関数なので，正の値をもつ面積と負の "面積" が打ち消し合って 0 になることに対応している．

[†3] より正確な台形公式を使うと，両端の $f(a)$ と $f(b)$ には 1/2 をかけるべきであるが，$\Delta x \to 0$ では同じ面積値に収束する．

[†4] (4.10) 式の関係は，b から a に x を移していくには，Δx を負にしなければならないことからも理解できる．

【問 4.1】 $\cos x$ と $\cos^2 x$ および $\sin x$ と $\sin^2 x$ の $x=0$ から $x=2\pi$ への1周期の積分が，以下のようになることを示せ[†5]．

$$\int_0^{2\pi} \cos x\,\mathrm{d}x = \int_0^{2\pi} \sin x\,\mathrm{d}x = 0 \tag{4.18}$$

$$\int_0^{2\pi} \cos^2 x\,\mathrm{d}x = \int_0^{2\pi} \sin^2 x\,\mathrm{d}x = \pi \tag{4.19}$$

(4.8) 式の定積分では，その積分の範囲が a から b のように指定されていたが，下端を定数 a，上端を変数 x としたつぎのような定積分も考えることができる[†6]．

$$\int_a^x f(x')\,\mathrm{d}x' = F(x) - F(a) \tag{4.20}$$

この式の右辺では，積分定数は相殺されているので，$F(x) - F(a)$ はある決まった関数である．つまり，(4.20) 式の左辺はある一つの原始関数を与えていることになる．一般の原始関数は，積分の下限を明示しないで次式のように表してもよい．

$$F(x) = \int^x f(x')\,\mathrm{d}x' \tag{4.21}$$

不定積分の微分 (4.3) 式が，積分範囲を明示した原始関数 (4.20) 式や (4.21) 式の以下の微分も含めた一般式になっていることがわかる．

$$\frac{\mathrm{d}}{\mathrm{d}x}\int_a^x f(x')\,\mathrm{d}x' = f(x) \tag{4.22}$$

$$\frac{\mathrm{d}}{\mathrm{d}x}\int^x f(x')\,\mathrm{d}x' = f(x) \tag{4.23}$$

4.2 積分公式とその応用

まず，複雑な積分を行う際に役立つ積分公式をまとめておく．

置換積分 (integration by substitution) の公式 ($x = g(t)$ とする)：

$$\int f(x)\,\mathrm{d}x = \int f(x)\frac{\mathrm{d}x}{\mathrm{d}t}\,\mathrm{d}t = \int f(g(t))\frac{\mathrm{d}g(t)}{\mathrm{d}t}\,\mathrm{d}t \tag{4.24}$$

[†5] (4.19) 式においては，付録 A2 の $\cos^2 x = (1+\cos 2x)/2$ と $\sin^2 x = (1-\cos 2x)/2$ の関係が使える．

[†6] 被積分関数の変数を x' として (この $'$ は微分ではない)，上端の変数 x とは独立な積分変数であることを明示している．

部分積分 (integration by parts) の不定積分公式：

$$\int f(x)\,g'(x)\,\mathrm{d}x = f(x)\,g(x) - \int f'(x)\,g(x)\,\mathrm{d}x \tag{4.25}$$

部分積分の区間 $[a, b]$ での定積分：

$$\int_a^b f(x)\,g'(x)\,\mathrm{d}x = \Big[f(x)\,g(x)\Big]_a^b - \int_a^b f'(x)\,g(x)\,\mathrm{d}x \tag{4.26}$$

公式 (4.25) や (4.26) は，第3章 (3.10) 式に示した積の微分法の公式から求められる．

$$\frac{\mathrm{d}}{\mathrm{d}x} f(x)\,g(x) = f'(x)\,g(x) + f(x)\,g'(x) \tag{4.27}$$

ここで，両辺の不定積分

$$f(x)\,g(x) = \int f'(x)\,g(x)\,\mathrm{d}x + \int f(x)\,g'(x)\,\mathrm{d}x \tag{4.28}$$

の右辺の一つの項を左辺に移項すれば，(4.25) 式が求められる．(4.25) 式は，その左辺の計算が難しく，右辺の積分が容易に計算できる場合に役立つ．

【問 4.2】 (4.25) 式を使って次式を証明せよ．

$$\int xe^{ax}\,\mathrm{d}x = \frac{1}{a}\left(xe^{ax} - \int e^{ax}\,\mathrm{d}x\right) = \frac{1}{a}\left(xe^{ax} - \frac{e^{ax}}{a}\right) + C \tag{4.29}$$

C は積分定数である．(4.25) 式の g' に x と e^{ax} どちらを選ぶべきか考えること．

【問 4.3】 $a > 0$ に対して，以下の2式を証明せよ．

$$\int_0^\infty e^{-ax}\,\mathrm{d}x = \frac{1}{a} \tag{4.30}$$

$$\int_0^\infty xe^{-ax}\,\mathrm{d}x = \frac{1}{a^2} \tag{4.31}$$

(4.29) 式を使えば，(4.31) 式の定積分が求められる．

(4.30) 式を a に関して微分することによっても，(4.31) 式を求めることができる．左辺の微分

$$\frac{\mathrm{d}}{\mathrm{d}a}\int_0^\infty e^{-ax}\,\mathrm{d}x = \int_0^\infty \frac{\partial}{\partial a} e^{-ax}\,\mathrm{d}x = -\int_0^\infty xe^{-ax}\,\mathrm{d}x \tag{4.32}$$

と右辺の微分 $\mathrm{d}(1/a)/\mathrm{d}a = -1/a^2$ を等号で結べばよい．(4.32) 式の最初の等号が成立するのは，(4.30) 式や (4.31) 式のような積分の場合，微分と積分が入れ替

えられるからである[†7]．このような微分操作を繰り返せば，次式が成立することがわかる．

$$\int_0^\infty x^n e^{-ax}\,\mathrm{d}x = \frac{n!}{a^{n+1}} \tag{4.33}$$

本節の最後に，第1章 (1.7) 式を積分を使って解いてみる．ここでは，(1.7) 式を一般的に次式で代表させておく．

$$\frac{\mathrm{d}x}{\mathrm{d}t} = kx \tag{4.34}$$

x が t を独立変数とする求めるべき未知関数で，k は定数である．この定数部分を除けば，(4.34) 式の微分方程式を解くことは，それ自体とその微分が等しい関数（あるいは，その原始関数と等しい関数）を探すことである．

まず，(4.34) 式の x を，実質的には面積を求めることである定積分を使って求めてみよう（求積法）．(4.34) 式の $\mathrm{d}x$ と $\mathrm{d}t$ を微小変化量として扱い，つぎのように両辺に x と t を分離した変数分離形で下式のように表すと，

$$\frac{\mathrm{d}x}{x} = k\,\mathrm{d}t \tag{4.35}$$

左辺と右辺の定積分を，初期条件に対応するある始点 (t_0, x_0) から終点 (t, x) の間の区間で定義できる（x' や t' は x と t の微分ではなく，単なる積分変数）．

$$\int_{x_0}^{x} \frac{\mathrm{d}x'}{x'} = \int_{t_0}^{t} k\,\mathrm{d}t' \tag{4.36}$$

両辺の積分の下限では始点の t_0 と x_0 が対になっており，上限では終点の t と x が対になっている[†8]．x を濃度のような正 $(x > 0)$ の量としておくと，次式が得られる（ln は自然対数）[†9]．

$$\ln x - \ln x_0 = \ln\frac{x}{x_0} = k(t - t_0) \tag{4.37}$$

左辺を x で，最右辺を t で微分すると，それぞれの被積分関数 $1/x$ と k に確かに戻

[†7] 物理や化学で扱う問題では，関数 $f(x, y)$ とその導関数 $\partial f(x,y)/\partial y$ が連続であれば，ほとんどの場合 $\mathrm{d}\left[\int_a^b f(x,y)\,\mathrm{d}x\right]\Big/\mathrm{d}y = \int_a^b [\partial f(x,y)/\partial y]\,\mathrm{d}x$ が成立する．

[†8] (4.36) 式において，下限と上限を入れ替えても等号は成り立つ．

[†9] 第3章 (3.36) 式より，$\int [f'(x)/f(x)]\,\mathrm{d}x = \ln|f(x)| + C$．また，$\ln x - \ln y = \ln(x/y)$ の関係が使える．

る．(4.37) 式を指数関数で表すと，$t = t_0$ で $x = x_0$ という初期条件を満たしていることがわかる．

$$x = x_0 e^{k(t-t_0)} \tag{4.38}$$

(4.35) 式の不定積分より得られる次式から (4.37) 式を求めることもできる．

$$\ln x = kt + C \tag{4.39}$$

ここで，C は積分定数であるが，$t = t_0$ で $x = x_0$ という初期条件を (4.39) 式に代入すれば，$C = \ln x_0 - kt_0$ と決まり，(4.37) 式が得られる．$t = 0$ で $x = 1$ の初期条件に対しては，(4.34) 式は指数関数の微分の公式そのものである．

$$\frac{\mathrm{d}e^{kt}}{\mathrm{d}t} = ke^{kt} \tag{4.40}$$

【問 4.4】 置換積分の公式 (4.24) から得られる $\int \frac{1}{x}\mathrm{d}x = \int \frac{1}{x}\frac{\mathrm{d}x}{\mathrm{d}t}\mathrm{d}t$ の右辺に (4.34) 式を代入して，(4.36) 式が成立していることを示せ．これによって，$\mathrm{d}x$ や $\mathrm{d}t$ を微小量としてかけたり割ったりしてもよいことが確認できる．

4.3　1次反応の速度式

すでに第1章で，物質 A の濃度 [A] の減少速度 (反応速度) $v = -\mathrm{d}[\mathrm{A}]/\mathrm{d}t$ が，その物質濃度の1次に比例する **1次反応** (first-order reaction) の例を紹介した．v のような**反応速度** (reaction rate) を物質の濃度で表した式は一般に**反応速度式** (reaction rate equation) とよばれ，1次反応の場合は $v = k_1[\mathrm{A}]$，あるいは，次式で与えられる．

$$-\frac{\mathrm{d}[\mathrm{A}]}{\mathrm{d}t} = k_1[\mathrm{A}] \tag{4.41}$$

ここで，k_1 は1次反応の速度定数である．(4.41) 式のように，v を微分 $-\mathrm{d}[\mathrm{A}]/\mathrm{d}t$ で表した形式を微分 (型) 速度式ということもある．(4.34) 式と (4.38) 式の対応から，(4.41) 式を満たす [A] は指数関数的に減衰することがわかる．

$$[\mathrm{A}] = [\mathrm{A}]_0 e^{-k_1 t} \tag{4.42}$$

ここで，$[\mathrm{A}]_0$ は初期時刻 $t = 0$ での [A] の初期濃度である．時間 t までに反応して別の物質 B に変化すると，その量 (濃度) [B] は A の減少量

$$[\mathrm{B}] = [\mathrm{A}]_0 - [\mathrm{A}] \tag{4.43}$$

で与えられる ($t = 0$ で $[\mathrm{B}] = 0$ と仮定している)．(4.42) 式を (4.43) 式に代入すると，B の濃度の時間変化が求められる．

$$[\mathrm{B}] = [\mathrm{A}]_0(1 - e^{-k_1 t}) \tag{4.44}$$

【問 4.5】 反応物Bの濃度 [B] が，$t = 0$ 付近で反応が始まったところでは $[\mathrm{A}]_0 k_1 t$ となって，時間 t に比例することを (4.44) 式のマクローリン展開から示せ．

(4.43) 式の関係 $[\mathrm{A}] = [\mathrm{A}]_0 - [\mathrm{B}]$ を (4.41) 式左辺に代入すると，1次反応の速度式を [B] に関する速度式としても表すことができる．

$$\frac{\mathrm{d}[\mathrm{B}]}{\mathrm{d}t} = k_1([\mathrm{A}]_0 - [\mathrm{B}]) \tag{4.45}$$

簡単のため $[\mathrm{B}] = x$，$[\mathrm{A}]_0 = a$ とおくと，(4.45) 式は $\mathrm{d}x/(a-x) = k_1 \mathrm{d}t$ と表せるので，つぎの積分を行えば，x を時間の関数として直接求めることもできる ($t = 0$ で $x = 0$ の条件に注意)．

$$\int_0^x \frac{\mathrm{d}x'}{a - x'} = \int_0^t k_1 \,\mathrm{d}t' \tag{4.46}$$

ここで，つぎの関係を使うと，

$$\frac{\mathrm{d}[-\ln(a-x)]}{\mathrm{d}x} = \frac{\mathrm{d}[-\ln(a-x)]}{\mathrm{d}(a-x)}\frac{\mathrm{d}(a-x)}{\mathrm{d}x} = \frac{1}{a-x} \tag{4.47}$$

(4.46) 式左辺の積分が次式で与えられることがわかる．

$$-\ln(a-x) - [-\ln a] = \ln\left(\frac{a}{a-x}\right) \tag{4.48}$$

(4.46) 式の右辺 $k_1 t =$ (4.48) 式とし，その等式を指数関数で表すと，予想通り，(4.45) 式からも (4.44) 式を得ることができる．

1次反応では [A] の対数と時刻 t が直線関係にあるので，その勾配から k_1 が求まる．(4.42) 式を自然対数で表すと[†10]

$$\ln[\mathrm{A}] = \ln[\mathrm{A}]_0 - k_1 t \tag{4.49}$$

となり，常用対数で表すと次式になる．

$$\log[\mathrm{A}] = \log[\mathrm{A}]_0 - k_1 t \log e \approx \log[\mathrm{A}]_0 - \frac{k_1 t}{2.3026} \tag{4.50}$$

【問 4.6】 反応物の濃度 [A] が初濃度の半分 $[\mathrm{A}]_0/2$ になる時間を半減期という．それを τ とすると，1次反応の場合，初濃度によらず

$$\tau = \frac{\ln 2}{k_1} \approx \frac{0.693}{k_1} \tag{4.51}$$

[†10] $\ln(xy) = \ln x + \ln y$ が使える．

で与えられることを (4.49) 式を使って示せ．

複数の化学種が関与する反応や反応速度が濃度の 2 次や 3 次に比例する場合は，1 次反応速度式の考えを拡張して，反応速度式を反応物の濃度の積の関数（濃度のべき関数）として表す．たとえば，つぎの反応

$$\nu_A A + \nu_B B + \nu_C C \cdots \longrightarrow \nu_L L + \nu_M M + \nu_N N \cdots \tag{4.52}$$

に対して，反応物 A の速度式を

$$-\frac{1}{\nu_A}\frac{d[A]}{dt} = k[A]^p[B]^q[C]^r \cdots \tag{4.53}$$

と表す．(4.53) 式右辺の指数部の数（べき乗係数）の総和 $n = p + q + r + \cdots$ を全反応次数，係数 k を n 次反応の速度定数とよぶ．これらのべき乗係数 $p, q, r, \cdots$ は必ずしも化学量論係数 $\nu_A, \nu_B, \nu_C, \cdots$ とは一致しない定数である．反応した A の濃度を x とすると，

$$\frac{1}{\nu_A}\frac{dx}{dt} = k[A]^p[B]^q[C]^r \cdots \tag{4.54}$$

とも書ける（たとえば，(4.45) 式の形式）．4.4 節と 4.5 節では，$n = 2$ の 2 次反応と $n = 3$ の 3 次反応の反応速度式を解いて，反応物や生成物の濃度の時間変化を求めていく．1 つの反応の生成物がつぎの段階の反応物になる連続反応

$$X \underset{k_1}{\rightarrow} Y \underset{k_2}{\rightarrow} Z \rightarrow \cdots \tag{4.55}$$

の解法については，9.3 節で説明する．

4.4　2 次反応の速度式

2 分子の反応 $A + B \rightarrow C + D$ を考え，$t = 0$ における A と B の初濃度をそれぞれ a, b とする．時間 t が経って A と B のいずれも濃度 x だけ反応して，C と D が生成する反応が，**2 次反応**の速度式 $-d[A]/dt = k_2[A][B]$，つまり，$dx/dt = k_2[A][B]$ に従うとすると[†11]，

$$\frac{dx}{dt} = k_2(a - x)(b - x) \tag{4.56}$$

と表せる．2 次反応の速度定数 k_2 は，[濃度]$^{-1}$[時間]$^{-1}$ の次元をもつから，濃度と時間の単位に注意する必要がある．

[†11]　(4.54) 式の形式 $dx/dt = k_2[A][B]$ と考えればよい．

【問 4.7】 (4.56) 式から，k_2 の次元が [濃度]$^{-1}$[時間]$^{-1}$ であることを示せ．

(4.56) 式の微分方程式を解く場合も，変数 x と t をつぎのように両辺に分けて，

$$\frac{\mathrm{d}x}{(a-x)(b-x)} = k_2\,\mathrm{d}t \tag{4.57}$$

それぞれの変数で積分する．この積分は $a=b$ の場合には簡単に実行できるので，まず，$a=b$ の場合の解を求め，つぎに $a \neq b$ の場合を扱うことにする．

$a=b$ の場合：速度式 $\mathrm{d}x/\mathrm{d}t = k_2(a-x)^2$

(4.57) 式において $a=b$ とした積分

$$\int_0^x \frac{\mathrm{d}x'}{(a-x')^2} = \int_0^t k_2\,\mathrm{d}t' \tag{4.58}$$

は，$\mathrm{d}(a-x)^{-1}/\mathrm{d}x = (a-x)^{-2}$ の関係を左辺の積分に使うと，次式のようになる．

$$\frac{1}{a-x} - \frac{1}{a} = \frac{x}{a(a-x)} = k_2 t \tag{4.59}$$

この式から，x を t の関数として求めることができる．

$$x = \frac{a^2 k_2 t}{(1+ak_2 t)} \tag{4.60}$$

$[\mathrm{A}] = a - x$ であるから，(4.59) 式の最左辺は次式左辺のようにも表せる．

$$\frac{1}{[\mathrm{A}]} - \frac{1}{[\mathrm{A}]_0} = k_2 t \tag{4.61}$$

[A] の逆数は時間とともに増えていくが，それをグラフにすると，増加の傾きが k_2 を与えることになる．

【問 4.8】 $a=b$ の場合は，(4.59) 式から半減期が $\tau = 1/(k_2 a)$ で与えられ，1 次反応とは違って初期濃度の逆数に比例することを示せ．また，1 次反応 A→B と 2 次反応 2A→C が同じ半減期をもっているとすると，A の濃度が初期濃度の 1/4 になる時間も同じになるか考えてみよ．

【問 4.9】 気相のヨウ化水素の分解反応 $2\mathrm{HI} \rightarrow \mathrm{H_2} + \mathrm{I_2}$ のように，反応物が 1 種類の 2 次の分解反応 $2\mathrm{A} \rightarrow \mathrm{C} + \mathrm{D}$ の速度式を (4.53) 式にならって

$$-\frac{1}{2}\frac{\mathrm{d}[\mathrm{A}]}{\mathrm{d}t} = k_2[\mathrm{A}]^2 \tag{4.62}$$

と表した場合，(4.61) 式の $k_2 t$ が単に $2k_2 t$ に置き換わった解が得られることを確認せよ．(4.62) 式を t と [A] を変数として積分すればよい．

$a \neq b$ の場合：この場合は，分母が n 個の因数で因数分解されている分数が，各因数を分母とする n 個の分数の和に一意に分解できることを利用する[†12]．たとえば，(4.57) 式左辺の分数はつぎのように定数 $(b-a)^{-1}$ がかかった $(a-x)^{-1}$ と $(b-x)^{-1}$ の差となり，(4.57) 式左辺の積分を (4.46) 式左辺のような積分で表すことができる (問 4.10 参照)．

$$\frac{1}{(a-x)(b-x)} = \frac{1}{b-a}\left(\frac{1}{a-x} - \frac{1}{b-x}\right) \tag{4.63}$$

【問 4.10】 (4.63) 式の証明としては，その左辺をつぎのように分解し，未定の係数 c_a と c_b を決める方法がある．

$$\frac{1}{(a-x)(b-x)} = \frac{c_a}{a-x} + \frac{c_b}{b-x} \tag{4.64}$$

右辺を通分したのち，両辺の分子が等しくなるように c_a と c_b を求めよ．

その他，(4.64) 式両辺に $(a-x)$ をかけて，$x \to a$ の極限をとる方法もある．

$$\lim_{x \to a} \frac{(a-x)}{(a-x)(b-x)} = c_a + \lim_{x \to a} \frac{(a-x)c_b}{b-x} = c_a \tag{4.65}$$

この式の最左辺の極限値は $(b-a)^{-1}$ となるから，c_a が簡単に求められる．c_b を得るには，$(b-x)$ をかけて，$x \to b$ とすればよい．

(4.63) 式を (4.57) 式の左辺に代入し，$1/(a-x)$ の不定積分が $-\ln(a-x)$ であることを使うと，

$$\begin{aligned}\int_0^x \frac{\mathrm{d}x'}{(a-x')(b-x')} &= \frac{1}{b-a}\{[-\ln(a-x) + \ln a] - [-\ln(b-x) + \ln b]\} \\ &= \frac{1}{b-a}\left(\ln\frac{a}{a-x} + \ln\frac{b-x}{b}\right) = \frac{1}{b-a}\ln\frac{a(b-x)}{b(a-x)}\end{aligned} \tag{4.66}$$

が得られる．t' と x' の積分範囲の下限は $t=0$ で $x=0$，上限は時刻 t で濃度 x となる対応があるので，(4.57) 式の右辺は $k_2 t$ となって，次式の関係を得る．

$$\frac{1}{b-a}\ln\frac{a(b-x)}{b(a-x)} = k_2 t \tag{4.67}$$

この2次反応の場合も，刻々と変わる x の値を代入した左辺を時間 t の関数としてプロットすれば，その傾きから k_2 がわかる．

---

†12　このような変形を，部分分数に分解するという．

【問 4.11】 2次反応の場合は，濃度が半分になる半減期 τ は初濃度に依存する．(4.67) 式において，$b > a$ の場合，$x = a/2$ となる時刻 τ が次式で表せることを示せ．

$$\tau = \frac{1}{k_2(b-a)} \ln\left(1 + \frac{b-a}{b}\right) \tag{4.68}$$

【問 4.12】 (4.67) 式から，x の時間変化が次式で与えられることを示せ．

$$x = \frac{b\{1 - \exp[(b-a)k_2 t]\}}{1 - (b/a)\exp[(b-a)k_2 t]} \tag{4.69}$$

また，この式が時間の両極限でとる値を確認せよ．つまり，$t = 0$ で $x = 0$ であること，および，$t = \infty$ では，$a < b$ なら $x = a$，$a > b$ なら $x = b$ となることを確かめよ．$t = \infty$ では，反応が終了し，x の時間変化が0になっていることも確認せよ．

ここでは，$a = b$ の場合と，$a \neq b$ の場合に分けて，微分方程式を解いてきた．では，両者の解は連続的につながっているのであろうか，あるいは，$a = b$ の解は $a \neq b$ の解とはかけ離れた特異な解なのであろうか．(4.67) 式左辺や (4.69) 式右辺は，$a = b$ とすると，0/0 となり，いわゆる不定形になっている．しかしながら，関連する変数（ここでは，a と b）がその極限 ($a = b$) にどのように接近するかを考慮すると，不定形の極限は確定した値や式になる[†13]．補足 C4.1 にロピタル (de l'Hôpital) の定理など極限値を求める方法を紹介し，$b \to a$ の極限で，(4.67) 式は (4.59) 式，(4.69) 式は (4.60) 式になめらかに近づき等しくなることを示しておく．$a \neq b$ として (4.67) 式や (4.69) 式を導いてきたが，実は $a = b$ の結果 (4.59) 式，(4.60) 式を極限として含んでいるわけである[†14]．

成分 a と b の初濃度が著しく相違し $a \ll b$ なら $x \ll b$ なので，(4.56) 式の $(b - x)$ を b とおける．したがって，$k_2' = bk_2$ とおけば，

[†13] 場合分けをして解を求めた場合は，極限を求める作業をいとわずに行うことによって，得られた結果の信頼性が増す．

[†14] そもそも，出発となる (4.63) 式右辺は $a = b$ で不定形であるが，(4.58) 式左辺に対応する $a = b$ の極限を正しく反映している．$b = a + \Delta$ と表して，$\Delta \to 0$ の極限をとり，級数展開 $(1 + x)^{-1} = 1 - x + x^2 - x^3 + \cdots$ を適用すると

$$\begin{aligned} \lim_{\Delta\to 0} \frac{1}{\Delta}\left(\frac{1}{a-x} - \frac{1}{a+\Delta-x}\right) &= \lim_{\Delta\to 0} \frac{1}{\Delta(a-x)}\left(1 - \frac{1}{1+\Delta/(a-x)}\right) \\ &= \lim_{\Delta\to 0} \frac{1}{\Delta}\frac{\Delta}{(a-x)^2} = \frac{1}{(a-x)^2} \end{aligned}$$

となっている．(4.67) 式や (4.69) 式は「不定形になる $a = b$ の場合には適用できない」と書いてある教科書もあるが，$a = b$ の極限も含んだ解とみなせる．

$$\frac{\mathrm{d}x}{\mathrm{d}t} = k_2'(a-x) \tag{4.70}$$

と1次速度式に近似することができる．この場合の成分 a の1次速度式の速度定数 k_2' は擬1次速度定数と呼ばれる．実際，(4.69) 式に $a \ll b$ の条件を入れると，1次反応の (4.44) 式に一致し，$k_2' = bk_2$ が擬1次速度定数になる．

$$x \approx \frac{ab[1-\exp(bk_2t)]}{-b\exp(bk_2t)} = a[1-\exp(-k_2't)] \tag{4.71}$$

【問 4.13】 2次反応式に従った反応の例には，メタノール溶媒中の臭化エチレンとヨウ化カリウムの反応

$$\mathrm{C_2H_4Br_2 + 3KI \longrightarrow C_2H_4 + 2KBr + KI_3} \tag{4.72}$$

がある．この場合，反応の次数が化学量論的な式から決まっているわけではなく，$C_2H_4Br_2$ の初濃度を a，KI の濃度を b とすると，生成した KI_3 の濃度 x [†15] はつぎの2次速度式に従う．

$$\frac{\mathrm{d[KI_3]}}{\mathrm{d}t} = \frac{\mathrm{d}x}{\mathrm{d}t} = k_2[\mathrm{C_2H_4Br_2}][\mathrm{KI}] = k_2(a-x)(b-3x) \tag{4.73}$$

この式はさらに $\mathrm{d}x/\mathrm{d}t = 3k_2(a-x)[(b/3)-x]$ に書き換えられるので，

$$\frac{1}{3a-b}\ln\frac{b(a-x)}{a(b-3x)} = k_2t \tag{4.74}$$

なる関係が得られる．(4.74) 式を，(4.56) 式と (4.67) 式の対応から証明せよ．

4.5　3次反応の速度式

3次反応としては

$$\mathrm{2NO + O_2 \longrightarrow 2NO_2} \quad (\text{気相}) \tag{4.75}$$

$$\mathrm{2FeCl_3 + SnCl_2 \longrightarrow SnCl_4 + 2FeCl_2} \quad (\text{水溶液中}) \tag{4.76}$$

などがあるが，知られている反応はそれほど多くはない．多くの分子が関与する複雑な反応も，1次や2次の素反応[†16] の組合せからなる複合反応として理解できる場合が多いからである．以下では，反応物 A,B,C のつぎのような反応

$$\mathrm{A + B + C \longrightarrow D} \tag{4.77}$$

を考え，生成物 D の濃度を x とし，その生成速度 $\mathrm{d}x/\mathrm{d}t$ が濃度 [A],[B],[C] の3次式で表されるとする．

---

†15　チオ硫酸による滴定によって決まる I_2 の濃度に等しい．

†16　化学反応を構成する1つ1つの基本的な反応．

$$\frac{\mathrm{d}x}{\mathrm{d}t} = k_3(a-x)(b-x)(c-x) \tag{4.78}$$

ここで，a, b および c はそれぞれ，[A], [B], [C] の初濃度である．(4.78) 式の解を求めるには，つぎの積分を行えばよい．

$$\int_0^x \frac{\mathrm{d}x'}{(a-x')(b-x')(c-x')} = k_3 \int_0^t \mathrm{d}t' = k_3 t \tag{4.79}$$

$a = b = c$ の場合，(4.78) 式の反応速度式

$$\frac{\mathrm{d}x}{\mathrm{d}t} = k_3(a-x)^3 \tag{4.80}$$

の解は，$(a-x)^{-3}\mathrm{d}x = k_3\,\mathrm{d}t$ の両辺を積分することによって，つぎのように得られる．

$$k_3 t = \frac{x(2a-x)}{2a^2(a-x)^2} \tag{4.81}$$

(4.81) 式から A の濃度 $[\mathrm{A}] = a - x$ の $[\mathrm{A}]^{-2}$ が t とともに増大し，その傾きから k_2 が求められる（$[\mathrm{A}]_0$ は A の初期濃度 a）．

$$k_3 t = \frac{1}{[\mathrm{A}]^2} - \frac{1}{[\mathrm{A}]_0^2} \tag{4.82}$$

a, b, c が異なる場合は，左辺の被積分関数に次の関係を使えば（問 4.14 参照），

$$\frac{1}{(a-x)(b-x)(c-x)} = \frac{1}{(b-a)(c-a)(a-x)} + \frac{1}{(a-b)(c-b)(b-x)} + \frac{1}{(a-c)(b-c)(c-x)} \tag{4.83}$$

(4.79) 式の最左辺の 0 から x までの積分が

$$\frac{\ln[a/(a-x)]}{(b-a)(c-a)} + \frac{\ln[b/(b-x)]}{(a-b)(c-b)} + \frac{\ln[c/(c-x)]}{(a-c)(b-c)} \tag{4.84}$$

となり，次式を得る[†17]．

$$k_3 t = \frac{1}{(a-b)(b-c)(c-a)} \ln\left[\left(\frac{a-x}{a}\right)^{b-c}\left(\frac{b-x}{b}\right)^{c-a}\left(\frac{c-x}{c}\right)^{a-b}\right] \tag{4.85}$$

[†17]　(4.85) 式は $a = b = c$ では不定形であるが，その極限は存在し，(4.81) 式になる．

【問 4.14】 (4.83) 式左辺をつぎのように分解して，係数 c_a, c_b, c_c を求めて，(4.83) 式を証明せよ．

$$\frac{1}{(a-x)(b-x)(c-x)} = \frac{c_a}{a-x} + \frac{c_b}{b-x} + \frac{c_c}{c-x} \tag{4.86}$$

(4.65) 式の例にならって，(4.86) 式両辺に $(a-x)$ をかけて，$x \to a$ の極限をとれば，c_a が求められる．c_b と c_c も同様の操作をすれば求められる．

本章で紹介してきた反応速度式のような微分方程式は**変数分離形**とよばれるものであり，より一般的には

$$\frac{\mathrm{d}y}{\mathrm{d}x} = f(x)\,g(y) \tag{4.87}$$

と表される．このように右辺が x と y の関数に分離できる場合は，関数がどのように複雑であっても，それらを左辺と右辺に分離して次式の形で積分できる．

$$\int \frac{1}{g(y)}\,\mathrm{d}y = \int f(x)\,\mathrm{d}x \tag{4.88}$$

一見複雑な微分方程式も変数変換を行うと変数分離型にできる場合があり，応用範囲は広い．補足 C4.2 に簡単な応用例を示しておく．

第5章 ベクトル

大きさと向きをもつベクトルを用いると，2次元や3次元では図形による理解ができて便利であり，4次元やさらに高次元の問題をも系統的に扱うことができる．本章ではベクトルによる表記を復習し，ベクトルの加法・減法の演算に加え，ベクトルの内積や外積について学ぶ．つぎに，これらの基礎知識から，任意のベクトルを別の複数のベクトル（基底）の和として表せることを導き，ベクトル空間[†1]における基底の概念を習得する．最後に，斜面の傾斜を表す勾配（グラジエント）ベクトルや発散（ダイバージェンス）とよばれるスカラー量など，理工学の広い分野で使われるベクトルとその演算で得られる重要な量を紹介する．本章以降においても，ベクトルとその演算を使うことになるので，基本的事項を理解し，応用できるようにしておくことが必要である．

5.1 ベクトルとベクトル空間

自然科学では，物体の位置や速度，加速度のように，大きさの他に方向をもつ量が取り扱われる．それらは**ベクトル**（vector）とよばれる．ベクトルは，それが定義される空間の次元と同じ数の成分をもち，3次元空間のベクトルは3つの成分をもつ．これに対し，質量，電荷，エネルギーなどは，1つの数値だけで表される量であり，ベクトルに対して**スカラー**（scalar）とよばれる．スカラーは座標変換[†2]を施してもその値は変わらない，あるいは，違う座標系でもつねに同じ値になる量である．1次元でも軸の向きを変えるとベクトルの値は変わるが，スカラーならその値は変わらない．

ベクトルは大きさと向きをもつので，2次元で考えると，**図5.1**の $\overrightarrow{r_A}$, $\overrightarrow{r_B}$, $\overrightarrow{AB}$ のように，大きさ（長さ）と向きをもつ矢印で表すことができる．矢印の根元になる

[†1] 線形空間ともよばれている．詳しくは5.1節参照．

[†2] ある座標系での記述を，その座標系を回転あるいは並進させた別の座標系での記述に移すこと．

点をベクトルの始点といい，始点が特定の点に決まっているベクトルを**束縛ベクトル**，始点が決まっていないベクトルを**自由ベクトル**という．たとえば，図 5.1 の原点 O を基準とした A と B の位置ベクトル $\vec{r}_A$ と $\vec{r}_B$ は束縛ベクトルである．物体に及ぼす力が働く位置あるいは起点（作用点あるいは着力点）の違い，つまり，その力の大きさと向きを表す力ベクトルの始点（力の作用点に対応）がどこかを考慮する必要がある場合は，力ベクトルは束縛ベクトルとして扱うことになる．これに対し，図 5.1 に示したように，点 A から点 B に向いた A と B の位置ベクトルの差，つまり，点 A を始点とする変位ベクトル $\overrightarrow{AB}$ は，原点の取り方に依存しないので自由ベクトルである．なぜなら，原点 O とは別の点 O′ を原点とした A と B の位置ベクトルを $\vec{r}'_A$ と $\vec{r}'_B$ とすると

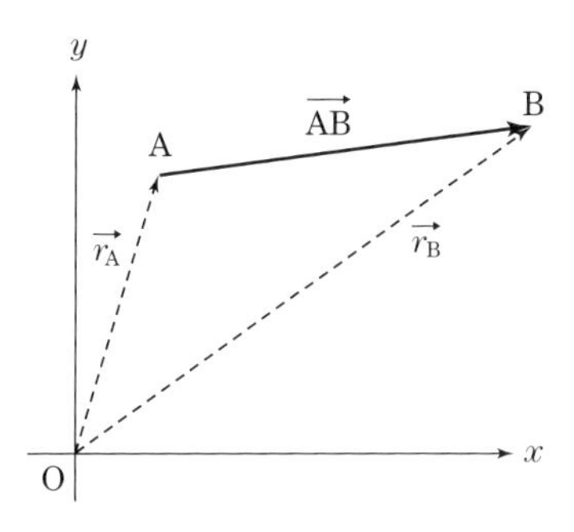

図 5.1　原点 O から点 A と B への位置ベクトル $\vec{\boldsymbol{r}}_A$ と $\vec{\boldsymbol{r}}_B$ および点 A から B への変位ベクトル $\overrightarrow{AB}$

$$\overrightarrow{AB} \equiv \vec{r}_B - \vec{r}_A = \vec{r}'_B - \vec{r}'_A \tag{5.1}$$

が成り立ち，位置ベクトルの差は原点に依存せず同じ変位ベクトル $\overrightarrow{AB}$ を与えるからである．変位ベクトルは始点と終点の位置の相対変位を表すベクトルで，平行移動したものも同じものである（自由ベクトルが満たす性質）．この節では，ベクトルに演算規則を導入し，5.2 節と 5.3 節でその数学的基礎である線形代数[†3]を学ぶ．

まず，ベクトルの集まりに加法や乗法の演算を導入し，ベクトルを代数的に（数のように）扱うことを考えよう．自由ベクトルの場合，平行移動によって異なるベクトルの始点を同じ原点に移すことができ，その結果，重なり合う 2 つのベクトルは互いに等しいとみなせる．いま，ある空間の原点 O を共通の始点とする自由ベクトルを，太字の $\boldsymbol{a}, \boldsymbol{b}, \boldsymbol{c}$ などで表す．**図 5.2** のように，3 次元空間に 3 つの直交する座標軸 x, y, z を導入すると，任意のベクトル $\boldsymbol{a}$ は，大きさが 1 でそれぞれの座標軸を向く**基本ベクトル** $\boldsymbol{i}, \boldsymbol{j}, \boldsymbol{k}$ で表すことができる．

$$\boldsymbol{a} = a_x\boldsymbol{i} + a_y\boldsymbol{j} + a_z\boldsymbol{k} \tag{5.2}$$

a_x, a_y, a_z は $\boldsymbol{a}$ の各直交座標成分であり，

$$\boldsymbol{a} = (a_x, a_y, a_z) \tag{5.3}$$

[†3]　第 6 章で扱う行列や連立 1 次方程式などが対象であり，理工学のあらゆる分野において広く使われている．

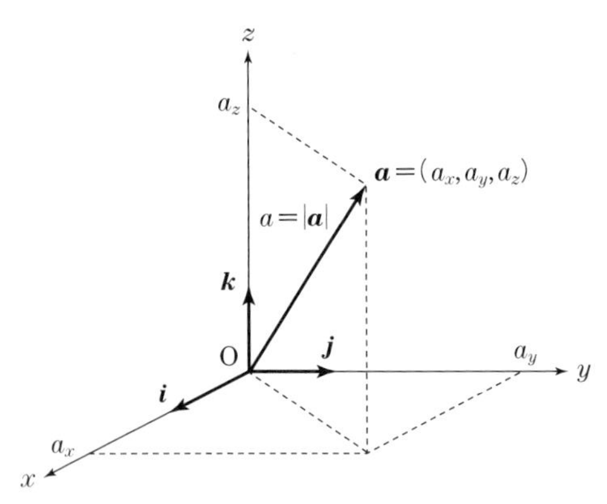

図 5.2　3 次元空間 $\boldsymbol{x}, \boldsymbol{y}, \boldsymbol{z}$ における ベクトル $\boldsymbol{a}$ の基本ベクトル $\boldsymbol{i}, \boldsymbol{j}, \boldsymbol{k}$ による表示
a_x, a_y, a_z は a の x, y, z 成分を表している．

のようにも表す．この表記を使うと，3 つの基本ベクトルはつぎのように表せる．

$$\boldsymbol{i} = (1,0,0),\quad \boldsymbol{j} = (0,1,0),\quad \boldsymbol{k} = (0,0,1) \tag{5.4}$$

また，ベクトル $\boldsymbol{a}$ の大きさ $a = |\boldsymbol{a}|$ が図 5.2 で原点からの長さ

$$a = |\boldsymbol{a}| = \sqrt{{a_x}^2 + {a_y}^2 + {a_z}^2} \tag{5.5}$$

に相当することは，ピタゴラスの定理から明らかである．

自由ベクトルの場合，2 つのベクトル $\boldsymbol{a}$ と $\boldsymbol{b}$ の和（合成）は**図 5.3** に示されているように，$\boldsymbol{a}$ と $\boldsymbol{b}$ を平行四辺形の辺としたときの対角線の大きさと向きで与えられる（平行四辺形の法則）．任意の 2 つのベクトルの和に対して，つぎの加法の法則が成立する．

$$\text{加法の交換則}\qquad \boldsymbol{a} + \boldsymbol{b} = \boldsymbol{b} + \boldsymbol{a} \tag{5.6}$$

$$\text{加法の結合則}\qquad (\boldsymbol{a} + \boldsymbol{b}) + \boldsymbol{c} = \boldsymbol{a} + (\boldsymbol{b} + \boldsymbol{c}) \tag{5.7}$$

また，ベクトルのスカラー倍をつくり出す演算（スカラー乗法）に対して，つぎの法

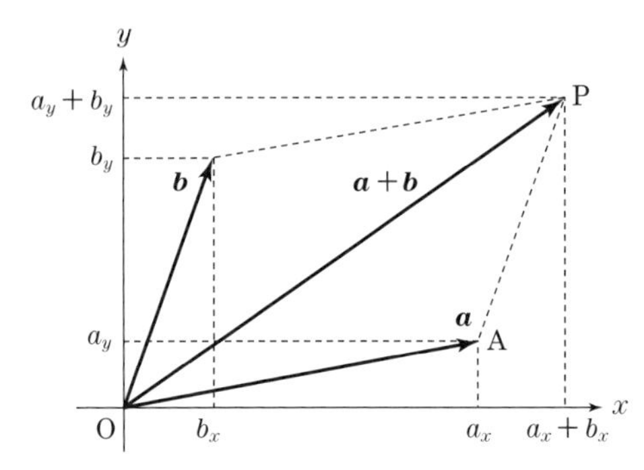

図 5.3　2 次元空間 $\boldsymbol{x}, \boldsymbol{y}$ で表した 2 つのベクトル $\boldsymbol{a}$ と $\boldsymbol{b}$ の和 $\boldsymbol{a}+\boldsymbol{b}$
$\boldsymbol{b}$ を平行移動すれば $\overrightarrow{\mathrm{AP}}$ と重なるので，$\boldsymbol{a}+\boldsymbol{b}$ は $\boldsymbol{a}$ と $\boldsymbol{b}$ でつくられる平行四辺形の対角線のベクトル $\overrightarrow{\mathrm{OP}} = \overrightarrow{\mathrm{OA}} + \overrightarrow{\mathrm{AP}}$ と等しい．$\boldsymbol{a}+\boldsymbol{b}$ は各成分の和 $(a_x + b_x,\ a_y + b_y)$ で表せることがわかる．

則が成立する．

$$\text{乗法の結合則} \qquad (\alpha\beta)\boldsymbol{a} = \alpha(\beta\boldsymbol{a}) \tag{5.8}$$

$$\text{分配則} \qquad \alpha(\boldsymbol{a}+\boldsymbol{b}) = \alpha\boldsymbol{a}+\alpha\boldsymbol{b} \tag{5.9}$$

$$(\alpha+\beta)\boldsymbol{a} = \alpha\boldsymbol{a}+\beta\boldsymbol{a} \tag{5.10}$$

ここで，α と β は任意のスカラーである．以上の (5.6) ～ (5.10) 式の加法や乗法の結果は，各ベクトルの成分を使って表せる．たとえば，

$$\alpha(\boldsymbol{a}+\boldsymbol{b}) = (\alpha a_x+\alpha b_x,\ \alpha a_y+\alpha b_y,\ \alpha a_z+\alpha b_z) \tag{5.11}$$

である．(5.11) 式が成り立っていることは，$\alpha = 1$ で 2 次元の場合ではあるが，図 5.3 からも理解できる．(5.6) ～ (5.10) 式の両辺は $\boldsymbol{a}, \boldsymbol{b}, \boldsymbol{c}$ などのベクトルの一次式（線形）になっており，これらの加法とスカラー乗法を満たすベクトルを元（要素）とする集まりが**ベクトル空間** (vector space) あるいは**線形空間** (linear space)[†4] とよばれるものである．

5.2　ベクトルの線形独立・線形従属[†5]

$\boldsymbol{a}$ と $\boldsymbol{b}$ をあるベクトル空間の元とすると，$\alpha(\boldsymbol{a}+\boldsymbol{b})$ なども (5.6) ～ (5.10) 式を満たすのでその空間の元になり，1 つのベクトル空間は無限個の元を内包している．一方，3 次元空間の任意のベクトルは，(5.2) 式のように，3 つの基本ベクトル $\boldsymbol{i}, \boldsymbol{j}, \boldsymbol{k}$ だけで表すことができる．では，どのようなベクトルを使えば，対象としているベクトル空間の任意の元を表すことができるか一般的に考えてみよう．

いま，n 個のベクトル（元）$\{\boldsymbol{a}_1, \boldsymbol{a}_2, \cdots, \boldsymbol{a}_n\}$ の線形（一次）結合による和が次式

$$c_1\boldsymbol{a}_1 + c_2\boldsymbol{a}_2 + \cdots + c_n\boldsymbol{a}_n = 0 \tag{5.12}$$

を満たす条件が

$$c_1 = c_2 = \cdots = c_n = 0 \tag{5.13}$$

に限られるとき，n 個のベクトルの組は**線形独立** (linearly independent) とよばれる（(5.2) 式 $= 0$ の場合を考えればよい）．n 次元ベクトル空間とは，最大で n 個の線形独立な元をもつ空間である．これに対し，n 次元ベクトル空間の線形独立なベクトル $\{\boldsymbol{a}_1, \boldsymbol{a}_2, \cdots, \boldsymbol{a}_n\}$ の和に任意のベクトル $\boldsymbol{a}_{n+1}$ を加えると，すべての係数が 0

[†4] ベクトル空間はベクトルの集合に加法とスカラー乗法が定義された抽象的な“空間”であり，これを対象とする数学が線形代数である．ベクトル空間の要素は，本章で扱っている空間に置かれたベクトルのような幾何ベクトルに限らず，その集合が加法とスカラー乗法の演算法則 (5.6) ～ (5.11) 式を満たすならば何でもよい．たとえば，多項式の集合や n 次正方行列の集合もベクトル空間である．

[†5] 一次独立・一次従属ともいう．

でなくとも次式が成り立つ．

$$c_1\boldsymbol{a}_1 + c_2\boldsymbol{a}_2 + \cdots + c_n\boldsymbol{a}_n + c_{n+1}\boldsymbol{a}_{n+1} = 0 \tag{5.14}$$

このようなベクトルの集まりは線形独立ではなく，**線形従属** (linearly dependent) とよばれる．(5.14) 式は，少なくとも 1 つの元[†6]が，それ以外の元の線形結合で表されることを意味している．実際，(5.14) 式の両辺を c_{n+1} で割り，$\boldsymbol{a}_{n+1}$ 以外を右辺に移項すると，$\boldsymbol{a}_{n+1}$ を他の n 個の線形独立なベクトルの和でつぎのように表すことができる．

$$\boldsymbol{a}_{n+1} = -\frac{1}{c_{n+1}}(c_1\boldsymbol{a}_1 + c_2\boldsymbol{a}_2 + \cdots + c_n\boldsymbol{a}_n) \tag{5.15}$$

$\boldsymbol{a}_{n+1} \neq 0$ でかつ $c_{n+1} \neq 0$ を考えているので，c_{n+1} 以外の係数のうち少なくとも 1 つは 0 ではない．たとえば，ベクトル $\boldsymbol{a}_1, \boldsymbol{a}_2, \boldsymbol{a}_3$ を考えたとき，少なくとも 1 つは 0 でない定数 c_1 と c_2 を使って $\boldsymbol{a}_3 = c_1\boldsymbol{a}_1 + c_2\boldsymbol{a}_2$ と書ければ，(5.14) 式のように，$c_1\boldsymbol{a}_1 + c_2\boldsymbol{a}_2 - \boldsymbol{a}_3 = 0$ が成立し，これら 3 つのベクトルの組が線形従属であることがわかる．

(5.15) 式は，n 次元ベクトル空間内の任意のベクトル $\boldsymbol{u}$ が n 個の独立な元の線形結合で一意的に表せることを示している (一意性に関する証明は問 5.2 参照)．

$$\boldsymbol{u} = c_1\boldsymbol{a}_1 + c_2\boldsymbol{a}_2 + \cdots + c_n\boldsymbol{a}_n \tag{5.16}$$

線形独立なベクトルからなる集合は**基底** (basis) あるいは**基底系** (basis set) とよばれ，理工系の様々な分野で重要な役割を演じている．

【問 5.1】 つぎのベクトルの組が線形独立か線形従属かを，(5.12) 式が成り立つ条件を考えて答えよ．

(i) $\boldsymbol{a}_1 = (1,1)$, $\boldsymbol{a}_2 = (1,-1)$ (ii) $\boldsymbol{a}_1 = (2,2)$, $\boldsymbol{a}_2 = (-1,-1)$

【問 5.2】 線形独立の基底系 $\{\boldsymbol{a}_1, \boldsymbol{a}_2, \cdots, \boldsymbol{a}_n\}$ に対して，あるベクトル $\boldsymbol{u}$ が $\boldsymbol{u} = c_1\boldsymbol{a}_1 + c_2\boldsymbol{a}_2 + \cdots + c_n\boldsymbol{a}_n$ と $\boldsymbol{u} = c'_1\boldsymbol{a}_1 + c'_2\boldsymbol{a}_2 + \cdots + c'_n\boldsymbol{a}_n$ のように表せたと仮定しても，線形独立性から $c_j = c'_j$ となって，この基底系による表現が一意的に定まっていることを示せ．

5.3 ベクトルの内積と正規直交系による展開

あるベクトル $\boldsymbol{u}$ を (5.16) 式のように線形独立なベクトルの組を使って展開する場合，c_1 などの係数はベクトルの**内積** (inner product, dot product) を使って決める

[†6] 相手を考えると少なくとも 2 つの元．

ことができる．まず，内積の定義を復習しよう．一般に，2つのベクトル $\boldsymbol{a}$ と $\boldsymbol{b}$ がなす角を θ とするとき，$\boldsymbol{a}$ と $\boldsymbol{b}$ の内積は記号 $\boldsymbol{a}\cdot\boldsymbol{b}$ で表され

$$\boldsymbol{a}\cdot\boldsymbol{b} = |\boldsymbol{a}||\boldsymbol{b}|\cos\theta \tag{5.17}$$

で定義される．このように定義された2つのベクトルの内積はスカラーなので，**スカラー積** (scalar product) ともいう．

3次元の基本ベクトルに対する内積は以下のようになることは容易にわかる[†7].

$$\boldsymbol{i}^2 = \boldsymbol{j}^2 = \boldsymbol{k}^2 = 1, \quad \boldsymbol{i}\cdot\boldsymbol{j} = \boldsymbol{j}\cdot\boldsymbol{k} = \boldsymbol{k}\cdot\boldsymbol{i} = 0 \tag{5.18}$$

一般に，$\boldsymbol{a}\cdot\boldsymbol{b} = 0$ のとき，$\boldsymbol{a}$ と $\boldsymbol{b}$ は直交するという．$\boldsymbol{a}$ と $\boldsymbol{b}$ の直交座標成分を $(a_x, a_y, a_z, \cdots)$ と $(b_x, b_y, b_z, \cdots)$ とするとき[†8]，この内積は

$$\boldsymbol{a}\cdot\boldsymbol{b} = a_x b_x + a_y b_y + a_z b_z + \cdots \tag{5.19}$$

と等しい (問5.3参照)．内積の一般的な表現 (5.19) 式を (5.17) 式に代入すれば，どのような次元の空間であれ，2つのベクトル $\boldsymbol{a}$ と $\boldsymbol{b}$ の間の角度 θ を $\cos\theta = \boldsymbol{a}\cdot\boldsymbol{b}/(|\boldsymbol{a}||\boldsymbol{b}|)$ で定義できる．ベクトル $\boldsymbol{a}$ の大きさ $|\boldsymbol{a}|$ は内積 $\boldsymbol{a}\cdot\boldsymbol{a}$ を用いると，$|\boldsymbol{a}| = \sqrt{\boldsymbol{a}\cdot\boldsymbol{a}}$ と表せ，***ノルム*** (norm) ともよばれる．3次元の場合に $|\boldsymbol{a}| = \sqrt{\boldsymbol{a}\cdot\boldsymbol{a}}$ が (5.5) 式と一致することからわかるように，幾何学的な大きさの定義と一致する．

【問5.3】 $\boldsymbol{a}$ と $\boldsymbol{b}$ の内積が，(5.19) 式で与えられることを

$$\boldsymbol{a}\cdot\boldsymbol{b} = (a_x\boldsymbol{i} + a_y\boldsymbol{j} + a_z\boldsymbol{k} + \cdots)\cdot(b_x\boldsymbol{i} + b_y\boldsymbol{j} + b_z\boldsymbol{k} + \cdots) \tag{5.20}$$

と基本ベクトルの内積 (5.18) 式から導け．

内積 $\boldsymbol{a}\cdot\boldsymbol{b}$ は，2つのベクトル $\boldsymbol{a}$ と $\boldsymbol{b}$ がどのくらい同じ方向を向いているかを表す量，あるいは，$\boldsymbol{a}$ のなかにどれだけ $\boldsymbol{b}$ が含まれているかを表す量と見なせる[†9]．**直交系** (orthogonal set) とよばれる互いに直交するベクトルの集まりは線形独立であるから (問5.4参照)，任意のベクトル $\boldsymbol{u}$ の直交系による展開は，内積を使えば一意的に決めることができる．たとえば，$\{\boldsymbol{a}_j\}$ が直交系の場合は，(5.16) 式と $\boldsymbol{a}_j$ の内積を考えると，$\boldsymbol{a}_j\cdot\boldsymbol{u} = c_j\boldsymbol{a}_j\cdot\boldsymbol{a}_j$ となって[†10]，展開係数 c_j が次式で与えられることになる．

$$c_j = \frac{\boldsymbol{a}_j\cdot\boldsymbol{u}}{\boldsymbol{a}_j\cdot\boldsymbol{a}_j} = \frac{\boldsymbol{a}_j\cdot\boldsymbol{u}}{|\boldsymbol{a}_j|^2} \tag{5.21}$$

---

†7 $\boldsymbol{a}^2$ のように表記してある場合は，通常 $\boldsymbol{a}\cdot\boldsymbol{a}$ を意味する．

†8 4次元以上であれば，$\cdots$ の箇所に対応する成分が入る．

†9 あるいは，$\boldsymbol{b}$ のなかにどれだけ $\boldsymbol{a}$ が含まれているかを表す量．

†10 $j \neq j'$ に対して $\boldsymbol{a}_j\cdot\boldsymbol{a}_{j'} = 0$ であることを使った．

【問 5.4】 直交系 $\{\boldsymbol{a}_j\}$ が線形独立であることを証明せよ．(5.12) 式が成立するのはすべての係数 $c_1, c_2, c_3, \cdots$ が 0 の場合だけであることを，$c_1\boldsymbol{a}_1 + c_2\boldsymbol{a}_2 + \cdots + c_n\boldsymbol{a}_n = 0$ と $\boldsymbol{a}_j$ の内積が 0 であることを使って示せばよい．

互いに直交する大きさ 1 のベクトルの組は**正規直交系** (orthonormal set) とよばれ，実用上きわめて重要な基底系である．たとえば，直交する座標軸のそれぞれの向きに,長さ 1 をもつ基本単位ベクトルは正規直交系である.基底の元 (ベクトル) の線形結合をとれば別の基底に変換できるので，無限の基底系が存在し，正規直交系も唯一ではない．実際には物理描像が明確なものや計算効率の高いものを選ぶことになるので，特定の正規直交系が優位性を発揮することが多い．関数の集まりに対しても大きさ (ノルム) や内積を定義することができ，量子力学や量子化学で用いられる重要な関数の集まり (関数空間[†11] とよばれる) にも基底系の概念は重要な役割を演じている．

【問 5.5】 $\{\boldsymbol{a}_j\}$ が正規直交系の場合，$\boldsymbol{u} = c_1\boldsymbol{a}_1 + c_2\boldsymbol{a}_2 + \cdots + c_n\boldsymbol{a}_n$ のノルム $|\boldsymbol{u}|$ が次式で表せることを示せ．

$$|\boldsymbol{u}| = \left(\sum_{j=1}^{n} c_j{}^2\right)^{1/2} \tag{5.22}$$

線形独立な非直交ベクトルの組 $\{\boldsymbol{v}_1, \boldsymbol{v}_2, \cdots, \boldsymbol{v}_n\}$ から正規直交系 $\{\boldsymbol{w}_1, \boldsymbol{w}_2, \cdots, \boldsymbol{w}_n\}$ を作り出す必要に迫られることがある．補足 C5 に，正規直交系をつくり出す手法 (アルゴリズム) の 1 つであるグラム-シュミット (Gram-Schmidt) 法を紹介しておく．

5.4 ベクトルの外積

ベクトルの積としては，その結果がスカラーになる内積だけではなく，ベクトルになる**外積** (outer product, cross product, vector product) とよばれる量も重要である．**図 5.4** のように，2 つのベクトル $\boldsymbol{a}$ と $\boldsymbol{b}$ を考え，その間の小さい方の角度を θ とする．$\boldsymbol{a}$ と $\boldsymbol{b}$ の外積は $\boldsymbol{a} \times \boldsymbol{b}$ で表され，$\boldsymbol{a}$ と $\boldsymbol{b}$ がなす面に垂直なベクトルである．$\boldsymbol{a}$ を角度 θ 回して $\boldsymbol{b}$ に重ねる回転を考え，その回転方向に右ネジを回した際[†12] のネジの進行方向を $\boldsymbol{a} \times \boldsymbol{b}$ の向きにとる (図 5.4 で示されているように面外を向

[†11] ベクトル空間の一種で，大きさ (ノルム) や内積を定義した関数を要素とする集まり．

[†12] ネジ穴を時計回りに回すことを想定している．右ネジを前に進めるネジ穴の回転方向は時計回りである．

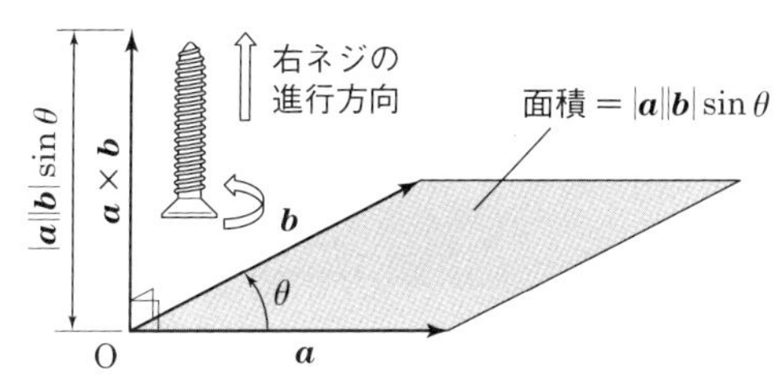

図 5.4　ベクトル $\boldsymbol{a}$ と $\boldsymbol{b}$ の外積 $\boldsymbol{a}\times\boldsymbol{b}$ とその平行四辺形の面積に対応する大きさ $|\boldsymbol{a}||\boldsymbol{b}|\sin\theta$
$\boldsymbol{a}$ から $\boldsymbol{b}$ への回転方向に合うように右ネジを時計回りに回すと，その進行方向が $\boldsymbol{a}\times\boldsymbol{b}$ の向きになる．

く)．$\boldsymbol{a}\times\boldsymbol{b}$ の大きさは，$\boldsymbol{a}$ と $\boldsymbol{b}$ を 2 辺とする平行四辺形の面積 $ab\sin\theta$ として定義されている．

$$|\boldsymbol{a}\times\boldsymbol{b}| = |\boldsymbol{a}||\boldsymbol{b}|\sin\theta = ab\sin\theta \tag{5.23}$$

以上の定義に従えば，x, y, z 軸 (図 5.2 参照) の基本ベクトル $\boldsymbol{i}, \boldsymbol{j}, \boldsymbol{k}$ の外積が次式で与えられる．

$$\begin{cases} \boldsymbol{i}\times\boldsymbol{i} = 0 & \boldsymbol{i}\times\boldsymbol{j} = \boldsymbol{k} & \boldsymbol{i}\times\boldsymbol{k} = -\boldsymbol{j} \\ \boldsymbol{j}\times\boldsymbol{i} = -\boldsymbol{k} & \boldsymbol{j}\times\boldsymbol{j} = 0 & \boldsymbol{j}\times\boldsymbol{k} = \boldsymbol{i} \\ \boldsymbol{k}\times\boldsymbol{i} = \boldsymbol{j} & \boldsymbol{k}\times\boldsymbol{j} = -\boldsymbol{i} & \boldsymbol{k}\times\boldsymbol{k} = 0 \end{cases} \tag{5.24}$$

【問 5.6】 基本ベクトルの外積に関する (5.24) 式の関係を，外積の向きと大きさの定義から導け．

原点を O とする $\boldsymbol{a}$ と $\boldsymbol{b}$ の直交座標成分を (a_x, a_y, a_z)，(b_x, b_y, b_z) とすると，$\boldsymbol{a}\times\boldsymbol{b}$ の成分は次式で与えられる†13．

$$\boldsymbol{a}\times\boldsymbol{b} = (a_y b_z - a_z b_y,\ a_z b_x - a_x b_z,\ a_x b_y - a_y b_x) \tag{5.25}$$

【問 5.7】 $\boldsymbol{a} = a_x\boldsymbol{i} + a_y\boldsymbol{j} + a_z\boldsymbol{k}$，$\boldsymbol{b} = b_x\boldsymbol{i} + b_y\boldsymbol{j} + b_z\boldsymbol{k}$ と表し，(5.25) 式が成り立つことを示せ．基本ベクトル同士のベクトル積 (5.24) 式を使え．

本節の最後に，外積の応用例を 1 つ紹介する．電荷をもつ粒子，つまり，荷電粒子が磁界 (磁場) のなかで運動すると**ローレンツ力** (Lorenz force) を受ける．電荷量 q の荷電粒子が受けるローレンツ力 $\boldsymbol{F}$ は，粒子の速度ベクトル $\boldsymbol{v}$ と磁界 (磁場) の強さ $\boldsymbol{H}$ に比例する磁束密度 $\boldsymbol{B}$ の外積

$$\boldsymbol{F} = q(\boldsymbol{v}\times\boldsymbol{B}) \tag{5.26}$$

で表すことができる†14 (脚注次頁)．これは**フレミングの左手の法則** (Fleming's

†13　$\boldsymbol{a}$ と $\boldsymbol{b}$ が x-y 平面にあるとすれば，(5.25) 式の右辺は平面に垂直な z 成分だけをもち，その成分の大きさが平行四辺形の面積になっていることがわかる．

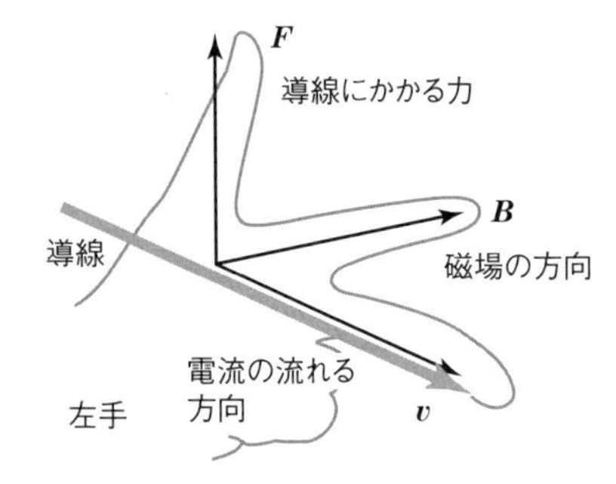

図 5.5 電流が流れている導線が磁場中で受けるローレンツ力 $\boldsymbol{F}$ とフレミングの左手の法則

left hand rule)(**図 5.5**)を数式として表したものである.

【問 5.8】 (5.26) 式がフレミングの左手の法則に合致することを確認せよ.

5.5 スカラー場の勾配

理工学の多くの分野においては，位置 $\boldsymbol{r}$ に関するスカラーやベクトルの微分・積分を扱う必要がある[†15]．本節では，関数 $\varphi(\boldsymbol{r})$ の位置 $\boldsymbol{r}$ での傾きを定量化したベクトルについて説明する．空間の各位置 $\boldsymbol{r}=(x,y,z)$ において $\varphi(\boldsymbol{r})$ がある数値を与えるとき，$\varphi(\boldsymbol{r})$ を**スカラー場** (scalar field) という．たとえば，溶液中の溶質の濃度分布 $C(\boldsymbol{r})$ や静電場の電位[†16] $\varphi(\boldsymbol{r})$ などが挙げられる.

$\varphi(\boldsymbol{r})$ の数値は，一般には空間的に変化するので，空間の各位置で φ がどの向きにどれくらいの割合で増加や減少するかという勾配（傾き）に関する情報を，ベクトルで与えると便利である．これがスカラー場 $\varphi(\boldsymbol{r})$ の**勾配**（グラジエント，gradient）あるいは勾配ベクトルであり，3 次元では次式で定義される.

$$
\begin{aligned}
\operatorname{grad}\varphi(\boldsymbol{r}) \equiv \nabla\varphi(\boldsymbol{r}) &= \frac{\partial\varphi(\boldsymbol{r})}{\partial x}\boldsymbol{i}+\frac{\partial\varphi(\boldsymbol{r})}{\partial y}\boldsymbol{j}+\frac{\partial\varphi(\boldsymbol{r})}{\partial z}\boldsymbol{k} \\
&= \left(\frac{\partial\varphi(\boldsymbol{r})}{\partial x}, \frac{\partial\varphi(\boldsymbol{r})}{\partial y}, \frac{\partial\varphi(\boldsymbol{r})}{\partial z}\right)
\end{aligned}
\tag{5.27}
$$

記号 $\partial\varphi/\partial x$, $\partial\varphi/\partial y$, $\partial\varphi/\partial z$ は 3.5 節で説明した偏微分記号である．これらをまとめた ∇ は，次式で定義される**ナブラ** (nabla) とよばれる偏微分のベクトル演算子[†17] で

[†14] 電界（電場）$\boldsymbol{E}$ による力 $q\boldsymbol{E}$ を加えたものをローレンツ力ということもある.

[†15] そのための数学的手法はベクトル解析とよばれている.

[†16] 単位電荷をある標準点から位置 $\boldsymbol{r}$ までゆっくりと移動させるのに要する仕事に相当する.

[†17] 演算子とは，関数などに作用して別の出力に変換する写像の性質をもつもの.

ある．

$$\nabla \equiv \boldsymbol{i}\frac{\partial}{\partial x}+\boldsymbol{j}\frac{\partial}{\partial y}+\boldsymbol{k}\frac{\partial}{\partial z} \tag{5.28}$$

(5.27) 式中の成分 (たとえば，$\partial\varphi/\partial x$) は φ の各軸に沿った傾きを表し，(5.27) 式が大きさと 3 次元空間のなかでの向きを表すベクトルであることが理解できる[†18]．grad φ のように，ベクトルが空間の位置 $\boldsymbol{r}$ に依存する場合，とくにそのベクトルの空間的な分布を**ベクトル場** (vector field) とよぶ (位置に依存するので束縛ベクトル)．

grad φ の幾何学的な意味を，簡単のため，次式の 2 次元のスカラー場で考えてみよう．

$$\varphi(\boldsymbol{r}) = x^2 + 2y^2 \tag{5.29}$$

$\varphi(\boldsymbol{r})$ がある一定値 C をとる x-y 平面上の曲線 $\varphi(\boldsymbol{r}) = C$ は，**等高線** (contour line) とよばれる[†19]．φ が一定値をとる曲線をいくつか x-y 平面に投影すると，異なった高さをもつ等高線の集まりが得られる．等高線の高さの間隔を 1 として $\varphi(\boldsymbol{r})$ の等高線群を描いたものが**図 5.6** である．(5.29) 式の場合，$x=0$，$y=0$ の点 O で $\varphi(x=0, y=0)=0$ であり，O が最小値を与える点である[†20]．このスカラー場の勾配ベクトルは，(5.29) 式を (5.27) 式に代入すれば得られる．

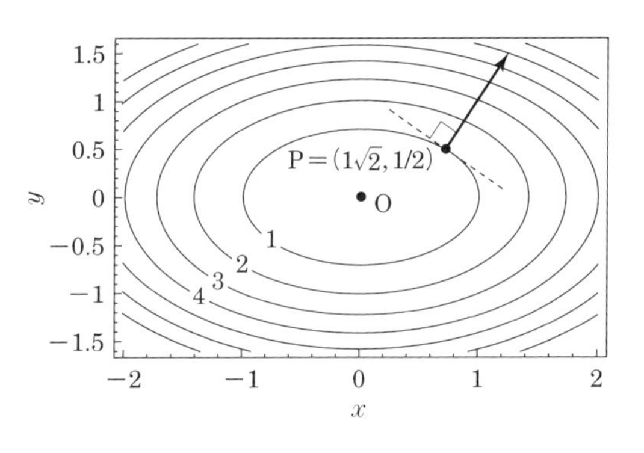

図 5.6　$\varphi(\boldsymbol{r}) = x^2 + 2y^2$ の等高線図
等高線に付随した 1 から 4 の数はその等高線上の $\varphi(\boldsymbol{r})$ の値を示している．点 P は $\varphi(\boldsymbol{r}) = 1$ 上の点 $(x, y) = (1/\sqrt{2}, 1/2)$ で，矢印はその点での勾配ベクトルを表している (大きさを半分にしてある)．勾配ベクトルは破線で表した等高線の接線に垂直な法線方向を向いている．

[†18] φ 自体はスカラー場であるが，量の変化には向きと大きさがあるので，grad φ はベクトルになる．

[†19] 3 次元以上では，等ポテンシャル面ともよばれる．

[†20] 分子の原子核は，電子がつくり出す位置エネルギーのなかに置かれている．原子核の座標を x や y とすると，この位置エネルギーは (5.29) 式のような 2 次関数で近似的に与えられ，最も安定な分子構造が点 O に対応する．O から点の位置をずらして構造が変わっていくと，$\varphi(\boldsymbol{r})$ の値が大きくなって余剰の電子エネルギーをもつことになる．

$$\mathrm{grad}\,\varphi(\boldsymbol{r}) = \frac{\partial\varphi(\boldsymbol{r})}{\partial x}\boldsymbol{i} + \frac{\partial\varphi(\boldsymbol{r})}{\partial y}\boldsymbol{j} = 2x\boldsymbol{i} + 4y\boldsymbol{j} \tag{5.30}$$

たとえば，$\varphi(\boldsymbol{r}) = 1$ 上の点 $\mathrm{P} = (1/\sqrt{2}, 1/2)$ の勾配は次式で与えられ，

$$\mathrm{grad}\,\varphi(x = 1/\sqrt{2}\,,\ y = 1/2) = \sqrt{2}\boldsymbol{i} + 2\boldsymbol{j} \tag{5.31}$$

このベクトルは大きさ $\sqrt{6}$ で，図5.6の点Pを始点とし，矢印の方向に向いている．

【問5.9】 $\varphi(\boldsymbol{r}) = 1/|\boldsymbol{r}|$ とすると，$\mathrm{grad}\,\varphi$ が次式で表せることを示せ[†21]．

$$\mathrm{grad}\,\varphi(\boldsymbol{r}) = -\frac{1}{r^3}(x\boldsymbol{i} + y\boldsymbol{j} + z\boldsymbol{k}) = -\frac{1}{r^2}\frac{\boldsymbol{r}}{r} \tag{5.32}$$

$\mathrm{grad}\,\varphi$ の x 成分は，(5.27) 式から

$$\frac{\partial\varphi(\boldsymbol{r})}{\partial x} = \frac{\partial\varphi(\boldsymbol{r})}{\partial r}\frac{\partial r}{\partial x} \tag{5.33}$$

である．$\varphi(\boldsymbol{r}) = 1/|\boldsymbol{r}| = 1/r$ を $\partial\varphi(\boldsymbol{r})/\partial r$ に代入すると $\partial\varphi(\boldsymbol{r})/\partial r = -1/r^2$ となる．また，$r^2 = x^2 + y^2 + z^2$ の両辺を x で偏微分すれば，

$$2r\frac{\partial r}{\partial x} = 2x \tag{5.34}$$

となり[†22]，$\partial r/\partial x = x/r$ が得られる．これらから $\mathrm{grad}\,\varphi$ の x 成分が求められ，他の成分も同様に求めれば，(5.32) 式を得る．(5.32) 式の勾配は，大きさが $1/r^2$ で，位置 $\boldsymbol{r}$ から中心を向いたベクトルである[†23]．

勾配ベクトルは等高線の接線に垂直な法線方向に向いている．たとえば，図5.6の $x^2 + 2y^2 = 1$ の曲線の点Pの接線は，その点での傾きをもち，Pを通る直線である．点Pでの接線の傾きは $\mathrm{d}y/\mathrm{d}x = -x/(2y) = -1/\sqrt{2}$ であり，(5.31) 式で決まる $\mathrm{grad}\,\varphi$ の傾き（$= y$ 成分$/x$ 成分）$\sqrt{2}$ との積は確かに2直線の直交条件である -1 になっている．一般的な証明を付録A5.1に与えておく．また，勾配ベクトルは，$\varphi(\boldsymbol{r})$ の傾きが最も大きい方向，つまり，$\varphi(\boldsymbol{r})$ の値が最も急激に増加する方向（逆方向が最も急激に減少する方向）に向いている（付録A5.1参照）．$\varphi(\boldsymbol{r})$ を位置エネルギーとして，ある点Pに質量をもつ点粒子（**質点**[†24]）を置くと，その直後は，点Pにおける勾配ベクトルと反対方向に下りだす．

本節の最後に，ベクトルの独立変数に関する微分である導ベクトルについて説明

[†21] $1/|\boldsymbol{r}|$ に比例する例としては，点電荷がつくる電位や，万有引力の位置エネルギーがある．

[†22] 左辺の x による微分は，$\partial r^2/\partial x = (\partial r^2/\partial r)(\partial r/\partial x)$ で与えられる．

[†23] (5.32) 式中の $-\boldsymbol{r}/r$ は，$\boldsymbol{r}$ から $\boldsymbol{r} = 0$ に向いた内向きの単位ベクトルである．

[†24] その全質量が1点に集中した，大きさのない点粒子．第7章参照．

しておく．ベクトル $\boldsymbol{A}$ が独立変数である時刻 t の値に応じて決まるとき，$\boldsymbol{A}$ を t の**ベクトル関数**といい，

$$\boldsymbol{A}(t) = (A_x(t), A_y(t), A_z(t)) \tag{5.35}$$

と記す．時間とともに振動する電場 $\boldsymbol{E}(t)$ など数え切れない例がある．この $\boldsymbol{A}(t)$ の t に関する導ベクトル $\mathrm{d}\boldsymbol{A}(t)/\mathrm{d}t$ は，$\boldsymbol{A}(t)$ の各成分を微分すればよい．

$$\frac{\mathrm{d}\boldsymbol{A}(t)}{\mathrm{d}t} = \left(\frac{\mathrm{d}A_x(t)}{\mathrm{d}t}, \frac{\mathrm{d}A_y(t)}{\mathrm{d}t}, \frac{\mathrm{d}A_z(t)}{\mathrm{d}t}\right) \tag{5.36}$$

時間の関数としての位置ベクトル $\boldsymbol{r}(t)$ の時間微分 $\mathrm{d}\boldsymbol{r}(t)/\mathrm{d}t$ は，速度の大きさと向きを表す速度ベクトルになる．

5.6 ベクトルの発散とラプラシアン

ナブラ ∇ 自身がベクトルであることに着目すると，別のベクトルとの内積が定義できる．あるベクトル $\boldsymbol{A}(\boldsymbol{r})$（その x, y, z 成分をそれぞれ A_x, A_y, A_z とする）との内積 $\nabla\cdot\boldsymbol{A}$ は**発散**（**ダイバージェンス** divergence）とよばれ，$\mathrm{div}\,\boldsymbol{A}$ と記すこともある．実際に計算すると，

$$\begin{aligned}\mathrm{div}\,\boldsymbol{A} \equiv \nabla\cdot\boldsymbol{A} &= \left(\boldsymbol{i}\frac{\partial}{\partial x} + \boldsymbol{j}\frac{\partial}{\partial y} + \boldsymbol{k}\frac{\partial}{\partial z}\right)\cdot(\boldsymbol{i}A_x + \boldsymbol{j}A_y + \boldsymbol{k}A_z) \\ &= \frac{\partial A_x}{\partial x} + \frac{\partial A_y}{\partial y} + \frac{\partial A_z}{\partial z}\end{aligned} \tag{5.37}$$

となって，空間中の場所ごとに一つの数値が決まるものであるからスカラー場である．

(5.37) 式 2 行目右辺ではベクトル $\boldsymbol{A}$ の位置による変化を計算しているが，これがベクトル $\boldsymbol{A}$ の「湧き出し」や「吸い込み」を意味することを説明していく．空間の各位置 $\boldsymbol{r}$ で定義されているベクトル $\boldsymbol{A}(\boldsymbol{r})$ の成分が微分できるように滑らかに変化しているとする．そのようなベクトルを矢印で空間に描くと，たとえば，**図 5.7** のようになる．一般には，これらの矢印は，ある部分では短くなったり，別の部分では長くなったりし，あるいは，向きが変わったりして，水の流れの様子を表しているように見える．あたかも空間からベクトルが湧き出したり，空間にベクトルが徐々に吸い込まれて消えてしまうようなことが想像できる．$\mathrm{div}\,\boldsymbol{A}$ は，そのような空間の各点におけるベクトルの湧き出しや吸い込みの度合いを正負の値として表すものである．

つぎに，x 軸の正の方向に x 成分 A_x が増加している図 5.7 の例を使って，もう

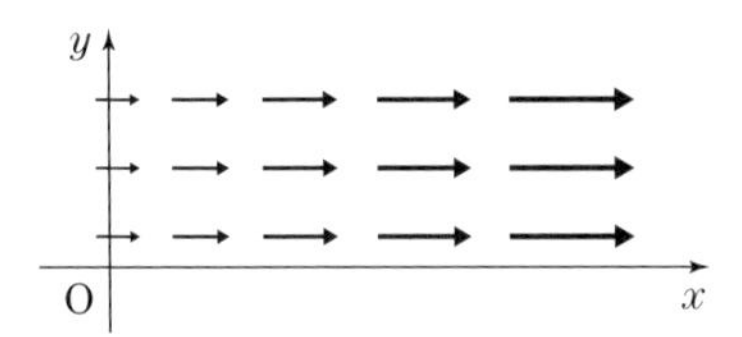

図 5.7　ベクトル $\boldsymbol{A}(\boldsymbol{r})$ の空間分布の模式図 (1)
$\boldsymbol{A}(\boldsymbol{r})$ の向きは x 軸の正の方向であり ($A_x > 0$)，その方向に $\boldsymbol{A}(\boldsymbol{r})$ の大きさが増している例.

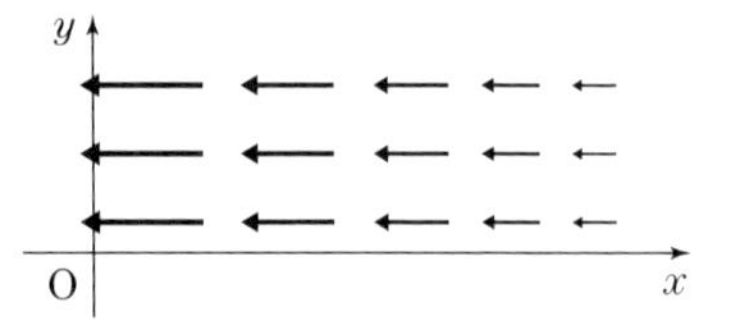

図 5.8　ベクトル $\boldsymbol{A}(\boldsymbol{r})$ の空間分布の模式図 (2)
$\boldsymbol{A}(\boldsymbol{r})$ の向きは x 軸の負の方向であり ($A_x < 0$)，その方向に $\boldsymbol{A}(\boldsymbol{r})$ の大きさが増している例.

少し具体的に考えてみよう．ベクトルを水の流れでイメージすると，x 軸の正方向に流れる水流が途中の湧き出しで増している状況である．この場合，(5.37) 式右辺の $\partial A_x/\partial x$ は正の値になる．つぎに，これとは逆に，左に行けば行くほど矢印が大きくなる**図 5.8** を考えよう．この場合も，$\partial A_x/\partial x > 0$ になる (A_x の値が負であることに注意)．左へ向かって流れる水流が増加し，途中に湧き出しがあるというイメージは変わらず成立していることになる．

図 5.7 や図 5.8 は，ベクトルの短い方からその矢印方向に沿って，ベクトルが次第に長くなる例であった．これらの図のベクトルが各位置で逆方向を向いたとすると，ベクトルの長い方から矢印方向に沿って，ベクトルが次第に短くなる．この場合は，$\partial A_x/\partial x < 0$ となって「吸い込み」を表す．大きさが一定のベクトルが**図 5.9** のように 1 点から湧き出すような場合も，$\mathrm{div}\,\boldsymbol{A} > 0$ となって $\mathrm{div}\,\boldsymbol{A} \neq 0$ である (図 5.9 のベクトルが逆方向の場合は，$\mathrm{div}\,\boldsymbol{A} < 0$ で吸い込みを表す)[†25]．以上をまとめると，$\mathrm{div}\,\boldsymbol{A}$ が正ならば (負ならば)，流れの方向に関係なく，その地点では湧き出し (吸い込み) があることを意味している．

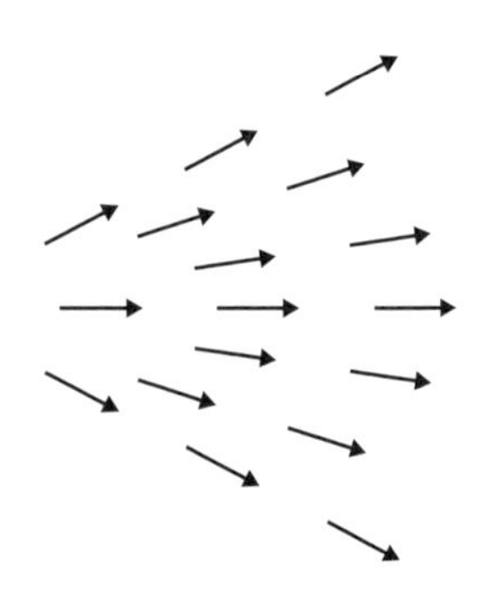

図 5.9　向きが中心から外に向かう放射状のベクトルの分布例

ここで，注意しなければならないのは，(5.37) 式の 1 つの成分，たとえば，$\partial A_x/\partial x$ が負になっていたとしても，$\partial A_y/\partial y$ や $\partial A_z/\partial z$ が正の値で全体として $\mathrm{div}\,\boldsymbol{A} = 0$ になっていれば，もともと x 方向に向かっていた流れが y 方向や z 方向に向かっただけで，湧き

[†25] 長さ一定で原点から放射状に広がったベクトル $\boldsymbol{A}(x, y, z) = \boldsymbol{r}/r$ の $\mathrm{div}\,\boldsymbol{A}$ は $2/r$ になり，原点を除くすべての点で有限の値をとる (原点に近づくにつれ発散が大きくなる).

出しや吸い込みがあるわけではない．このような同じ長さのベクトルが渦のようにつながっている場合は，渦の回転の速さや向き（渦度（うずど））がその動きを特徴づけるベクトル量になる．この渦度は，流体の微小部分（空間に固定した座標 x, y, z で表されている）の速度ベクトル $\boldsymbol{v}$ の**回転**（rotation），あるいは**ローテーション**とよばれる外積 $\nabla \times \boldsymbol{v}$ で与えられる．詳しい説明は付録 A5.2 にゆずる．

流体の流れにたとえて，発散 div の符号の正負が「湧き出し」と「吸い込み」に対応することを説明してきた．ここで，「湧き出し」や「吸い込み」が物質の生成[†26]・消滅だけでなく，密度の変化によっても引き起こされることに注意したい．ある領域を考えたとき，その中で流体が膨張して密度が下がればその分だけ外への流量が増え，逆に収縮して密度が高くなれば外への流量は減る．このような違いを記述するのが，以下で説明する流体の連続の方程式である．

まず，物質が生成・消滅しない系を考えよう．その場合，微小体積中の流体の質量（粒子数で考えてもよい）の増減は，その領域に入り込んだ質量と，出て行ったものとの差に等しい．この質量保存則の数学的な表現の1つが連続の方程式である．ここでは簡単のため，**図 5.10** のように x 方向にだけ流れがある流体に対して，その連続の方程式を導く．

図 5.10 で示された断面積 S で幅 Δx の微小体積 $S\Delta x$ を考え，その領域の中心座標を (x,y,z) としよう．この領域内の質量は，流体に流れが存在すれば，一般には時刻 t と $t+\Delta t$ との間に変化する（Δt は微小時間）．この質量の変化量 ΔM は2通りの方法で計算することができる．まず，その微小領域内の密度 $\rho(x,t)$ の時間変化から求められる（1次元の流れを考え，ρ は y と z に依存しないとした）．

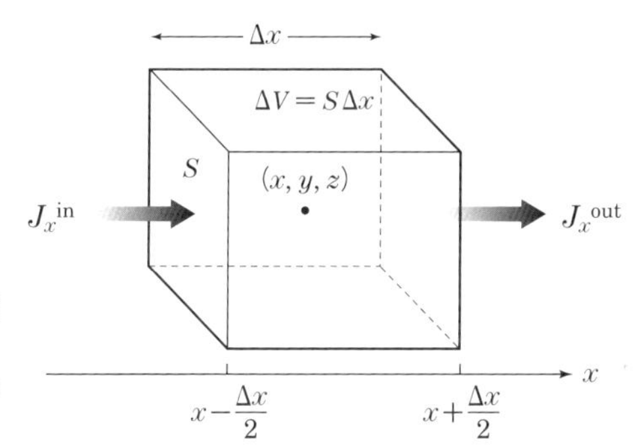

図 5.10 直方体の領域に流入する物質の流束 J_x^{in} と流出する物質の流束 J_x^{out}．S が流入面の面積，Δx が x 方向の幅である．流束の定義は本文参照．

[†26] たとえば，泉があるような場合．

$$\Delta M = \rho(x, t+\Delta t)S\Delta x - \rho(x,t)S\Delta x \approx \frac{\partial \rho(x,t)}{\partial t}\Delta t S \Delta x \qquad (5.38)$$

右端の式は $\rho(x, t+\Delta t)$ の Δt に関するテイラー展開から得られる．他方，ΔM はその領域への質量の流入と流出の差から求めることもできる．そのために，単位時間に単位面積を x の正方向に横切る正味の質量の流れ，つまり，**流束** (flux) を定義する[†27]．流束は，流体 (密度 ρ) が速度 $\boldsymbol{v}$ で流れるとき，$\boldsymbol{J} = \boldsymbol{v}\rho$ で与えられる．時刻 t における流束の x 成分を $J_x(x,t)$ で表せば，図5.10より

$$微小体積への流入量 = J_x^{\text{in}} S\Delta t = J_x\left(x - \frac{\Delta x}{2}, t\right)S\Delta t \qquad (5.39)$$

$$微小体積からの流出量 = J_x^{\text{out}} S\Delta t = J_x\left(x + \frac{\Delta x}{2}, t\right)S\Delta t \qquad (5.40)$$

となることがわかり，差は次式で与えられることになる．

$$\Delta M = J_x\left(x - \frac{\Delta x}{2}, t\right)S\Delta t - J_x\left(x + \frac{\Delta x}{2}, t\right)S\Delta t \approx -\frac{\partial J_x(x,t)}{\partial x}\Delta x S \Delta t \qquad (5.41)$$

物質の生成・消滅がないとしているので，(5.38) 式と (5.41) 式の 2 つの式の右端は等しい[†28]．その等式を $S\Delta x \Delta t$ で割れば，つぎの方程式が得られる．

$$\frac{\partial \rho(x,t)}{\partial t} = -\frac{\partial J_x(x,t)}{\partial x} \qquad (5.42)$$

この式を一般の 3 次元に拡張した次式を**連続の方程式**という．

$$\frac{\partial \rho}{\partial t} + \mathrm{div}\boldsymbol{J} = 0 \quad あるいは \quad \frac{\partial \rho}{\partial t} + \nabla\cdot\boldsymbol{J} = 0 \qquad (5.43)$$

この式は，密度が高くなれば ($\partial\rho/\partial t > 0$) 吸い込み ($\mathrm{div}\boldsymbol{J} < 0$) があることを示している (密度が低くなれば湧き出しがある)．

物質の生成・消滅がないとして導かれた (5.42) 式や (5.43) 式が質量保存則そのものであることを，簡単のため 1 次元の場合を例に説明する．流体が存在する x の範囲を x_{L} から x_{R} とすれば，単位断面積あたりの全質量は

$$\int_{x_{\mathrm{L}}}^{x_{\mathrm{R}}} \rho(x,t)\,\mathrm{d}x \qquad (5.44)$$

で与えられる[†29]．積分領域の両端 x_{L} と x_{R} を流れがない所まで十分遠方にとって

---

†27　ここでは，質量流束であり，その単位は質量/(面積 × 時間) である．

†28　微小体積，微小時間の極限で成り立つ．

おけば，

$$\frac{\partial}{\partial t}\int_{x_L=-\infty}^{x_R=\infty}\rho(x,t)\,\mathrm{d}x=-\int_{x_L}^{x_R}\frac{\partial J_x(x,t)}{\partial x}\mathrm{d}x=-[J_x(x_R,t)-J_x(x_L,t)]=0 \tag{5.45}$$

となって，(5.42) 式，あるいは (5.43) 式の連続の方程式が質量保存を保証していることがわかる．物質の生成や消滅がある場合は，そのときの質量の湧き出しや吸い込みに対応する密度の時間変化 σ を導入する必要がある．

$$\frac{\partial\rho}{\partial t}+\nabla\cdot\boldsymbol{J}=\sigma \tag{5.46}$$

この場合，(5.45) 式の関係は成立せず，σ の分だけ質量保存則が成り立たないことになる．

最後に，勾配の発散とその対応する演算子であるラプラシアン (Laplacian) を紹介しよう．ナブラ ∇ はそれ自身がベクトルであるから，勾配とのスカラー積 (勾配の発散) $\nabla\cdot\nabla\phi=\mathrm{div}(\mathrm{grad}\,\phi)$ も考えることができる．基本ベクトルの内積 (5.18) 式から，スカラー積 $\nabla\cdot\nabla$ は $x,\ y,\ z$ に関する2階偏微分の和になる．

$$\begin{aligned}\nabla\cdot\nabla\phi&\equiv\left(\boldsymbol{i}\frac{\partial}{\partial x}+\boldsymbol{j}\frac{\partial}{\partial y}+\boldsymbol{k}\frac{\partial}{\partial z}\right)\cdot\left(\boldsymbol{i}\frac{\partial}{\partial x}+\boldsymbol{j}\frac{\partial}{\partial y}+\boldsymbol{k}\frac{\partial}{\partial z}\right)\phi\\&=\left(\frac{\partial^2}{\partial x^2}+\frac{\partial^2}{\partial y^2}+\frac{\partial^2}{\partial z^2}\right)\phi\end{aligned} \tag{5.47}$$

演算子 $\nabla\cdot\nabla$ は**ラプラシアン** (Laplacian) あるいは**ラプラス演算子** (Laplace operator) といい，∇^2 あるいは差分や微小量を表すデルタ記号と同じ Δ で表すことが多い (本書では，誤解を避けるため ∇^2 を使う)．

$$\Delta=\nabla\cdot\nabla\equiv\frac{\partial^2}{\partial x^2}+\frac{\partial^2}{\partial y^2}+\frac{\partial^2}{\partial z^2} \tag{5.48}$$

これはシュレーディンガー方程式など，自然科学の多くの偏微分方程式に現れる重要な演算子である．

---

†29 密度 $\rho(x,t)$ は x に垂直な y と z に依存しないとしている．

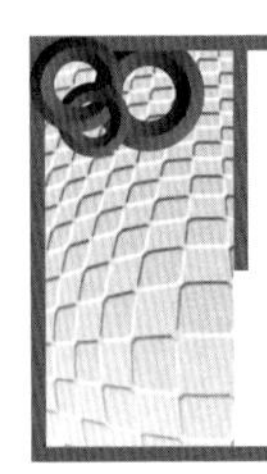

第6章 行列と行列式

連立1次方程式は，最小二乗法など様々なところで登場する．本章では，線形代数 (**linear algebra**) の中核である行列と行列式に基づいた連立1次方程式の解法を解説する．まず，数や式などを行と列に沿って矩形状に配列した行列に対して，その性質と演算規則について概説し，行列がベクトルに対する変換操作になっていることを説明する．つづいて，正方行列に対して定義される行列式の性質をまとめ，行列式の値を求める計算法を紹介する．最後に，連立1次方程式の解を行列式で表したクラメールの公式を導出する．

6.1 列の定義と演算

第5章ではベクトルの記法として，成分を横に並べる**行ベクトル** (row vector) の形式を使った．たとえば，3次元ではつぎのように表せる．

$$(a_1, a_2, a_3) \tag{6.1}$$

これに対して，成分を縦に並べたものは**列ベクトル** (column vector) とよばれていて，(6.1) 式に対応する列ベクトルは次式のようになる．

$$\begin{pmatrix} a_1 \\ a_2 \\ a_3 \end{pmatrix} \tag{6.2}$$

ここで，2つの列ベクトル

$$\boldsymbol{v}_1 = \begin{pmatrix} a_{11} \\ a_{21} \\ a_{31} \end{pmatrix}, \quad \boldsymbol{v}_2 = \begin{pmatrix} a_{12} \\ a_{22} \\ a_{32} \end{pmatrix} \tag{6.3}$$

の成分を横に並べたものを考えよう．

$$\begin{pmatrix} a_{11} & a_{12} \\ a_{21} & a_{22} \\ a_{31} & a_{32} \end{pmatrix} \tag{6.4}$$

このような列ベクトルを横に並べたもの，あるいは，行ベクトルを縦に並べたものを**行列** (matrix) という．一般に，行列 $\boldsymbol{A}$ は $m \times n$ 個の数を m 行，n 列に配置して，左右を括弧記号を使って (…) または [⋯] のように囲んだものであり，次式のように書かれる．

$$\boldsymbol{A} = \begin{pmatrix} a_{11} & a_{12} & \cdots & a_{1n} \\ a_{21} & a_{22} & \cdots & a_{2n} \\ \vdots & \vdots & & \vdots \\ a_{m1} & a_{m2} & \cdots & a_{mn} \end{pmatrix} \tag{6.5}$$

この $\boldsymbol{A}$ を m 行 n 列の行列または $m \times n$ 行列という．n 次元行ベクトルは 1 行 n 列の行列，n 次元列ベクトルは n 行 1 列の行列とみなせる．ここで，(…) の中に並べた個々の数あるいは変数 a_{ij} を i 行 j 列の**要素** (element) または (i,j) 要素という．

行列の種類には以下のようなものがある．

1）全要素が 0 からなるベクトルを**零**（ゼロ）**ベクトル**，全要素が 0 である行列を**零**（ゼロ）**行列** (zero matrix) といい $\boldsymbol{O}$ と書く．

2）$n \times n$ 行列 $\boldsymbol{A}$ のように行と列の数がともに n に等しい行列を **n 次正方行列** (square matrix of order n, n-dimensional square matrix) という．

3）n 次正方行列の a_{11} と a_{nn} を結ぶ線上の要素，つまり，$a_{11}, a_{22}, a_{33}, \cdots$ を**対角要素** (diagonal element) あるいは対角項，対角項以外の行列の要素 $a_{ij} (i \neq j)$ を**非対角** (off-diagonal) **要素**とよぶ．非対角要素がすべて 0 であるつぎのような行列を **n 次対角行列** (diagonal matrix) という．

$$\boldsymbol{D} = \begin{pmatrix} a_{11} & 0 & \cdots & 0 \\ 0 & a_{22} & \cdots & 0 \\ \vdots & \vdots & \ddots & \vdots \\ 0 & 0 & \cdots & a_{nn} \end{pmatrix} \tag{6.6}$$

4）(6.6) 式の n 次対角行列の要素 a_{ii} がすべて 1 である行列を **n 次単位行列** (unit matrix) $\boldsymbol{I}_n$，あるいは単に $\boldsymbol{I}$ と書く．これはスカラーの場合の 1 と同じ役割をする．

5）$m \times n$ 行列 $\boldsymbol{A}$ の行と列を入れ換えてできる行列を**転置行列** (transposed matrix) とよび，$\boldsymbol{A}^T$ で表す[†1]．たとえば，(6.4) 式の 3×2 の行列の転置行

[†1] ${}^t\boldsymbol{A}$ などの表記も使われる．

列は 2×3 の次式となる.

$$\begin{pmatrix} a_{11} & a_{21} & a_{31} \\ a_{12} & a_{22} & a_{32} \end{pmatrix} \tag{6.7}$$

行ベクトルと列ベクトルは互いにそれぞれの転置ベクトルになっている.

6）n 次正方行列において，すべての i, j に対して $a_{ji}=a_{ij}$ であるとき $\boldsymbol{A}^T=\boldsymbol{A}$ が成立する．このような行列 $\boldsymbol{A}$ を **$\boldsymbol{n}$ 次対称行列** (symmetric matrix) とよぶ.

行列 $\boldsymbol{A}$ と $\boldsymbol{B}$ がともに $m\times n$ 行列であるとき同じ型の行列であるといい，対応する要素 a_{ij} と b_{ij} がすべて等しいとき両者は等しいといい（行列の相等），$\boldsymbol{A}=\boldsymbol{B}$ で表す.

つぎに行列に演算を導入する．まず，同じ型の行列 $\boldsymbol{A}$ と $\boldsymbol{B}$ の加減算 $\boldsymbol{C}=\boldsymbol{A}\pm\boldsymbol{B}$ の成分 c_{ij} は，以下のように成分ごとの加減算で定義される.

$$c_{ij}=a_{ij}\pm b_{ij} \tag{6.8}$$

たとえば，2×2 行列 $\boldsymbol{A}$ と $\boldsymbol{B}$ の加減算は,

$$\boldsymbol{C}=\boldsymbol{A}\pm\boldsymbol{B}=\begin{pmatrix} a_{11} & a_{12} \\ a_{21} & a_{22} \end{pmatrix}\pm\begin{pmatrix} b_{11} & b_{12} \\ b_{21} & b_{22} \end{pmatrix}=\begin{pmatrix} a_{11}\pm b_{11} & a_{12}\pm b_{12} \\ a_{21}\pm b_{21} & a_{22}\pm b_{22} \end{pmatrix} \tag{6.9}$$

のようになる（複号同順）.

【問 6.1】 $\begin{pmatrix} 2 & -1 \\ 3 & 1 \end{pmatrix}+\boldsymbol{X}=\begin{pmatrix} 5 & 2 \\ -1 & 4 \end{pmatrix}$ を満たす2次の正方行列 $\boldsymbol{X}$ を求めよ.

つぎに，行列の乗算に移る．まず，行列 $\boldsymbol{A}$ とスカラー α の積は，$\boldsymbol{A}$ の各成分を α 倍したものとして定義される．たとえば，2次正方行列 $\boldsymbol{A}$ にスカラー α をかけると,

$$\boldsymbol{C}=\alpha\boldsymbol{A}=\alpha\begin{pmatrix} a_{11} & a_{12} \\ a_{21} & a_{22} \end{pmatrix}=\begin{pmatrix} \alpha a_{11} & \alpha a_{12} \\ \alpha a_{21} & \alpha a_{22} \end{pmatrix} \tag{6.10}$$

である．行列 $\boldsymbol{A}$ と $\boldsymbol{B}$ の積 $\boldsymbol{AB}$ は，$\boldsymbol{A}$ の列の数と $\boldsymbol{B}$ の行の数が等しいときにのみ定義することができる．この条件を満たす $l\times m$ 行列 $\boldsymbol{A}$ と $m\times n$ 行列 $\boldsymbol{B}$ は**整合** (conformable) であるという．整合である $\boldsymbol{A}$ と $\boldsymbol{B}$ の乗算で得られる行列を $\boldsymbol{C}$ とすると，$\boldsymbol{C}$ の i 行 j 列目の成分 c_{ij} は，a_{ik}（$\boldsymbol{A}$ の i 行のなかの k 番目要素）と b_{kj}（$\boldsymbol{B}$ の j 列のなかの k 番目要素）との積を $k=1$ から順番に足し合わせたものであって，$l\times m$ 行列 $\boldsymbol{A}$ と $m\times n$ 行列 $\boldsymbol{B}$ の積 $\boldsymbol{C}$ は $l\times n$ 行列となる.

$$c_{ij} = \sum_{k=1}^{m} a_{ik} b_{kj} \tag{6.11}$$

この式の定義に従うと，2×2 行列 $\boldsymbol{A}$ と 2×1 行列 $\boldsymbol{B}$ の積は，つぎの 2×1 行列，つまり列ベクトルとなる．

$$\boldsymbol{AB} = \begin{pmatrix} a_{11} & a_{12} \\ a_{21} & a_{22} \end{pmatrix} \begin{pmatrix} b_{11} \\ b_{21} \end{pmatrix} = \begin{pmatrix} a_{11}b_{11} + a_{12}b_{21} \\ a_{21}b_{11} + a_{22}b_{21} \end{pmatrix} \tag{6.12}$$

2×2 行列 $\boldsymbol{A}$ と 2×3 行列 $\boldsymbol{B}$ の乗算では，

$$\boldsymbol{AB} = \begin{pmatrix} a_{11} & a_{12} \\ a_{21} & a_{22} \end{pmatrix} \begin{pmatrix} b_{11} & b_{12} & b_{13} \\ b_{21} & b_{22} & b_{23} \end{pmatrix} = \begin{pmatrix} a_{11}b_{11} + a_{12}b_{21} & a_{11}b_{12} + a_{12}b_{22} & a_{11}b_{13} + a_{12}b_{23} \\ a_{21}b_{11} + a_{22}b_{21} & a_{21}b_{12} + a_{22}b_{22} & \underline{a_{21}b_{13} + a_{22}b_{23}} \end{pmatrix} \tag{6.13}$$

となる．たとえば，下線で示した $\boldsymbol{AB}$ の2行3列目の要素は，(6.11) 式に従って，点線矢印で示した $\boldsymbol{A}$ の2行目の要素と $\boldsymbol{B}$ の3列目の要素を順にかけ合わせた和になっている．(6.12) 式や (6.13) 式において $\boldsymbol{A}$ と $\boldsymbol{B}$ を入れ換えた積 $\boldsymbol{BA}$ は定義できないので，積 $\boldsymbol{BA}$ に対しては $\boldsymbol{A}$ と $\boldsymbol{B}$ は整合性がない．$\boldsymbol{A}$ と $\boldsymbol{B}$ が $l \times m$ 行列と $m \times l$ 行列の場合にだけ，$\boldsymbol{AB}$ と $\boldsymbol{BA}$ の両方とも定義できる．

【問 6.2】 列ベクトル $\boldsymbol{x}$ と列ベクトル $\boldsymbol{y}$ を考える．

$$\boldsymbol{x} = \begin{pmatrix} x_1 \\ x_2 \\ \vdots \\ x_n \end{pmatrix} \qquad \boldsymbol{y} = \begin{pmatrix} y_1 \\ y_2 \\ \vdots \\ y_n \end{pmatrix} \tag{6.14}$$

$\boldsymbol{x}$ の転置行列 $\boldsymbol{x}^T = (x_1, x_2, \cdots, x_n)$ と列ベクトル $\boldsymbol{y}$ の積 $\boldsymbol{x}^T\boldsymbol{y}$ が2つのベクトル $\boldsymbol{x}$ と $\boldsymbol{y}$ の内積に対応することを示せ．

$m \times n$ 行列 $\boldsymbol{A}$ に対して，n 次の単位行列 $\boldsymbol{I}_n$ と m 次の単位行列 $\boldsymbol{I}_m$ を作用させると

$$\boldsymbol{AI}_n = \boldsymbol{A}, \quad \boldsymbol{I}_m\boldsymbol{A} = \boldsymbol{A} \tag{6.15}$$

が成立する．また，n 次正方行列 $\boldsymbol{A}$ に対して，

$$\boldsymbol{AB} = \boldsymbol{I} \quad \text{かつ} \quad \boldsymbol{BA} = \boldsymbol{I} \tag{6.16}$$

である n 次正方行列 $\boldsymbol{B}$ が存在するとき，$\boldsymbol{A}$ を**正則行列** (regular matrix) という ($\boldsymbol{I}$ は n 次の単位行列)．$\boldsymbol{B}$ を $\boldsymbol{A}$ の**逆行列** (inverse matrix) とよび，$\boldsymbol{A}^{-1}$ と記す．逆行列の求め方は6.4節で説明するが (問 6.9 参照)，つぎの 2×2 行列 $\boldsymbol{A}$

$$\boldsymbol{A} = \begin{pmatrix} a & b \\ c & d \end{pmatrix} \tag{6.17}$$

の逆行列 $\boldsymbol{A}^{-1}$ が次式で与えられることは簡単に確認できる（問 6.3 参照）．

$$\boldsymbol{A}^{-1} = \frac{1}{ad-bc}\begin{pmatrix} d & -b \\ -c & a \end{pmatrix} \tag{6.18}$$

【問 6.3】 (6.17) 式と (6.18) 式の積が，次式を満たしていることを示せ．

$$\boldsymbol{A}\boldsymbol{A}^{-1} = \boldsymbol{A}^{-1}\boldsymbol{A} = \boldsymbol{I} \tag{6.19}$$

n 次正方行列 $\boldsymbol{A}$ と $\boldsymbol{A}^T$ の間に

$$\boldsymbol{A}\boldsymbol{A}^T = \boldsymbol{A}^T\boldsymbol{A} = \boldsymbol{I} \tag{6.20}$$

が成立するとき，つまり，$\boldsymbol{A}^T = \boldsymbol{A}^{-1}$ のとき，$\boldsymbol{A}$ を**直交行列** (orthogonal matrix) という．直交行列 $\boldsymbol{A}$ の要素は，$\boldsymbol{A}\boldsymbol{A}^T = \boldsymbol{I}$ より，次式を満たしている．

$$\sum_{j=1}^{n} a_{ij}\, a_{i'j} = \delta_{ii'} \tag{6.21}$$

ここで，δ_{ij} は $i = j$ なら 1，$i \neq j$ なら 0 を意味する**クロネッカーのデルタ** (Kronecker delta) である．(6.21) 式は，同一行の各要素の二乗和が 1，異なった 2 行の同一列要素同士の積の和が 0 であることを意味している．また，$\boldsymbol{A}^T\boldsymbol{A} = \boldsymbol{I}$ より，同一列，あるいは，異なった列に関しても同様の性質が成り立つ．

$$\sum_{j=1}^{n} a_{ji}\, a_{ji'} = \delta_{ii'} \tag{6.22}$$

【問 6.4】 行列の積では結合則 $(\boldsymbol{AB})\boldsymbol{C} = \boldsymbol{A}(\boldsymbol{BC})$ は成り立つが，交換則 $\boldsymbol{AB} = \boldsymbol{BA}$ が成り立つとは限らない．$\boldsymbol{AB} \neq \boldsymbol{BA}$ となって交換則を満たさない 2 次の正方行列 $\boldsymbol{A}$ と $\boldsymbol{B}$ の例を示せ．また，本節の中から，交換則を満たす例を挙げよ[†2]．

6.2　行列のベクトルへの作用

i 番目の要素が 1 で，その他の成分がすべて 0 の列ベクトル $\boldsymbol{e}_i$

$$\boldsymbol{e}_1 = \begin{pmatrix} 1 \\ 0 \\ 0 \\ \vdots \\ 0 \end{pmatrix}, \quad \boldsymbol{e}_2 = \begin{pmatrix} 0 \\ 1 \\ 0 \\ \vdots \\ 0 \end{pmatrix}, \quad \cdots, \quad \boldsymbol{e}_n = \begin{pmatrix} 0 \\ \vdots \\ 0 \\ 0 \\ 1 \end{pmatrix} \tag{6.23}$$

[†2] $\boldsymbol{A}$ が $l \times m$ 行列，$\boldsymbol{B}$ が $m \times l$ 行列の場合，$\boldsymbol{AB}$ は $l \times l$ 行列，$\boldsymbol{BA}$ は $m \times m$ 行列となって，$l = m$ の場合にしか交換則を満たすことができない．

を **n 次元基本 (列) ベクトル**という[†3]. ここで, **図 6.1** で示した 2 次元平面における基本ベクトル (fundamental unit vector) の回転操作を行列で表すことを考えよう. まず, $x = 1$, $y = 0$ の位置ベクトル (1,0) を角度 θ だけ反時計回りに回転させる. 最初のベクトル (1,0) と回転後の座標 $(x, y) = (\cos\theta, \sin\theta)$ の関係は, 回転の操作に対応する 2×2 行列を導入すると,

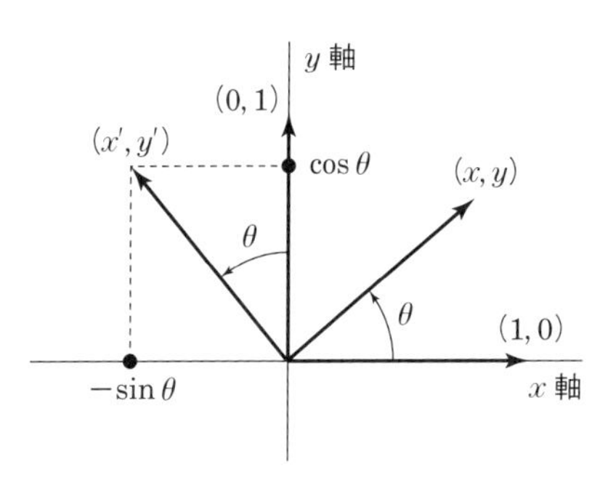

図 6.1 基本ベクトル (**1,0**) と (**0,1**) の角度 $\boldsymbol{\theta}$ の回転

$$\begin{pmatrix} x \\ y \end{pmatrix} = \begin{pmatrix} \cos\theta & * \\ \sin\theta & * \end{pmatrix} \begin{pmatrix} 1 \\ 0 \end{pmatrix} \tag{6.24}$$

のように表せる (列ベクトルで表記している). ここで, $*$ 印の要素は任意であり, (1,0) の回転だけでは決まらないが, (1,0) と独立な (0,1) の回転を考えると, 図 6.1 から

$$\begin{pmatrix} x' \\ y' \end{pmatrix} = \begin{pmatrix} * & -\sin\theta \\ * & \cos\theta \end{pmatrix} \begin{pmatrix} 0 \\ 1 \end{pmatrix} \tag{6.25}$$

でなければならないことがわかる. したがって, (6.24) 式と (6.25) 式を合わせると, 任意のベクトル (x_0, y_0) の回転は一般に次式で表せる.

$$\begin{pmatrix} x \\ y \end{pmatrix} = \boldsymbol{R}(\theta) \begin{pmatrix} x_0 \\ y_0 \end{pmatrix} \tag{6.26}$$

ここで, $\boldsymbol{R}(\theta)$ は任意の位置ベクトルを θ だけ回転させる操作を表す行列である.

$$\boldsymbol{R}(\theta) = \begin{pmatrix} \cos\theta & -\sin\theta \\ \sin\theta & \cos\theta \end{pmatrix} \tag{6.27}$$

【問 6.5】 角度 θ と θ' の連続回転を表す $\boldsymbol{R}(\theta')\boldsymbol{R}(\theta)$ の要素を求め, 三角関数の公式を使って

$$\boldsymbol{R}(\theta')\boldsymbol{R}(\theta) = \boldsymbol{R}(\theta' + \theta) \tag{6.28}$$

となることを示せ. これから, $\boldsymbol{R}(\theta')$ と $\boldsymbol{R}(\theta)$ の間に交換則が成り立つ (可換である) こともわかる.

[†3] たとえば, 3 次元空間の任意の位置ベクトルを表すことができる基本単位ベクトル $\boldsymbol{i}, \boldsymbol{j}, \boldsymbol{k}$ が, $n = 3$ の場合の $\boldsymbol{e}_1, \boldsymbol{e}_2, \boldsymbol{e}_3$ に対応する.

$\boldsymbol{R}(\theta)$ は直交行列になっている[†4]．その転置行列

$$\boldsymbol{R}^T(\theta) = \begin{pmatrix} \cos\theta & \sin\theta \\ -\sin\theta & \cos\theta \end{pmatrix} \tag{6.29}$$

は，確かに (6.20) 式を満たし，直交行列 $\boldsymbol{R}(\theta)$ の逆行列になっている．

$$\boldsymbol{R}^T(\theta)\,\boldsymbol{R}(\theta) = \boldsymbol{I} \tag{6.30}$$

この式が成立していることは左辺の行列要素を計算することによって示せるが，$\boldsymbol{R}^T(\theta) = \boldsymbol{R}(-\theta)$ の関係から，(6.28) 式を用いて容易に証明できる．

n 次正方行列 $\boldsymbol{A}$ を n 次列ベクトル $\boldsymbol{x}$ と $\boldsymbol{y}$ に作用させた $\boldsymbol{Ax}$ と $\boldsymbol{Ay}$ との内積は，問 6.2 からわかるように，一般に次式のように表せる．

$$(\boldsymbol{Ax})^T(\boldsymbol{Ay}) = \boldsymbol{x}^T\boldsymbol{A}^T\boldsymbol{Ay} \tag{6.31}$$

ここで，$(\boldsymbol{Ax})^T = \boldsymbol{x}^T\boldsymbol{A}^T$ となることを使った ($n = 2$ を例として，確かめてみるとよい)．$\boldsymbol{A}$ が直交行列の場合，$\boldsymbol{Ax}$ は直交変換とよばれている．(6.20) 式の関係 $\boldsymbol{A}^T\boldsymbol{A} = \boldsymbol{I}$ から，(6.31) 式は $\boldsymbol{x}^T\boldsymbol{y}$ となり，ベクトルの内積 (ノルム) が直交変換の前後で変わらないことがわかる．(6.27) 式の $\boldsymbol{R}(\theta)$ による変換によってベクトルの長さが変わらないのはその一例である．

6.3　連立 1 次方程式の行列表現

行列の応用として，**連立 1 次方程式** (simultaneous linear equations) の解法を考えよう．一般に，n 個の未知変数 $x_1, x_2, \cdots, x_n$ をもつ n 元連立 1 次方程式は次式のように表せる．

$$\begin{cases} a_{11}x_1 + a_{12}x_2 + \cdots + a_{1n}x_n = b_1 \\ a_{21}x_1 + a_{22}x_2 + \cdots + a_{2n}x_n = b_2 \\ \qquad\qquad\cdots \\ a_{n1}x_1 + a_{n2}x_2 + \cdots + a_{nn}x_n = b_n \end{cases} \tag{6.32}$$

$\{b_i\}$ や係数 $\{a_{ij}\}$ が数値で与えられていれば，高校で学んだ代入法や加減法で連立 1 次方程式を解くことができる．ガウス (Gauss) の消去法 (掃き出し法) などを使えば機械的に解を求めることができる[†5]．しかしながら，係数に文字式が含まれる場合には計算が非常に煩雑になり，解が不定 (indefinite) か不能 (incompatible)[†6]

[†4] (6.21), (6.22) 式を満たしている．

[†5] その他，ガウス-ジョルダン (Gauss-Jordan) の消去法，逆行列を用いる消去法，反復計算を用いて解を求めるガウス-ザイデル法などが有用であるが，ここでは立ち入らないこととする．

かを系統的に判別するのも容易でない．本節と次節では行列を使った解法を紹介する．行列を使うと連立1次方程式の問題を線形代数の問題として見通すことができ，解の一般的な判別条件を導くことができる．

ここで，行列とその演算の定義を用いて，(6.32) 式を次式のように書き換える．

$$\begin{pmatrix} a_{11} & a_{12} & \cdots & a_{1n} \\ a_{21} & a_{22} & \cdots & a_{2n} \\ \vdots & \vdots & \ddots & \vdots \\ a_{n1} & a_{n2} & \cdots & a_{nn} \end{pmatrix} \begin{pmatrix} x_1 \\ x_2 \\ \vdots \\ x_n \end{pmatrix} = \begin{pmatrix} b_1 \\ b_2 \\ \vdots \\ b_n \end{pmatrix} \tag{6.33}$$

この式は，連立1次方程式の係数で表される正方行列 $\boldsymbol{A}$（係数行列とよばれる）と次式の列ベクトル $\boldsymbol{x}$ と $\boldsymbol{b}$ からなっている．

$$\boldsymbol{x} = \begin{pmatrix} x_1 \\ x_2 \\ \vdots \\ x_n \end{pmatrix}, \quad \boldsymbol{b} = \begin{pmatrix} b_1 \\ b_2 \\ \vdots \\ b_n \end{pmatrix} \tag{6.34}$$

これらの行列とベクトルの表記を使うと，(6.33) 式は簡単に

$$\boldsymbol{Ax} = \boldsymbol{b} \tag{6.35}$$

と表せる．(6.33) 式は，行列 $\boldsymbol{A}$ を作用させるとベクトル $\boldsymbol{b}$ となるベクトル $\boldsymbol{x}$ を探す問題と考えることもできる．(6.33) 式の解は，係数行列 $\boldsymbol{A}$ の逆行列 $\boldsymbol{A}^{-1}$ が得られれば，つぎのように直ちに求められる．

$$\boldsymbol{x} = \boldsymbol{A}^{-1}\boldsymbol{b} \tag{6.36}$$

次節でこの逆行列を使った解法について説明する．

6.4　連立1次方程式の解法と行列式

逆行列は行列式を使って求めることができる．**行列式** (determinant) とは，正方行列の要素から計算され，1つのスカラーとして与えられる．行列は複数の要素で表された多元量であるが，行列式は1つの単なる数であり，形は似ているが両者はまったく異なる．行列 $\boldsymbol{A}$ の行列式は，記号 $\det \boldsymbol{A}$, $|\boldsymbol{A}|$ などで表され[†7]，$n \times n$ 行列に対する行列式は次式で定義されている．

[†6] 解が唯一（一意的）でなく無数に存在する場合，「連立方程式は不定である」といい，解が存在しない場合は不能という．

[†7] $|\boldsymbol{A}|$ は絶対値と同じ記号になっているが，負の値にもなり得る．

$$|\boldsymbol{A}| = \begin{vmatrix} a_{11} & a_{12} & \cdots & a_{1n} \\ a_{21} & a_{22} & \cdots & a_{2n} \\ \vdots & \vdots & & \vdots \\ a_{n1} & a_{n2} & \cdots & a_{nn} \end{vmatrix} = \sum_{\sigma} \mathrm{sgn}(\sigma)\, a_{1\sigma(1)} a_{2\sigma(2)} \cdots a_{n\sigma(n)} \tag{6.37}$$

ここで，$a_{1\sigma(1)} a_{2\sigma(2)} \cdots a_{n\sigma(n)}$ は行列 $\boldsymbol{A}$ の n 個の行列要素の積であり，$a_{j\sigma(j)}$ は j 行目の $\sigma(j)$ 列の要素を表している．1 行目の $\sigma(1)$ 列の要素 $a_{1\sigma(1)}$，つぎに 2 行目の $\sigma(2)$ 列の要素 $a_{2\sigma(2)}$ とつづけて n 行目に至るが，すでに選んだ列からは選んではいけない[†8]．(6.37) 式では，可能な列の選び方 $\sigma = (\sigma(1), \sigma(2), \cdots, \sigma(n))$ に関して総和をとる．たとえば，$n = 3$ の場合，$\sigma = (1,2,3)$ や $\sigma = (3,2,1)$ など $6(= n!)$ 通りある．$\mathrm{sgn}\,(\sigma)$[†9] は，σ を増加順の並び $\sigma = (1, 2, \cdots, n)$ にするために必要な入れ替えの回数から決まり，σ が偶数回の入れ替えで増加順に戻るなら $+1$，奇数回なら -1 である．たとえば，(3,2,1) は奇数回の入れ替え[†10]で (1,2,3) になるので，$\mathrm{sgn}\,(3,2,1) = -1$ である．

(6.37) 式の定義に従えば，2 次正方行列の行列式は

$$|\boldsymbol{A}| = \begin{vmatrix} a_{11} & a_{12} \\ a_{21} & a_{22} \end{vmatrix} = a_{11}a_{22} - a_{12}a_{21} \tag{6.38}$$

となる．$a_{11}a_{22}$ の列の順番は (1,2) であり，$a_{12}a_{21}$ の列の順番は (2,1) である．$\mathrm{sgn}\,(2,1) = -1$ であるから，$a_{12}a_{21}$ の前に負符号が付いている．3 次正方行列は

$$|\boldsymbol{A}| = \begin{vmatrix} a_{11} & a_{12} & a_{13} \\ a_{21} & a_{22} & a_{23} \\ a_{31} & a_{32} & a_{33} \end{vmatrix}$$
$$= a_{11}a_{22}a_{33} + a_{12}a_{23}a_{31} + a_{13}a_{21}a_{32} - a_{11}a_{23}a_{32} - a_{12}a_{21}a_{33} - a_{13}a_{22}a_{31} \tag{6.39}$$

となる．3 次の場合，**図 6.2** で示した**サラスの方法** (Surrus' law) のように，実線でつながった 3 要素の積は正符号をもち，破線でつながった 3 要素の積は負符号をも

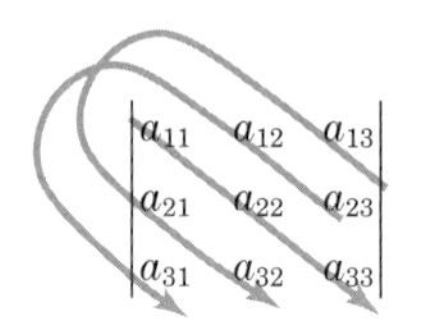

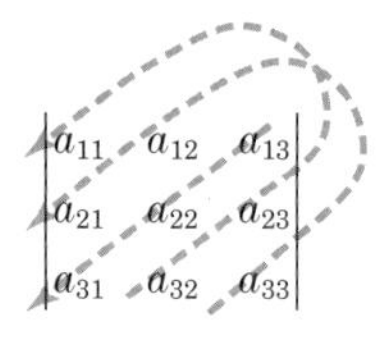

図 6.2　3 行 3 列行列式のサラスの方法による計算
実線は正符号をもつ 3 要素の積，破線は負符号をもつ 3 要素の積を表していて，それぞれ 3 項ある．

[†8] (6.37) 式 2 つ目の等号の右辺において，行と列の役割を入れ替えた表現も可能である (各列から行を選んでいく)．

[†9] 記号 sgn は sign (符号) の略である．

[†10] $(3,2,1) \to (3,1,2) \to (1,3,2) \to (1,2,3)$ と 3 回の入れ替えが必要である．

つことを覚えればよい．

【問 6.6】 第5章 (5.25) 式で与えられている3次元空間のベクトル $\boldsymbol{a}$ と $\boldsymbol{b}$ のベクトル積 $\boldsymbol{a}\times\boldsymbol{b}$ が，

$$\boldsymbol{a}\times\boldsymbol{b}=\begin{vmatrix}\boldsymbol{i} & \boldsymbol{j} & \boldsymbol{k}\\ a_x & a_y & a_z\\ b_x & b_y & b_z\end{vmatrix} \tag{6.40}$$

と行列式でも表せることを示せ．ここで，$\boldsymbol{i},\boldsymbol{j},\boldsymbol{k}$ は，x,y,z 方向の基本ベクトルである．

【問 6.7】 行列式の中に同じ要素の並びをもつ2つの行（あるいは列）が存在していれば，その行列式は0である．このことをつぎの3次の行列式

$$\begin{vmatrix}x & y & z\\ a & b & c\\ a & b & c\end{vmatrix}$$

で確認せよ．また，行列式において，2つの行，あるいは，2つの列を互いに入れ替えると，行列式の符号が変わることを3次の行列式を例にして示せ[†11]．

$\boldsymbol{A}$ が4次元以上 $(n\geq 4)$ の場合は，以下で説明するように，$|\boldsymbol{A}|$ をより小さな次元の行列式で展開する**余因子展開** (cofactor expansion) を使うことができる．n 次の $|\boldsymbol{A}|$ から i 行目と j 列目を取り払った残りの部分は，**図6.3** からもわかるように $n-1$ 次正方行列式になるが，これを要素 (i,j) の**小行列式** (minor determinant) とよび，$|\boldsymbol{A}_{ij}|$ で表す．これにさらに $(-1)^{i+j}$ をかけたものが，$\boldsymbol{A}$ の (i,j) **余因子** (cofactor)

$$\Delta_{ij}=(-1)^{i+j}|\boldsymbol{A}_{ij}| \tag{6.41}$$

$$|\boldsymbol{A}|=\begin{vmatrix}a_{11} & a_{12} & \cdots & a_{1n}\\ a_{21} & a_{22} & \cdots & a_{2n}\\ \vdots & & \ddots & \vdots\\ a_{n1} & a_{n2} & \cdots & a_{nn}\end{vmatrix}$$

図 6.3　n 次行列式 $|\boldsymbol{A}|$ からの $n-1$ 次小行列式 $|\boldsymbol{A}_{ij}|$ のつくり方
i 行目と j 列目を線で削除する．削除後の右辺は n 行目と2列目を除いた小行列式 $|\boldsymbol{A}_{n2}|$ になる．

である．これらの行列式を使うと，n 次元の $|\boldsymbol{A}|$ を次式のようにより低い $n-1$ 次の行列式の和で表すことができる．

$$\begin{aligned}|\boldsymbol{A}|&=\sum_{j=1}^{n}(-1)^{i+j}a_{ij}|\boldsymbol{A}_{ij}|=\sum_{i=1}^{n}(-1)^{i+j}a_{ij}|\boldsymbol{A}_{ij}|\\ &=\sum_{j=1}^{n}a_{ij}\Delta_{ij}=\sum_{i=1}^{n}a_{ij}\Delta_{ij}\end{aligned} \tag{6.42}$$

[†11] これらの行列式の性質は，量子化学に関係する第13章 補足C13.1で使う．

固定する行 i はどこでも任意に選べ，横方向にそれぞれの要素と余因子をかけ合わせて足してもよいし，列を決めて縦方向にそれぞれの要素と余因子をかけ合わせて足してもよい．0が多い行あるいは列を選ぶと計算量が少なくなる．

一般的な証明の代わりに，(6.42) 式を3次正方行列式に適用し，(6.39) 式が得られることを示す[†12]．(6.42) 式において $i=1$ として $|\boldsymbol{A}|$ の1行目の横方向に和をとると

$$|\boldsymbol{A}| = \begin{vmatrix} a_{11} & a_{12} & a_{13} \\ a_{21} & a_{22} & a_{23} \\ a_{31} & a_{32} & a_{33} \end{vmatrix} = a_{11}|\boldsymbol{A}_{11}| - a_{12}|\boldsymbol{A}_{12}| + a_{13}|\boldsymbol{A}_{13}| \tag{6.43}$$

となる．ここで，3つの小行列式の定義

$$|\boldsymbol{A}_{11}| = \begin{vmatrix} a_{22} & a_{23} \\ a_{32} & a_{33} \end{vmatrix} \ (6.44\,\mathrm{a}) \quad |\boldsymbol{A}_{12}| = \begin{vmatrix} a_{21} & a_{23} \\ a_{31} & a_{33} \end{vmatrix} \ (6.44\,\mathrm{b}) \quad |\boldsymbol{A}_{13}| = \begin{vmatrix} a_{21} & a_{22} \\ a_{31} & a_{32} \end{vmatrix} \ (6.44\,\mathrm{c})$$

を使うと，(6.43) 式が (6.39) 式と等しいことがわかる．

【問 6.8】 (6.43) 式に (6.44) 式を代入して，(6.39) 式と等しいことを示せ．

n 次正方行列 $\boldsymbol{A}$ の成分 a_{ij} をその余因子 Δ_{ij} で置き換えたものは，**余因子行列** (cofactor matrix) $\widetilde{\boldsymbol{A}}$ とよばれる．

$$\widetilde{\boldsymbol{A}} = \begin{pmatrix} \Delta_{11} & \Delta_{12} & \cdots & \Delta_{1n} \\ \Delta_{21} & \Delta_{22} & \cdots & \Delta_{2n} \\ \vdots & \vdots & & \vdots \\ \Delta_{n1} & \Delta_{n2} & \cdots & \Delta_{nn} \end{pmatrix} \tag{6.45}$$

この余因子行列を使うと，$\boldsymbol{A}$ の逆行列 $\boldsymbol{A}^{-1}$ をつぎのように表すことができる[†13]．

$$\boldsymbol{A}^{-1} = \frac{\widetilde{\boldsymbol{A}}^T}{|\boldsymbol{A}|} \tag{6.46}$$

$\boldsymbol{A}$ が逆行列をもつとすると，$|\boldsymbol{A}| \neq 0$ である．その他の行列式の公式や性質は付録A6にまとめておく．

【問 6.9】 (6.17) 式で与えられる2次元の行列 $\boldsymbol{A}$ の逆行列 $\boldsymbol{A}^{-1}$ が (6.18) 式で与えられることを，(6.46) 式を使って示せ．

[†12] (6.42) 式は行列式の次元にかかわらず成り立つ．

[†13] 証明は略すが，$\boldsymbol{A}\widetilde{\boldsymbol{A}}^T$ の (i,j) 要素 $\sum_{k=1}^{n} a_{ik}\Delta_{jk}$ が $\delta_{ij}|\boldsymbol{A}|$ となることを使えばよい ($\boldsymbol{A}\widetilde{\boldsymbol{A}}^T = \boldsymbol{I}|\boldsymbol{A}|$)．

つぎの2元連立1次方程式

$$\begin{cases} a_{11}x_1 + a_{12}x_2 = b_1 \\ a_{21}x_1 + a_{22}x_2 = b_2 \end{cases} \tag{6.47}$$

は，$a_{11}a_{22} - a_{12}a_{21} \neq 0$ のとき，つぎの解 x_1, x_2 をもつ．

$$x_1 = \frac{a_{22}b_1 - a_{12}b_2}{a_{11}a_{22} - a_{12}a_{21}}, \quad x_2 = \frac{a_{11}b_2 - a_{21}b_1}{a_{11}a_{22} - a_{12}a_{21}} \tag{6.48}$$

これは簡単な代数計算からわかる．(6.47) 式は，(6.34) 式を使うと (6.35) 式の型式 $\boldsymbol{A}\boldsymbol{x} = \boldsymbol{b}$ で表せる．その解である (6.36) 式 $\boldsymbol{x} = \boldsymbol{A}^{-1}\boldsymbol{b}$ に (6.46) 式を代入すると

$$\boldsymbol{x} = \frac{\widetilde{\boldsymbol{A}}^T}{|\boldsymbol{A}|}\boldsymbol{b} \tag{6.49}$$

となる．$|\boldsymbol{A}| = a_{11}a_{22} - a_{12}a_{21}$ であり，

$$\widetilde{\boldsymbol{A}}^T\boldsymbol{b} = \begin{pmatrix} \Delta_{11} & \Delta_{21} \\ \Delta_{12} & \Delta_{22} \end{pmatrix}\begin{pmatrix} b_1 \\ b_2 \end{pmatrix} = \begin{pmatrix} \Delta_{11}b_1 + \Delta_{21}b_2 \\ \Delta_{12}b_1 + \Delta_{22}b_2 \end{pmatrix} = \begin{pmatrix} a_{22}b_1 - a_{12}b_2 \\ a_{11}b_2 - a_{21}b_1 \end{pmatrix} \tag{6.50}$$

なので，(6.49) 式は確かに (6.47) 式の解 (6.48) 式になっていることがわかる．

さらに，(6.50) 式の最後の等式の右辺は，つぎの行列式 $|\boldsymbol{A}_1|$ と $|\boldsymbol{A}_2|$ で表せるので，

$$|\boldsymbol{A}_1| = \begin{vmatrix} b_1 & a_{12} \\ b_2 & a_{22} \end{vmatrix} = a_{22}b_1 - a_{12}b_2 \tag{6.51a}$$

$$|\boldsymbol{A}_2| = \begin{vmatrix} a_{11} & b_1 \\ a_{21} & b_2 \end{vmatrix} = a_{11}b_2 - a_{21}b_1 \tag{6.51b}$$

x_1 と x_2 をひとまとめに次式のように書けることがわかる．

$$x_i = \frac{|\boldsymbol{A}_i|}{|\boldsymbol{A}|} \tag{6.52}$$

ここで，$|\boldsymbol{A}_i|$ は $\boldsymbol{A}$ の第 i 列を1行目から順番に b_1, b_2 で置き換えた行列式である．この行列式を用いる連立1次方程式の解法を**クラメールの公式**という．クラメールの公式は，一般の n 元連立1次方程式の解法にも容易に拡張でき，(6.52) 式の $|\boldsymbol{A}_i|$ を次式で置き換えればよい．

$$\boldsymbol{A}_i = \begin{pmatrix} a_{11} & \cdots & a_{1,i-1} & b_1 & a_{1,i+1} & \cdots & a_{1n} \\ a_{21} & \cdots & a_{2,i-1} & b_2 & a_{2,i+1} & \cdots & a_{2n} \\ \vdots & & \vdots & \vdots & \vdots & & \vdots \\ a_{n1} & & a_{n,i-1} & b_n & a_{n,i+1} & & a_{nn} \end{pmatrix} \tag{6.53}$$

公式 (6.52) は，分母に $|\boldsymbol{A}|$ があるから，$|\boldsymbol{A}| \neq 0$ のときのみ意味があり，$|\boldsymbol{A}| = 0$ の場合は使用できない．$|\boldsymbol{A}| = 0$ の場合は，連立1次方程式は解が無限にある不定

か，解がない不能である．さらに詳しい不定と不能の判別条件は以下のとおりである．

不定：$|\boldsymbol{A}| = 0$ に加えて，クラメールの公式 (6.52) の分子 $|\boldsymbol{A}_1|, |\boldsymbol{A}_2|, \cdots$ がすべて 0.

不能：$|\boldsymbol{A}| = 0$ に加えて，$|\boldsymbol{A}_1|, |\boldsymbol{A}_2|, \cdots$ の少なくとも 1 つは 0 でない．

【問 6.10】 つぎの 2 組の連立方程式が不定か不能かを上記の判別条件を使って答えよ．

$$\begin{cases} x + y = 10 \\ 4x + 4y = 40 \end{cases} \qquad \begin{cases} x + y = 10 \\ 4x + 4y = 28 \end{cases}$$

また，それぞれの連立方程式中の 2 つの式を (x, y) 平面に図示して，判別条件が正しく不定と不能を判断していることを確認せよ．

6.5　同次連立 1 次方程式

量子力学の**固有値問題**[†14] (eigenvalue problem) $\boldsymbol{A}\boldsymbol{x} = \alpha\boldsymbol{x}$ などで登場する，連立 1 次方程式の右辺定数項が 0 となっている方程式 $(\boldsymbol{A} - \alpha)\boldsymbol{x} = 0$ は**同次連立 1 次方程式** (linear homogeneous equation) とよばれ，2 元 $\boldsymbol{x} = (x, y)$ の場合は次式のようになる．

$$\begin{cases} ax + by = 0 \\ cx + dy = 0 \end{cases} \tag{6.54}$$

この連立方程式は，$0x + 0y = 0$ のような場合を除いて，原点で交わる 2 直線を表している．2 つの直線が**図 6.4 (a)** のように交わっているとすると，$X_0 = (0, 0)$ で表される原点 $x = y = 0$ が (6.54) 式の解となるのは自明であるので，この解を自明解という．一方，**図 6.4 (b)** のように，原点を通る 2 つの直線が一致する場合は，原点以外の点でも方程式が成立し，自明解以外の解をもつ．

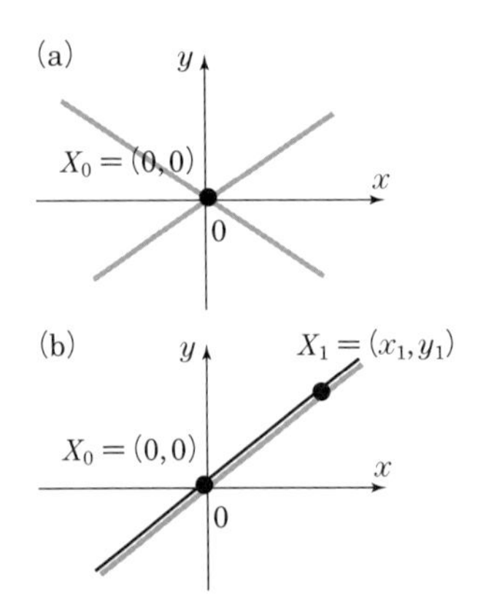

図 6.4　同次連立 1 次方程式の 2 直線上の自明解 $X_0 = (0, 0)$
(b) は解が無限個ある不定の場合を表している．

【問 6.11】 連立方程式 (6.54) の 2 直線が一致する (傾きが等しくなる) 条件は，$\boldsymbol{A}$ を (6.54) 式の係数行列とすると，$|\boldsymbol{A}| = ad - bc = 0$ となることを示せ．

[†14] 11.3 節と第 13 章参照．

$|\boldsymbol{A}| = 0$ の場合，自明解 X_0 に加えて，たとえば $X_1 = (x_1, y_1)$ などの直線上の点全部が解であり，「不定」となる (x_1 と y_1 の比率だけが決まっている)．同次連立 1 次方程式では，(6.52) 式の分子はすべて 0 なので ($|\boldsymbol{A}_i|$ はすべて 0 の列をもつ)，不能にはならない．

量子力学や量子化学で現れる固有値問題 $\boldsymbol{Ax} = \alpha\boldsymbol{x}$ において，自明解以外の物理的に意味のある解 $\boldsymbol{x}$ を**固有ベクトル**，対になっている α を**固有値**という．物理的要請を課すことによって $\boldsymbol{x}$ の長さを一義的に決めることができる[†15]．$\boldsymbol{A}$ が $n \times n$ 行列の場合，n 個の独立な固有ベクトルが存在する[†16]．同次連立 1 次方程式の解法に基づいた固有値問題の取り扱いは第 13 章で紹介する．

[†15] 11.4 節の「規格化」の説明を参照．

[†16] たとえば，$\boldsymbol{A} = \begin{pmatrix} 3 & 1 \\ 1 & 3 \end{pmatrix}$ とすると，$|\boldsymbol{A} - \alpha| = 0$ を満たす $\alpha = 2$ と $\alpha = 4$ それぞれに固有ベクトル $\boldsymbol{x}_1 = \begin{pmatrix} 1 \\ -1 \end{pmatrix}$ と $\boldsymbol{x}_2 = \begin{pmatrix} 1 \\ 1 \end{pmatrix}$ が対応する．

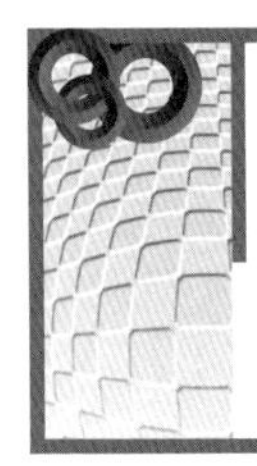

第7章
ニュートン力学の基礎

化学の本質的理解には，物体の運動を記述する力学や熱的平衡状態における温度などの状態量の間の関係を導く熱力学が不可欠である．**19** 世紀はじめにドルトン（**Dalton, J.**）が唱えた原子説，つづいてアボガドロ（**Avogadro, A.**）が提出した原子・分子の概念の確立後は，化学の理論は，巨視的な個々の物体の運動を対象とするニュートン力学や，微視的な粒子（電子など）の振る舞いを記述する量子力学を中心に発展してきた．ニュートン力学では，物体が質点の集まり（質点系）として扱われ，各質点の運動がこれまで学んできた微分方程式で表現できる．本章では，物体の運動に関する **3** つの基本法則を説明し，運動エネルギーや運動量などの力学量に関連する保存則を導いていく．

7.1　ニュートンの運動の第1法則と第2法則
－ニュートンの運動方程式－

ニュートン力学では，物体は質量が1点に集中し大きさをもたない点（**質点** material point）の“集まり”（**質点系** system of particles）として扱われる．この力学体系は，量子力学と対比して，古典力学ともよばれる．3次元空間にある質点の位置や動きに関する諸量は，ベクトルやそれらの内積や外積を使って表せるので，第5章で学んだベクトルの表記を使って質点系を扱うニュートン力学を説明していく．

7世紀にニュートン（Newton, I.）が集大成した物体の運動に関する3つの法則のうち，まず第1法則と第2法則を復習する．物体は外から力（force）を受けなければ，静止したままか，等速直線運動（constant velocity linear motion）をつづける（この性質を慣性という）．これを**ニュートンの運動の第1法則**（Newton's first law of motion），あるいは，**慣性の法則**（law of inertia）といい，この法則が成り立つ座標系を**慣性系**（inertial system）という．これに対して，物体を速度が変化する座標系（加速度系）から観測する場合，その座標系を**非慣性系**という[†1]．慣性系においては，位置 $\boldsymbol{r}$ にある質点に力 $\boldsymbol{F}$ が作用した場合，力 $\boldsymbol{F}$ の方向にその大きさに比例して速度[†2] (velocity) $\boldsymbol{v}$ の時間変化，つまり，**加速度**[†3] (acceleration)

$$\boldsymbol{\alpha} \equiv \frac{\mathrm{d}\boldsymbol{v}}{\mathrm{d}t} = \frac{\mathrm{d}^2\boldsymbol{r}}{\mathrm{d}t^2} \tag{7.1}$$

が生じるというのが運動の**第2法則**である．ここで，t は時刻である．質点の位置や作用する力が3次元空間のベクトルであることを明示するために，太文字で表している．以降も，一般に，太文字記号でベクトルを表す．(7.1) 式では，速度 $\boldsymbol{v}$ がつぎの微分で表せることを使っている．

$$\boldsymbol{v} = \frac{\mathrm{d}\boldsymbol{r}}{\mathrm{d}t} \tag{7.2}$$

第2法則によれば，質量 m の物体の速度 $\boldsymbol{v}$ が単位時間あたり $\boldsymbol{\alpha}$ だけ変化する場合，$m\boldsymbol{\alpha}$ がこの物体に働く力 $\boldsymbol{F}$ になる．

$$m\boldsymbol{\alpha} = m\frac{\mathrm{d}\boldsymbol{v}}{\mathrm{d}t} = m\frac{\mathrm{d}^2\boldsymbol{r}}{\mathrm{d}t^2} = \boldsymbol{F} \tag{7.3}$$

これは，質点の位置 $\boldsymbol{r}$ や速度 $\boldsymbol{v}$ が時間とともにどのように変化するかを決める運動方程式 (**ニュートンの運動方程式** Newton's equation of motion) である．

【問 7.1】 静止していた車が急発進して，3秒で時速 60 km に達したとすると，その平均加速度は重力加速度 $g \approx 9.81\ \mathrm{m\,s^{-2}}$ のおおよそ何倍か答えよ．

つぎに，x 軸に沿ってだけ伸び縮みするバネに結ばれた質量 m の粒子 (質点と見なす) の運動に対して，(7.3) 式を使ってみる．バネに結ばれた質点の平衡点 $x = 0$ からの変位 x は小さく，**フックの法則** (Hooke's law) が成り立ち，変位 x に比例した弾性力 (復元力) $F(x)$ だけ[†4] を受けるとする．

$$F(x) = -kx \tag{7.4}$$

このような系を**調和振動子** (harmonic oscillator) という．ここで，k は復元力の比例定数で，**バネ定数** (spring constant) あるいは**力の定数** (force constant) とよば

[†1] 加速している電車内に観測者がいる場合，糸で吊された小球は誰かに押されているわけでもないのに，進行方向とは逆方向に傾いて見える．非慣性系では，物体が等速運動をつづけようとする慣性が「**見かけの力** (apparent force)」(慣性力 inertial force) として現れるからである (補足 C11.1 の説明参照)．電車の外から電車の中に吊されている小球を観測すれば，その座標系は慣性系である．

[†2] 速度を差分で表すと，$\boldsymbol{v} = \lim_{\Delta t \to 0} (\Delta \boldsymbol{r}/\Delta t)$ となる．

[†3] 単位時間あたりの速度の変化量で，差分で表現すれば，$\boldsymbol{\alpha} = \lim_{\Delta t \to 0} (\Delta \boldsymbol{v}/\Delta t)$ と表せる．

[†4] バネに対する抵抗，たとえば，空気抵抗は無視できるとする．

れ，その値が大きいほどバネは伸び縮みしにくい．(7.4)式を使うと，この系に対する運動方程式(7.3)は次式で表される．

$$m\frac{\mathrm{d}^2x}{\mathrm{d}t^2} = -kx \tag{7.5}$$

調和振動子の振動数 $\nu = (2\pi)^{-1}\sqrt{k/m}$ を使うと，(7.5)式の一般解は2つの未定係数 a と b を使って，次式のような振動数 ν の単振動で表されることがわかる(解法については9.4節参照)．

$$x(t) = a\cos 2\pi\nu t + b\sin 2\pi\nu t \tag{7.6}$$

$2\pi\nu t$ は時刻 t までに回った角度(回転角)と見なせる．この場合，単位時間あたりの回転角を ω とすると，ω は円周の角度 2π と振動数 ν の積 $2\pi\nu$ に等しい．このため，$\omega = 2\pi\nu$ は**角振動数**(angular frequency)ともよばれる．ω を使うと，(7.6)式を次式のように表すこともできる．

$$x(t) = a\cos\omega t + b\sin\omega t \tag{7.7}$$

付録A2の三角関数の合成公式を使うと，(7.7)式は1つの三角関数で表すことができる(cosでも表せる)．

$$x(t) = A\sin(\omega t + \delta) \tag{7.8}$$

この表現では，初期条件は**振幅** A(amplitude)と**位相**[†5] δ(phase)で指定されることになる．たとえば，$\delta = 0$ なら $t = 0$ で平衡点 $x = 0$，$\delta = \pi/2$ なら最大振幅の位置 $x = A$ であり，それらの位置からスタートすることになる．(7.7)式と(7.8)式はいずれも2階の常微分方程式の一般解なので，各式の2つの未定係数は，2つの条件，たとえば，ある時刻での質点の位置 x と速度 $v = \mathrm{d}x/\mathrm{d}t$ から決めることができる(詳しくは9.4節参照)．

【問7.2】 (7.7)式と(7.8)式を比較し，A，δ と a，b の間に，$A = \sqrt{a^2 + b^2}$，$\tan\delta = a/b$ の関係があることを示せ．

7.2 ポテンシャルエネルギーと運動エネルギー

一般に，質点は**位置エネルギー**(以下では，同義である**ポテンシャルエネルギー** potential energyという表現を使う)と**運動エネルギー**(kinetic energy)の2種類のエネルギーをもつ．まず，簡単のため，1次元の x 座標だけを考えて，物体が「ある位置」にあることによって蓄えられているエネルギー，つまり，ポテンシャル

[†5] 一般に，位相は波の周期のなかのどの位置(山や谷など)にあるかを示す量である．

エネルギー $V(x)$ を求めよう．静止した質点を x' から微小区間 $\Delta x'$ だけ動かす際に，外力がなす**仕事** $\Delta W(x')$ (work) を考える．質点にはたらく力 $F(x')$ [†6] とつり合いながらゆっくり質点を動かすのに要する外力は $-F(x')$ なので，仕事 = 外力 × 変位 [†7] より $\Delta W(x') = -F(x')\,\Delta x'$ となる．点 x_0 から x まで質点を動かす際の仕事 $W(x_0 \to x)$ は，微小区間に対する仕事 $\Delta W(x')$ の x_0 から x までの和である．したがって，$F(x)$ の原始関数を $-V(x)$ で表すと，仕事 W は

$$W(x_0 \to x) = -\int_{x_0}^{x} F(x')\,\mathrm{d}x' = V(x) - V(x_0) \tag{7.9}$$

のように定積分で表せる．この $V(x)$ が位置 x でのポテンシャルエネルギーである．

【問 7.3】 地面から高さ h の位置にある質量 m の質点の地面に対する位置エネルギー V は，重力加速度 g を一定とするとどのように表せるか．(7.9) 式を使って答えよ．

$F(x)$ の原始関数が $-V(x)$ であるから，力 $F(x)$ が $V(x)$ の微分に負符号をつけたもので与えられる．

$$F(x) = -\frac{\mathrm{d}V(x)}{\mathrm{d}x} \tag{7.10}$$

つまり，ポテンシャルエネルギーの傾き（**グラジエント** gradient）が力を生み出す．(7.10) 式をニュートンの運動方程式 (7.3) 式と結びつけると，x を t の関数として求めるための 2 階微分方程式が得られる [†8]．

$$m\frac{\mathrm{d}^2 x}{\mathrm{d}t^2} = -\frac{\mathrm{d}V(x)}{\mathrm{d}x} \tag{7.11}$$

ここでは座標が x だけだが，3 次元の場合は，ポテンシャルエネルギー V はさらに直交座標 y や z が変数として加わった関数 $V = V(x, y, z)$ として表される．この V を x, y, z でそれぞれ偏微分して -1 倍すると，力の x 成分 $F_x(x, y, z)$，y 成分 $F_y(x, y, z)$，z 成分 $F_z(x, y, z)$ が得られる（一般的には，(7.16) 式参照）．つまり，ポテンシャルエネルギー V は 3 次元空間の各点にスカラー量を対応させたスカラー場であるが，その 3 つの座標変数による微分，すなわち勾配（グラジエント）から求められる力は 3 成分をもつベクトルであり，その空間における分布はベクトル場を

[†6] たとえば，調和振動子の場合，力は (7.4) 式の復元力 $F(x') = -kx'$ である．

[†7] 一般には，力 $\boldsymbol{F}$ が作用して，質点が $\mathrm{d}\boldsymbol{r}$ だけ変位するとき，内積 $\boldsymbol{F}\cdot\mathrm{d}\boldsymbol{r}$ をその力が質点になした仕事という．これは 1.2 節で説明したようにエネルギーの単位になる．

[†8] この形式は次節で紹介するハミルトンの（正準）運動方程式からも導ける．

形成する．スカラー場とベクトル場に関しては，5.5節で2変数を例に，すでに詳しく説明している．

調和振動子の力 $F(x) = -kx$ を(7.9)式に代入すると，

$$V(x) - V(x_0) = \frac{1}{2}kx^2 - \frac{1}{2}kx_0^2 \tag{7.12}$$

となる．(7.9)式や(7.12)式からわかるように，$V(x)$ には一般に定数だけの不定性[†9]が残り，絶対的な値が決まらない．通常，ある x_0 を基準としたポテンシャルエネルギー差 $V(x) - V(x_0)$ をあらためて $V(x)$ と置く[†10]．調和振動子の場合，ポテンシャルエネルギー $V(x)$ の基準点を $x = 0$ とすると，次式で与えられることになる[†11]．

$$V(x) = \frac{1}{2}kx^2 \tag{7.13}$$

この式を微分すると，$\mathrm{d}V(x)/\mathrm{d}x = kx$ であり，(7.11)式が調和振動子の運動方程式と等価であることがわかる．$V(x)$ に(7.8)式を代入すると，ポテンシャルエネルギーが時間 t の関数 $V(t)$ として表せ，やはり周期 $2\pi/\omega = 1/\nu$ で振動することがわかる．

$$V(t) = \frac{1}{2}kx^2(t) = \frac{1}{2}kA^2\sin^2(\omega t + \delta) \tag{7.14}$$

質点 $1, 2, \cdots, N$ の位置 $\boldsymbol{r}_1 = (x_1, y_1, z_1)$, $\boldsymbol{r}_2 = (x_2, y_2, z_2)$, $\cdots$, $\boldsymbol{r}_N = (x_N, y_N, z_N)$ を独立な変数（その数を**自由度**[†12]という）にもつ系のポテンシャルエネルギーは，多変数の関数 $V(\boldsymbol{r}_1, \boldsymbol{r}_2, \cdots)$ で与えられる．質点間の距離を固定するなどの束縛条件がなければ，各質点の座標変数は独立で，3次元空間では3個，質点の数が N 個なら，全部で独立変数の数は $3N$ 個になる．スカラー場 $V(\boldsymbol{r}_1, \boldsymbol{r}_2, \cdots)$ が $3N$ 個の独立変数をもつとすると，その勾配（グラジエント）に負符号をつけたものは，力の大きさと向きを表す $3N$ 変数空間のベクトル $\boldsymbol{F}(\boldsymbol{r}_1, \boldsymbol{r}_2, \cdots)$ になる．

$$\boldsymbol{F}(\boldsymbol{r}_1, \boldsymbol{r}_2, \cdots) = -\nabla V(\boldsymbol{r}_1, \boldsymbol{r}_2, \cdots) = -\mathrm{grad}\, V(\boldsymbol{r}_1, \boldsymbol{r}_2, \cdots) \tag{7.15}$$

[†9] $V(x)$ を $V(x) + C$ としても(7.9)式は成り立つ．

[†10] あらためて定義した $V(x)$ は基準点 $x = x_0$ で0になる．

[†11] (7.12)式で $x_0 = 0$ とし，$V(x) - V(x_0 = 0) = kx^2/2$ の左辺を(7.13)式であらためて $V(x)$ と書いている．

[†12] 座標などで任意に独立な変化をなしうるものの数を自由度という．3次元空間を自由に運動できる n 個の質点の系の自由度は $3n$ で，質点の位置を固定するような束縛条件（拘束条件）が l 個あれば $3n - l$ となる．

このベクトルの $3N$ 個の成分は各粒子の x, y, z 成分で表せる．たとえば，位置 $\boldsymbol{r}_j = (x_j, y_j, z_j)$ にある質点 j に作用する力 $\boldsymbol{F}_j(\boldsymbol{r}_1, \boldsymbol{r}_2, \cdots)$ の x 成分 $F_{jx}(\boldsymbol{r}_1, \boldsymbol{r}_2, \cdots)$ は次式で与えられる[†13]．

$$F_{jx}(\boldsymbol{r}_1, \boldsymbol{r}_2, \cdots) = -\frac{\partial V(\boldsymbol{r}_1, \boldsymbol{r}_2, \cdots)}{\partial x_j} \tag{7.16}$$

(7.11) 式に対応するニュートンの運動方程式は，結局，つぎのように各変数ごとに表せる[†14]．

$$m_j \frac{\mathrm{d}^2 x_j}{\mathrm{d}t^2} = -\frac{\partial V(\boldsymbol{r}_1, \boldsymbol{r}_2, \cdots)}{\partial x_j} \tag{7.17}$$

ここで，m_j は粒子 j の質量である．(7.17) 式の x_j に，y_j (あるいは z_j) を代入すれば，y_j (あるいは z_j) に対する運動方程式が得られる．一般には，得られた各変数に対する運動方程式は独立ではなく，連立常微分方程式[†15]になる．本書では，(7.17) 式のような 3 つの成分をまとめて表す場合には，次式のベクトル表記を使うことにする．

$$m_j \frac{\mathrm{d}^2 \boldsymbol{r}_j}{\mathrm{d}t^2} = \boldsymbol{F}_j(\boldsymbol{r}_1, \boldsymbol{r}_2, \cdots) = -\frac{\partial V(\boldsymbol{r}_1, \boldsymbol{r}_2, \cdots)}{\partial \boldsymbol{r}_j} \tag{7.18}$$

右辺最後の式の微分は粒子 j の座標に関するグラジエント[†16]として定義している．

つぎに，運動エネルギーの説明に移ろう．まず，質量 m をもつ質点が速度 $\boldsymbol{v}$ で動くとき，その運動の勢いを定量化する**運動量** $\boldsymbol{p}$ (momentum) をつぎのように定義する．

$$\boldsymbol{p} = m\boldsymbol{v} \tag{7.19}$$

(7.18) 式左辺の $m\,\mathrm{d}^2\boldsymbol{r}/\mathrm{d}t^2$ は $m\,\mathrm{d}\boldsymbol{v}/\mathrm{d}t = \mathrm{d}\boldsymbol{p}/\mathrm{d}t$ であるから，ニュートンの運動方程式は運動量の時間変化が力と等価であることを示した式ともみなせる．運動量は大きさだけではなく，速度と同じ向きをもつ．日常的には，重くて速い (運動量が

---

†13　$\boldsymbol{F}(\boldsymbol{r}_1, \boldsymbol{r}_2, \cdots)$ は $j = 1 \sim N$ に対する $F_{jx}(\boldsymbol{r}_1, \boldsymbol{r}_2, \cdots)$，$F_{jy}(\boldsymbol{r}_1, \boldsymbol{r}_2, \cdots)$，$F_{jz}(\boldsymbol{r}_1, \boldsymbol{r}_2, \cdots)$ を成分としてもつ．

†14　(7.17) 式の形式は直交座標成分に対してだけ成り立つ．たとえば，極座標の変数 r, θ, ϕ を単純に (7.17) 式の x_j に代入した式は成立しない．

†15　ただ 1 つの変数の関数で表せる複数の未知関数の微分を含んだ連立方程式．(7.17) 式の例では，連立常微分方程式を解いて，1 つの変数 t の関数として $\{\boldsymbol{r}_j\}$ を求めることになる．

†16　$\dfrac{\partial}{\partial \boldsymbol{r}_l} V(\{\boldsymbol{r}_j\}) \equiv \left(\boldsymbol{i}\dfrac{\partial}{\partial x_l} + \boldsymbol{j}\dfrac{\partial}{\partial y_l} + \boldsymbol{k}\dfrac{\partial}{\partial z_l}\right) V(\{\boldsymbol{r}_j\})$ で定義する．たとえば，(7.18) 式右辺の x 成分は (7.17) 式右辺である．

大きい）物体ほど静止させるのに大きな力が必要と感じられる．これは，運動量の変化量が**力積** (impulse)（力とそれが作用する時間の積）に等しいことから理解できる（詳しくは次節で説明する）．

1次元の調和振動子の場合，(7.8) 式より速度 v は以下のようになり，運動量 p も求まる．

$$\text{速度}\ v = \frac{\mathrm{d}x}{\mathrm{d}t} = \omega A \cos(\omega t + \delta) \tag{7.20}$$

$$\text{運動量}\ p = m\omega A \cos(\omega t + \delta) \tag{7.21}$$

調和振動子は一定の振り幅で運動するが，x の絶対値が小さいときは，(7.14) 式からポテンシャルエネルギーが小さくなる一方で，(7.20) 式から，$|v|$ は大きくなって速く動いていることがわかる．つまり，物体の速さ $|v|$ もエネルギーに関係している．物体が動いていることによってもつエネルギーは**運動エネルギー**とよばれ，

$$K \equiv \frac{m\boldsymbol{v}^2}{2} = \frac{\boldsymbol{p}^2}{2m} \tag{7.22}$$

で定義される[†17]（2つ目の等号は $\boldsymbol{p} = m\boldsymbol{v}$ の関係から得られる）．調和振動子の場合，(7.20) 式あるいは (7.21) 式を使うと

$$K(t) = \frac{1}{2}m\omega^2 A^2 \cos^2(\omega t + \delta) = \frac{1}{2}kA^2\cos^2(\omega t + \delta) \tag{7.23}$$

となることがわかる．最後の等式には，$\omega = \sqrt{k/m}$ を使った．

物体に加えられた仕事量は K の定義式 (7.22) を使っても表せる．質量 m の質点が，時刻 $t_0 \to t$ で，位置が $\boldsymbol{r}_0 \to \boldsymbol{r}$，速度が $\boldsymbol{v}_0 \to \boldsymbol{v}$ と変化したとすると，質点になされた仕事 $\widetilde{W}$ は，仕事が作用する力 $\boldsymbol{F}$ と変位の内積[†18]で与えられることから

$$\widetilde{W} = -\int_{r_0}^{r} \boldsymbol{F}(\boldsymbol{r}')\cdot \mathrm{d}\boldsymbol{r}' = -\int_{t_0}^{t} \boldsymbol{F}(t')\cdot\frac{\mathrm{d}\boldsymbol{r}'}{\mathrm{d}t'}\,\mathrm{d}t' \tag{7.24}$$

と表せる．$\boldsymbol{F} = m(\mathrm{d}\boldsymbol{v}/\mathrm{d}t)$ を (7.24) 式の最後の式に代入すると，$\widetilde{W}$ は

$$\begin{aligned}\widetilde{W} &= -m\int_{t_0}^{t}\frac{\mathrm{d}\boldsymbol{v}(t')}{\mathrm{d}t'}\cdot\boldsymbol{v}(t')\,\mathrm{d}t' = -\frac{m}{2}\int_{t_0}^{t}\frac{\mathrm{d}\boldsymbol{v}^2(t')}{\mathrm{d}t'}\,\mathrm{d}t' \\ &= -\left[\frac{1}{2}m\boldsymbol{v}^2(t) - \frac{1}{2}m\boldsymbol{v}^2(t_0)\right]\end{aligned} \tag{7.25}$$

となる．運動エネルギーの減少分がポテンシャルエネルギーの増加分 $V(\boldsymbol{r})$ −

---

†17　$\boldsymbol{v}^2$ などは内積 $\boldsymbol{v}\cdot\boldsymbol{v}$ の意味で使っている．

†18　脚注7参照．

$V(\boldsymbol{r}_0)$（質点になされた仕事）になっている[†19]．これより，(7.22) 式の運動エネルギーの定義が自然であることがわかる．

7.3　エネルギーと運動量の保存則

(7.22) 式と (7.14) 式を足すと，調和振動子の運動エネルギーとポテンシャルエネルギーとの和が一定値 $kA^2/2$ で，全エネルギー $K+V$ が時間によらず一定で保存していることがわかる．これが**力学的エネルギー保存則** (law of conservation of energy) であり，N 個の質点の系に対してもポテンシャルエネルギー V が時刻 t を変数としてあらわに含まない（陽に含まない）$\partial V/\partial t = 0$ の場合[†20]に成立する．一般に証明する一つの方法は，「全エネルギーの時間微分が常に 0」を示すことである．質点 j の位置を $\boldsymbol{r}_j$，速度を $\boldsymbol{v}_j$ で表すと，V の時間変化（常微分）$\mathrm{d}V/\mathrm{d}t$ は，

$$\frac{\mathrm{d}V}{\mathrm{d}t} = \frac{\partial V}{\partial t} + \sum_{j=1}^{N} \frac{\partial V}{\partial \boldsymbol{r}_j} \cdot \frac{\mathrm{d}\boldsymbol{r}_j}{\mathrm{d}t} = \sum_{j=1}^{N} \frac{\partial V}{\partial \boldsymbol{r}_j} \cdot \frac{\mathrm{d}\boldsymbol{r}_j}{\mathrm{d}t} = \sum_{j=1}^{N} \frac{\partial V}{\partial \boldsymbol{r}_j} \cdot \boldsymbol{v}_j \tag{7.26}$$

となる[†21]．一方，運動エネルギーの時間変化は

$$\frac{\mathrm{d}}{\mathrm{d}t} \sum_{j=1}^{N} \frac{1}{2} m_j \boldsymbol{v}_j^{\,2} = \sum_{j=1}^{N} m_j \frac{\mathrm{d}\boldsymbol{v}_j}{\mathrm{d}t} \cdot \boldsymbol{v}_j = -\sum_{j=1}^{N} \frac{\partial V}{\partial \boldsymbol{r}_j} \cdot \boldsymbol{v}_j \tag{7.27}$$

ここで，(7.18) 式の運動方程式を使った．(7.26) 式と (7.27) 式を足すと 0 になり，全エネルギーが変化しないことがわかる．

【問 7.4】 (7.25) 式 = (7.9) 式となることからも，調和振動子のエネルギー保存則 $mv^2/2 + V(x) =$ 一定が導けることを示せ．また，ニュートンの運動方程式 $\boldsymbol{F} = m(\mathrm{d}\boldsymbol{v}/\mathrm{d}t)$ そのものから直接力学的エネルギー保存則が導ける．$\boldsymbol{F} = m(\mathrm{d}\boldsymbol{v}/\mathrm{d}t)$ と $\mathrm{d}\boldsymbol{r}$ の内積をとり，$\boldsymbol{F}\cdot\mathrm{d}\boldsymbol{r} = m(\mathrm{d}\boldsymbol{v}/\mathrm{d}t)\cdot\mathrm{d}\boldsymbol{r}$ の右辺の $\mathrm{d}\boldsymbol{r}$ を (7.24)，(7.25) 式にならって $\boldsymbol{v}\mathrm{d}t$ と表し，両辺を対応する区間で積分すれば一般的に証明できる．

(7.14) 式と (7.23) 式を使うと，1 次元の調和振動子のポテンシャルエネルギーと運動エネルギーの振動 1 周期 $T = 2\pi/\omega$ での平均が同じ $kA^2/4$ になることがわかる[†22]．両者の和はもちろん全エネルギーの値 $kA^2/2$ になる．調和振動子がもつ

[†19] あるいは，運動エネルギーの増加分がポテンシャルエネルギーの減少分になる．

[†20] 質点のポテンシャルエネルギーが位置 $\boldsymbol{r}$ だけの関数 $V(\boldsymbol{r})$ の場合である．さらに厳密には，ポテンシャルが速度に依存しないことが必要で（保存系とよばれる），力が $\boldsymbol{F} = -\mathrm{grad}\,V(\boldsymbol{r})$ で決まる．$\partial V/\partial t = 0$ の関係は (7.26) 式の 2 番目の等式の導出に用いられている．

[†21] グラジエント $\partial V/\partial \boldsymbol{r}_j$ の定義は (7.18) 式の上の説明と脚注 16 を参照．

[†22] $\sin^2$ と $\cos^2$ 関数の 1 周期での平均は 1/2 である．

一般的性質として，ポテンシャルエネルギーと運動エネルギーの両者の時間平均が等しく，最大振幅 A の二乗に比例することが挙げられる．温度 T で熱平衡にある調和振動子においても，ポテンシャルエネルギーと運動エネルギーの集団平均は同じ A^2 の平均で決まるので，ポテンシャルエネルギーと運動エネルギーの平均はやはり等しく，それぞれ振動数によらず $k_\mathrm{B}T/2$ となることが知られている（k_B は**ボルツマン**（Boltzmann）**定数** $= 1.380649 \times 10^{-23}\,\mathrm{J\,K^{-1}}$）．これが，調和振動子では1つの座標変数（1自由度）あたりの全エネルギーの平均が $k_\mathrm{B}T$ で与えられるという**エネルギー等分配則**[†23]（equipartition law of energy）で，調和振動子をニュートン力学（古典力学）で取り扱うと厳密に成り立つ[†24]．

ここで，力学においてきわめて重要な役割を演じる**ハミルトニアン**（Hamiltonian）H を導入しよう（ハミルトン（Hamilton）関数ともいう）．これは全エネルギーを位置と運動量で表したものである．たとえば，粒子 j の位置と運動量をそれぞれ $\{\boldsymbol{r}_j\} = \{x_j, y_j, z_j\}$ と $\{\boldsymbol{p}_j\} = \{p_{xj}, p_{yj}, p_{zj}\}$ で表すと，H は次式のように表せる．

$$H(\{\boldsymbol{r}_j\}, \{\boldsymbol{p}_j\}, t) = \sum_j \frac{{\boldsymbol{p}_j}^2}{2m_j} + V(\{\boldsymbol{r}_j\}, t) \tag{7.28}$$

ここでは，系が外部から時間に依存した摂動を受ける場合も考えて，ポテンシャルエネルギーに変数として t を含めている．ハミルトニアンを位置や運動量で偏微分することによって，ニュートンの運動方程式と等価なものが得られる（y と z の変数に関しても同様の運動方程式が得られる）．

$$\frac{\mathrm{d}x_j}{\mathrm{d}t} = \frac{\partial H}{\partial p_{xj}} \tag{7.29}$$

$$\frac{\mathrm{d}p_{xj}}{\mathrm{d}t} = -\frac{\partial H}{\partial x_j} \tag{7.30}$$

これらの式を**ハミルトンの運動方程式**[†25]（Hamilton's equation of motion）という．

ニュートンの運動方程式は時間に関して2階の微分方程式であるが，ハミルトンの運動方程式は1階の微分方程式で，その代わりに運動量が独立変数として入って

[†23] 3次元空間の中で振動する粒子（3次元調和振動子）が温度 T の熱平衡にある場合，その平均エネルギーは $3k_\mathrm{B}T$ である．3次元空間の中で自由に動く粒子の平均エネルギーは運動エネルギーだけで，x, y, z の3つの自由度があるので $k_\mathrm{B}T/2$ の3倍である．

[†24] 原子や分子のミクロの世界では，この法則は高温度の極限としてだけ正しく，低温では成り立たないことが多い．これはミクロの世界で古典力学が破綻していることを示し，この認識が量子論誕生の原動力となった（第11章参照）．

[†25] 正式にはハミルトンの<u>正準</u>運動方程式（<u>canonical</u> equation of motion）という．

いる．ニュートンとハミルトンの運動方程式の解はもちろん同じであるが，後者の形式は，座標系の選び方によらないで成立するという大きな利点をもっている[†26]（ニュートンの運動方程式の形式は直交座標に対して成り立つだけである）．

【問 7.5】（7.28）式を代入した（7.30）式がニュートンの運動方程式（7.18）そのものであることを示せ．また，（7.29）式にも（7.28）式を代入して，$p_{xj} = m_j(\mathrm{d}x_j/\mathrm{d}t)$ の関係が成り立っていることを示せ．

【問 7.6】図 7.1 は水素原子 H とある原子 X からなる二原子分子 HX のポテンシャルエネルギーを核間距離 R_{HX} の関数として表したものである．原子核が感じる力は，このポテンシャルエネルギーの傾きに -1 をかけたものである．点 A から初速度 0 で R_{HX} が伸び出したとすると，水素原子は点 $R_{\mathrm{HX}} = R_{\mathrm{e}}$ と解離極限 $R_{\mathrm{HX}} = \infty$ でどの程度の速さか．力学的エネルギー保存則が成り立っているとして，$\mathrm{m\,s^{-1}}$ 単位で答えよ．簡単のため，水素原子の質量は 1.7×10^{-27} kg，原子 X の質量は無限大とする．$1\,\mathrm{eV} = 1.6 \times 10^{-19}$ J として計算せよ．

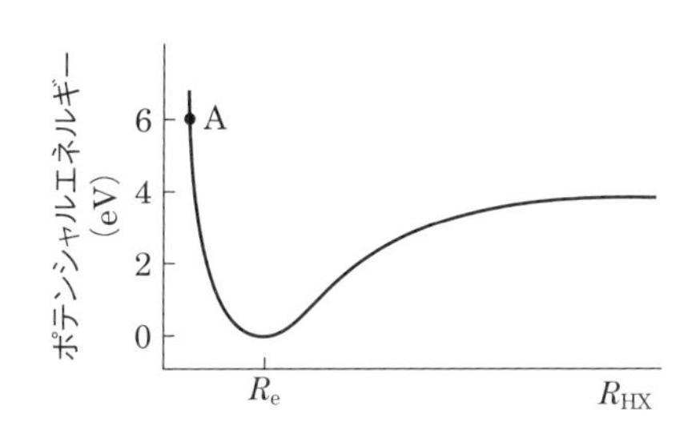

図 7.1　ある二原子分子 HX の解離を表すポテンシャルエネルギー曲線
解離エネルギーは 4 eV である．R_{e} は分子が最も安定して存在する平衡核間距離を表している．

本節の最後に，系の全運動量が保存するという**運動量保存則**（low of conservation of momentum）について説明する．N 個の質点からなる系 $\{i, j, \cdots\}$ を考え，そのポテンシャルエネルギー V が質点間の距離 $\boldsymbol{r}_j - \boldsymbol{r}_i$ のみの関数で与えられるとしよう（系を構成する質点間にはたらく内力だけが存在し，外力がない）．全質点の空間座標を $\boldsymbol{r}_j \to \boldsymbol{r}_j + \Delta\boldsymbol{r}$ のように同じ $\Delta\boldsymbol{r}$ だけ平行移動させても V の値が変わらないので，このような系は並進対称性をもつという（変位 $\Delta\boldsymbol{r}$ に対して，V のなかの $\boldsymbol{r}_j - \boldsymbol{r}_i$ が空間の平行移動に対して不変）．並進対称性がある系では，V が**質量中心**（center of mass）[†27]（脚注次頁）の座標に依存しないから，質量中心に作用する力は

[†26] 運動を表現できる座標は，直交座標に限らず，極座標などでもよい．剛体の運動なら，剛体中の基準となる座標（中心座標）と，そこからの相対的な位置を表す座標（相対座標）を用いる方が便利なときもある．このような座標を総称して**一般化座標**といい，保存系における一般化座標 $\{\boldsymbol{q}\}$ と対応する**一般化運動量** $\{\boldsymbol{p}\}$ は**正準変数**とよばれている．（7.29）式や（7.30）式の形式は正準変数に対して一般的に成り立つ．

なく，質量中心の運動量と等しい全運動量 $\boldsymbol{P}$ (問 7.7 参照)

$$\boldsymbol{P} = \sum_{j=1}^{N} \boldsymbol{p}_j \tag{7.31}$$

が保存する．ここで，$\boldsymbol{p}_j$ は質点 j の運動量である．「質量中心」と同義の用語として「**重心**[†28] (center of gravity)」が使われる．重力は場所によらずに一様と見なせるので，重心は質量中心と実質的に一致している (詳しくは，付録 A7.1 参照)．以下，重力を考慮していない問題[†29]でも，「重心」を使うことにする．

実際，(7.3) 式の運動方程式を運動量の時間微分で表した次式

$$\frac{\mathrm{d}\boldsymbol{p}_j}{\mathrm{d}t} = \boldsymbol{F}_j \tag{7.32}$$

を使えば，並進対称性をもつ系の運動量保存則を簡単に証明できる ($\boldsymbol{F}_j$ は質点 j に働く力)．まず，(7.32) 式より，

$$\frac{\mathrm{d}}{\mathrm{d}t}\boldsymbol{P} = \frac{\mathrm{d}}{\mathrm{d}t}\sum_{j=1}^{N} \boldsymbol{p}_j = \sum_{j=1}^{N} \boldsymbol{F}_j \tag{7.33}$$

を得る．$\boldsymbol{F}_j$ の各成分は付録 A7.2 の (A7.5) 式で次式のように与えられる．

$$F_{jx} = -\frac{\partial V}{\partial x_j} = -\sum_{\substack{i=1 \\ i \neq j}}^{N} \frac{\partial V}{\partial (x_j - x_i)} \tag{7.34}$$

並進対称性がある系では，質点間に及ぼし合う力には運動の**第 3 法則**である**作用反作用の法則** (law of action and reaction) (詳しくは付録 A7.2 参照) が成り立つ．たとえば，質点 i と j の間の力に関して付録 (A7.6) 式 $-\partial V/\partial(x_i - x_j) = \partial V/\partial(x_j - x_i)$ が成り立つ[†30]．この関係から，(7.33) 式において，すべての質点の対が相互に受ける力の和は打ち消し合い，重心にかかる力の総和 $\sum_{j=1}^{N} \boldsymbol{F}_j$ が常に 0 となる．したがって，(7.33) 式 $= 0$ となって運動量保存則が導ける[†31]．並進対称性をもつ系では，作用反作用の法則と運動量保存則が等価であることがわかる．

【問 7.7】 (7.31) 式の全運動量 $\boldsymbol{P}$ が重心の運動量 (＝ 全質量 × 重心の速度) と等しい

[†27] 物体または質点系において，空間的に広がっている質量分布の中心的位置を表す点である．定義に関しては，付録 A7.1 参照.

[†28] 空間的広がりをもって質量が分布する系において，その質量に対して他の物体から働く重力を合わせた力の作用点のこと.

[†29] 重力を考慮するともちろん運動量は保存しない.

[†30] したがって，i が j から受ける力と j が i から受ける力が (7.33) 式のなかで打ち消し合う.

[†31] バネの運動では全運動量は保存しないが，これは並進対称性がないためである.

ことを示せ．付録 A7.1 の重心の定義式 (A7.4) を使えばよい．

物理的な対象に何らかの対称性があれば，それに対応して何らかの**保存量**が存在することが知られている[†32]．系の空間に並進対称性があれば（空間の一様性）全運動量が保存し，時間に並進対称性（時間の一様性）があれば[†33]全エネルギーが保存する．

(7.32) 式の両辺を積分すると，時刻 t_0 と t の間の運動量の変化量がその間の力積（力 × 時間）に等しいことが導ける．

$$\boldsymbol{p}_j(t) - \boldsymbol{p}_j(t_0) = \int_{t_0}^{t} \boldsymbol{F}_j(t')\,\mathrm{d}t' \tag{7.35}$$

右辺の積分が力積の積分表示である．微小時間 $\Delta t = t - t_0$ に対しては，力積は $\boldsymbol{F}_j(t_0)\,\Delta t$ のように力 × 時間で表せる．(7.35) 式は，力 $\boldsymbol{F}_j$ にその力が作用した時間 Δt をかけた積が運動量変化に等しいことを示している[†34]．

7.4　角運動量とその外積表現

原点 O から点 P にある質点への位置ベクトルを $\boldsymbol{r}$，点 P にあるベクトル量を $\boldsymbol{G}$ とすると，それらの外積 $\boldsymbol{r} \times \boldsymbol{G}$ を一般に $\boldsymbol{G}$ が点 O の周りにもつ**モーメント**という．**角運動量** $\boldsymbol{J}$ (angular momentum) とは，点 P にある質点の運動量ベクトル $\boldsymbol{p}$ のモーメント

$$\boldsymbol{J} = \boldsymbol{r} \times \boldsymbol{p} \tag{7.36}$$

であり，外積の定義から，その成分は次式で与えられる（第 5 章 (5.25) 式）．

$$\boldsymbol{J} = (yp_z - zp_y,\ zp_x - xp_z,\ xp_y - yp_x) \tag{7.37}$$

角運動量ベクトルは，回転運動の速さや向きに関する情報をもっている[†35]．**図 7.2** で示したように，質点が点 O の周りを回っているとすると，外積の定義から，$\boldsymbol{J}$ は

[†32] この一般則はネーター (Noether) の定理と呼ばれている．

[†33] どの時刻から出発しても，同じ初期条件を与えれば（たとえば，いつボールを飛ばそうが），同じ運動をする場合である．ポテンシャルエネルギー V が時刻 t を陽に含むと，時間の一様性は破れる．

[†34] この関係から，釘の打ち込みの前後で，金槌（ハンマー）の頭部の速度差を大きくするか，力積が同じでも，金槌と釘の頭部との接触時間を短くすることによって釘を打つ力 $\boldsymbol{F}$ を増大させうることがわかる．また，野球のバッターが飛距離を伸ばす（(7.35) 式左辺を大きくする）には，バットとボールの接触時間が長いほど有利であることが納得できる．

[†35] このベクトルによって，原子や分子中の電子の回転運動を特徴づけることができ，量子力学においても重要な役割を演じる (12.4, 12.5 節参照)．

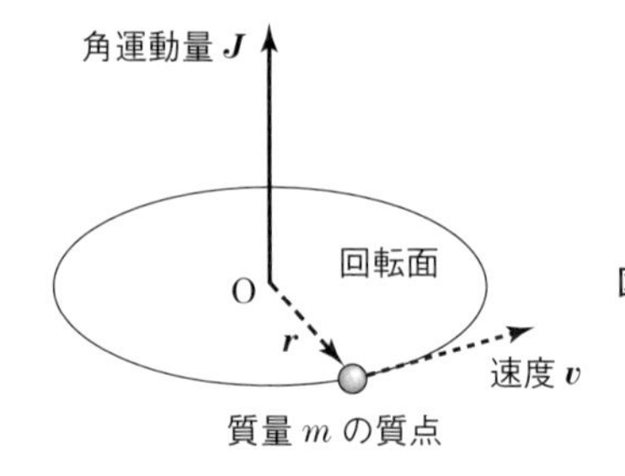

図 7.2　中心 O から $\boldsymbol{r}$ だけ離れた質量 $\boldsymbol{m}$ の質点が速度 $\boldsymbol{v}$ で回るときの角運動量ベクトル $\boldsymbol{J}=\boldsymbol{r}\times\boldsymbol{p}$ の向き ($\boldsymbol{p}=m\boldsymbol{v}$)（第5章図5.4参照）

質点が回転する面に垂直である．ある方向から回転面を見て，質点が時計回り（右回り）に回っているように見えるとき，その視線の方向が $\boldsymbol{J}$ の向きになることがわかる[†36]（逆に $\boldsymbol{J}$ の向きがわかれば質点の絶対的な回転方向がわかる）．

具体的に，図 7.2 のような，ある質量 m をもつ質点の角運動量 $\boldsymbol{J}$ を考えよう．

$$\boldsymbol{J}=\boldsymbol{r}\times m\boldsymbol{v} \tag{7.38}$$

ここでは，議論を簡単にするため，円運動 (circular motion)（回転運動）しているとしよう．$\boldsymbol{r}$ と $\boldsymbol{v}$ は直交するので角運動量の大きさは次式で与えられ，原点から遠くを速く動いて回転しているほど大きい ($r=|\boldsymbol{r}|,\ v=|\boldsymbol{v}|$)．

$$\text{大きさ}\ J=|\boldsymbol{J}|=mvr \tag{7.39}$$

つぎに，J が回転の振動数 ν や角振動数 ω とどのような関係にあるのか調べよう．円運動の振動数を ν とすると，単位時間あたりの回転角 $2\pi\nu$ に半径 r をかけたものが，単位時間あたりの円周上の移動距離，つまり速さ v になる．この $v=2\pi r\nu$ の関係より

$$\frac{v}{r}=2\pi\nu=\omega \tag{7.40}$$

であることがわかる．(7.40) 式の関係は等速でなくとも，以下の角速度という考えを導入すれば，円運動であれば成り立つ．

まず，時刻が t_0 から t になったとき，質点が半径 r の円周上を $\boldsymbol{r}(t_0)$ から $\boldsymbol{r}(t)$ に移動したとする．$\boldsymbol{r}(t_0)$ と $\boldsymbol{r}(t)$ との間の角度を θ とすると，その間の円の弧の長さは $r\theta$ で与えられるので（第2章 (2.27) 式参照），$t-t_0\to 0$ の極限では，$|\boldsymbol{r}(t)-\boldsymbol{r}(t_0)|=r\theta$ が成立する．両辺の単位時間あたりの変化量は次式で与えられる．

$$\frac{\mathrm{d}|\boldsymbol{r}(t)-\boldsymbol{r}(t_0)|}{\mathrm{d}t}=r\,\frac{\mathrm{d}\theta}{\mathrm{d}t} \tag{7.41}$$

[†36]　たとえば，回転面を下から上に見て，質点が時計回りに回っていれば，$\boldsymbol{J}$ は上向きである．

右辺の $\mathrm{d}\theta/\mathrm{d}t$ は単位時間に進む角度 $\omega(t)$ であり,

$$\omega(t) = \frac{\mathrm{d}\theta}{\mathrm{d}t} \tag{7.42}$$

(7.41) 式左辺は $v(t)$ であるので,(7.41) 式は,(7.40) 式を一般化した $v(t)/r = \omega(t)$ と表すこともできる.$\mathrm{d}\theta/\mathrm{d}t = v(t)/r$ は**角速度**[†37] (angular velocity) とよばれており,(7.40) 式からもわかるように,等速円運動の場合は,一定の角振動数 ω になる.

【問 7.8】 x-y 平面上の半径 r にある質量 m の物体が,等速円運動すると,その位置ベクトルは次式のように表せる.

$$(x, y) = (r\cos\omega t,\ r\sin\omega t) \tag{7.43}$$

ここで,ω は円運動の角振動数で,$t = 0$ で $(x, y) = (r, 0)$ を初期条件とする.この場合の速度 $(v_x, v_y) = (\mathrm{d}x/\mathrm{d}t,\ \mathrm{d}y/\mathrm{d}t)$ を計算し,速さ $\sqrt{{v_x}^2 + {v_y}^2}$ が時間によらず一定の $r\omega$ であることを示せ.また,角運動量の大きさが $mr^2\omega$ となることを示せ.最後に,加速度 $(\mathrm{d}v_x/\mathrm{d}t,\ \mathrm{d}v_y/\mathrm{d}t)$ を計算し,そのベクトルが常に位置ベクトルと逆向きで円の中心を向き,大きさが $r\omega^2$ であることを導け.

(7.39) 式の J は (7.40) 式の ω を使ってつぎのように表せる.

$$J = I\omega \tag{7.44}$$

ここで,I は次式で定義される**慣性モーメント** (moment of inertia) である.

$$I = mr^2 \tag{7.45}$$

つぎに,質点の回転運動の運動エネルギー K が J を用いて書けることを示す.次式のように変形すると,K は I と ω で表すことができる.

$$K = \frac{1}{2}mv^2 = \frac{1}{2}mr^2\frac{v^2}{r^2} = \frac{1}{2}I\omega^2 \tag{7.46}$$

また,$J = I\omega$ の関係を使うと,次式のようにも表せる.

$$K = \frac{1}{2}I\omega^2 = \frac{1}{2I}(I\omega)^2 = \frac{J^2}{2I} \tag{7.47}$$

$p = mv$ と $J = I\omega$, あるいは, $K = mv^2/2$ と (7.46) 式 $K = I\omega^2/2$ を比較すると,$m \to I$ と $v \to \omega$ の対応関係を見いだせる.また,$K = p^2/(2m)$ と (7.47) 式から,$p \to J$ の対応があることがわかる.直線運動と回転運動を特徴づける量の間の対応

[†37] 厳密には角速度ベクトル $\boldsymbol{\Omega} = (\boldsymbol{r}/r) \times (\boldsymbol{v}/r)$ として定義されている.$\boldsymbol{\Omega}$ は角運動量ベクトルと同じ向きである.

を**表7.1**にまとめた．これは形式的な対応であるが（対応する物理量の単位も異なる），I, ω, J で表された式の直観的理解に役立つ．

表7.1 直線運動と回転運動を特徴づける物理量の対応関係

直線運動	回転運動
m	I
v	ω
p	J

【問7.9】 おもりを付けたひもをぐるぐる回して鉛筆に巻きつかせると，最初はゆっくり回るが，しだいに回転が速くなって巻きついていく．角運動量が保存しているとして，ひもの長さが半分になったところで，おもりの速さ，角振動数，周期がそれぞれもとの何倍になるか答えよ．

角運動量の時間微分，つまりその変化の速さは力 $\boldsymbol{F}$ のモーメント $\boldsymbol{N}=\boldsymbol{r}\times\boldsymbol{F}$ に等しい[†38]．

$$\frac{\mathrm{d}}{\mathrm{d}t}\boldsymbol{J}=\frac{\mathrm{d}\boldsymbol{r}}{\mathrm{d}t}\times\boldsymbol{p}+\boldsymbol{r}\times\frac{\mathrm{d}\boldsymbol{p}}{\mathrm{d}t}=\boldsymbol{r}\times\frac{\mathrm{d}\boldsymbol{p}}{\mathrm{d}t}=\boldsymbol{r}\times\boldsymbol{F} \tag{7.48}$$

この式の力のモーメント $\boldsymbol{r}\times\boldsymbol{F}$ を**トルク**（torque）という．その単位は仕事と同じニュートンメートル（N m）であるが，トルクに寄与するのは $\boldsymbol{r}$ に垂直な $\boldsymbol{F}$ の成分で，$\boldsymbol{r}$ に平行な力が寄与するときの仕事とは異なる．$\boldsymbol{r}$ と $\boldsymbol{F}$ が直交している場合は，質点が力 $\boldsymbol{F}$ の方向に回っていくと，質点の変位方向が力と平行になり仕事をする（脚注7参照）[†39]．質点が一回りする際の仕事は，力の大きさが一定とすると，トルクの大きさ rF に 2π をかけたものになる[†40]（距離 $2\pi r$ と力 F の積で仕事になる）．

半径一定の回転運動を考えると，$J=I\omega$ の関係から，トルクがつぎのように角度 θ の加速度に比例していることがわかる．

$$\frac{\mathrm{d}J}{\mathrm{d}t}=I\frac{\mathrm{d}\omega}{\mathrm{d}t}=I\frac{\mathrm{d}^2\theta}{\mathrm{d}t^2} \tag{7.49}$$

最後の等式は (7.42) 式の関係 $\omega=\mathrm{d}\theta/\mathrm{d}t$ を使って導いた．(7.49) 式は直交座標系での式 $\mathrm{d}\boldsymbol{p}/\mathrm{d}t=m\,\mathrm{d}\boldsymbol{v}/\mathrm{d}t=m\,\mathrm{d}^2\boldsymbol{r}/\mathrm{d}t^2$ に対応している．(7.48) 式から，物体に作用する力 $\boldsymbol{F}$ が0か，$\boldsymbol{F}$ が常に原点Oと物体の質点を結ぶ直線に平行であれば（こ

[†38] (7.48) 式において，$\mathrm{d}\boldsymbol{r}/\mathrm{d}t$ に質量をかけたものが $\boldsymbol{p}$ だから，両者が平行で $\mathrm{d}\boldsymbol{r}/\mathrm{d}t\times\boldsymbol{p}=0$ であることを使った．

[†39] 自転車を例にすると，ペダルを押す力が $\boldsymbol{F}$，ペダルと回転軸（クランクシャフト）をつなぐクランクの長さが $\boldsymbol{r}$ である．$\boldsymbol{F}$ をできるだけ $\boldsymbol{r}$ に垂直な方向になるようにペダルを踏むことによって，大きなトルクを発生させることができる．

[†40] 車のエンジンの仕事率（単位時間あたりになす仕事）は，そのトルクの 2π 倍に単位時間あたりの回転数をかけることによって得られる．車のエンジンの仕事率の単位としては，いまだに馬力（1馬力 = 約0.74 kW）が用いられている．

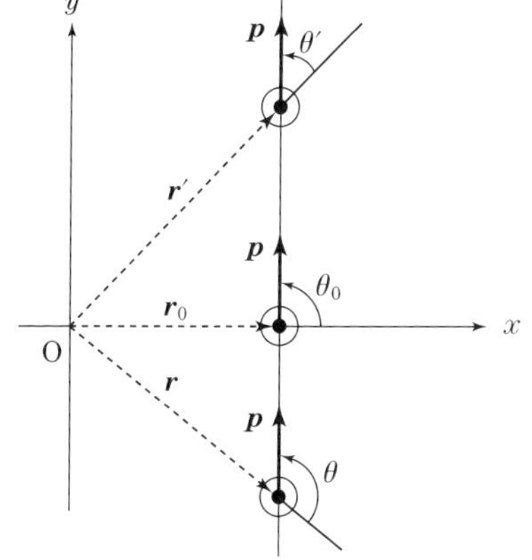

図 7.3　y 方向に直進する質点の原点 O からの位置ベクトル $\boldsymbol{r}$ と運動量 $\boldsymbol{p}$ の変化
ここでは，ポテンシャルエネルギーは位置によらず一定の系で，$\boldsymbol{p}$ は保存されている．r_0 は原点 O と質点との最短距離である．等速直線運動では，角運動量は保存されている（問 7.10 参照）．

のような力は**中心力**（central force）とよばれている），角運動量が一定で保存することがわかる．2 つの点電荷間のクーロン力のように，力の方向が質点を結ぶ直線に沿い，その大きさが質点間の距離だけで決まる力も中心力とよばれ，2 質点の相対的な回転の角運動量は保存する[†41]．まとめると，ポテンシャルエネルギーが中心から見た方向によらず等方的であれば，角運動量が保存する[†42]．これは複数の質点 $\{j\}$ からなる N 質点系の場合も成り立つ．つまり，全ポテンシャルエネルギー V が空間座標系の回転に対して不変であれば，各質点に働くトルクの総和は 0 になり，全角運動量 $\sum_{j=1}^{N} J_j$ が保存する．全ポテンシャルエネルギーが質点間の相対距離のみの関数であれば，V は空間座標系の回転に対して不変である．

【問 7.10】 角運動量はどのような運動に対しても (7.36) 式によって求められる．図 7.3 を参考にして，等速直線運動をする場合，角運動量の大きさが変化しないで常に一定となることを示せ．質点の y 方向の速度を v，運動量を p として，$\boldsymbol{r} = (x_0, vt, z_0)$，$\boldsymbol{p} = (0, p, 0)$ の各成分を (7.37) 式に代入して，角運動量の大きさが一定値 $p\sqrt{x_0{}^2 + z_0{}^2}$ となることを確かめよ[†43]．

---

†41　第 12 章脚注 9 参照．荷電粒子の場合，電場などの外力が作用すれば，一般には角運動量は保存しない．

†42　フィギュアスケートの選手がスピンしているとき，手を広げると回転が遅くなり，手を頭上に伸ばすと回転が速くなることも，(7.39) 式を一定とした角運動量保存則で説明できる．空間の回転不変性に関連した角運動量の保存則は，量子力学においても成り立つ一般的な性質である．

†43　ポテンシャルが等方的であることからも，また，等速直線運動をする場合 $\mathrm{d}\boldsymbol{p}/\mathrm{d}t = 0$ だから，(7.48) 式からも，角運動量が変化しないことがわかる．

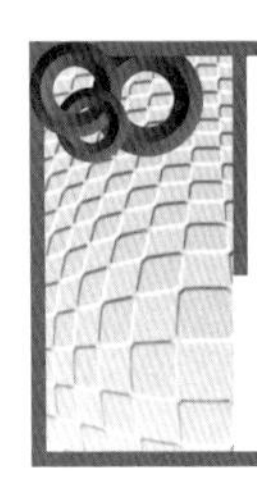

第8章
複素数とその関数

第11章で学ぶ量子力学の波動関数[†1]が一般には虚数を含む関数であることからもわかるように，実数と虚数からなる複素数や複素数を含む関数（複素関数）は，自然現象を数学的に記述するうえで不可欠である．本章では，まず，複素数を複素数平面という2次元平面上の点に対応させ，平面上の回転が複素指数関数で表せることをオイラーの公式を使って説明する．最後に，複素関数がさまざまな代数方程式や微分方程式の系統的な解法を与える重要な道具となっていることを紹介する．

8.1 複素数

まず，任意の整数を任意の自然数で割った数，つまり，有理数を定数係数としてもつ様々な代数方程式（2.5節参照）を考えてみる．その方程式を満たす解の性質は，方程式の形に応じて大きく変わる．たとえば，未知変数 x の2次の代数方程式 $x^2 - (9/4) = 0$ の解は有理数 $x = \pm 3/2$ であるが，$x^2 - 2 = 0$ の解は有理数では表せない無理数 $x = \pm\sqrt{2}$ である[†2]．これに対して，$x^2 + 1 = 0$ を満たす実数 (real number) の解は存在しない（x を実数とすると $x^2 + 1 \geq 1$）．解が存在するためには，$x^2 = -1$ を満たす二乗して -1 になる数，つまり，負数の平方根 (square root) を認める必要がある．数学者ガウスは，これを一般化して，負数の平方根を認めれば，すべての代数方程式に解が存在することを証明した[†3]．いまでは，負数の平方根を**虚数** (imaginary number) とよび，特に -1 の平方根 $\sqrt{-1}$ を記号

[†1] 量子力学においては，電子が分子の中のどの位置に見いだされるかは確率的に与えられ，その空間分布は位置の関数である波動関数の絶対値の二乗に比例する．

[†2] 有理数を係数とする代数方程式の解は代数的数とよばれ，その解のなかで $\sqrt{2}$ のように有理数ではない数は代数的無理数とよばれる．これに対して，代数方程式ではない超越方程式の解は，代数的数ではなく超越数とよばれる無理数である．たとえば，超越方程式 $\sin x = 0$ の解である π やネイピア数 e などがある．

[†3] 8.3節で紹介する代数学の基本定理．

i で書く．これに従えば，$x^2 + 1 = 0$ の解は $x = \pm i$ と表せる．

より一般な数として，実数と虚数を合わせた**複素数** (complex number) を導入すると便利である．複素数 z は，2つの実数 x と y を用いて，$z = x + iy$ と表すことができる．x，y はそれぞれ複素数 z の**実部** (real part) と**虚部** (imaginary part) とよび，$x = \mathrm{Re}(z)$，$y = \mathrm{Im}(z)$ と表すこともある．x と y は互いに独立であるから，**図 8.1** に示したように，どのような複素数も必ず直交する x 軸（実軸）と y 軸（虚軸）からなる x-y 平面上の 1 点 (x, y) と対応させることができる．$z = x + iy$ の虚数部分の符号を変えた複素数 $x - iy$ を z の**複素共役** (complex conjugate) とよび，z と実軸に関して対称の位置にある．z^* あるいは $\bar{z}$ という記号を使って

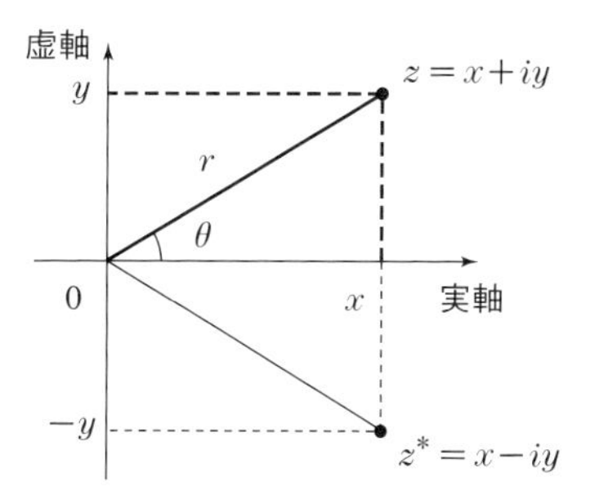

図 8.1　複素数平面上の複素数 z の実部 x と虚部 y
r は z の絶対値 $|z|$，原点周りの角 θ は z の偏角を表している．

$$z^* \equiv x - iy \quad (\bar{z} \equiv x - iy) \tag{8.1}$$

と記す．どのように複雑な複素数も，その中のすべての i を $-i$ にすれば，複素共役となる．

【問 8.1】 任意の複素数 z と w に対して，

$$(z + w)^* = z^* + w^* \tag{8.2}$$

$$(zw)^* = z^* w^* \tag{8.3}$$

を証明せよ．

複素数 z と原点を結ぶ線分の距離 r を z の**絶対値** (absolute value) $|z|$，その線分と実軸のなす角度 θ を z の**偏角** (argument) と呼び，$\arg z$ で表す（図 8.1 参照）．絶対値 r は z の実部 x と虚部 y を用いて次式で与えられる．

$$|z| \equiv r = \sqrt{x^2 + y^2} \tag{8.4}$$

次式から，z とその複素共役 z^* の積は実数であり，$|z|^2$ に等しいことがわかる．

$$z^* z = (x - iy)(x + iy) = x^2 + y^2 = r^2 = |z|^2 \tag{8.5}$$

もちろん $|z| = |z^*|$ である．

【問 8.2】 複素数 z と w に対して,

$$|zw| = |z|\,|w| \tag{8.6}$$

の関係が成り立つことを示せ. また,

$$|z+w| \leq |z| + |w| \tag{8.7}$$

の関係も, 三角不等式 (三角形の2辺の長さの和は, 他の一辺の長さより大きい) を使って確認せよ.

分母と分子が複素数の場合は, 分母を実数に, 分子だけに虚数が現れるようにできる. z/w の z と w を任意の複素数とすると, 分母と分子につぎのように w^* をかければよい.

$$\frac{z}{w} = \frac{zw^*}{ww^*} = \frac{zw^*}{|w|^2} \quad (w \neq 0) \tag{8.8}$$

【問 8.3】 $1/i$ をその分母を実数化して表せ.

【問 8.4】 実数 a, b に対して次式が成り立つことを示せ.

$$\frac{a+bi}{c+di} = \frac{(ac+bd)+(bc-ad)i}{c^2+d^2} \tag{8.9}$$

偏角 $\theta = \arg z$ は

$$\cos\theta = \frac{x}{r} \quad (8.10) \qquad \sin\theta = \frac{y}{r} \quad (8.11)$$

を満たす角として定義できる. 2π 周期である偏角には 2π の整数倍だけの不定性があるが, 偏角を $-\pi$ から π の範囲の値で示すことが多い. これを**偏角の主値** (principal value of the argument) といい, $\operatorname{Arg} z$ と表す ($-\pi < \operatorname{Arg} z \leq \pi$). 一般には, n を適当な整数として

$$\arg z = \operatorname{Arg} z + 2n\pi$$

と書くべきである. 偏角の主値は, $x > 0$ なら

$$\operatorname{Arg} z = \tan^{-1}\frac{y}{x} \tag{8.12}$$

$x < 0$ なら

$$\operatorname{Arg} z = \tan^{-1}\frac{y}{x} \pm \pi \tag{8.13}$$

と表せる[†4]. 以下で説明するように, (8.13) 式の複号 $\pm$ は y が正なら $+$, 負なら

ーをとる．逆正接関数 $\tan^{-1}$ は，$x>0$ の範囲では，$\tan\theta = y/x$ から $\theta = \tan^{-1}(y/x)$ を計算し，関数 $\tan^{-1}$ の主値の範囲[†5]である $-\pi/2$ から $\pi/2$ の間の値になるように定義されている．したがって，$\tan^{-1}$ の主値がカバーしていない偏角の主値が $[-\pi,-\pi/2]$ と $[\pi/2,\pi]$ の範囲（$x<0$ の範囲）に対しては，(8.13) 式を適用する．a,b を正の実数とすると，x-y 平面上の $x=-a<0,\ y=b>0$ の第2象限 $[\pi/2,\pi]$ の点の $\tan^{-1}(-b/a)$ は，$x=a>0,\ y=-b<0$ の第4象限の偏角 $\tan^{-1}(-b/a)$ と同じになるので，その偏角を第2象限の値に戻すために (8.13) 式のように π を加える．$x<0,\ y<0$ の第3象限 $[-\pi,-\pi/2]$ の $\tan^{-1}$ の値は対応する第1象限の点での偏角と等しいので，その偏角から π を引いて第3象限の偏角に戻している．

8.2　複素指数関数とオイラーの公式

複素数の指数関数も微分方程式を使って定義[†6]する．複素数 z に対する次式

$$\frac{\mathrm{d}f(z)}{\mathrm{d}z} = f(z) \tag{8.14}$$

の解のうち，$z=0$ で $f(z)=1$ の条件を満たすものを，実数の場合と同様に次式の z を変数とする複素指数関数で表す．

$$f(z) = e^z \tag{8.15}$$

この関数が具体的にどのような関数かは，マクローリン展開を利用すれば，形式的には実数の場合の第3章 (3.57) 式と同じことがわかる[†7]．

$$e^z = 1 + z + \frac{z^2}{2!} + \frac{z^3}{3!} + \frac{z^4}{4!} + \cdots = \sum_{n=0}^{\infty}\frac{z^n}{n!} \tag{8.16}$$

【問 8.5】 $e^{i\theta}$ が (8.16) 式から次式で与えられることを示せ．

$$e^{i\theta} = 1 + i\theta - \frac{\theta^2}{2!} - i\frac{\theta^3}{3!} + \frac{\theta^4}{4!} + i\frac{\theta^5}{5!} - \frac{\theta^6}{6!} + \cdots \tag{8.17}$$

[†4] $x=0$ の場合，$y>0$ なら $\theta=\pi/2$，$y<0$ なら $\theta=-\pi/2$．

[†5] 周期関数の入力変数と出力（関数の値）が 1：1 に対応している出力の範囲．関数によって主値の範囲は異なっているので，その定義域を確認しておく必要がある．

[†6] 複素変数 z の関数 $f(z)$ に対しても，複素平面上で微分 $\mathrm{d}f(z)/\mathrm{d}z$ や積分 $\int f(z)\,\mathrm{d}z$ が定義できる．詳しくは，複素関数論の専門書『なっとくする複素関数』（小野寺嘉孝 著）（講談社，2000 年）などを参考にしてほしい．

[†7] (8.14) 式より，$\mathrm{d}^n e^z/\mathrm{d}z^n|_{z=0} = e^z|_{z=0} = 1$ が使える．

【問 8.6】 $e^{i\theta}$ がつぎのように $\sin\theta$ と $\cos\theta$ の和で表せることを，(8.17) 式のマクローリン級数を使って示せ．$\sin\theta$ と $\cos\theta$ のマクローリン級数である (3.61) 式と (3.62) 式を使えばよい．

$$e^{i\theta} = \cos\theta + i\sin\theta \tag{8.18}$$

指数関数と三角関数の間に成り立つ関係式 (8.18) は**オイラー** (Euler) **の公式**とよばれ，複素数と実数の橋渡しをする公式として重要である．$e^{i\theta}$ の θ を実数とすると[†8]，θ は絶対値 1 の複素数 $e^{i\theta}$ の複素数平面上の偏角となっている．実際，(8.18) 式より，$\theta = 0, \pi/2, \pi, 3\pi/2, 2\pi$ に対して，$e^{i\theta}$ は半径 1 の円周上を反時計回りに回り，$1, i, 1, -i, 1$ の値をとっていく．(8.18) 式を利用すれば，$\cos\theta$ と $\sin\theta$ は逆に $e^{i\theta}$ と $e^{-i\theta}$ を使って表せる．

$$\cos\theta = \frac{1}{2}(e^{i\theta} + e^{-i\theta}) \tag{8.19}$$

$$\sin\theta = \frac{1}{2i}(e^{i\theta} - e^{-i\theta}) \tag{8.20}$$

オイラーの公式によって複素数 z を，絶対値 r と偏角 θ によって決まる位相因子[†9] $e^{i\theta}$ との積の形式 (極形式) $z = re^{i\theta}$ で表すことができる．z の実部 x と虚部 y は，図 8.1 より，それぞれ $x = r\cos\theta,\ y = r\sin\theta$ と書けるから，これを $z = x + iy$ に代入して，オイラーの公式を使えばよい．

$$z = r(\cos\theta + i\sin\theta) = re^{i\theta} \tag{8.21}$$

z の複素共役は $z = re^{-i\theta}$ と表せる．極形式を使うと，複素数の積は絶対値の積と位相因子の積をそれぞれ計算してかけ合わせれば得られる．たとえば，2 つの複素数の積は，

$$(r_1 e^{i\theta_1})(r_2 e^{i\theta_2}) = r_1 r_2 e^{i(\theta_1 + \theta_2)} \tag{8.22}$$

となる[†10]．絶対値は積で，偏角は和 $\theta_1 + \theta_2$ で与えられることになる．あるいは，

$$r_1 r_2 (\cos\theta_1 + i\sin\theta_1)(\cos\theta_2 + i\sin\theta_2) = r_1 r_2 \{\cos(\theta_1 + \theta_2) + i\sin(\theta_1 + \theta_2)\} \tag{8.23}$$

[†8] (8.17)，(8.18) 式は θ が複素数でも成立する．

[†9] 7.1 節で説明したように，位相とは振動，波動，回転などの周期的運動の過程でどの点にあるかを示す変数を指す．複素数平面上の点の角度情報である偏角 θ が**位相**であり，それを含む指数関数 $e^{i\theta}$ を**位相因子**という．

[†10] 複素数の指数関数の定義 (8.16) 式は形式的には実数の場合と同じなので，複素数 v, w に対しても $e^v e^w = e^{v+w}$ が成り立つ．たとえば，実数 x, y に対して，$e^{x+iy} = e^x e^{iy}$ が成立する．

とも書ける（問 8.9 参照）．$e^{2\pi i} = 1$ であるから，たしかに，偏角が 2π の整数倍だけ複素数平面上で回転しても，複素数の値は変わらない．複素数の商 $e^{i\theta_1}/e^{i\theta_2}$ の場合は，その偏角は $e^{i(\theta_1-\theta_2)}$ より差 $\theta_1 - \theta_2$ になる．

【問 8.7】 つぎの 2 つの複素数の絶対値と偏角の主値 Arg（$-\pi$ から π の値域）を求めよ．

$$z_1 = 2(-\sqrt{3} + i), \quad z_2 = 1 + \sqrt{3}i$$

また，それらの値を使って，$z_1 z_2$ を求めよ．

【問 8.8】 r_1, r_2 を正の実数として，複素数 $z = r_1 e^{i\theta_1} + r_2 e^{i\theta_2}$ の絶対値，実部，虚部を求めよ．また，$z = r_1 e^{i\theta_1}/(r_2 e^{i\theta_2})$ と $z = e^{i\theta_1}/(r_1 + ir_2)$ の絶対値と偏角を求めよ．

【問 8.9】 三角関数の加法定理の証明は，高等学校レベルでは少し煩雑であるが，オイラーの公式

$$e^{i(A\pm B)} = \cos(A \pm B) + i\sin(A \pm B) \tag{8.24}$$

を使えば簡単に導ける．複素数に対しても等式 $e^{i(A\pm B)} = e^{iA}e^{\pm iB}$ が成り立つので[†11]，この式の右辺の 2 つの指数関数 e^{iA} と $e^{\pm iB}$ にもオイラーの公式を適用すればよい（(8.23) 式参照）．等式の両辺の実部同士および虚部同士が等しいことを利用して，つぎの加法定理を一挙に導け．

$$\cos(A \pm B) = \cos A\cos B \mp \sin A\sin B \tag{8.25}$$

$$\sin(A \pm B) = \sin A\cos B \pm \cos A\sin B \tag{8.26}$$

(8.23) 式の関係の発展形として**ド・モアブル**（de Moivre）**の公式**がある．

$$(\cos\theta + i\sin\theta)^n = \cos n\theta + i\sin n\theta \tag{8.27}$$

ここで，n は整数である．左辺はオイラーの公式を使えば $(e^{i\theta})^n$ と表せる．複素数 v に対して，$(e^v)^n = e^v e^v \cdots e^v = e^{v+v+\cdots} = e^{nv}$ の関係が成り立つので[†12]，$v = i\theta$ と置けば証明できる．長さ 1 のベクトルを角 θ 回転させる操作を n 回繰り返すことは，1 回だけ角 $n\theta$ 回すことに等しい．

この節の最後に，複素数平面での回転（オイラーの公式）と，6.2 節で説明した 2 次元平面の回転操作が等価であることを確認しよう．複素数平面の点 (x_0, y_0) に $e^{i\theta}$ を作用させる演算 $e^{i\theta}(x_0 + iy_0)$ を考え，その結果得られた複素数を $x + iy$ としよう．オイラーの公式を適用すると，

[†11] 脚注 10 参照．

[†12] 脚注 10 の式 $e^v e^w = e^{v+w}$ を $w = v$ として繰り返して適用すればよい．

$$
\begin{aligned}
x+iy &= e^{i\theta}(x_0+iy_0) \\
&= (\cos\theta+i\sin\theta)(x_0+iy_0) \\
&= [(\cos\theta)x_0-(\sin\theta)y_0]+i[(\sin\theta)x_0+(\cos\theta)y_0] \qquad (8.28)
\end{aligned}
$$

となる．最後の段の最初の $[\cdots]$ が x に，あとの $[\cdots]$ が y に対応するから，(8.28) 式の $e^{i\theta}$ は，第6章 (6.27) 式の2次元平面上のベクトルを角度 θ 回転させる操作 $\boldsymbol{R}(\theta)$ そのものである[†13]．$e^{i\theta}$ と $e^{-i\theta}$ をつづけて点 (x_0, y_0) に作用させると，(x_0, y_0) に戻ることからも，$e^{-i\theta}$ が $\boldsymbol{R}(\theta)$ の逆行列 $\boldsymbol{R}^{-1}(\theta)=\boldsymbol{R}(-\theta)$ に対応していることがわかる (6.2節参照)．

8.3 複素数のべき乗根

複素数 z と自然数 n に対して，方程式 $w^n=z$ を満たす複素数 w を，実数の場合と同様に z の n 乗根といい，$w=z^{1/n}$ で表す．この記法も平方根 $\sqrt{\ }$ や立方根 (cube root) $\sqrt[3]{\ }$ の記号と同じ べき乗根[†14]を表しているが，これから説明するように，一般の複素数に対しては異なった意味をもつ．複素数のべき乗根がどうなるかを考えるため，$z=re^{i\theta}$, $w=qe^{i\phi}$ として[†15]

$$
w^n = z \qquad (8.29)
$$

に代入し，両辺を比較してみよう．絶対値と位相の部分の比較からつぎの関係を得る．

$$
q^n = r \quad (8.30) \qquad\qquad e^{in\phi}=e^{i\theta} \quad (8.31)
$$

指数関数の肩に乗った偏角には $2m\pi$ だけの不定性があることを考えると (ただし，m は整数)，ϕ が $n\phi=\theta+2m\pi$ を満たせば，(8.31) 式が成立する．つまり，

$$
\phi_m = \frac{\theta+2m\pi}{n} \qquad (8.32)
$$

を満たす ϕ が許されることになる[†16]．m ごとに ϕ_m が得られるが，m が n の整数倍増えると (8.32) 式の付加項 $2m\pi/n$ も 2π の整数倍増えるので，たとえば，$e^{i\phi_m}$ と $e^{i\phi_{m+n}}$ は同じ関数になる．したがって，$w=z^{1/n}$ を満たす異なった w は $m=0, 1, 2, \cdots, n-1$ に対応する n 個の n 乗根 $w_0, w_1, w_2, \cdots, w_{n-1}$ だけであり ($w=z^{1/n}$ は n 価

---

†13 (6.26) 式のように，(8.28) 式を列ベクトルと行列で表すとよくわかる．

†14 べき根 (冪根) あるいは累乗根ともよばれる．

†15 w も極表示で表すとする．つまり，$q=|w|$ で，w の偏角が ϕ である．

†16 $z^{1/n}$ の $1/n$ は整数でないので，ド・モアブルの公式を適用して べき根を求めることはできない．実際，単に $w=qe^{i\phi}=z^{1/n}=r^{1/n}e^{i\theta/n}$ が得られるだけで，(8.32) 式あるいは (8.33) 式における付加項 $2m\pi/n$ は出てこない．

の多価関数)，それらは次式で与えられる．

$$w_m = qe^{i\phi_m} = q\left(\cos\frac{\theta+2m\pi}{n} + i\sin\frac{\theta+2m\pi}{n}\right) \tag{8.33}$$

これらは，複素数平面上で原点を中心とした半径 q の円周上に，偏角 θ/n から等間隔(偏角で $2\pi/n$ ずつ）に n 個ならぶことになる．各 w_m の偏角には，やはり 2π の整数倍の不定性がある．

【問 8.10】 複素数 $z=i$ の二乗根 $i^{1/2}$ が次式で与えられることを示し，

$$i^{1/2} = \frac{1}{\sqrt{2}} + i\frac{1}{\sqrt{2}},\quad -\frac{1}{\sqrt{2}} - i\frac{1}{\sqrt{2}} \tag{8.34}$$

複素数平面上に根の 2 点を図示せよ．$|i|=1$ であり，i の偏角 θ は $\pi/2$ と定義しておく．(8.33) 式の $n=2$ の場合，$i^{1/2}$ の偏角が $\phi_0 = (\pi/2)/2$ と，それから $2\pi/n = 2\pi/2$ 進んだ $\phi_1 = (\pi/2+2\pi)/2$ で与えられることを使えばよい．

【問 8.11】 1 の n 乗根 $1^{1/n}$ が次式で与えられることを示せ．

$$1^{1/n} = \cos\frac{2m\pi}{n} + i\sin\frac{2m\pi}{n} \quad (m=0,1,2,\cdots,n-1) \tag{8.35}$$

また，$(1^{1/n})^n = 1$ が成り立っていることを示せ[†17]．

n 次の代数方程式と見なせる (8.29) 式 $w^n - z = 0$ は，n 個の解をもっていた．これは，一般には，複素数 $a_0, a_1, \cdots, a_n$ を係数とする任意の n 次多項式方程式

$$f(w) = a_n w^n + a_{n-1}w^{n-1} + \cdots + a_1 w^1 + a_0 = 0 \tag{8.36}$$

は n 個の複素数の解をもつ[†18]という**代数学の基本定理**として知られている．どのような複素係数多項式であっても，その解 $w_1, w_2, \cdots, w_n$ を使えば，つぎのような 1 次式のべき積に分解できる[†19]．

$$f(w) = a_n(w-w_1)(w-w_2)\cdots(w-w_n) \tag{8.37}$$

(8.36) 式が (8.37) 式の形に変換できることは，第 11 章で学ぶ量子力学などに現れる固有値問題あるいは固有値方程式の解法のよりどころになっている．

この節の最後に，多価関数の偏角の一般的に使われている定義を確認しておく．まず，$\sqrt{1}$ と $1^{1/2}$ を区別する．$\sqrt{1}$ は 1 だから，その偏角は 0 である．同様に，実数 a

---

†17　n を整数とすると，n 乗根の n 乗を求める場合には，ド・モアブルの公式が使える．

†18　実数も複素数の一種である．また，2 次方程式の重根を 2 つの根と考えるように重複度込みで数えている．

†19　多項式 $f(x)$ に対して，$f(a)=0$ を満たす a が存在すれば $f(x)$ は $x-a$ を因数にもつという**因数定理**を使うと証明できる．

の n 乗根のうち偏角が0のものを $\sqrt[n]{a}$ で表す．一方，$1^{1/2}$ は (8.35) 式より，

$$1^{1/2} = \begin{cases} 1 & (\text{偏角 } 0) \\ -1 & (\text{偏角 } \pi) \end{cases} \tag{8.38}$$

の2つの二乗根を表している．また，虚数 $\sqrt{-1} = i$ の偏角は $\pi/2$ で定義されているが，$(-1)^{1/2}$ はやはり2つの二乗根を表す．

$$(-1)^{1/2} = \begin{cases} i & (\text{偏角 } \pi/2) \\ -i & (\text{偏角 } 3\pi/2) \end{cases} \tag{8.39}$$

以上の約束のもとで $z = re^{i\theta}$ の m/n 乗根を表すと次式のようになる（m/n は正の分数）．

$$z^{m/n} = \sqrt[n]{r^m}\left[\cos\frac{m(\theta + 2k\pi)}{n} + i\sin\frac{m(\theta + 2k\pi)}{n}\right] \quad (k = 0, 1, 2, \cdots, n-1) \tag{8.40}$$

【問 8.12】 次式のどこが間違っているか答えよ．正しくは，$-i$ である．

$$\frac{\sqrt{1}}{\sqrt{-1}} = \sqrt{\frac{1}{-1}} = \sqrt{-1} = i$$

8.4　初等複素関数

これまで，実数関数として定義されていた指数関数が複素数 z を変数とする関数に拡張できることを見てきた．このような複素数を含んだ関数を**複素関数** (complex function) という．その他の初等複素関数も，対応する実関数からの拡張として定義できる．たとえば，複素数の世界での三角関数は，実数の場合にならって

$$\cos z = \frac{1}{2}(e^{iz} + e^{-iz}) \tag{8.41}$$

$$\sin z = \frac{1}{2i}(e^{iz} - e^{-iz}) \tag{8.42}$$

と定義できる．z が実数のときは，それぞれ (8.19) 式と (8.20) 式に一致するので[†20]，これらの式は実数から複素数の世界への自然な拡張になっている．他の複素三角関数も実数と同じように定義できる[†21]．加法定理など実三角関数に対して成り立つ関係は複素三角関数に対しても成り立つ．たとえば，複素数 $z = x + iy$ に

[†20] (8.41) 式と (8.42) 式の z を実数 θ とおく．

[†21] たとえば，$\tan z = \sin z/\cos z$ と定義されている．

対して，複素三角関数に加法定理を使うと，

$$\cos z = \cos(x + iy) = \cos x \, \cos iy - \sin x \, \sin iy \tag{8.43}$$

などの関係式が得られる．(8.43) 式は (8.41) 式を使って導くこともでき，複素三角関数の定義と実三角関数の公式の間に矛盾はない．

複素三角関数の定義式で z が**純虚数** (purely imaginary number)[†22] iy に等しい場合，

$$\cos iy = \frac{1}{2}(e^{-y} + e^{y}) = \cosh y \tag{8.44}$$

$$\sin iy = \frac{1}{2i}(e^{-y} - e^{y}) = i \sinh y \tag{8.45}$$

$$\tan iy = \frac{\sin iy}{\cos iy} = i \tanh y \tag{8.46}$$

が得られる．角度変数が純虚数の場合に，通常の三角関数から双曲線関数が出てくる．(8.43) 式のような加法定理を使った表現に (8.44) ～ (8.46) 式の関係を使うと，$z = x + iy$ を変数とする複素三角関数を実質的に実関数の計算からだけで求めることができる．

$$\cos z = \cos x \, \cosh y - i \sin x \, \sinh y \tag{8.47}$$

$$\sin z = \sin x \, \cosh y + i \cos x \, \sinh y \tag{8.48}$$

$$\tan z = \frac{\tan x + i \tanh y}{1 - i \tan x \, \tanh y} \tag{8.49}$$

これらの式は複素三角関数を数値的に計算する場合にも使うことができる．

8.5　複素数を含む関数の微分・積分

複素数や純虚数を定数として含んだ関数に対しても，第 3 章の微分や第 4 章の積分に関する概念や公式がそのまま適用できる．x を実変数とするつぎのような複素数を含む関数を考える．

$$f(x) = g(x) + ih(x) \tag{8.50}$$

ここで，$g(x)$ と $h(x)$ は実関数とする．第 3 章 (3.3) 式の微分の定義を適用すると[†23] (脚注次頁)，$f(x)$ の微分はその実部 $g(x)$ と虚部 $h(x)$ それぞれの微分で与えられる．

[†22] 虚数を虚部が 0 でない複素数一般とする流儀もあるので，「純虚数」は，虚部 $\neq 0$ で実部が 0 の複素数を特定する用語として使われる．

$$\frac{\mathrm{d}}{\mathrm{d}x}f(x) = \frac{\mathrm{d}}{\mathrm{d}x}g(x) + i\frac{\mathrm{d}}{\mathrm{d}x}h(x) \tag{8.51}$$

たとえば，(8.18) 式の実変数 θ に実定数 a をかけて得られる $e^{ia\theta} = \cos a\theta + i\sin a\theta$ の右辺を微分すると，

$$\frac{\mathrm{d}}{\mathrm{d}\theta}(\cos a\theta + i\sin a\theta) = -a\sin a\theta + ia\cos a\theta = ia(\cos a\theta + i\sin a\theta) \tag{8.52}$$

となり，次式が成り立っていることがわかる．

$$\frac{\mathrm{d}}{\mathrm{d}\theta}e^{ia\theta} = iae^{ia\theta} \tag{8.53}$$

$e^{ia\theta}$ の ia を一定として指数関数の微分の公式（第3章 (3.31) 式）を直接適用しても (8.53) 式が得られる．純虚数も実定数と同様に単に係数のように扱える．(8.53) 式は (8.14) 式の z が純虚数の場合とも見なせる．

(8.50) 式の積分も，実部 $g(x)$ の積分と，虚部 $h(x)$ の積分に i をかけたものの和で表せる．この場合も，i は単なる係数として扱えばよい．たとえば，n を整数とした $e^{in\theta}$ の積分範囲 $[0,\pi]$ に対する積分は次式のようになる．

$$\int_0^{\pi} e^{in\theta}\,\mathrm{d}\theta = \frac{1}{in}\Big[e^{in\theta}\Big]_0^{\pi} = \frac{1}{in}(e^{in\pi} - 1) \tag{8.54}$$

n が偶数なら $e^{in\pi} = 1$ で積分は 0，n が奇数なら $e^{in\pi} = -1$ で積分は $2i/n$ である．$n = 0$ なら π である．

実関数の積分も複素数で表示すると，簡単に計算できることがある．たとえば，つぎの積分

$$\int_0^{\pi} \cos^{2n}\theta\,\mathrm{d}\theta = \frac{\pi(2n)!}{2^{2n}(n!)^2} \tag{8.55}$$

は，$\cos\theta = (e^{i\theta} + e^{-i\theta})/2$ の関係を使えば証明できる．3.2 節の二項定理を使って次式を 0 から π まで積分すれば，(8.55) 式右辺が求められる．

---

†23　$$f'(x) \equiv \lim_{\Delta x\to 0}\frac{f(x+\Delta x) - f(x)}{\Delta x} = \lim_{\Delta x\to 0}\left[\frac{g(x+\Delta x) - g(x)}{\Delta x} + i\frac{h(x+\Delta x) - h(x)}{\Delta x}\right] = g'(x) + ih'(x)$$

$$\left(\frac{e^{i\theta}+e^{-i\theta}}{2}\right)^{2n}=\frac{1}{2^{2n}}\sum_{l=0}^{2n}\frac{(2n)!}{l!(2n-l)!}e^{il\theta}e^{-i(2n-l)\theta}=\frac{1}{2^{2n}}\sum_{l=0}^{2n}\frac{(2n)!}{l!(2n-l)!}e^{-i2(n-l)\theta} \tag{8.56}$$

この式を積分した際に残る項は (8.54) 式より $n=l$ の項だけなので，(8.55) 式を得る．同様に，$\sin\theta=(e^{i\theta}-e^{-i\theta})/(2i)$ から，$\int_0^\pi \sin^{2n}\theta\,\mathrm{d}\theta$ も (8.55) 式右辺になることが導ける．

【問 8.13】 三角関数を複素指数関数で表して，以下の積分公式を証明せよ (a，b は実数で，$b>0$ とする)．

$$\int_0^\infty e^{-bx}\sin ax\,\mathrm{d}x=\frac{a}{a^2+b^2} \tag{8.57}$$

$$\int_0^\infty e^{-bx}\cos ax\,\mathrm{d}x=\frac{b}{a^2+b^2} \tag{8.58}$$

第9章 線形常微分方程式の解法

これまでに現れた微分方程式のなかで，変数を**1**つしか含まない未知関数の微分方程式は，常微分方程式とよばれる．変数 $\boldsymbol{x}$ の関数 $\boldsymbol{y}$ とその導関数の線形項（**1** 次関数）だけを含む常微分方程式は，線形常微分方程式（**linear ordinary differential equation**）とよばれている．この章では，線形常微分方程式に含まれる導関数が**1**階と**2**階の場合を取り扱い，演算子法などの系統的な解法を説明していく．減衰するバネの運動や分子振動の光吸収などへの応用例を紹介し，微分方程式の解がもつ物理的・化学的意味をどのように理解するかを学ぶ．さらには，導関数にかかる係数が定数である定係数連立微分方程式の演算子法を使った解法についても説明する．

9.1 $\boldsymbol{n}$ 階常微分方程式

まず，変数 x の未知関数 y とその導関数

$$y(x), \quad y^{(1)}(x) \equiv \frac{\mathrm{d}y}{\mathrm{d}x}, \quad y^{(2)}(x) \equiv \frac{\mathrm{d}^2y}{\mathrm{d}x^2}, \quad \cdots, \quad y^{(n)}(x) \equiv \frac{\mathrm{d}^ny}{\mathrm{d}x^n} \tag{9.1}$$

を考えよう．(9.1) 式中の ≡ は左辺を右辺で定義するという意味である．導関数 $y^{(n)}(x)$ における上付 n は n 回の微分が施されたことを意味しており，導関数を微分する回数を導関数の**階数**という．$y^{(1)}(x)$ や $y^{(2)}(x)$ を $y'(x)$ や $y''(x)$ のように表すことも多い．これらの変数 x と導関数 $\{y^{(n)}(x)\}$ を含む関数 F が満たすつぎのような等式

$$F(x, y, y^{(1)}, y^{(2)}, \cdots, y^{(n)}) = 0 \tag{9.2}$$

は，未知関数を1変数 x しか含まない常微分方程式の一般形と見なせる．(9.2) 式のような微分方程式中の最も高い階数の導関数が n 階導関数 $y^{(n)}(x)$ である場合，(9.2) 式を **$\boldsymbol{n}$ 階常微分方程式**（nth-order linear ordinary differential equation）という．たとえば，$y(x)$ に関するつぎの2つの微分方程式は，含まれている導関数の最高の階数が1で，線形な式（1次式）であり[†1]，変数が x の1つなので，**1階線形常**

微分方程式 (first-order linear ordinary differential equation) とよばれる．

$$y' + p(x)y = 0 \tag{9.3}$$

$$y' + p(x)y = q(x) \tag{9.4}$$

(9.3) 式の形を**同次微分方程式** (homogeneous differential equation)，右辺が 0 でない (9.4) 式の形を**非同次微分方程式** (inhomogeneous differential equation) という[†2]．理工学の多くの数理モデルがこの 1 階線形常微分方程式を用いて記述されている．第 4 章 4.3 節で説明した化学反応の 1 次反応速度式もその 1 つであり，(9.3) 式の $p(x)$ が定数の場合とみなせる[†3]．これらの解法と応用については，9.2 節と 9.3 節で説明する．

理工学の分野でみられる振動現象は，2 階線形微分方程式で表されることが多い．7.1 節で扱ったバネの運動方程式はその 1 つである．**2 階線形常微分方程式** (second-order linear ordinary differential equation) は一般にはつぎのように定義される．

$$\frac{\mathrm{d}^2y}{\mathrm{d}x^2} + p_1(x)\frac{\mathrm{d}y}{\mathrm{d}x} + p_0(x)y = q(x) \tag{9.5}$$

$q(x) = 0$ の場合は同次方程式，$q(x) \neq 0$ の場合は非同次方程式とよばれるのは，1 階線形常微分方程式の場合と同じである．2 階線形常微分方程式の中でも最も基礎的な，$p_1(x)$ と $p_0(x)$ が定数 (constant coefficient) の定係数 2 階線形常微分方程式を取り上げ[†4]，その系統的な解法を 9.4～9.8 節で説明し，応用例を紹介する．

9.2　1 階線形常微分同次方程式の解法

最も簡単な同次方程式 (9.3) の解を求めることから始めよう．まず，$p(x)$ の不定積分を

$$\int p(x)\,\mathrm{d}x = P(x) + C' \tag{9.6}$$

と表しておく．$P(x)$ は $p(x)$ のある原始関数であり[†5]，C' は対応する積分定数である．さて，(9.3) 式を変数分離して，

---

†1　$y(x)$ やその導関数に関して 1 次式になっている．y^2 や $(y')^2$ などを含むと非線形方程式とよばれる．2 次反応速度式は非線形である．

†2　同次，非同次をそれぞれ斉次（せいじ），非斉次ともいう．

†3　y を反応物の濃度，x を時間と読めばよい．

†4　定係数でない一般の場合については微分方程式の専門書を参考にすること．

†5　$P(x)$ は，微分すると $p(x)$ になる，ある 1 つの関数．第 4 章参照．

$$\frac{\mathrm{d}y}{y} = -p(x)\,\mathrm{d}x \tag{9.7}$$

とし，両辺を積分すると，次式を得る．

$$\ln|y| = -P(x) + C \tag{9.8}$$

C は $1/y$ の不定積分に伴う積分定数と C' の両者をまとめたものである．(9.8) 式から $y = \pm e^C \exp[-P(x)]$ となる．係数 $\pm e^C$ をあらためて C とおけば，

$$y = C\exp[-P(x)] \tag{9.9}$$

これが同次方程式の解になる．$x = x_0$ で $y = y_0$ であるというような条件が1つ与えられれば，C が決まる．

9.3　1階線形常微分非同次方程式の解法 －係数変化法－

非同次方程式 (9.4) の一般解 y は，何らかの方法である初期条件を満たす (9.4) 式の**特解** (particular solution)[†6] $y_q(x)$ と，それに随伴する同次微分方程式 (9.3) の**一般解** (general solution) $C\exp[-P(x)]$ との和であることが知られている．

$$y(x) = y_q(x) + C\exp[-P(x)] \tag{9.10}$$

(9.4) 式は1階の微分方程式であるから，その一般解は，やはり1つの未定係数 C を含む．C はたとえば考えている問題の初期条件によって決まるべきもので，$y_q(x)$ に対する初期条件と同じ場合は，$C = 0$ である．

【問 9.1】 (9.10) 式が (9.4) 式を満たす未定係数1つをもつ一般解であることを，$y_q(x)$ を代入した (9.4) 式と，$C\exp[-P(x)]$ を代入した (9.3) 式を足し合わせて確認せよ．

では，どのようにして非同次方程式の特解を求めればよいであろうか．1つは，非同次項 $q(x)$ の形から特解の形（多項式や三角関数など）を予想して，それに含まれる未定の係数[†7]を決める方法である．この**未定係数法** (method of undetermined coefficients) は応用性に富み，様々な微分方程式の解法に適用できる．第3章3.4節の微分方程式の級数展開による解法もその1例である．具体的な適用例は9.6節で解説する．

特解を求めるもう1つの方法は，$y_q(x)$ を同次方程式 (9.3) の1つの特解 $y_0(x) = \exp[-P(x)]$ と結びつける係数変化法である．具体的には，(9.10) 式が

[†6] 特殊解ともよばれ，一般解に含まれている任意定数に特定の数値を入れて得られる解で，ある初期条件を満たす解になっている．

[†7] 特解のなかには，一般には複数個，あるいは，無限個の決めるべき係数が含まれる．

$y(x) = u(x)\,y_0(x)$ のように表されるとし，これを非同次方程式 (9.4) に代入して未知の $u(x)$ を決める方法である．この方法は，同次方程式 (9.3) の一般解 $C\exp[-P(x)]$ の係数 C を関数 $u(x)$ に置き換えて非同次方程式 (9.4) を解く形式なので，**係数変化法** (coefficient change method) とよばれている．以下では，係数変化法における $u(x)$ の求め方を具体的に説明する．

関数の積の微分 $(uy_0)' = u'y_0 + uy_0'$ に注意して，これを (9.4) 式に代入すると

$$u'y_0 + uy_0' + p(x)uy_0 = q(x) \tag{9.11}$$

となるが，y_0 が同次方程式 (9.3) の解であるので，(9.3) 式の左辺に u がかかった (9.11) 式左辺の第 2 項と第 3 項の和 $u[y_0' + p(x)y_0]$ は 0 になる．したがって，(9.11) 式は $u' = q(x)/y_0(x)$ となり，その不定積分は，

$$u(x) = \int \frac{q(x)}{y_0(x)}\,\mathrm{d}x = \int^x \frac{q(x')}{y_0(x')}\,\mathrm{d}x' + C \tag{9.12}$$

となる (2 番目の等式の右辺第 1 項は $q(x)/y_0(x)$ の原始関数の 1 つであり，C は積分定数である)．これから非同次方程式 (9.4) の一般解

$$y(x) = u(x)\,y_0(x) = \left[\int^x \frac{q(x')}{y_0(x')}\,\mathrm{d}x' + C\right] y_0(x) \tag{9.13}$$

が得られる．y_0 のところに $\exp[-P(x)]$ を入れれば，(9.4) 式の一般解に達する．

$$y(x) = \int^x q(x')\exp[P(x') - P(x)]\,\mathrm{d}x' + C\exp[-P(x)] \tag{9.14}$$

【問 9.2】 1 つの反応の生成物がつぎの段階の反応物になる連続反応

$$\mathrm{X} \underset{k_1}{\rightarrow} \mathrm{Y} \underset{k_2}{\rightarrow} \mathrm{Z} \rightarrow \cdots$$

を考える．それぞれの化学種の濃度を [X], [Y], … と表すと，次式のような反応速度式が得られる．

$$\frac{\mathrm{d}[\mathrm{X}]}{\mathrm{d}t} = -k_1[\mathrm{X}] \tag{9.15}$$

$$\frac{\mathrm{d}[\mathrm{Y}]}{\mathrm{d}t} = +k_1[\mathrm{X}] - k_2[\mathrm{Y}] \tag{9.16}$$

$$\vdots$$

(9.15) 式の微分方程式の解は，X の初濃度を $[\mathrm{X}]_0$ と表すと，$[\mathrm{X}] = [\mathrm{X}]_0 e^{-k_1 t}$ と表せるので，(9.16) 式は非同次方程式の形になる．

$$\frac{\mathrm{d}[\mathrm{Y}]}{\mathrm{d}t} + k_2[\mathrm{Y}] = k_1[\mathrm{X}]_0 e^{-k_1 t} \tag{9.17}$$

(9.14) 式を使って，この方程式の一般解が

$$[\mathrm{Y}] = \frac{k_1}{k_2 - k_1}[\mathrm{X}]_0 e^{-k_1 t} + Ce^{-k_2 t} \tag{9.18}$$

となることを示せ．また，$t = 0$ で $[\mathrm{Y}] = 0$ の場合，$C = -k_1[\mathrm{X}]_0/(k_2 - k_1)$ となり，$[\mathrm{Y}]$ が $t = (k_2 - k_1)^{-1}\ln(k_2/k_1)$ で最大となることを示せ[†8]．

9.4　定係数同次2階線形常微分方程式の解法

つぎに，(9.5) 式の p_1 と p_0 を定数とした定係数2階常微分方程式の解法について説明する．本節では，9.2節の1階の場合と同様に，(9.5) 式において $q(x) = 0$ とした同次方程式を取り扱う．

$$\frac{\mathrm{d}^2 y}{\mathrm{d}x^2} + p_1\frac{\mathrm{d}y}{\mathrm{d}x} + p_0 y = 0 \tag{9.19}$$

定係数同次線形微分方程式の解は，その階数によらず，指数関数の線形結合で表せる[†9]．これは，指数関数を何回微分しても，次式のように定数倍になるだけで，その形を変えない特異な性質があるからである．

$$\frac{\mathrm{d}^n e^{ax}}{\mathrm{d}x^n} = a^n e^{ax} \tag{9.20}$$

この性質を利用すると，定係数同次線形微分方程式の場合は，積分を使わずに機械的に解くことができる．つまり，(9.19) 式の解として

$$y = e^{Dx} \tag{9.21}$$

を仮定して，未定の係数 D を決める方法である（これは**演算子法**とよばれ，9.8節で連立微分方程式への応用例を紹介する）．

(9.21) 式を (9.19) 式に代入すると

$$(D^2 + p_1 D + p_0)e^{Dx} = 0 \tag{9.22}$$

となる．$e^{Dx} \neq 0$ なので，D はつぎの2次方程式を満たさなければならない．

$$D^2 + p_1 D + p_0 = 0 \tag{9.23}$$

これを微分方程式 (9.19) の**特性方程式** (characteristic equation) という．(9.23)

[†8] (9.18) 式の t に関する微分が0となる時刻である．(9.16) 式をさらにもう1回微分し，その時刻で $\mathrm{d}[\mathrm{Y}]/\mathrm{d}t = 0$ であることに注意して，$\mathrm{d}^2[\mathrm{Y}]/\mathrm{d}t^2 < 0$ を証明すれば極大値をとっていることがわかる．

[†9] 定係数同次1階線形微分方程式の場合は，(9.8) 式からわかるように1つの指数関数．

式を D について解くと，

$$D = \frac{1}{2}\left(-p_1 \pm \sqrt{p_1^2 - 4p_0}\right) \tag{9.24}$$

を得る．特性方程式 (9.23) の解 (9.24) は，根号内の正負に応じてつぎの3つの場合に分けられる（p_0, p_1 は実定数とする）．

$$\text{(i)}\ \ p_1^2 - 4p_0 > 0 \tag{9.25}$$

$$\text{(ii)}\ \ p_1^2 - 4p_0 < 0 \tag{9.26}$$

$$\text{(iii)}\ \ p_1^2 - 4p_0 = 0 \tag{9.27}$$

これら3つの場合に対応して，(9.24) 式の D も以下のように3種類存在する．

（i）2つの実根 λ_1 と λ_2：

$$\lambda_1, \lambda_2 = \frac{1}{2}\left(-p_1 \pm \sqrt{p_1^2 - 4p_0}\right) \tag{9.28}$$

（ii）2つの虚根 (imaginary root) $\alpha \pm i\beta$（α と β は実数）：

$$\alpha = -\frac{p_1}{2},\ \ \beta = \sqrt{p_0 - \left(\frac{p_1}{2}\right)^2} \tag{9.29}$$

（iii）二重根 $\lambda_0 = -\dfrac{p_1}{2}$ (9.30)

上記3つの場合の一般解は，以下のように2つの基本解の重ね合せで表せ，その重ね合せの2つの未定係数 c_1 と c_2 は初期条件[†10]などによって決めることができる．特性方程式が2つの相異なる実根 λ_1, λ_2 をもつなら，$e^{\lambda_1 x}$ や $e^{\lambda_2 x}$ が (9.19) 式の解であり，これらの定数倍や和も解となる．

$$\text{(i)}\ \ y = c_1 e^{\lambda_1 x} + c_2 e^{\lambda_2 x} \tag{9.31}$$

$$\text{(ii)}\ \ y = c_1 e^{(\alpha+\beta i)x} + c_2 e^{(\alpha-\beta i)x} \tag{9.32}$$

$$\text{(iii)}\ \ y = c_1 e^{\lambda_0 x} + c_2 x e^{\lambda_0 x} \tag{9.33}$$

（iii）の場合，重根 λ_0 に対応した $y_1 = e^{\lambda_0 x}$ の他に，解 y_2

$$y_2 = x e^{\lambda_0 x} \tag{9.34}$$

も y_1 の定数倍では表せない (9.19) 式の独立な基本解となり，一般解は (9.33) 式で表される．(9.34) 式を (9.19) 式に代入すると，つぎのように，y_2 も確かに (9.19) 式を満たすことがわかる．

[†10] $x = 0$ での y と $\mathrm{d}y/\mathrm{d}x$ の値．

$$\frac{\mathrm{d}^2 y_2}{\mathrm{d}x^2} + p_1 \frac{\mathrm{d}y_2}{\mathrm{d}x} + p_0 y_2 = [(2\lambda_0 + \lambda_0^2 x) + p_1(1 + \lambda_0 x) + p_0 x] y_1$$
$$= [2\lambda_0 + p_1 + (\lambda_0^2 + p_1\lambda_0 + p_0)x] y_1 = 0 \tag{9.35}$$

ここで，(9.27) 式と (9.30) 式を使った．

【問 9.3】 オイラーの公式を使うと，(ii) の場合の一般解 (9.32) が

$$y = e^{\alpha x}(C_1 \cos \beta x + C_2 \sin \beta x) \tag{9.36}$$

のように，sin と cos の線形結合で表せることを示せ．ただし，

$$C_1 = c_1 + c_2, \quad C_2 = i(c_1 - c_2) \tag{9.37}$$

の関係がある．

9.5 定係数同次2階線形常微分方程式の応用例 －振動子の減衰振動－

9.4 節の応用例として，力を加えると伸び縮みするバネの減衰振動を考える．実際のバネは，空気の抵抗などがあるため振動しつづけるわけではない．分子振動や原子・分子中の電子の振動なども，溶媒などの外界との相互作用 (摩擦) によって減衰する．たとえば，空気中を進む丸い物体が空気の分子から受ける力は，物体の速度が遅いときはその速度に比例する．速度に比例する空気抵抗を仮定すると，バネにぶら下がった質量 m の物体の変位 x の時間変化は[†11]，ニュートンの第2法則[†12]より

$$m\frac{\mathrm{d}^2 x}{\mathrm{d}t^2} = -kx - b\frac{\mathrm{d}x}{\mathrm{d}t} \tag{9.38}$$

と表される．ここで，t は時間，k はバネ定数，右辺第2項が速度，つまり，単位時間あたりの変位 $\mathrm{d}x/\mathrm{d}t$ に比例する抵抗力を表す[†13]．その比例定数 b は**減衰係数** (damping coefficient) とよばれている．$\omega^2 = k/m$，$\gamma = b/(2m)$ とおいて，(9.38) 式を書き直しておく．

$$\frac{\mathrm{d}^2 x}{\mathrm{d}t^2} + 2\gamma\frac{\mathrm{d}x}{\mathrm{d}t} + \omega^2 x = 0 \tag{9.39}$$

この微分方程式の特性方程式は

[†11] このような物体の運動を記述，決定するための方程式 (微分方程式) は運動方程式 (equation of motion) とよばれる．

[†12] 第7章7.1節で説明した「質量 × 加速度 ＝ 力」という運動方程式 ((7.1) 式) を定める法則．加速度は位置の時間に関する2階微分 $\mathrm{d}^2x/\mathrm{d}t^2$ である．

[†13] 溶液中では，溶媒分子の摩擦力による抵抗とも見なせる．

$$D^2 + 2\gamma D + \omega^2 = (D + \gamma - \sqrt{\gamma^2 - \omega^2})(D + \gamma + \sqrt{\gamma^2 - \omega^2}) = 0 \tag{9.40}$$

である．したがって，(9.31) ～ (9.33) 式にならうと，微分方程式 (9.39) の解は

（ｉ）$\gamma > \omega$ の場合　$x = e^{-\gamma t}(c_1 e^{\sqrt{\gamma^2-\omega^2}t} + c_2 e^{-\sqrt{\gamma^2-\omega^2}t})$　(9.41)

（ii）$\gamma < \omega$ の場合　$x = e^{-\gamma t}(c_1 \cos\sqrt{\omega^2 - \gamma^2}t + c_2 \sin\sqrt{\omega^2 - \gamma^2}t)$　(9.42)

（iii）$\gamma = \omega$ の場合　$x = e^{-\gamma t}(c_1 + c_2 t)$　(9.43)

となることがわかる．抵抗がないバネや振り子の単振動（調和振動）の周期解は，(9.42) 式で $\gamma = 0$ ($b = 0$) とすれば得られる[†14]．

$$x = c_1 \cos\omega t + c_2 \sin\omega t \tag{9.44}$$

ω は単振動の振動数 $\nu = (2\pi)^{-1}\sqrt{k/m}$ の 2π 倍の角振動数である．

減衰と振動の関係は，$\zeta = \gamma/\omega = b/(2\sqrt{mk})$ で表される無次元の量（減衰比 damping ratio とよばれる）[†15] を使って特徴づけられる．(9.41) ～ (9.43) 式の解が，時間 t とともにどのように振る舞うかを以下にまとめる．

（ｉ）過減衰 (over-damping) $\zeta > 1$：減衰が振動より大きく ($\gamma > \omega$)，(9.41) 式の２つの項 $e^{-\gamma t+\sqrt{\gamma^2-\omega^2}t}$ と $e^{-\gamma t-\sqrt{\gamma^2-\omega^2}t}$ は t とともに振動しないで減衰していく．したがって，その和も減衰し，$x = 0$ に近づいていく．

（ii）減衰振動 (damped oscillation) $\zeta < 1$：$\omega^2 - \gamma^2 > 0$ なので，(9.42) 式の２つの三角関数は振動を表すが，その振幅は $e^{-\gamma t}$ に従って次第に小さくなる．

（iii）臨界減衰 (critical damping) $\zeta = 1$：(9.43) 式は減衰と振動がつり合った状態を示している．過減衰の条件 $\zeta > 1$ から臨界減衰を考えると，（ｉ）の２つの減衰項 $e^{-\gamma t+\sqrt{\gamma^2-\omega^2}t}$ と $e^{-\gamma t-\sqrt{\gamma^2-\omega^2}t}$ の減衰の速さが近づいていくことに対応する．また，減衰振動の条件 $\zeta < 1$ から臨界減衰を考えると，臨界減衰は（ii）の場合の２つの三角関数の振動数が０に近づいていくことに対応する．

この臨界減衰は，減衰振動および過減衰と比べて一番早く減衰するので ($t = 0$ で $x \neq 0$, $\mathrm{d}x/\mathrm{d}t = 0$ の初期条件の場合で，ω を一定とする)，物質を原子レベルの分解能で観測できる走査型トンネル顕微鏡[†16] を置く除振台など，様々な振動を取

[†14] (9.44) 式は同次方程式の解の (9.36) 式に対応している．

[†15] 振動エネルギーの逃げやすさの目安として，Q 値を使うこともある．Q 値は ζ の逆数で，Q 値が小さい系は ζ が大きいので，振動がすぐに減衰する性質をもつ．

[†16] 鋭く尖った探針を物質の表面に近づけた際に流れる微弱電流（トンネル電流）を測定し，表面の構造や電子状態などを原子レベルで観測する装置である．STM (scanning tunneling microscope) とよばれ，発明したビーニッヒ (Binnig, G.) とローラー (Rohrer, H.) は，1986 年にノーベル物理学賞を受賞している．

り除く装置に応用されている．通常，$\zeta = 1$ を一つの目安として，抵抗あるいは摩擦に関連する係数を巧みに調整している[†17]．

【問 9.4】 上記の3つの場合の考察が正しいことを確認するために，(9.41) ～ (9.43) 式の γ を ω を単位としてそれぞれ 2, 0.5, 1 とし，x を縦軸，ωt を横軸にして描け．初期条件は共通で，$t = 0$ で $x = 1$，時間微分 $\dot{x} = 0$ とする．

9.6　定係数非同次2階線形常微分方程式の解法 －未定係数法－

つぎに，定係数非同次2階線形常微分方程式の解法に移る．一般的には，

$$\frac{\mathrm{d}^2 y}{\mathrm{d}x^2} + p_1 \frac{\mathrm{d}y}{\mathrm{d}x} + p_0 y = q(x) \tag{9.45}$$

のように表され，その一般解 $y(x)$ は，1階の場合と同様に，(9.45) 式の特解 $y_q(x)$ と，付随する同次微分方程式 (9.19) の一般解との和で表せる．(9.19) 式の一般解は，その2つの基本解 $y_1(x)$ と $y_2(x)$ の線形結合で表せるので，(9.45) 式の一般解 $y(x)$ は

$$y(x) = y_q(x) + c_1 y_1(x) + c_2 y_2(x) \tag{9.46}$$

で与えられる．何階の線形常微分方程式でも，その非同次方程式の一般解は，その特解と対応する同次微分方程式の一般解との和で表せる[†18]．

【問 9.5】 (9.46) 式が (9.45) 式の一般解であることを，(9.46) 式を (9.45) 式に代入して確認せよ．

$y_1(x)$ と $y_2(x)$ の求め方は 9.4 節で説明した．問題は，非同次方程式の特解 $y_q(x)$ をどのように求めるかである．9.3 節の1階の非同次方程式の解法で説明した係数変化法が2階の場合も使えるが，その説明は煩雑になるので専門書にゆずることにする[†19]．ここでは，試行錯誤が必要だが，様々な $q(x)$ に適用可能な未定係数法を使おう．物理や化学の問題では，(9.45) 式の非同次項 $q(x)$ が多項式，指数関数，三角関数，あるいはそれらの積である場合が多い．これらの関数は何回微分しても同種の関数で表されるという特徴があるので，非同次項 $q(x)$ がこのような関数の

---

†17　自動車の衝撃を吸収するスプリング（バネ）の振動を減衰するショックアブソーバー（ダンパー）では，乗り心地を考えて，$\zeta = 1$ よりかなり小さくしてゆっくりと減衰させている（大型乗用車などでは，$\zeta = 0.1 \sim 0.3$）．

†18　この性質は定係数の場合でなくとも線形であれば成立する．

†19　一般解を $y(x) = c_1(x)\, y_1(x) + c_2(x)\, y_2(x)$ として (9.45) 式に代入して，$c_1(x)$ と $c_2(x)$ を決める方法である．

とき，特解 $y_q(x)$ も同種の関数で表されると予想できる．したがって，予想した関数を表すために導入した未定の係数を決めればよい．

たとえば，つぎの非同次微分方程式

$$\frac{\mathrm{d}^2y}{\mathrm{d}x^2} + y = xe^x \tag{9.47}$$

の特解 $y_q(x)$ は，右辺の xe^x の形から x の多項式と指数関数 e^x との積で表されるはずである．e^x は何回微分しても変わらないから，$y_q(x)$ は e^x に比例する．多項式の部分はそれを微分するたびに次数が下がるから，x の 2 次以上の項があると $(\mathrm{d}^2y/\mathrm{d}x^2) + y$ に x^2 が残ってしまい，(9.47) 式右辺と矛盾する．結局，未定の係数 A と B を含む特解 $y_q(x)$ の予想形

$$y_q(x) = (Ax + B)e^x \tag{9.48}$$

を (9.47) 式に代入して，A と B を決めるだけでよいことになる．(9.48) 式を微分していくと

$$y_q' = Ae^x + (Ax + B)e^x = [Ax + (A + B)]\,e^x \tag{9.49}$$

$$y_q'' = Ae^x + [Ax + (A + B)]\,e^x = [Ax + (2A + B)]\,e^x \tag{9.50}$$

を得る．(9.50) 式を (9.47) 式に代入すると

$$[2Ax + 2(A + B)]\,e^x = xe^x \tag{9.51}$$

となるので，この式が x の値によらずつねに成り立つためには，

$$A = \frac{1}{2}, \quad B = -\frac{1}{2} \tag{9.52}$$

でなければならない．こうして特解として

$$y_q(x) = \frac{1}{2}(x - 1)e^x \tag{9.53}$$

が求められる．これが特解であることは，(9.47) 式に代入してみれば容易に確かめることができる．また，与えられた非同次微分方程式 (9.47) に対する同次方程式 $\mathrm{d}^2y/\mathrm{d}x^2 + y = 0$ の一般解は[†20]

$$c_1 \cos x + c_2 \sin x \tag{9.54}$$

で与えられる．結局，もとの非同次微分方程式の一般解は，(9.53) 式と (9.54) 式の和として

$$y = \frac{1}{2}(x - 1)e^x + c_1 \cos x + c_2 \sin x \tag{9.55}$$

[†20] (9.36)，(9.44) 式を参照．

と表せる.

9.7　未定係数法の応用 －分子の赤外線吸収－

分子は，赤外線の光のエネルギーを吸収すると，振動あるいは回転の状態が変化し，熱運動が活発になる．1つの分子が1つの光子を吸収する1光子過程では，分子振動に伴って分子内の電荷の偏りが変化する分子（双極子モーメントが0ではない極性分子）だけが，その振動の形に応じた特定の波長を吸収する．分子振動が吸収する**赤外線**の波長はほぼ3～30 μm の範囲にある[†21]．分子中の電荷の偏りを各原子 j に割り当てた電荷を q_j とすると（全原子での和が分子全体の電荷になる），分子の極性を次式で定義される電気双極子モーメント $\boldsymbol{d}$ によって定量化できる[†22]．

$$\boldsymbol{d} = \sum_j q_j \boldsymbol{r}_j \tag{9.56}$$

ここで，$\boldsymbol{r}_j$ は原子 j が置かれている位置を示している．空気の主成分である N_2 と O_2 など等核二原子分子は，結合が伸縮しても双極子モーメントは0のままなので，赤外線を吸収しない[†23]．他方，HCl 分子のような極性をもつ異核二原子分子では，$\boldsymbol{d}$ の絶対値は核間距離に比例して大きくなり，その分子振動の振動数に対応する特定の波長[†24]の赤外線を吸収する．

本節では，異核二原子分子の結合長の微小変化が従うニュートンの運動方程式を解いて，赤外線照射下で結合がどのように伸縮するかを議論する．外場がないときは，結合長は固有角周波数 ω_0 の調和振動に従うとし，2つの原子が電荷 $+q$ と $-q$ に帯電しているとする[†25]．簡単のため，分子軸も電場も x 軸方向に向いて，核間距離だけが変化し，分子の回転が起こらない場合を考えよう[†26]．この場合の赤外光の

[†21] 広い意味では，おおよそ0.8 μm から1 mm の波長 λ の光を赤外線という．どの波長の赤外線を吸収するかを測定する赤外線分光法から，分子の構造や結合の強さについて詳しい知見が得られる．第1章(1.6)式からわかるように，光子のエネルギーは波数 $1/\lambda$ に比例するので，赤外線を cm^{-1} を単位とする波数で示すことも多い．

[†22] (9.56)式の定義では，双極子モーメントのベクトルは，負から正の電荷への方向を向いている．

[†23] これに対して，空気中に微量に含まれる CO_2 では，逆対称伸縮振動（一方の CO 結合が伸びると他方が縮む）と変角振動が $\boldsymbol{d} \neq 0$ の値をとり得るので，それぞれ波長4.3 μm と14 μm の光を吸収する．2つの CO 結合が同じように同位相で伸縮する対称伸縮振動では，$\boldsymbol{d} = 0$ のまま変化しない．

[†24] $H^{35}Cl$ が吸収する赤外線のピーク波長は $\lambda = 3.465$ μm（波数 $1/\lambda = 2886\ \mathrm{cm}^{-1}$）である．

[†25] HCl 分子では，q は電気素量の約0.18倍である．

電場 $\boldsymbol{E}(t)$ は，$\boldsymbol{e}_x$ を x 軸方向の単位ベクトルとし，ω を赤外光の角振動数とすると，次式で表せる．

$$\boldsymbol{E}(t) = E_x \boldsymbol{e}_x \sin \omega t \tag{9.57}$$

核間距離 R の平衡核間距離 R_e からの微小変位 $x = R - R_\mathrm{e}$ は，つぎの運動方程式に従う（導出は補足 C9 を参照）[†27]．

$$\frac{\mathrm{d}^2 x}{\mathrm{d}t^2} = -\omega_0{}^2 x + F \sin \omega t \tag{9.58}$$

ここで，F は次式で与えられており（単位は力を質量で割った加速度と同じ）

$$F = \frac{q}{\mu_\mathrm{HCl}} E_x \tag{9.59}$$

μ_HCl は，両原子とも固定されていないことを考慮した**換算質量**（reduced mass）である．

$$\mu_\mathrm{HCl} = \frac{m_\mathrm{H} m_\mathrm{Cl}}{m_\mathrm{H} + m_\mathrm{Cl}} \tag{9.60}$$

$m_\mathrm{H} \ll m_\mathrm{Cl}$ であるから，$\mu_\mathrm{HCl} \approx m_\mathrm{H}$ となり，軽い方の動きやすい水素原子の質量に近い．調和振動の角振動数 ω_0 は，μ_HCl とバネ定数 k からつぎのように求められる（補足 C9 と 9.5 節参照）．

$$\omega_0 = \sqrt{\frac{k}{\mu_\mathrm{HCl}}} \tag{9.61}$$

(9.58) 式右辺第 2 項は，(9.57) 式の光の振動電場が電荷 $+q$ と $-q$ に作用する力を表している（電場の符号によって両者の間隔が伸び縮みする力を及ぼす）．(9.58) 式を解くために，まず，対応する同次方程式 $\mathrm{d}^2 x/\mathrm{d}t^2 = -\omega_0{}^2 x$ の一般解を求める．これは (9.44) 式にならうと

$$x = c_1 \cos \omega_0 t + c_2 \sin \omega_0 t \tag{9.62}$$

である．これと未定係数法を使って求めた特解を足し合わせて (9.58) 式の一般解を求めればよい．

【問 9.6】 (9.58) 式の特解を求めて，(9.62) 式と足し合わせて一般解を導け．特解に関しては，つぎの 2 つの場合に分けて考えること．

---

†26　極性分子の場合，回転によって空間内での双極子モーメントの向きが変化するので，遠赤外線（おおよそ 25 μm ～ 1 mm）や，より波長の長いマイクロ波を吸収して回転状態が変わる．

†27　光の磁場成分との相互作用は弱く，無視できる．

（ⅰ）$\omega \neq \omega_0$ の場合：三角関数は2回微分すると元の形に戻るから，与えられた微分方程式の特解として

$$x_q(t) = A\sin\omega t \tag{9.63}$$

の形が予想される．これを上の微分方程式に代入して A を決め，特解を求めよ．この特解においては，以下の (9.65) 式からもわかるように，ω が ω_0 に近づくにつれて解が発散するので，$\omega = \omega_0$ の場合はつぎのように別に調べると簡単である．

（ⅱ）$\omega = \omega_0$（共鳴）の場合：微分方程式の非同次項が同次方程式の解と一致するときには[†28]，多項式の次数を次のように1つ上げると特解が求まる．具体的には特解を

$$x_q(t) = At\cos\omega_0 t + Bt\sin\omega_0 t \tag{9.64}$$

とおいて (9.58) 式に代入し，A と B を決めればよい．

最後に，$t = 0$ で $x = 0$，$\mathrm{d}x/\mathrm{d}t = 0$ を初期条件とすると，それぞれの場合

$$\text{（ⅰ）}\ x(t) = \frac{F}{{\omega_0}^2 - \omega^2}\left(\sin\omega t - \frac{\omega}{\omega_0}\sin\omega_0 t\right) \tag{9.65}$$

$$\text{（ⅱ）}\ x(t) = \frac{F}{2{\omega_0}^2}(\sin\omega_0 t - \omega_0 t\cos\omega_0 t) \tag{9.66}$$

となることを確認せよ．

$\omega \ll \omega_0$ の場合，(9.65) 式は

$$x(t) \approx \frac{F}{{\omega_0}^2}\sin\omega t \tag{9.67}$$

と近似でき，ゆっくりした外場の振動に応じて，バネが動くことになる．これは，お椀の中にビー玉を入れ，ゆっくりとお椀を左右に動かした場合に相当する．ビー玉は椀の底に位置しながら，椀の動きに従って左右に動くことになる．$\omega \gg \omega_0$ の場合は，

$$x(t) \approx \frac{F}{\omega\omega_0}\sin\omega_0 t \tag{9.68}$$

と振動子に固有の角振動数 ω_0 で振動する．この場合，バネは非常に速く振動する外力 $F\sin\omega t$ に追従できない[†29]．(9.67)，(9.68) 式では，いずれにせよ，最大の振幅が一定で，振動子にエネルギーが蓄積していかないことを示している．

[†28] 微分方程式の非同次項が同次方程式の解と一致するとき，非同次項の形は特解とはならない．$\omega = \omega_0$ として (9.63) 式を (9.58) 式に代入しても，$A = 0$ となって特解は得られない．

[†29] 外場の振動が速く，$F\sin\omega t$ の1周期での平均的な力（周期関数なので0）がバネの動きを支配するので，そのバネの変位は小さい．(9.68) 式の振幅は (9.67) 式の ω_0/ω 倍と小さい．

$\omega = \omega_0$ の場合は，**図 9.1** で示されているように，時間とともに振動の振幅が $Ft/(2\omega_0)$ で増大し，光を効率よく吸収し，振動子のエネルギーが大きくなっていくことがわかる．(9.66) 式からわかるように，時間が進むと $-\omega_0 t \cos \omega_0 t$ が主要項になり，振動子の変位 x は外場の振動 $\sin \omega t = \sin \omega_0 t$ と同じようには動かず，約 $\pi/(2\omega_0)$ だけ時間的に遅れる[†30]．振動部分は $-\cos \omega_0 t = \sin(\omega_0 t - \pi/2)$ と表せるので，$\sin \omega_0 t$ と比べると，三角関数の角度に相当する位相は $\pi/2$ (1/4 周期) だけ遅れることになる．このような外場に対する振動子の動き (位相) の遅れを伴って[†31]，(9.58) 式の振動子は ω_0 で特徴づけられる固有の波長の光を吸収していく[†32]．

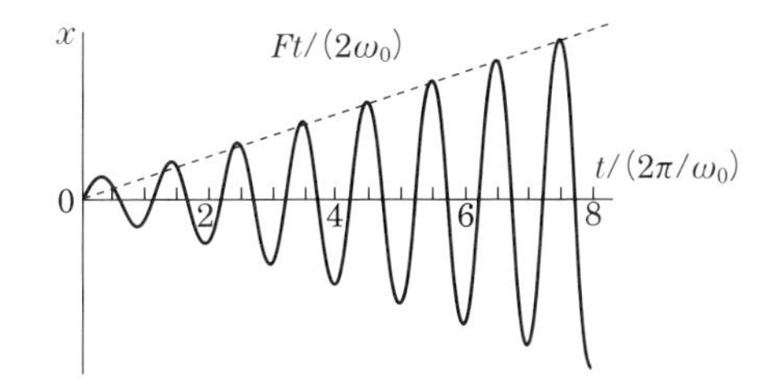

図 9.1　固有角振動数 $\boldsymbol{\omega_0}$ をもつ振動子の外力 $\boldsymbol{F \sin \omega_0 t}$ による共鳴励起
振幅は破線 $Ft/(2\omega_0)$ に沿って増大する．

9.8　演算子法と定係数連立線形常微分方程式

9.4 節では，微分方程式 (9.19) の解を e^{Dx} と仮定し，特性方程式 (9.23) を導き，微分方程式の問題を 2 次方程式のような代数方程式の問題に変換した．この代数方程式への定式化は，その右にある関数を x で微分する働きをもつ**演算子** (operator)[†33]

$$\hat{D} \equiv \frac{\mathrm{d}}{\mathrm{d}x} \tag{9.69}$$

を導入することによって一般化できる．この演算子を使うと，たとえば，微分方程式 (9.19) は

$$(\hat{D}^2 + p_1 \hat{D} + p_0) y = 0 \tag{9.70}$$

[†30] $\sin \omega_0 t$ が 0 になる時刻は，図 9.1 の 1 目盛の間隔である半周期 π/ω_0 の整数倍であるが，(9.66) 式が表すグラフの曲線は，次第に π/ω_0 の約 1/2 だけ遅れた時刻で 0 になっている．

[†31] このような応答の遅れ (あるいは進み) は，交流回路などでも見られる一般的な現象である．たとえば，回路にコイルがあれば，交流電圧に対して交流電流の位相が遅れ，コンデンサーがあれば逆に進む．

[†32] 分子が固有の波長を吸収する共鳴現象の本質的な理解は，第 11 章で説明するような量子力学に基づかなければならない．

[†33] 単なる変数や数ではない演算子であることを明示するため，ハットマーク ^ をつけている．

のようにも表せる．(9.70) 式と (9.22) 式を比べると，(9.23) 式の特性方程式を得るには，単に微分方程式中の演算子 $\hat{D}$ を変数 D に置き換えればよい．この方法は**演算子法**[†34] (operator method) とよばれ，汎用的な方法である．たとえば，$f(\hat{D})$ を $\hat{D}$ の多項式とすると，(9.20) 式より

$$f(\hat{D})\, e^{Dx} = f(D)\, e^{Dx} \tag{9.71}$$

と表せるから，任意の階数の同次方程式 $f(\hat{D})y = 0$ に対する特性方程式 $f(D) = 0$ も容易に求められる．

求めようとしている x の関数が y だけではない**連立線形微分方程式** (simultaneous linear differential equations) に対しても，定係数であれば演算子法を適用できる．たとえば，つぎの連立1階微分方程式を考えてみよう．

$$\begin{cases} \dfrac{\mathrm{d}y}{\mathrm{d}x} - y + 2z = 0 & (9.72) \\[2ex] \dfrac{\mathrm{d}z}{\mathrm{d}x} + y = 0 & (9.73) \end{cases}$$

この解法の1つとしては，先に (9.72) 式を微分し，$\mathrm{d}z/\mathrm{d}x$ に (9.73) 式を代入して，y に関する2階の微分方程式

$$\frac{\mathrm{d}^2 y}{\mathrm{d}x^2} - \frac{\mathrm{d}y}{\mathrm{d}x} + 2\frac{\mathrm{d}z}{\mathrm{d}x} = \left(\frac{\mathrm{d}^2}{\mathrm{d}x^2} - \frac{\mathrm{d}}{\mathrm{d}x} - 2\right)y = 0 \tag{9.74}$$

を求める方法が考えられる[†35]．これを演算子で表すと $(\hat{D}^2 - \hat{D} - 2)y = 0$ となるので，特性方程式[†36]

$$D^2 - D - 2 = 0 \tag{9.75}$$

が簡単に得られる．

この特性方程式の解は $D = -1, 2$ であるから，(9.74) 式の一般解は

$$y = c_1 e^{-x} + c_2 e^{2x} \tag{9.76}$$

となる．$\mathrm{d}y/\mathrm{d}x$ を計算し，(9.72) 式と組み合わせると，z も得ることができる．

$$z = \frac{1}{2}\left(y - \frac{\mathrm{d}y}{\mathrm{d}x}\right) = \frac{1}{2}[(c_1 e^{-x} + c_2 e^{2x}) - (-c_1 e^{-x} + 2c_2 e^{2x})] = c_1 e^{-x} - \frac{1}{2}c_2 e^{2x} \tag{9.77}$$

---

†34　普通の数を表す記号のように扱うので，記号的解法ともよばれている．

†35　一般に，2つの連立1階微分方程式の組み $\mathrm{d}y/\mathrm{d}x = f(x,y,z)$，$\mathrm{d}z/\mathrm{d}x = g(x,y,z)$ は，$F(x,\, y,\, \mathrm{d}y/\mathrm{d}x,\, \mathrm{d}^2y/\mathrm{d}x^2)$ の形の1つの2階常微分方程式に帰せられる．

†36　(9.73) 式を微分して z に関する2階微分方程式 $(\hat{D}^2 - \hat{D} - 2)z = 0$ を求めても，同じ特性方程式になる．

(9.75) 式の特性方程式を導くもう 1 つの方法は，(9.72)，(9.73) 式を $\hat{D}$ を使って書き，(9.71) 式にならって，$\hat{D}$ を変数 D で置き換えた連立方程式にする方法である．

$$\begin{cases} (D-1)y+2z=0 & (9.78) \\ y+Dz=0 & (9.79) \end{cases}$$

y と z が 0 以外の解をもつには，y と z の係数がつくる行列の行列式[†37] が 0 でなければならない[†38]．

$$\begin{vmatrix} D-1 & 2 \\ 1 & D \end{vmatrix} = 0 \tag{9.80}$$

左辺は D^2-D-2 であるから，(9.80) 式は (9.75) 式の特性方程式と同じである．この行列式を使う方法は，連立微分方程式の数 (元数) が 3 以上で多くなれば，(9.74) 式を経由して (9.75) 式を導いたような方法よりも，計算量も少なく，見通しのよい形式で定係数連立線形微分方程式を解くことができる (連立 1 次方程式の行列式による解法と同じ)．これは線形代数の固有値問題と等価であり，詳しくは第 13 章 13.3 節で説明する．

[†37] 第 6 章参照．

[†38] (9.78)，(9.79) 式の両式における z/y が等しくなる条件．詳しくは，6.5 節参照．

第10章 フーリエ級数とフーリエ変換 ―三角関数を使った信号の解析―

これまで，任意のベクトルが複数の基底ベクトルの線形結合で表せることを見てきた．本章では，このようなベクトル空間（線形空間）の考えが関数の世界にも適用できることを示す．つまり，任意の関数を表すことができる関数の集まり（完全系）を考えて，関数の世界にも線形空間の概念（基底や内積など）を拡張する．たとえば，任意の周期関数は，一見複雑な信号であっても，その周期性を満たす三角関数の線形結合で表すことができる．本章では，三角関数が完全系を構成することを利用したフーリエ級数やフーリエ変換を学び，線形空間の考え方を理解・応用できるようにする．また，偏微分方程式の解法などにも使えることを紹介する．

10.1 直交関数系

本節では，まず，関数の集合（関数系）に内積を定義することによって，ベクトルの集合と同じように扱えること，つまり，関数系に線形独立，線形従属，直交性などの性質を導入できることを示す．n 個の成分をもつ n 次元のベクトルは，$(f_1, f_2, \cdots, f_n)$ のように表せる．一方，関数 $f(x)$ は，**図 10.1** に示したように，いろいろな x の値 $x_1, x_2, x_3, \cdots$ に対し，それぞれ $f(x_1), f(x_2), f(x_3), \cdots$ などの値をもつ．したがって，これらをベクトルの成分と見なすと，n 次元のベクトル $\boldsymbol{f} = (f(x_1), f(x_2), \cdots, f(x_n))$ を定義することができる．連続変数 x をもつ関数 $f(x)$ の性質を正確に表すベクトルは，図 10.1 の $x_1, x_2, x_3, \cdots$ の間隔を無限に小さくし

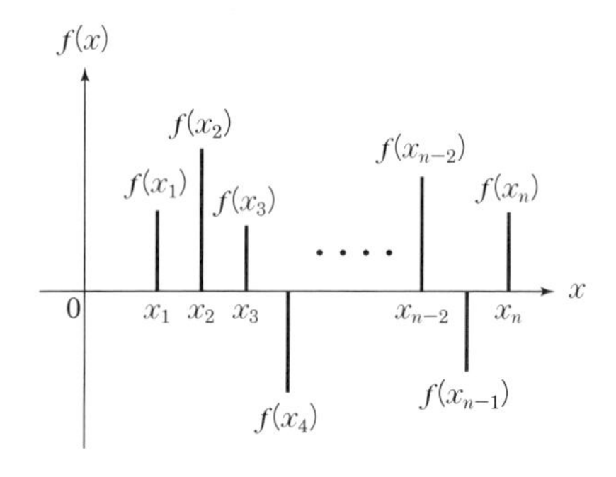

図 10.1 関数 $\boldsymbol{f(x)}$ の $\boldsymbol{x_1, x_2, \cdots, x_n}$ における値 $\boldsymbol{f(x_1), f(x_2), \cdots, f(x_n)}$
正負に応じて，上下に引いた線の長さで値を表している．

たものであり，無限次元のベクトルに相当する．関数がつくるベクトル空間を特に**関数空間** (function space) とよぶ．

$x = x_{\mathrm{L}}$ から $x = x_{\mathrm{R}}$ の区間で定義された任意の2つの関数 $f(x)$ と $g(x)$ を n 個の点で定義した n 次元ベクトル

$$\boldsymbol{f} = (f(x_1), f(x_2), \cdots, f(x_n)) \tag{10.1}$$

$$\boldsymbol{g} = (g(x_1), g(x_2), \cdots, g(x_n)) \tag{10.2}$$

に対して，その内積 $(\boldsymbol{g}, \boldsymbol{f})$ をつぎのように定義する．

$$(\boldsymbol{g}, \boldsymbol{f}) = \frac{x_{\mathrm{R}} - x_{\mathrm{L}}}{n-1} \sum_{i=1}^{n} g(x_i) f(x_i) \tag{10.3}$$

成分同士をかけ合わせて和をとる通常のベクトルの内積に，隣り合う x の点の間の間隔 $(x_{\mathrm{R}} - x_{\mathrm{L}})/(n-1)$ をかけて，面積に対応するようになっている．

(10.3) 式は，$n \to \infty$ とすれば，

$$(\boldsymbol{g}, \boldsymbol{f}) \equiv \int_{x_{\mathrm{L}}}^{x_{\mathrm{R}}} g(x) f(x) \, \mathrm{d}x \tag{10.4}$$

に収束し，これによって関数 f と g の内積 $(\boldsymbol{g}, \boldsymbol{f})$ を定義することができる．(10.4) 式で $g = f$ とすると，次式となる．

$$\|f\|^2 \equiv (\boldsymbol{f}, \boldsymbol{f}) = \int_{x_{\mathrm{L}}}^{x_{\mathrm{R}}} |f(x)|^2 \, \mathrm{d}x \tag{10.5}$$

この関数の内積 $\|f\|$ は関数 f の**ノルム**とよばれ，ベクトル自身の内積がそのベクトルの長さ（ノルム）の二乗を表していたように，関数の「長さ」の二乗に相当する量である．$\|f\|$ と $\|g\|$ が有限の値に収まれば[†1]，内積 (g, f) が存在する[†2]．

2つの関数 f と g の内積が0のとき，すなわち $(g, f) = 0$ が成り立つとき，ベクトルの議論にならって，“直交する”という．ノルムが1に等しい関数，すなわち，$(f, f) = 1$ である関数 f は，“**規格化**されている”という．一般に，ある区間で定義された関数 $F_1(x), F_2(x), F_3(x), \cdots$ のなかの任意の2つの関数が直交するとき，この関数の集合（関数系）を**直交関数系** (system of orthogonal functions) という．また規格化された関数からなる直交関数系を**正規直交関数系** (system of orthonormal functions) という．正規直交関数系では，

$$(F_i, F_j) = \delta_{ij} \qquad (i, j = 1, 2, 3, \cdots) \tag{10.6}$$

---

†1　これを二乗可積分の条件という．

†2　このとき，コーシー-シュワルツの不等式 $|(g, f)| \leq \|g\| \|f\|$ より，(g, f) が有限な値として定義できる．

が成り立つ．ここで，δ_{ij} はクロネッカーのデルタである．

$$\delta_{ij} = \begin{cases} 1 & (i = j) \\ 0 & (i \neq j) \end{cases} \tag{10.7}$$

つまり，ベクトルの場合と同様に，関数の集まりからノルムが1で互いに直交する基底の集まりをつくれる．次節で，フーリエ級数で使う三角関数の集合が正規直交系をなすことを示す．

10.2　三角関数の正規直交性

三角関数に戻り，$n, m = 0, 1, 2, \cdots$ として，$\cos nx$ と $\cos mx$ の $-\pi$ から π の領域での内積を考える．$n = m = 0$ の内積はもちろん 2π であるが，それ以外の場合は，次式が成立する．

$$\int_{-\pi}^{\pi} \cos nx \cos mx \, \mathrm{d}x = \pi\delta_{nm} \tag{10.8}$$

$\sin nx$ と $\sin mx$ は，$n, m = 0$ では0であるから，その際の積の積分は0になる．それ以外の $n, m = 1, 2, 3, \cdots$ の場合は，その内積は次式で与えられる．

$$\int_{-\pi}^{\pi} \sin nx \sin mx \, \mathrm{d}x = \pi\delta_{nm} \tag{10.9}$$

また，次式も成立するので（n と m は整数），

$$\int_{-\pi}^{\pi} \sin nx \cos mx \, \mathrm{d}x = 0 \tag{10.10}$$

$\sin nx$ と $\cos mx$ の間にも直交関係があることがわかる．

【問 10.1】 三角関数の直交関係 (10.8) ～ (10.10) 式の3式を証明せよ．付録A2の三角関数の加法定理から得られる積の公式を使うとよい．

以上から，三角関数の集まりは，そのなかの異なった2つの関数の内積が0となっているので，直交系であることがわかる（三角関数のノルムが $\sqrt{\pi}$ であるから，正規直交系にするには三角関数を $\sqrt{\pi}$ で割ればよい）．フランスの数学者・物理学者フーリエ（Fourier, J.）は，1807年ごろ，熱伝導の研究をとおして（10.6節参照），周期 2π の任意の関数 $f(x)$ が三角関数を使うとつぎのように展開できることを見出した[†3]．

---

†3　(10.11) 式中の個々の三角関数も $f(x) = f(x + 2\pi)$ の周期条件を満たしている．

$$
\begin{aligned}
f(x) &= \frac{a_0}{2} + a_1 \cos x + a_2 \cos 2x + a_3 \cos 3x + \cdots \\
&\quad + b_1 \sin x + b_2 \sin 2x + b_3 \sin 3x + \cdots \\
&= \frac{a_0}{2} + \sum_{n=1}^{\infty} (a_n \cos nx + b_n \sin nx) \qquad (10.11)
\end{aligned}
$$

これは**フーリエ級数** (Fourier series) とよばれ，$a_0, a_1, a_2, \cdots$ や $b_1, b_2, \cdots$ を**フーリエ係数** (Fourier coefficient) という[†4]．フーリエ級数で表した $f(x)$ に (10.8) ～ (10.10) 式の直交関係を適用すると，フーリエ係数は $f(x)$ と三角関数の内積で与えられ，次式のように一意的に決まることになる．

$$
a_n = \frac{1}{\pi}\int_{-\pi}^{\pi} f(x) \cos nx \, \mathrm{d}x \quad (n = 0, 1, 2, \cdots) \qquad (10.12)
$$

$$
b_n = \frac{1}{\pi}\int_{-\pi}^{\pi} f(x) \sin nx \, \mathrm{d}x \quad (n = 1, 2, 3, \cdots) \qquad (10.13)
$$

(10.11) 式の定数項は $a_0/2$ のように 2 で割られた形になっているので，$n = 0$ の場合も，(10.12) 式を使うことができる．

【問 10.2】 (10.11) 式と三角関数の内積 (10.8) ～ (10.10) 式を使って，(10.12)，(10.13) 式を証明せよ．

関数 $f(x)$ が偶関数 $f(x) = f(-x)$ の場合は，偶関数である余弦関数だけの級数，つまり，フーリエ余弦級数で表せる．

$$
\text{フーリエ余弦級数}：f(x) = \frac{a_0}{2} + \sum_{n=1}^{\infty} a_n \cos nx \qquad (10.14)
$$

(10.12) 式から，$a_n = \dfrac{2}{\pi}\displaystyle\int_0^{\pi} f(x) \cos nx \, \mathrm{d}x$ と表せる ($b_n = 0$)．$f(x)$ が奇関数の場合は，正弦関数が奇関数なので，正弦級数だけで表せる．

$$
\text{フーリエ正弦級数}：f(x) = \sum_{n=1}^{\infty} b_n \sin nx \qquad (10.15)
$$

ここで，$b_n = \dfrac{2}{\pi}\displaystyle\int_0^{\pi} f(x) \sin nx \, \mathrm{d}x$ である ($a_n = 0$)．

与えられた $f(x)$ が，区間 $-\pi < x \leq \pi$ の任意の点で微分可能で，1 階の微分係数が連続である滑らかな**周期関数** (periodic function) であれば，(10.11) 式の無限

[†4] これらのフーリエ係数は三角関数の規格化定数を含んだ形で定義されている．

級数の右辺が $f(x)$ に収束することが証明されている．階段関数のような跳びがある周期関数の場合は，(10.11) 式の右辺の項数を増やしていっても，不連続点の近くでは $f(x)$ に収束しない．これは，ギブズ (Gibbs) 現象とよばれている．補足C10.1 にその1例を示しておく．

【問 10.3】 区間 $-\pi < x \leq \pi$ で $f(x) = x^2$ と表される周期 2π の関数のフーリエ級数が次式で与えられることを示せ．

$$x^2 = \frac{\pi^2}{3} + \sum_{n=1}^{\infty} \frac{4}{n^2}(-1)^n \cos nx \tag{10.16}$$

フーリエ係数に現れる定積分を求める際は部分積分を使えばよい．展開の効率を議論するため，フーリエ級数のはじめの3項の和をグラフにして，$f(x) = x^2$ と比較せよ．最後に，(10.16) 式の無限級数和が $x = \pm\pi$ で $x^2 = \pi^2$ に収束していることを，$\sum_{n=1}^{\infty} 1/n^2 = \pi^2/6$ の関係を使って示せ．

フーリエ級数展開においては，実用的な観点から，2π 周期をもつ関数を三角関数の N 次までの項からなる級数 $f_N(x)$ で近似することが多い．

$$f_N(x) = \frac{c_0}{2} + \sum_{n=1}^{N} (c_n \cos nx + d_n \sin nx) \tag{10.17}$$

ここで，最も $f(x)$ に近づけるには c_n と d_n をどのように選べばよいかという，最良近似問題を考えよう．近似の良さを評価するため，**平均二乗誤差**[†5] (mean square error) とよばれる評価関数 E を導入する．

$$E(f - f_N) = \int_{-\pi}^{\pi} [f(x) - f_N(x)]^2 \, \mathrm{d}x \tag{10.18}$$

実際に右辺の積分に (10.11) 式と (10.17) 式を代入して実行すると，

$$\begin{aligned} E(f - f_N) &= \int_{-\pi}^{\pi} f^2(x) \, \mathrm{d}x - \pi \left[\frac{{a_0}^2}{2} + \sum_{n=1}^{N} ({a_n}^2 + {b_n}^2) \right] \\ &\quad + \pi \left\{ \frac{(a_0 - c_0)^2}{2} + \sum_{n=1}^{N} [(a_n - c_n)^2 + (b_n - d_n)^2] \right\} \end{aligned} \tag{10.19}$$

となる[†6]．c_n と d_n が関係するのは $\{\cdots\}$ の中だけであり，その各項は二乗の形をし

[†5] 各点での誤差を二乗して積分する (平均する) ので，このようによばれている．

[†6] $E(f - f_N) = \int_{-\pi}^{\pi} f^2(x) \, \mathrm{d}x - 2\int_{-\pi}^{\pi} f(x) f_N(x) \, \mathrm{d}x + \int_{-\pi}^{\pi} {f_N}^2(x) \, \mathrm{d}x$ の後ろ2つの積分を実行して並べ直すと，(10.19) 式右辺の積分を除いた後ろ2項になる．

ているので，

$$c_0 = a_0, \quad c_n = a_n, \quad d_n = b_n \tag{10.20}$$

のとき，$E(f - f_N)$ が最小になる．つまり，$f(x)$ のフーリエ係数は，$f(x)$ との平均二乗誤差を最小にする $f_N(x)$ の解，$\{c_n\}$ と $\{d_n\}$ を与える．フーリエ係数は N とは無関係に決まる性質をもっているので，N を大きくするごとに，すでに求めてある係数を再計算する必要はない．

定義から $E(f - f_N) \geq 0$ なので，(10.20) 式のように選ぶと，(10.19) 式より

$$\int_{-\pi}^{\pi} f^2(x)\,\mathrm{d}x \geq \pi\left[\frac{{a_0}^2}{2} + \sum_{n=1}^{N}({a_n}^2 + {b_n}^2)\right] \tag{10.21}$$

が成り立つことがわかる．$N \to \infty$ では

$$\int_{-\pi}^{\pi} f^2(x)\,\mathrm{d}x \geq \pi\left[\frac{{a_0}^2}{2} + \sum_{n=1}^{\infty}({a_n}^2 + {b_n}^2)\right] \tag{10.22}$$

となり，不等号の場合は**ベッセル** (Bessel) **の不等式**として知られている．$f(x)$ が滑らかな周期関数であれば[†7]，(10.22) 式において等号が成立することが証明されており，**パーセヴァル** (Parseval) **の等式**とよばれている．パーセヴァルの等式においては，関数 $f(x)$ のノルムの二乗 $\|f\|^2$ が各三角関数の重みの二乗和になっており[†8]，ベクトルのノルムの二乗がその基底ベクトルの重みの二乗和になっているピタゴラスの定理に対応していることがわかる．つまり，パーセヴァルの等式は，三角関数系 $\{1, \cos x, \sin x, \cos 2x, \sin 2x, \cdots\}$ が，区間 $-\pi < x \leq \pi$ における滑らかな関数全体がつくる関数空間の任意の要素を表す基底系として完全なもの (完全系 complete set) であることを示している[†9]．これを三角関数系の**完全性** (completeness) あるいは**完備性**といい，フーリエ級数展開の有効性を保証している．

フーリエ級数を使えばあらゆる波形[†10]が三角関数の重ね合せで表現でき，周期 $2\pi/n\,(n = 1, 2, \cdots)$ をもつ三角関数の各成分の重みがフーリエ係数から与えられる

[†7] より一般的には，$f(x)$ と $f'(x)$ が区間内で有限の値をとり，有限個の点を除いて連続であれば等号が成立する．たとえば，階段関数を含むような周期関数である (補足 C10.1 参照)．

[†8] 三角関数を正規化した場合は，(10.22) 式などの π は消える．

[†9] 三角関数系と直交する任意の関数 $g(x)$ が存在するならば，そのフーリエ係数は

$$\pi^{-1}\int_{-\pi}^{\pi} g(x)\cos nx\,\mathrm{d}x = a_n = 0\ (n = 0, 1, 2, \cdots),\quad \pi^{-1}\int_{-\pi}^{\pi} g(x)\sin nx\,\mathrm{d}x = b_n = 0\ (n = 1, 2, \cdots)$$

となる．したがって，パーセヴァルの等式より $\int_{-\pi}^{\pi} g^2(x)\,\mathrm{d}x = 0$，つまり，$g(x) = 0$ であるから，そのような $g(x)$ は存在しない．

[†10] 非周期的な波形であれば，10.5 節で説明するフーリエ変換を使うことになる．

ことになる．したがって，フーリエは，一見複雑で意味がないように見える時系列信号データや空間模様[†11]から，その背後に潜むいろいろな周期現象を引き出す道具を発明したわけである．

10.3　任意周期に対するフーリエ級数

これまで扱ってきた周期 2π の関数 $f_{2\pi}(x)$ だけでなく，任意の周期 $2L$ をもつ関数もフーリエ級数で展開できる．まず，変数 x を $x' = (L/\pi)x$ と変数変換すると，x が $-\pi$ から π まで変わる間に x' は $-L$ から L まで変わる．すなわち，$f_{2\pi}(x)$ に $x = (\pi/L)x'$ を代入して，x' の関数とみなすと，$f_{2\pi}(\pi x'/L)$ の周期は x' に関して $2L$ となる．(10.11) ～ (10.13) 式の x をすべて x' で表し，変換 $\mathrm{d}x = (\pi/L)\,\mathrm{d}x'$ を使うと，

$$f_{2\pi}\left(\frac{\pi x'}{L}\right) = \frac{a_0}{2} + \sum_{n=1}^{\infty}\left(a_n \cos\frac{n\pi}{L}x' + b_n \sin\frac{n\pi}{L}x'\right) \tag{10.23}$$

$$a_n = \frac{1}{\pi}\int_{-\pi}^{\pi} f_{2\pi}(x)\cos nx\,\mathrm{d}x = \frac{1}{L}\int_{-L}^{L} f_{2\pi}\left(\frac{\pi x'}{L}\right)\cos\frac{n\pi}{L}x'\,\mathrm{d}x' \tag{10.24}$$

$$b_n = \frac{1}{\pi}\int_{-\pi}^{\pi} f_{2\pi}(x)\sin nx\,\mathrm{d}x = \frac{1}{L}\int_{-L}^{L} f_{2\pi}\left(\frac{\pi x'}{L}\right)\sin\frac{n\pi}{L}x'\,\mathrm{d}x' \tag{10.25}$$

となる．ここまでは，単純に変数 x に $x' = (L/\pi)x$ の変換を施しただけで，x 軸を L/π 倍に拡大 (スケール変換) した x' 軸に視点を変えただけである．

上式中の周期 $2L$ の関数 $f_{2\pi}(\pi x'/L)$ を単に $f(x')$ と書き直し，すべての x' を x と書き直すと，周期 $2L$ の関数に対するフーリエ級数は

$$f(x) = \frac{a_0}{2} + \sum_{n=1}^{\infty}\left(a_n \cos\frac{n\pi}{L}x + b_n \sin\frac{n\pi}{L}x\right) \tag{10.26}$$

と表せる．そのフーリエ係数は

$$a_n = \frac{1}{L}\int_{-L}^{L} f(x)\cos\frac{n\pi}{L}x\,\mathrm{d}x \tag{10.27}$$

$$b_n = \frac{1}{L}\int_{-L}^{L} f(x)\sin\frac{n\pi}{L}x\,\mathrm{d}x \tag{10.28}$$

で与えられる[†12]．上式で $L = \pi$ とすれば，(10.11), (10.12), (10.13) 式に戻る．任意の周期をもつ周期関数があれば，その周期の半分を L として，(10.26) ～

---

†11　ある特定の時間間隔や距離ごとにデータを取得した場合は，フーリエ係数を求める際の積分を離散化 (図 10.1 のようなとびとびの点だけを考慮) した離散フーリエ級数を用いる．

(10.28) 式を使えばよい.

【問 10.4】 $f(x)$ が Δx の微小範囲でも大きく変化する場合，フーリエ級数にどの程度大きな n をもつ三角関数を取り込む必要があるか．x を空間座標とすると，三角関数 $\cos(n\pi x/L)$ や $\sin(n\pi x/L)$ の波長（あるいは周期）λ が $\lambda = 2L/n$ となることを示してから議論を進めよ.

【問 10.5】 図 10.2 で示された区間 $-1 < x \leq 1$ で周期が 2 の偶関数 $f(x)$

$$f(x) = 1 - |x| = \begin{cases} 1 + x & (-1 < x < 0) \\ 1 - x & (0 \leq x \leq 1) \end{cases} \tag{10.29}$$

のフーリエ級数が次式で表せることを示せ.

$$f(x) = \frac{1}{2} + \frac{4}{\pi^2} \sum_{n=1}^{\infty} \frac{\cos(2n-1)\pi x}{(2n-1)^2} \tag{10.30}$$

フーリエ係数を求める際には，次式を使ってもよい.

$$\int_0^1 x \cos n\pi x \, dx = \frac{(-1)^n - 1}{n^2 \pi^2} \tag{10.31}$$

また，$n \to \infty$ の項まで取り込むと，このフーリエ級数が $x = \pm 1$ で 0 に，$x = 0$ で 1 にと，$f(x)$ の値に収束することを確認せよ．$\sum_{n=1}^{\infty} 1/(2n-1)^2 = \pi^2/8$ の関係を使えばよい.

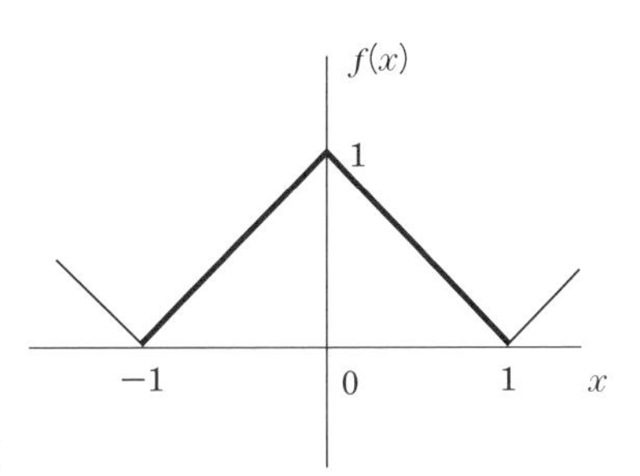

図 10.2　周期 2 の関数

10.4　複素フーリエ級数

フーリエ級数は複素数にも拡張できる．オイラーの公式を使って得られるつぎの 2 式

†12　基底となる三角関数が $\cos(n\pi x/L)$ や $\sin(n\pi x/L)$ に変わっただけで，これらは (10.8) ～ (10.10) 式と同様の直交条件を満たしている.

$$\cos\frac{n\pi}{L}x = \frac{1}{2}\left[\exp\left(\frac{in\pi x}{L}\right) + \exp\left(-\frac{in\pi x}{L}\right)\right] \tag{10.32}$$

$$\sin\frac{n\pi}{L}x = \frac{1}{2i}\left[\exp\left(\frac{in\pi x}{L}\right) - \exp\left(-\frac{in\pi x}{L}\right)\right] \tag{10.33}$$

を (10.26) 式に代入すると

$$f(x) = \frac{a_0}{2} + \sum_{n=1}^{\infty}\frac{a_n - ib_n}{2}e^{in\pi x/L} + \sum_{n=1}^{\infty}\frac{a_n + ib_n}{2}e^{-in\pi x/L} \tag{10.34}$$

となるので，次式のように新しい複素係数 c_n を導入してひとまとめにできる．

$$f(x) = \sum_{n=-\infty}^{\infty} c_n e^{in\pi x/L} \tag{10.35}$$

$n \geq 1$ に対して $c_n = (a_n - ib_n)/2$，$c_{-n} = (a_n + ib_n)/2$ のように対応している ($c_0 = a_0/2$)．

上式に現れるフーリエ係数 c_n は，n のすべての整数について

$$c_n = \frac{1}{2L}\int_{-L}^{L} e^{-in\pi x/L} f(x)\,\mathrm{d}x \quad (n = \cdots, -2, -1, 0, 1, 2, \cdots) \tag{10.36}$$

と１つの形式で表すことができる．たとえば，

$$\frac{a_n - ib_n}{2} = \frac{1}{2L}\int_{-L}^{L}\left(\cos\frac{n\pi x}{L} - i\sin\frac{n\pi x}{L}\right) f(x)\,\mathrm{d}x \tag{10.37}$$

であるので，確かに (10.36) 式になる．(10.36) 式中の指数関数 $\exp(-in\pi x/L)$ が (10.35) 式中の $\exp(in\pi x/L)$ の複素共役であることに注意しよう．(10.35) 式を関数 $f(x)$ の**複素フーリエ級数**，(10.36) 式をその**複素フーリエ係数**という．展開に使った指数関数系 $e^{in\pi x/L}$ ($n = \cdots, -2, -1, 0, 1, 2, \cdots$) は，(10.8)～(10.10) 式と等価なつぎの直交関係を満たしており，

$$\int_{-L}^{L}(e^{im\pi x/L})^* e^{in\pi x/L}\,\mathrm{d}x = \int_{-L}^{L} e^{i(n-m)\pi x/L}\,\mathrm{d}x = 2L\delta_{nm} \tag{10.38}$$

三角関数で表せるので完全系をなしていることがわかる．変換が (10.35) 式と (10.36) 式に統一されていることからも予想されるように，三角関数を使った通常のフーリエ級数より複素フーリエ級数を使った方が，はるかに計算が簡潔で，見通しの良い結果が得られることが多い．

(10.38) 式の積分は，複素関数 $f = e^{in\pi x/L}$ と $g = e^{in\pi x/L}$ との内積と見なせる．この式にならって実関数の内積 (10.4) 式を複素関数に拡張すると，複素関数 f と g に対する内積 (g, f) を次式で定義するのが自然である．

$$(g, f) \equiv \int_{x_L}^{x_R} g^*(x) f(x)\, \mathrm{d}x \tag{10.39}$$

この積分のなかでは，g の複素共役の関数 g^* が使われていることに注意してほしい．これにより，複素関数でも，(10.5) 式と同様に $(f, f) = \|f\|^2$ の関係が成立する．

【問 10.6】 (10.38) 式を導いて，それを使って複素フーリエ係数が (10.36) 式で表せることを示せ．

10.5　フーリエ積分表示とフーリエ変換

ここまで，任意の周期関数を直交関係を満たす三角関数群（フーリエ級数）で展開できることを示してきた．しかしながら，実験で得られる測定値などはほとんどの場合，非周期的である．そのような場合にもフーリエ級数のような扱いを拡張するため，まず，非周期関数を周期が無限大になった周期関数として扱ってみる．つまり，非周期関数を表すのに十分な広い領域を考え[†13]，$L \to \infty$ の極限をとる．しかしながら，単純に $L \to \infty$ とすると，(10.36) 式の積分の前にある $1/(2L)$ が 0 になってしまう．したがって，$L \to \infty$ の場合には，(10.35) 式と (10.36) 式を組み合わせて，(10.35) 式の級数和を，以下で示すように積分に変える必要がある．

(10.36) 式の積分変数を x' にして (10.35) 式に代入すると，周期 $2L$ の関数 $f(x)$ は

$$f(x) = \frac{1}{2L} \sum_{n=-\infty}^{\infty} \int_{-L}^{L} f(x')\, e^{in\pi(x-x')/L}\, \mathrm{d}x' \tag{10.40}$$

と表される．(10.40) 式中の x' に関する積分は因子 $n\pi/L$ を含むので，$n\pi/L$ の関数

$$g\left(\frac{n\pi}{L}, x\right) = \int_{-L}^{L} f(x')\, e^{in\pi(x-x')/L}\, \mathrm{d}x' \tag{10.41}$$

とも見なせ，(10.35) 式はつぎの級数和になる．

$$f(x) = \frac{1}{2L} \sum_{n=-\infty}^{\infty} g\left(\frac{n\pi}{L}, x\right) \tag{10.42}$$

これは点 $k_n = n\pi/L\,(n = \cdots, -2, -1, 0, 1, 2, \cdots)$ での値 $g(k_n, x)$ を足し合わせたも

[†13] 非周期関数が 0 ではない領域を覆うようにする．大きな幅をもつ孤立した波のようなものが無限大の周期で繰り返されている状況を考えている．

のである．

k_n の点と点の間隔は $\Delta k = \pi/L$ なので，高さ $g(k_n, x)$ をもつ1つの棒の面積は $g(k_n, x)\Delta k$ と表せる．この棒の面積の n に関する和は，棒の幅を限りなく小さくする $L \to \infty$ の極限をとれば，連続変数[†14] $k = n\pi/L$ の関数 $g(k, x)$ を $k = -\infty$ から $k = +\infty$ まで積分したものと等しくなる．

$$\sum_{n=-\infty}^{\infty} \frac{\pi}{L} g\left(\frac{n\pi}{L}, x\right) = \sum_{n=-\infty}^{\infty} g(k_n, x)\,\Delta k \xrightarrow[\Delta k \to 0\ (L \to \infty)]{} \int_{-\infty}^{\infty} g(k, x)\,\mathrm{d}k \quad (10.43)$$

$L \to \infty$ の極限で，(10.42) 式は

$$f(x) = \frac{1}{2\pi} \sum_{n=-\infty}^{\infty} \frac{\pi}{L} g\left(\frac{n\pi}{L}, x\right) \xrightarrow[L \to \infty]{} \frac{1}{2\pi} \int_{-\infty}^{\infty} g(k, x)\,\mathrm{d}k \quad (10.44)$$

となり，(10.41) 式の $n\pi/L$ を k で置き換えると

$$g(k, x) = \int_{-\infty}^{\infty} f(x')\, e^{ik(x-x')}\,\mathrm{d}x' \quad (10.45)$$

となる．結局，(10.44) 式の $L \to \infty$ の極限式に (10.45) 式を代入すると，$f(x)$ をつぎの積分形で表すことができる．

$$f(x) = \frac{1}{2\pi} \int_{-\infty}^{\infty} \mathrm{d}k \int_{-\infty}^{\infty} \mathrm{d}x'\, e^{ik(x-x')} f(x') \quad (10.46)$$

これを関数 $f(x)$ の**フーリエ積分表示** (Fourier integral representation) という．$L \to \infty$ の極限をとっているので，上式の $f(x)$ は周期関数である必要はなく，非周期関数でも成り立つ．

ここから，フーリエ積分表示を利用して，$f(x)$ のフーリエ変換とフーリエ逆変換の表式を導いていく．(10.46) 式をつぎのように書き換えると，

$$f(x) = \frac{1}{\sqrt{2\pi}} \int_{-\infty}^{\infty} \mathrm{d}k\, e^{ikx} \left[\frac{1}{\sqrt{2\pi}} \int_{-\infty}^{\infty} \mathrm{d}x'\, e^{-ikx'} f(x')\right] \quad (10.47)$$

x' で積分されている $[\cdots]$ 内は k だけの関数となり，これはもともと $f(x)$ からつくられる関数なので，対応する大文字の F を使って $F(k)$ と記す[†15]．

$$F(k) = \frac{1}{\sqrt{2\pi}} \int_{-\infty}^{\infty} \mathrm{d}x'\, e^{-ikx'} f(x') = \frac{1}{\sqrt{2\pi}} \int_{-\infty}^{\infty} \mathrm{d}x\, e^{-ikx} f(x) \quad (10.48)$$

$F(k)$ は，$f(x)$ に指数関数 e^{-ikx} をかけ，x について積分して k の関数に変換したも

[†14] 変数 k は L が有限のときは離散変数であるが，$L \to \infty$ では連続変数と見なせる ($\Delta k \to 0$)．

[†15] x の関数でもあった $g(k, x)$ とは本質的に異なっていることに注意．

のである．この $f(x)$ から $F(k)$ への変換を**フーリエ変換** (Fourier transform) という．フーリエ変換の操作あるいは演算を $\mathscr{F}$ で表すと，$f(x)$ のフーリエ変換を

$$F(k) = \mathscr{F}[f(x)] \tag{10.49}$$

と略記できる．

(10.48) 式を (10.47) 式に代入すると，(10.47) 式がフーリエ変換後の $F(k)$ を元の $f(x)$ に戻す変換であることがわかる．

$$f(x) = \frac{1}{\sqrt{2\pi}}\int_{-\infty}^{\infty} \mathrm{d}k\, e^{ikx} F(k) \tag{10.50}$$

この $F(k)$ から $f(x)$ へ変換の操作を**フーリエ逆変換**といい，記号 $\mathscr{F}^{-1}$ で表す．

$$f(x) = \mathscr{F}^{-1}[F(k)] \tag{10.51}$$

記号 $\mathscr{F}^{-1}$ の上付き -1 は逆の変換をする操作であることを示している．ある関数 $f(x)$ を，まずフーリエ変換 ($\mathscr{F}$) してつぎにフーリエ逆変換 ($\mathscr{F}^{-1}$) すると，元の $f(x)$ が得られる．また，$F(k)$ をまずフーリエ変換[†16]してつぎにフーリエ逆変換すると，元の $F(k)$ が得られる．つまり，つぎの関係が成立する．

$$\mathscr{F}^{-1}\mathscr{F} = \mathscr{F}\mathscr{F}^{-1} = 1 \tag{10.52}$$

(10.48) 式と (10.50) 式の積分の前の係数をそれぞれ 1 と $1/2\pi$ とする組合せも可能である．便宜上の問題で，どちらの定義でも本質は変わらない．

【問 10.7】 つぎのガウス関数のフーリエ変換を求めよ．ただし，実数 $a > 0$ である．

$$f(x) = \exp(-ax^2) \tag{10.53}$$

p の実部が正 ($\mathrm{Re}\, p > 0$) の場合，つぎのガウス積分公式が使える．

$$\int_{-\infty}^{\infty} \exp(-px^2 - qx)\, \mathrm{d}x = \sqrt{\frac{\pi}{p}} \exp\left(\frac{q^2}{4p}\right) \tag{10.54}$$

フーリエ逆変換に現れる関数 e^{ikx} は x 軸上の周期的な波を表す．その波長 λ は $\lambda = 2\pi/|k|$ で与えられるので (問 10.4 参照)，逆に，$k = \pm 2\pi/\lambda$ と書け，その絶対値は波長が短いものほど大きい．k は**波数**とよばれ[†17]，$F(k)$ は $f(x)$ に含まれる波数 k の波 e^{ikx} の振幅と見なすことができる．振幅の二乗は波の強度を表すので，

$$S(k) = |F(k)|^2 \tag{10.55}$$

---

†16　$f(x) = \dfrac{1}{\sqrt{2\pi}}\int_{-\infty}^{\infty} \mathrm{d}k\, e^{-ikx} F(k)$ のように k に関する積分になる．

†17　これに対して，光の吸収や発光を扱う分光学の分野では，単位長さあたりの波の山 (あるいは谷) の数 $1/\lambda$ を波数とよぶ．

を関数 $f(x)$ の**パワースペクトル**という．$S(k)$ は，波数 k をもつ波 e^{ikx} が $f(x)$ にどの程度の量含まれているかを示している．

【問 10.8】 光などで励起された分子がそのエネルギーを光として放出する発光現象は，蛍光や燐(りん)光として知られている．時刻 $t=0$ でエネルギーを得た分子からの発光の強度 $f(x)$ は，次式のように，時間 t とともに指数関数的に減衰することが多い．

$$\begin{cases} f(t) = 0 \quad (t < 0) \\ \qquad = e^{-at} \quad (t \geq 0) \end{cases} \tag{10.56}$$

ここで，a は減衰定数で正の実数である．時間 t に対応する変数を角振動数 ω とし，$f(t) = \dfrac{1}{\sqrt{2\pi}}\displaystyle\int_{-\infty}^{\infty} \mathrm{d}\omega\, e^{i\omega t} F(\omega)$ のように表すと，そのフーリエ変換（実質的には $t=0$ から ∞ の積分）

$$F(\omega) = \frac{1}{\sqrt{2\pi}}\int_{-\infty}^{\infty} \mathrm{d}t\, e^{-i\omega t} f(t) \tag{10.57}$$

が $F(\omega) = 1/[\sqrt{2\pi}(a+i\omega)]$ となり，そのパワースペクトル $S(k)$ が次式の幅 a をもつ，いわゆるローレンツ型関数（Lorentzian, Lorentz function）[†18] となることを示せ．

$$S(\omega) = |F(\omega)|^2 = \frac{1}{2\pi}\frac{1}{a^2+\omega^2} \tag{10.58}$$

これは，発光に含まれる光の振動数の広がりが減衰定数 a の大きさ程度であることを意味している．a が大きいほど（速く減衰するほど），スペクトルは広がる．

一般に，$f(x)$ が x の関数として広がっているほど，パワースペクトル $|F(k)|^2$ の幅は狭くなる（$f(x)$ が狭いほど，$|F(k)|^2$ は広がる）．フーリエ変換からは，波に含まれる成分 e^{ikx} の強度の情報だけでなく，位相の情報も取り出すことができる．付録 A10.1 に 1 例を示しておく．

フーリエ変換においても，フーリエ級数のパーセヴァルの等式に対応する次式が成立する．

$$\int_{-\infty}^{\infty} \mathrm{d}x\, |f(x)|^2 = \int_{-\infty}^{\infty} \mathrm{d}k\, |F(k)|^2 \tag{10.59}$$

[†18] 原子や分子などの光吸収または放出は，系の量子状態（第 11 ～ 13 章参照）の間の遷移に対応する．そのスペクトル線は，分光器の分解能などに起因する幅以外に，遷移の前後の量子状態が有限の寿命をもつために生まれる幅（均一幅 homogeneous broadening）をもつ．このような場合のスペクトル線の形状はローレンツ型になることが多い．もしも個々の原子や分子の周りの環境が異なっていると，それ自身の状態が周囲の影響を受けて，スペクトルに統計的広がり（不均一幅 inhomogeneous broadening）が加わる．

つまり，強度の総和はフーリエ変換によって変化しない．(10.59) 式は，量子力学などで重要な役割を演じるディラック (Dirac) の**デルタ関数** $\delta(x)$[†19] (delta function) を使って導けるので (証明は問 10.9 参照)，その定義を紹介しておく．デルタ関数 $\delta(x)$ は $x=0$ にだけ無限に高いピークをもつ関数で，

$$\delta(x) = \begin{cases} \infty & (x=0) \\ 0 & (x \neq 0) \end{cases} \tag{10.60}$$

面積が 1 になるように規格化されている (補足 C10.2 参照)．

$$\int_{-\infty}^{\infty} \delta(x)\, \mathrm{d}x = 1 \tag{10.61}$$

デルタ関数の数学的な意味づけは専門書にゆずるとして，以下では，関連する重要な公式だけを示しておく．

ピークの位置を $x=a$ にしたデルタ関数は $\delta(x-a)$ と表せる．関数 $f(x)$ が $x=a$ で連続な関数であれば，$f(x)\,\delta(x-a)$ は $x \neq a$ で 0 である．したがって，$f(x)\,\delta(x-a)$ を x で積分したものは $f(a)\,\delta(x-a)$ の積分と等しくなる．つまり，

$$\int_{-\infty}^{\infty} f(x)\,\delta(x-a)\, \mathrm{d}x = f(a) \tag{10.62}$$

が成立する．$\delta(x)$ のその他のいくつかの性質を以下に記す．

$$\text{(i)}\quad \delta(x) = \delta(-x) \quad (\delta(x)\ \text{は偶関数}) \tag{10.63}$$

$$\text{(ii)}\quad x\,\delta(x) = 0 \tag{10.64}$$

$$\text{(iii)}\quad \delta(ax) = \frac{1}{|a|}\,\delta(x) \quad (a \neq 0) \tag{10.65}$$

デルタ関数は初等関数を使って表すことができる．指数関数を使うと，

$$\frac{1}{2\pi}\int_{-\infty}^{\infty} e^{ik(x-a)}\, \mathrm{d}k = \delta(x-a) \tag{10.66}$$

と表すことができる．直観的には，$x \neq a$ では $e^{ik(x-a)}$ が k の関数として激しく振動して，その積分が 0 となり，$x=a$ のときだけ無限に大きな値をとるからと理解できる．詳しい説明は補足 C10.2 に与えておく．

【問 10.9】 $\int_{-\infty}^{\infty} \mathrm{d}x\, |f(x)|^2$ の $f(x)$ に (10.50) 式を代入し，(10.66) 式あるいは補足 (C10.5) 式のデルタ関数の積分表示を使って，(10.59) 式を導け．

---

†19　イギリスの物理学者ディラック (Dirac, P.) が定義して，量子力学の定式化に用いた．

10.6　フーリエ変換の応用 －拡散方程式の解法－

ここまで，フーリエ級数展開やフーリエ変換を数学的に順序だてて説明してきたが，実際にはフーリエはきわめて実用的な観点からこの分野の研究を行っていた．彼はまず，物質内の温度の熱伝導による時空間変化を記述する偏微分方程式（熱伝導方程式）を導き，これを解くために，フーリエ変換などを用いて関数を解析する理論（フーリエ解析）を展開した．本節では，熱伝導方程式と数学的には同じである化学物質の密度変化に関する拡散方程式を取り上げ，そのフーリエ変換による解法を紹介する．

1次元の拡散方程式は，5.6節で説明した次式の連続の方程式から導ける．

$$\frac{\partial \rho(x,t)}{\partial t} = -\frac{\partial j(x,t)}{\partial x} \tag{10.67}$$

ここで，$\rho(x,t)$ は拡散する粒子の密度，$j(x,t)$ はその流束（単位時間に単位面積を x の正方向に横切る正味の質量の流れ）である．少し具体的に，水中に落としたインクが拡がっていく拡散過程を考えよう．落ちたインクの粒子は，平均的には密度の大きいところから小さなところに移動する．密度が x 軸の正の向きに増えている領域，つまり，$\partial\rho(x,t)/\partial x > 0$ の場所では，x 軸の負の向きへの粒子の流れがあり，$j(x,t) < 0$ となるはずである．この関係を定式化したものが，次式の**フィックの第1法則**（Fick's first law）である[†20]．

$$j(x,t) = -D\frac{\partial \rho(x,t)}{\partial x} \tag{10.68}$$

D は**拡散係数**とよばれ，温度 T，流体（ここでは水）の粘りの度合いを定量化した粘度（粘性率）η[†21]，粒子の半径 r に依存する定数である．

$$D = \frac{k_{\mathrm{B}}T}{6\pi r\eta} \tag{10.69}$$

k_{B} はボルツマン定数である．(10.68)式を(10.67)式に代入すると，**フィックの第2法則**である**拡散方程式**が得られる．

[†20] 連続の方程式が全質量の保存則 $\partial\left[\int_{-\infty}^{\infty}\rho(x,t)\,\mathrm{d}x\right]/\partial t = 0$ を満たすには，(10.67)式の右辺を x で $-\infty$ から ∞ まで積分したものが0になる必要がある．部分積分すれば，この条件が $x\to\pm\infty$ で $j(x,t)\to 0$ を意味することがわかる．$x\to\pm\infty$ では粒子は存在しないと仮定できるので（$\rho\to 0$），$\partial\rho/\partial x\to 0$ となって，(10.68)式で定義した流束が $x\to\pm\infty$ で確かに $j(x,t)\to 0$ を満たすことがわかる．

[†21] η 自体も温度に依存する．

$$\frac{\partial \rho(x,t)}{\partial t} = D\frac{\partial^2 \rho(x,t)}{\partial x^2} \tag{10.70}$$

(10.70) 式を解く方法の 1 つに，(10.70) 式両辺のフーリエ変換をとり，$\rho(x,t)$ のフーリエ変換 $P(k,t)$ に対する微分方程式に変える方法がある．

$$P(k,t) = \frac{1}{\sqrt{2\pi}}\int_{-\infty}^{\infty} \rho(x,t)\, e^{-ikx}\, \mathrm{d}x \tag{10.71}$$

まず，(10.70) 式右辺 $\partial^2 \rho(x,t)/\partial x^2$ の $\rho(x,t)$ につぎのフーリエ逆変換

$$\rho(x,t) = \frac{1}{\sqrt{2\pi}}\int_{-\infty}^{\infty} P(k,t)\, e^{ikx}\, \mathrm{d}k \tag{10.72}$$

を代入すると（一般に，n 階導関数として計算しておく），

$$\frac{\partial^n}{\partial x^n}\rho(x,t) = \frac{1}{\sqrt{2\pi}}\int_{-\infty}^{\infty} (ik)^n P(k,t)\, e^{ikx}\, \mathrm{d}k \tag{10.73}$$

のようになり，x の n 階導関数はフーリエ逆変換の重み $P(k,t)$ を単に $(ik)^n P(k,t)$ に変えることによって得られる．この (10.73) 式を，(10.70) 式右辺 $\partial^2 \rho(x,t)/\partial x^2$ のフーリエ変換に代入すると，一般に，ある関数のフーリエ変換の $(ik)^n$ 倍がその n 階導関数のフーリエ変換に等しいことがわかる．

$$\begin{aligned}
\frac{1}{\sqrt{2\pi}}\int_{-\infty}^{\infty} \frac{\partial^n \rho(x,t)}{\partial x^n} e^{-ikx}\, \mathrm{d}x &= \frac{1}{2\pi}\int_{-\infty}^{\infty} \mathrm{d}x \left[\int_{-\infty}^{\infty} \mathrm{d}k'\, P(k',t)\,(ik')^n e^{ik'x}\right] e^{-ikx} \\
&= \int_{-\infty}^{\infty} \mathrm{d}k'\, P(k',t)\,(ik')^n\, \delta(k-k') \\
&= (ik)^n P(k,t)
\end{aligned} \tag{10.74}$$

ここで，(10.66) 式（あるいは補足 (C10.5) 式）のデルタ関数の定義を使った．

一方，(10.70) 式左辺のフーリエ変換は，t の微分と x の積分を入れ替えると

$$\frac{1}{\sqrt{2\pi}}\int_{-\infty}^{\infty} \frac{\partial}{\partial t}\rho(x,t)\, e^{-ikx}\, \mathrm{d}x = \frac{\partial}{\partial t}P(k,t) \tag{10.75}$$

と表せる．したがって，(10.75) 式が $D(ik)^2 P(k,t)$ と等しいことになり，(10.70) 式と等価なつぎの t を変数とする常微分方程式に還元できる．

$$\frac{\partial}{\partial t}P(k,t) = -Dk^2 P(k,t) \tag{10.76}$$

初期条件 $P(k,0)$ が与えられれば，この解は次式で与えられる．

$$P(k,t) = e^{-Dk^2 t} P(k,0) \tag{10.77}$$

結局，$\rho(x,t)$ は (10.72) 式のフーリエ逆変換に (10.77) 式を代入することによって，

次式で表せる．

$$\rho(x,t)=\frac{1}{\sqrt{2\pi}}\int_{-\infty}^{\infty}e^{-Dk^2t}P(k,0)\,e^{ikx}\,\mathrm{d}k \tag{10.78}$$

$P(k,0)$ は，初期条件 $\rho(x,0)$ を (10.70) 式を使ってフーリエ変換すれば求められる．$\rho(x,t)$ として解析的な解が得られる典型的な例を付録 A10.2 に与え，粒子密度が時間・空間的にどのように変わっていくかを簡単に説明しておく．

第11章 量子力学の基礎

第10章までの化学数学の知識を活用して，本章以降で，物理化学の根幹である量子力学，量子化学，熱力学を学んでいく．天体の動きなど日常的に目にする現象の多くは，古典力学によって説明できる．しかしながら，19世紀後半には光電効果など古典力学では説明できない現象が発見され，1920年代に量子力学が誕生した．量子力学は原子，分子などのミクロな系（量子系）を支配している根本原理であり，現在では，最先端の科学技術を支える大きな柱になっている．本章では，光や物質が粒子性と波動性の二面性をもつことなど量子論の基礎からはじめ，シュレーディンガー方程式と波動関数による量子力学の体系化と，物理量に対応する演算子について学ぶ．これらを使った物理量の求め方を習得し，量子力学の基礎事項を応用できるようにする．

11.1 古典力学の破綻

量子力学の歴史は，溶鉱炉内の温度を正確に知る方法を確立したいという要求に応える形で，19世紀後半に多くの物理学者が，ある温度で熱せられたものがどの波長の光をどれだけ放出するかという**黒体放射**（blackbody radiation）の問題に取り組んだことに始まる．黒体とは，あらゆる波長の光を完全に吸収し，自らの温度に応じた波長の光を放射する物体である．振動数 ν をもつ光の電磁場は，振動数 ν の調和振動子で記述できるので，古典力学のエネルギー等分配則（7.3節参照）を適用すれば，温度 T の物質から放出される光の平均エネルギーは温度だけに比例した $k_B T$ になる．また，振動数 ν と $\nu + d\nu$ の間の調和振動子の単位体積あたりの数は ν^2 に比例することが知られているので[†1]（脚注次頁），熱せられた物体から出る振動数 ν の光の強さは $k_B T\nu^2$ に比例することになる．これが，1900年に第一報が発表された**レイリー－ジーンズの法則**（Rayleigh-Jeans law）で，実際の放射強度も低振動数領域では $\nu^2 T$ に比例している．しかしながら，振動数 ν が高い領域では放射強度が急激に減少するという実験結果と矛盾する（可視光よりもX線や γ 線が大きな強度をもつということはない).

このような古典力学の破綻が明らかになったなか，プランクは1900年に時間×エネルギーの単位をもつ**プランク定数** $h = 6.63 \times 10^{-34}\,\mathrm{J\,s}$ を導入し，黒体放射を全振動数領域において正しく記述できる**プランクの放射則**を発表した．この放射則は，振動数 ν の調和振動子のエネルギー E が

$$E = nh\nu \quad (n = 0, 1, 2, \cdots) \tag{11.1}$$

で与えられ，$h\nu$ の整数倍の値（離散的な値）しか許されないという**エネルギー量子仮説**に基づいている．**量子**（quantum）とはプランクが提唱した物理量の最小単位で，光のエネルギーに関しては $h\nu$ である．$h\nu \gg k_{\mathrm{B}}T$ の場合，$h\nu$ 以上の熱エネルギーをもらって $n = 0$ から $n = 1$ の高い状態に移る確率は低く（光の状態は $h\nu$ の段差をもつ階段でイメージできる），光の平均エネルギーは，0 と $h\nu$ の間の途中のエネルギーを許す古典力学の場合の値 $k_{\mathrm{B}}T$ よりもずっと小さくなる．量子仮説によって，物理量が連続量として扱われる古典力学の常識が大きく覆されることになった.

【問 11.1】 光の波長 λ が 500 nm の光子 1 個のエネルギーに相当する $h\nu$ は何 J か．また，$\lambda = 500\,\mathrm{nm}$ の光のエネルギーを離散的に考えなければならない温度範囲を答えよ．簡単のため，熱エネルギーが階段の段差 $h\nu$ に到達したところ，つまり，$h\nu = k_{\mathrm{B}}T$ が上限を与えるとする.

11.2 光の粒子性と物質の波動性

プランクの量子仮説は，アインシュタインによって，光が“粒子”のようにふるまうという**光量子仮説**にまで発展した．そのきっかけは，1880年代後半に，ドイツの物理学者ヘルツ（Hertz, H. R.）やハルヴァックス（Hallwacks, W.）が発見した，金属に振動数 ν の大きな光を照射した際に表面から電子が放出される**光電効果**（photo-electric effect）である．1905年，アインシュタインは，振動数 ν の光はエネルギー $h\nu$ をもつ粒子[†2]であると考え，光の粒子性（光量子仮説）によって光電効果を説明

[†1] 定性的には，長さ L の弦の両端が固定された定在波の波長 λ が，$\lambda/2 = L, L/2, L/3, L/4, L/5, \cdots$ で与えられ，$\lambda_n = 2L/n$ と表せることから説明できる（n は自然数）．波長が短くなるにつれて波長の差 $\lambda_n - \lambda_{n+1} = 2L/[n(n+1)]$ は小さくなり，単位長さあたりで考えると波長が短い定在波が長いものよりも多く存在できることがわかる．3次元空間では，振動子の数は $\mathrm{d}\lambda/\lambda^4$ に比例するので，$\lambda\nu = c$ の関係から $\nu^2\mathrm{d}\nu$ が導ける（振動数が高いものが低いものより多い）.

[†2] アインシュタインは光量子と名付けた.

した．この光の粒子の最小単位は，のちに，酸・塩基の理論などで知られるアメリカの著名な物理化学者ルイス（Lewis, G. N.）によって**光子**（photon）と命名され，その呼び名が広く受け入れられるようになった．光子が n 個あれば，そのエネルギーの総和が（11.1）式の $nh\nu$ になる．アインシュタインは，金属内の電子が1つの光子からエネルギー $h\nu$ を得ることによって放出されると考え（その際，光子は消滅する），飛び出す自由電子の運動エネルギー E_K が

$$E_K = h\nu - \Phi \tag{11.2}$$

で表せることを明らかにした．ここで，Φ は金属表面から1個の電子をとり出すのに必要な最小のエネルギー（**仕事関数** work function）である．$h\nu > \Phi$ の場合に限って，金属内の電子が表面から飛び出すことができる．

【問 11.2】 地上における太陽光の光強度が 1 kW m^{-2} で，すべて 500 nm の光（緑色の部分）とすると，1秒間に到達する光子数が 1 m^2 あたり何 mol になるかを求めよ．

アインシュタインの光量子仮説の正当性は，多くの実験によって立証されていった．1923年にはコンプトン（Compton, A.）が，波長 λ の入射X線が静止している電子に衝突した際には，入射X線の進行方向に対して θ の向きに[†3]散乱されたX線の波長 λ' が次式で与えられることを見いだした（**コンプトン効果**）．

$$\lambda' - \lambda = \frac{h}{m_e c}(1 - \cos\theta) \tag{11.3}$$

ここで，m_e は電子の質量 9.1094×10^{-31} kg である．アインシュタインは，すでに1916年に，光が粒子であるなら運動量 p をもっているはずだと考え，次式を理論的に導いていた．

$$p = \frac{h}{\lambda} \tag{11.4}$$

（11.3）式の波長変化は，静止電子とX線の光子を合わせた系において，エネルギー保存則と運動量保存則が成立することから導ける[†4]．

[†3] $\theta = 0$ が前方への散乱．

[†4] 入射X線に対して角度 θ 方向にX線が散乱され，ϕ 方向に速さ v で電子が跳ね飛ばされるとすると，入射方向とその垂直方向の運動量保存則は，それぞれ，$h/\lambda = (h/\lambda')\cos\theta + m_e v\cos\phi$ と $0 = (h/\lambda')\sin\theta - m_e v\sin\phi$ で与えられる．エネルギー保存則 $hc/\lambda = hc/\lambda' + m_e v^2/2$ と合わせて，$\lambda \approx \lambda'$ と近似すると，（11.3）式が得られる．相対性理論を使った場合は，厳密に（11.3）式が導ける．

【問 11.3】 波長 500 nm の光子1つの運動量は何 $\mathrm{kg\,m\,s^{-1}}$ か.

光電効果やコンプトン散乱などの実験結果は, 電磁波と思われていた光に, エネルギー $h\nu$ と運動量 h/λ をもつ粒子の性質を導入することによって初めて説明することができた. この光量子仮説の正当性が明らかになるにつれ, 光のみならず原子などの微視的物質世界の理解にも, 離散的な物理量を導入した量子的な考え方が不可欠であることがわかってきた. 20 世紀初頭には分光学の研究により, 放電などによって励起された原子から発する光が特定の振動数のところだけに離散的に現れる**線スペクトル** (line spectrum) を示すことがわかっていた.

このような状況のなか, 1913 年にボーアは, 量子論的な考えに基づいて以下の3つの仮説 (i) から (iii) に基づく**原子模型**を提案し, 水素原子 (hydrogen atom) の線スペクトルに現れる光の振動数を見事に説明した.

(i) 原子のなかの電子は, 原子核 (陽子 proton) からクーロン引力を受け, 古典力学に従って半径 r, 速さ v の等速円運動をしている[†5]. 陽子の質量は電子の約 1800 倍なので, 陽子は実質的に固定されていると見なせる.

(ii) 古典的に可能な円軌道のなかで, 電子の軌道が

$$\hbar \equiv \frac{h}{2\pi} \tag{11.5}$$[†6]

の自然数倍の角運動量をもつものだけが許される. 等速円運動の角運動量は $m_{\mathrm{e}}vr$ であるから[†7], この**量子条件**は

$$m_{\mathrm{e}}vr = n\hbar \quad (n = 1, 2, \cdots) \tag{11.6}$$

と表せる. n は電子の特定の離散的なエネルギー状態 (**定常状態** stationary state) を指定するとびとびの数であり, **量子数** (quantum number) とよばれている.

7.2 節で学んだように, ポテンシャルエネルギーと力との関係から, 電子と陽子との間のクーロン引力ポテンシャル $-e^2/(4\pi\varepsilon_0 r)$ の微分が両者間の引力の大きさ $e^2/(4\pi\varepsilon_0 r^2)$ を与えることがわかる (e は陽子の電荷と等しい電気素量 $e = 1.6022 \times 10^{-19}$ C, ε_0 は真空の誘電率 $\varepsilon_0 = 8.8542 \times 10^{-12}\ \mathrm{C^2\,J^{-1}\,m^{-1}}$). 一方, 半径 r, 速さ v の等速円運動に際しては, 7.4 節で説明したように, 円の中心を向いた加速度は

---

†5　クーロン引力によって物体の軌道を曲げる向心力 (あるいはその加速度) の方向は, 物体の速度方向に垂直である. 円運動の場合, その方向はつねに中心に向かっている (7.4 節参照).

†6　$\hbar$ は「エイチバー」と発音される.

†7　等方的な中心力であるクーロン力の場のなかでは, 角運動量は保存する. 7.4 節参照.

$r\omega^2 = v^2/r$，つまり，力は $m_e r\omega^2 = m_e v^2/r$ で与えられる．これがクーロン引力そのものであるから，

$$\frac{e^2}{4\pi\varepsilon_0 r^2} = \frac{m_e v^2}{r} \tag{11.7}$$

であり，(11.6) 式と (11.7) 式を連立させれば，定常状態 n に対する軌道の半径 r_n と速さ v_n が求められる．その結果，電子の運動エネルギーとポテンシャルエネルギーの和で与えられる全エネルギーは

$$E_n = -\frac{m_e e^4}{2(4\pi\varepsilon_0)^2\hbar^2 n^2} = -\frac{e^2}{8\pi\varepsilon_0 a_0 n^2} \tag{11.8}$$

となって，$-1/n^2$ に比例した離散的な値をとる（詳しい導出は補足 C11.1 参照）．ここで，$a_0 \equiv 4\pi\varepsilon_0\hbar^2/(m_e e^2)$ は**ボーア半径** (Bohr radius) と名づけられており，$r_n = n^2 a_0$ である．

（iii）定常状態 n にある電子が光を放出あるいは吸収すれば別の定常状態 n' へ移行する．2 つの状態のエネルギー差がそのときに放出（吸収）される光のエネルギー $h\nu$ に変換されるので，

$$h\nu = E_n - E_{n'} \tag{11.9}$$

が成り立つ．最もエネルギーが低い**基底状態** (ground state)（この場合，$n = 1$ の定常状態）は，光を放出せず，安定である[†8]．

【問 11.4】 ボーア半径の式に数値を代入し，$a_0 \approx 0.5292 \times 10^{-10}$ m であることを示せ．

(11.8) 式を (11.9) 式に代入することによって，水素原子の線スペクトルを完全に説明できる．ボーアの原子模型は，量子力学が出現するまでの**前期量子論**[†9] のモデルではあるが，微視的な物質の世界にそのエネルギーが離散的であるという量子論的な考えを導入した意義は大きく，量子力学を生み出す大きな一歩となった．

前期量子論の時代に，光が波動性に加えて粒子性も合わせもつことがわかってきた．この光の二面性に触発され，ド・ブロイ (de Broglie, L.) は，今まで粒子として考えられていた電子などが逆に波の性質をもっていると考え，1924 年に，運動量 p

[†8] 原子核の周りを回る電子の加速運動に古典電磁気学を適用すれば，電子は光を放射してしだいにエネルギーを失い，ついには原子核と一体になるので，原子の安定性や線スペクトルの存在を説明できていなかった．

[†9] 古典論と量子論を混合した取り扱いであり，1900 年のプランクの量子仮説から 1925 年の量子力学の誕生までの過渡的な量子論の総称．ボーアの原子模型では，電子の軌道に古典力学の運動方程式を適用する一方で，量子条件で選ばれた特定の軌道だけが実現すると考えた．

をもつ粒子の波動性を特徴づけるド・ブロイ波長 λ が次式（粒子性から波動性への変換式）で与えられるとした．

$$\lambda = \frac{h}{p} \tag{11.10}$$

この波長で特徴づけられる物質の波の性質は，**ド・ブロイ波**あるいは**物質波**（material wave）とよばれている．粒子の運動量（あるいは，運動エネルギー）が大きいほど，ド・ブロイ波長は短くなる（マクロな物体の波動性は無視できる）．(11.10) 式は，光子の波長 λ からその運動量 p を求める，波動性から粒子性への変換式 (11.4) $p = h/\lambda$ と，形式的には等価になっている．

【問 11.5】 マクロな物体，たとえば，速度 100 m s^{-1} で飛んでいる 1 kg のボール（質点と見なす）のド・ブロイ波長を求めよ．

【問 11.6】 100 V の電圧で加速された電子の運動エネルギーは何 J か．さらに，運動量を計算し，ド・ブロイ波長を求めよ．

物質波の考えによって，ボーアの原子模型の物理的意味もより鮮明になる．ボーアの量子条件 (11.10) 式を書き直すと，

$$2\pi r = n\frac{h}{m_{\mathrm{e}}v} = n\frac{h}{p} = n\lambda \tag{11.11}$$

となる．円周 $2\pi r$ が，電子の物質波としての波長 $\lambda = h/p$ の n 倍（自然数倍）と等しい軌道だけが許されることを示している．電子が軌道を一周したときに物質波の位相が出発点の位相に戻れば，その波は安定に**定在波**（波形が進行せずに，その場に止まって振動している波）として存在できる．

11.3 量子力学の誕生 ―シュレーディンガー方程式―

ボーアの原子模型は電子の物質波を定在波とするモデルであるが，このような量子モデルを任意の系に対して構築していくことは困難である．物質波の形や振幅が空間の中でどのようになっているかを一般的に調べる方法はないのか．これに対する答えを与える方法の一つが，微視的世界の現象を説明する量子力学の基本方程式である**シュレーディンガー方程式**（Schrödinger equation）であり，1926 年にオーストリアの物理学者であるシュレーディンガー（Schrödinger, E.）によって提案された．質量 m の粒子が 1 次元のポテンシャルエネルギー $V(x)$ のなかにあるとす

ると，その系のシュレーディンガー方程式は次式で与えられる[†10]．

$$\left[-\frac{h^2}{8\pi^2 m}\frac{\mathrm{d}^2}{\mathrm{d}x^2}+V(x)\right]\phi(x)=E\,\phi(x) \tag{11.12}$$

$\phi(x)$ は**波動関数** (wave function) とよばれ，古典力学では記述できない量子的な状態 (**量子状態**)[†11] を表すものである．

(11.12) 式は，「微分を含んだ左辺の [⋯] を波動関数 $\phi(x)$ に作用させたものが波動関数の全エネルギー倍 (E 倍) に等しい」という微分方程式である．これまで学んできた微分方程式とは違って，この方程式のなかの係数の 1 つである E がまだ決まっていない．シュレーディンガー方程式は，許される E の値やその解 $\phi(x)$ の関数形が限定され，エネルギーが離散的であるという前期量子論の仮定を取り込んだ微分形式になっている．以下で説明するように，任意の系のシュレーディンガー方程式は，7.3 節で学んだ古典力学のハミルトニアン H を量子力学の**演算子** $\hat{H}$ で置き換えることによって導くことができる．演算子 (operator) は，一般には微分なども含み，ある関数を別の関数に移す役割をする[†12]．演算子であることを強調するために，本書では記号 ^ を上につける (9.8 節参照)．

運動エネルギーが $mv^2/2$ の形式で与えられる場合，3 次元 1 粒子系の全エネルギーに対応するハミルトニアン H は，運動エネルギーとポテンシャルエネルギー V の和で与えられる[†13]．

$$H=\frac{1}{2m}({p_x}^2+{p_y}^2+{p_z}^2)+V(x,y,z) \tag{11.13}$$

ここで，古典力学の H のなかの運動量 p_x, p_y, p_z をそれぞれ次式で定義される微分演算子 $\hat{p}_x, \hat{p}_y, \hat{p}_z$ で置き換える．

$$p_x \to \hat{p}_x=-i\hbar\frac{\partial}{\partial x} \tag{11.14 a}$$

$$p_y \to \hat{p}_y=-i\hbar\frac{\partial}{\partial y} \tag{11.14 b}$$

[†10] このシュレーディンガー方程式は，発見的にではあるが，古典的な定在波の波動方程式から導出できる．詳しくは補足 C11.2 参照．

[†11] シュレーディンガー方程式の対象となる分子などの量子系がとり得る微視的状態であり，温度や圧力などが定義できる巨視的な系では，様々な微視的状態が確率的に出現している．

[†12] $\hat{A}$ を任意の関数 ϕ に作用させて得られた $\hat{A}\phi$ が再びある関数として定まるとき，$\hat{A}$ を演算子という．

[†13] ハミルトニアンは速度ではなく正準変数である運動量で表される．7.3 節参照．

$$p_z \to \hat{p}_z = -i\hbar\frac{\partial}{\partial z} \tag{11.14 c}$$

得られた演算子を $\hat{H}$ とすると，次式で表せる．

$$\hat{H} = -\frac{1}{2m}(\hat{p}_x{}^2 + \hat{p}_y{}^2 + \hat{p}_z{}^2) + V(x,y,z) = -\frac{\hbar^2}{2m}\nabla^2 + V(x,y,z) \tag{11.15}$$

ここで，∇^2 は**ラプラス演算子**（ラプラシアン）である[†14]．

$$\nabla^2 \equiv \frac{\partial^2}{\partial x^2} + \frac{\partial^2}{\partial y^2} + \frac{\partial^2}{\partial z^2} \tag{11.16}$$

波動関数に作用する演算子である $\hat{H}$ を用いると，シュレーディンガー方程式は

$$\hat{H}\psi(x,y,z) = E\psi(x,y,z) \tag{11.17}$$

と書くことができる．(11.17) 式の両辺の対応関係から，演算子 $\hat{H}$ は物理量である全エネルギーを与える量子力学におけるハミルトニアンである．$\hat{p}_x, \hat{p}_y, \hat{p}_z$ は量子力学において運動量に対応する演算子（運動量演算子）である．座標も演算子であることを明示するため $\hat{x}$ のように書くべきであるが，座標の関数で表された波動関数に作用させると，$\hat{x}\psi(x) = x\psi(x)$ のようになり，単に変数 x で置き換えればよい．したがって，ハミルトニアン中の $V(x,y,z)$ のように，通常は，座標はそのまま変数として記すことにする．

観測対象の物理量 A に対応する演算子 $\hat{A}$ に対して，**固有方程式**（eigenvalue equation，proper equation）[†15]

$$\hat{A}\psi = a\psi \quad (a\text{ は定数}) \tag{11.18}$$

が成り立つとき，波動関数 ψ を，$\hat{A}$ の**固有値** a（eigenvalue）に対する**固有関数**（eigenfunction）という．量子力学では，固有関数によって特徴づけられる物理状態を**固有状態**（eigenstate）という．(11.17) 式は，演算子 $\hat{H}$ のエネルギー固有値 E と対応する波動関数である固有関数 $\psi(x,y,z)$ を求める固有方程式と見なせる．行列の固有値問題と同様に（6.5 節参照），(11.18) 式を満たす固有値と固有関数の対は一般にはいくつもある．

$$\hat{A}\psi_n = a_n\psi_n \quad (n = 1,2,\cdots) \tag{11.19}$$

たとえば，$\hat{A} = \hat{H}$ の場合，異なった固有値に属する波動関数は異なったエネルギー

[†14] ナブラ $\nabla = \boldsymbol{i}\partial/\partial x + \boldsymbol{j}\partial/\partial y + \boldsymbol{k}\partial/\partial z$ 同士の内積 $\nabla^2 = \nabla\cdot\nabla$ である．Δ と表記されることもある（5.6 節参照）．

[†15] 一般に，線形演算子 $\hat{A}$ が関数 f に作用した結果が作用する前の a 倍になるような f，つまり，固有方程式 $\hat{A}f = af$ を満たす f のことを $\hat{A}$ の固有関数といい，a をその固有値という．

をもつ量子状態を表す．次節で詳しく説明するが，演算子 $\hat{A}$ の固有値は，対応する物理量 A のとり得る値であり，その測定値として可能な値である．同じ固有値 a_n をもつ固有関数が $\psi_{n1}, \psi_{n2}, \cdots$ のようにいくつかあるとき，その固有値は**縮退**あるいは**縮重** (degenerate) しているといい，独立な固有関数が m 個あるとき m 重に縮退しているという．

量子力学においては，物理量 A に対応する演算子 $\hat{A}$ は**線形演算子**であることが知られている．線形演算子とは，任意の ψ, φ に対して，線形性

$$\hat{A}(\psi + \varphi) = \hat{A}\psi + \hat{A}\varphi, \quad \hat{A}(c\psi) = c(\hat{A}\psi) \tag{11.20}$$

が成り立つ演算子である (c は任意の定数)[†16]．(11.20) 式の関係は，線形代数においては，ベクトルの行列による変換が線形であることに対応している[†17]．固有方程式とその解法は第 13 章 13.3 節で具体的に説明するが，ψ は列ベクトルで，$\hat{H}$ は行列で表すことができるので，$\hat{H}\psi = E\psi$ はベクトル ψ の $\hat{H}$ による変換の問題と考えることができる．

11.4　量子力学の波動関数と演算子 －物理量の求め方－

つぎに，量子力学の波動関数と演算子を使ってどのように物理量を求めるかを説明していく．10.1 節で示したように，関数に対して内積を定義すると，関数に長さを導入できてベクトルのように扱うことができる (関数空間)．波動関数にも内積を導入すれば，量子力学にベクトルと同様に長さの概念を導入することができる．座標をまとめて $\boldsymbol{r}$，積分の体積要素を $\mathrm{d}V$ で表すと，波動関数 ψ と φ の内積は次式で定義できる．

$$(\psi, \varphi) \equiv \int \psi^*(\boldsymbol{r})\,\varphi(\boldsymbol{r})\,\mathrm{d}V \tag{11.21}$$

ψ ではなく，その複素共役 ψ^* と φ の積が被積分関数になっていることに注意すべきである (第 10 章 (10.39) 式参照)．したがって，どのような複素波動関数 ψ に対しても，長さの一般化であるノルム

$$\|\psi\| \equiv (\psi, \psi)^{1/2} \tag{11.22}$$

は正の実数になる．量子力学では，関数の内積の代わりに次式の左辺の記号が使われることが多い．

[†16] ハミルトニアンや運動量演算子は (11.20) 式を満たす線形演算子である．

[†17] 行列 $\boldsymbol{A}$ をベクトル $\boldsymbol{x}_1$ と $\boldsymbol{x}_2$ の和に作用させると，$\boldsymbol{A}(\boldsymbol{x}_1 + \boldsymbol{x}_2) = \boldsymbol{A}\boldsymbol{x}_1 + \boldsymbol{A}\boldsymbol{x}_2$ の線形変換になる．

$$\langle\psi|\varphi\rangle \equiv (\psi, \varphi) \tag{11.23}$$

$$\langle\psi|\hat{A}|\varphi\rangle \equiv (\psi, \hat{A}\varphi) \tag{11.24}$$

$\hat{A}\varphi$ は φ に演算子 $\hat{A}$ を作用させて得られた新たな波動関数を意味している．$\langle\psi|\varphi\rangle = \langle\varphi|\psi\rangle^*$ の関係があることは容易に証明できる．$\langle\cdots|$ と $|\cdots\rangle$ は，それぞれ，**ブラ** (bra) と**ケット** (ket) とよばれている．括弧 (bracket) $\langle\ \rangle$ を分けたものと見なせるので，このような記法を**ブラ・ケット記法**[†18] という．

波動関数からエネルギーなどの観測可能な物理量を求めることができる．しかしながら，波動関数そのものは一般には複素数であり，その解釈をめぐってはボーアとアインシュタインの間に激しい論争があった．現在では，位置 $\boldsymbol{r}$ に粒子を見いだす確率 (**存在確率**) が波動関数の絶対値の二乗 $|\psi(\boldsymbol{r})|^2 = \psi^*(\boldsymbol{r})\,\psi(\boldsymbol{r})$ に比例すると考えるボルン (Born, M.) の確率解釈で一応の決着をみている．波動関数の絶対値の二乗が存在確率を与えるという物理的要請から，波動関数は与えられた座標に対してただ1つの値を返す1価関数で，粒子の存在領域が限られている束縛系に対しては二乗積分つまりノルム (11.22) 式が有限でなければならない．また，シュレーディンガー方程式は座標に関する2階微分を含むので，波動関数とその座標に関する1次導関数は連続でなければならない (ポテンシャルエネルギーがある点で無限大だけ変化する場合は，その点での導関数は不連続)．波動関数の次元を体積の平方根の逆数にすれば，$|\psi(\boldsymbol{r})|^2$ を体積で積分したものが粒子数や確率の次元，つまり，無次元量になる．

量子力学においては，物理量の測定に際して得られる値は，同じ量子状態に対してもいつも同じとは限らない．つまり，一般には，物理量の値が測定のたびごとに異なる．そのような場合，物理量は確率変数と見なされ，物理量 A のとり得る値 a_n に対応する**確率** P_n が決まっている．確率の総和 $\sum_n P_n$ は1である．a_n とその確率 P_n の積の総和を A の**期待値** $\langle A\rangle$ (expectation value) という．

$$\langle A\rangle = \sum_n a_n P_n \tag{11.25}$$

期待値は，確率に支配されていろいろな値をとる物理量があるとき，その物理量の測定を1回行って得られる測定値がどの程度の値をとると期待できるかを示す量[†19] であり，測定を無限回繰り返して得られた測定値の平均値 (各測定値を足し合わせて回数で割ったもの) と同じになる．

[†18] このような記号はディラックによって導入された．

具体例として，1次元の位置 x の期待値を考えてみる．ボルンの確率解釈に従えば，粒子が位置 x の周りの微小範囲 $\mathrm{d}x$ に見いだされる確率は $|\psi(x)|^2\,\mathrm{d}x$ なので，位置の期待値 $\langle x\rangle$ は次式の最初の等号の右辺で与えられる．

$$\langle x\rangle = \frac{\displaystyle\int x\,|\psi(x)|^2\,\mathrm{d}x}{\displaystyle\int |\psi(x)|^2\,\mathrm{d}x} = \frac{\displaystyle\int \psi^*(x)\,x\,\psi(x)\,\mathrm{d}x}{\displaystyle\int \psi^*(x)\,\psi(x)\,\mathrm{d}x} \tag{11.26}$$

(11.25) 式において，$a_n = x_n$ をとる確率が $P_n = |\psi(x_n)|^2\,\mathrm{d}x \big/ \int |\psi(x)|^2\,\mathrm{d}x$ であると考えればよい[†20]．位置のように連続的に変化する場合は，(11.25) 式の級数和は積分で置き換えることができる．また，$\langle x\rangle$ は，(11.26) 式最右辺のように，波動関数 $\psi^*(x)$ と $\psi(x)$ で物理量 x をはさんだ形式でも表せる．量子力学では，一般に，任意の波動関数 ψ に対する演算子 $\hat{A}$ の正しい期待値 $\langle\hat{A}\rangle$ は，演算子 $\hat{A}$ を波動関数ではさんだつぎの形式に従う．

$$\langle\hat{A}\rangle \equiv \frac{\displaystyle\int \psi^*(\boldsymbol{r})\,\hat{A}\,\psi(\boldsymbol{r})\,\mathrm{d}\boldsymbol{V}}{\displaystyle\int \psi^*(\boldsymbol{r})\,\psi(\boldsymbol{r})\,\mathrm{d}\boldsymbol{V}} = \frac{\langle\psi|\hat{A}|\psi\rangle}{\langle\psi|\psi\rangle} \tag{11.27}$$

【問 11.7】 (11.19) 式のように，ψ_n が $\hat{A}$ のある固有関数で，その固有値が a_n のとき，次式が成り立つことを示せ．

$$\frac{\langle\psi_n|\hat{A}|\psi_n\rangle}{\langle\psi_n|\psi_n\rangle} = a_n \tag{11.28}$$

ψ が $\hat{A}$ の固有関数のときは，1回1回の測定値は決まった一つの値 $\langle\hat{A}\rangle = a$ になる (実験の測定に誤差がないとする)．ψ が $\hat{A}$ の固有関数であるとき，$\hat{A}$ の測定値の平均値からの“ばらつき”を表す**標準偏差**[†21]

$$\Delta A = \sqrt{\langle\hat{A}^2\rangle - \langle\hat{A}\rangle^2} \tag{11.29}$$

は0となる．したがって，対応する物理量を測定すると必ず決まった値 a が得られ

[†19] サイコロを振ると，同じ確率で1〜6の整数が出るので，その期待値は3.5となる．何回もサイコロを振って出てくる値を足し合わせ，その回数で割って求められる平均値は期待値に近づいていく．

[†20] クラスの平均身長を求める場合になぞらえると，身長 $x - \mathrm{d}x/2$ と $x + \mathrm{d}x/2$ との間の生徒数が $|\psi(x)|^2\,\mathrm{d}x$ に，クラスの総数が $\int|\psi(x)|^2\,\mathrm{d}x$ に対応している．

[†21] 平均値からのずれの二乗平均 (分散) $\Delta A^2 = \langle(\hat{A} - \langle\hat{A}\rangle)^2\rangle = \langle\hat{A}^2 - 2\hat{A}\langle\hat{A}\rangle + \langle\hat{A}\rangle^2\rangle = \langle\hat{A}^2\rangle - \langle\hat{A}\rangle^2$ の平方根．

る．$\langle \hat{A}^2 \rangle$ は (11.27) 式の $\hat{A}$ を $\hat{A}^2 = \hat{A}\hat{A}$ で置き換えたものである．

【問 11.8】 $\hat{A}\psi = a\psi$ を満たす状態に対しては，$\hat{A}^2$ の期待値 $\langle \hat{A}^2 \rangle$ が a^2 となって，$\Delta A = 0$ となることを証明せよ．

シュレーディンガー方程式は線形方程式[†22]であるから，ψ が解であればその定数倍も解になる[†23]．通常は，粒子を全空間で見いだす確率が1になるように波動関数を**規格化**する．つまり，任意の ψ に対して，適切な定数 c (複素数でもよい) をかけて，$\psi' = c\psi$ のノルムを1にする (ベクトルの長さの調整に対応)．具体的には，

$$\langle c\psi | c\psi \rangle = |c|^2 \int \psi^*(\boldsymbol{r})\,\psi(\boldsymbol{r})\,\mathrm{d}\boldsymbol{V} = 1 \tag{11.30}$$

となるように c を選ぶので，その絶対値は

$$|c| = \frac{1}{\sqrt{\displaystyle\int \psi^*(\boldsymbol{r})\,\psi(\boldsymbol{r})\,\mathrm{d}\boldsymbol{V}}} \tag{11.31}$$

で与えられることになる．複素数 c は，絶対値 $|c|$ と位相 θ を使うと $c = |c|\,e^{i\theta}$ のように表せる．(11.27) 式からわかるように，物理量の期待値は θ に依存しないので，$\theta = 0$ とすることが多い．

観測可能な物理量 A の測定値は実数である．対応する線形演算子 $\hat{A}$ の期待値 $\langle \hat{A} \rangle$ も，測定を無限回繰り返して得られた測定値の平均値であるから，実数でなければならない．つまり，$\langle \hat{A} \rangle = \langle \hat{A} \rangle^*$ を満たさなければならない．

$$\int \psi^*(\hat{A}\psi)\,\mathrm{d}\boldsymbol{V} = \int (\hat{A}\psi)^*\psi\,\mathrm{d}\boldsymbol{V} \tag{11.32}$$

ここで，ψ や $\hat{A}$ の変数 $\boldsymbol{r}$ は略している．この関係を満たす演算子を**エルミート演算子** (Hermite operator) という．実際，位置座標の演算子，運動量演算子，ハミルトニアンはエルミート演算子である．観測可能な物理量 A に対応するエルミート演算子は固有関数をもつ．エルミート演算子は，より一般的には，任意の波動関数 φ_1, φ_2 に対して

$$\int \varphi_2^*(\hat{A}\varphi_1)\,\mathrm{d}\boldsymbol{V} = \int (\hat{A}\varphi_2)^*\varphi_1\,\mathrm{d}\boldsymbol{V} \tag{11.33}$$

を満たす演算子として定義される．λ を任意の複素数とする $\psi = \varphi_1 + \lambda\varphi_2$ を

[†22] 第9章参照．

[†23] $\hat{H}\psi = E\psi$ とすると，$\hat{H}(c\psi) = c\hat{H}\psi = cE\psi = E(c\psi)$ が成り立つ．

(11.32) 式に代入すると，(11.33) 式を証明できる[†24].

波動関数の集まり $\psi_1, \psi_2, \cdots$ から，考えている関数空間の任意の関数 ψ が，複素数 c_1, c_2 などを使って

$$\psi = c_1\psi_1 + c_2\psi_2 + \cdots \tag{11.34}$$

と線形結合で表される場合，その集合（基底系）は**完全系**（complete set）とよばれる．また，互いに直交する関数系 $\{\langle\psi_i|\psi_j\rangle = 0\ (i \neq j)\}$，つまり，**直交系**（orthogonal set）に対しては，(11.34) 式の展開係数は

$$c_j = \frac{\langle\psi_j|\psi\rangle}{\langle\psi_j|\psi_j\rangle} \tag{11.35}$$

となる．一般に，観測可能な物理量に対応するエルミート演算子の固有関数の全体 $\{\psi_n\} \equiv \{\psi_1, \psi_2, \cdots\}$ は完全系で，かつ直交系である（問 11.10 参照）．規格化条件 $\langle\psi_i|\psi_i\rangle = 1$ を満たす直交系は**規格直交系**あるいは**正規直交系**（orthonormal set）とよばれる．

【問 11.9】 (11.34) 式を使って，直交系に対しては (11.35) 式が成立することを示せ．

【問 11.10】 エルミート演算子 $\hat{A}$ の異なった固有値 a_i と a_j $(a_i \neq a_j)$ に属する固有関数は直交すること[†25] $\int \psi_j^* \psi_i \,\mathrm{d}V = 0$ を証明せよ．まず，$\hat{A}\psi_i = a_i\psi_i$ の左側から ψ_j^* をかけて，積分すると

$$\int \psi_j^* \hat{A}\psi_i \,\mathrm{d}V = a_i \int \psi_j^* \psi_i \,\mathrm{d}V \tag{11.36}$$

が得られ，$(\hat{A}\psi_j)^* = (a_j\psi_j)^*$ から

$$\int (\hat{A}\psi_j)^* \psi_i \,\mathrm{d}V = a_j \int \psi_j^* \psi_i \,\mathrm{d}V \tag{11.37}$$

が得られることを示せ．つぎに，(11.37) 式から (11.36) 式を引いて，$\hat{A}$ のエルミート演算子の性質 (11.33) 式を使って，$\int \psi_j^* \psi_i \,\mathrm{d}V = 0$ を導け．

---

†24　代入後に，(11.32) 式の関係 $\int \varphi_j^* (\hat{A}\varphi_j)\,\mathrm{d}V = \int (\hat{A}\varphi_j)^* \varphi_j \,\mathrm{d}V$　$(j = 1, 2)$ を再度使うと，
$\lambda^* \left[\int \varphi_2^* (\hat{A}\varphi_1)\,\mathrm{d}V - \int (\hat{A}\varphi_2)^* \varphi_1 \,\mathrm{d}V \right] + \lambda^* \left[\int \varphi_1^* (\hat{A}\varphi_2)\,\mathrm{d}V - \int (\hat{A}\varphi_1)^* \varphi_2 \,\mathrm{d}V \right] = 0$ を得る．
この式が任意の複素数 λ に対して成立しなければならないので，2 つの括弧 [⋯] 内がともに 0 となり，(11.33) 式が得られる．エルミート演算子はそれ自身とエルミート共役が等しい演算子としても定義できる（詳しくは第 11 章補足 C11.3 参照）．

†25　異なった固有値に属する固有関数の集まりは直交系である．縮退した固有関数がある場合は，それらは一般には直交していないが，グラム-シュミット法などを使って直交化することができる（第 5 章補足 C5 参照）．

状態 ϕ が物理量 A に対応するエルミート演算子 $\hat{A}$ の固有関数ではない場合，1回1回の測定値は決まった1つの値をとるのではなく，物理量 A を多数回測ったときの平均値が期待値 $\langle\hat{A}\rangle$ になる．$\hat{A}$ の固有関数を $\phi_1, \phi_2, \cdots$，それぞれの固有値を $a_1, a_2, \cdots$ とし，ϕ を (11.34) 式のように展開してみる．ϕ を $\hat{A}$ の異なった固有値に属する固有関数 $\{\phi_j\}$ の線形結合として，$\hat{A}$ を作用させると $\hat{A}(c_1\phi_1 + c_2\phi_2 + \cdots) = a_1c_1\phi_1 + a_2c_2\phi_2 + \cdots$ となり，$a(c_1\phi_1 + c_2\phi_2 + \cdots)$ のように1つの値 a を使って表せない．つまり，$\hat{A}$ の固有関数にはなり得ない．この場合，エルミート演算子の固有関数の直交性 (問 11.10 参照) を利用すると，期待値 $\langle\hat{A}\rangle$ は

$$\langle\hat{A}\rangle \equiv \frac{\langle\phi|\hat{A}|\phi\rangle}{\langle\phi|\phi\rangle} = \frac{\sum_j |c_j|^2 a_j}{\sum_j |c_j|^2} \tag{11.38}$$

となる．期待値は，各状態単独の場合の測定値 a_j に，その状態が出現する確率 $P_j = |c_j|^2/\sum_j |c_j|^2$ をかけたものになる．異なった固有値をもつ固有関数の線形結合状態に対しては，偏差は $\Delta A \neq 0$ であり，1回1回の測定値は同じ値ではなく (もちろん対象の線形結合状態は同じ)，期待値 $\langle\hat{A}\rangle$ の周りにばらつく．量子力学は，その物理量に対応するエルミート演算子の固有状態である場合を除いては，1回ずつ測定を繰り返して得られた多数個の結果に関する統計法則 (期待値や分散) を与えるだけである．

【問 11.11】 $\phi = \sum_j c_j \phi_j$ と直交関係 $\{\langle\phi_i|\phi_j\rangle = 0\ (i \neq j)\}$ を使って，(11.38) 式を証明せよ[†26]．

本節では量子力学の根幹に関わることを順次説明した．その要点は以下の3つにまとめることができる．

(i) 座標 x と運動量 p の関数である古典的物理量 $A(x,p)$ (たとえば，エネルギー) に，(11.14) 式の変換を施すことによって量子力学的演算子 $\hat{A}$ が求められる．その固有方程式 $\hat{A}\phi = a\phi$ を解けば，$\hat{A}$ の固有値 a_i と固有状態 ϕ_j を得ることができる．

[†26] (11.35) 式を使うと $\sum_j |c_j|^2 = \sum_j \langle\phi|\phi_j\rangle\langle\phi_j|\phi\rangle$ と表せるので，これと等しい $\langle\phi|\phi\rangle$ と比較すると，完全性関係 $\sum_j |\phi_j\rangle\langle\phi_j| = \hat{I}$ が導ける．ここで，$\hat{I}$ は何も変化させない恒等演算子である (単位行列はその一例)．基底系が完全系ならば，完全性関係が成立する．この関係を使うと，(11.38) 式を機械的に計算できる．(11.38) 式の分子は，$\langle\phi|\hat{A}|\phi\rangle = \langle\phi|I\hat{A}I|\phi\rangle = \sum_i \sum_j \langle\phi|\phi_i\rangle\langle\phi_i|\hat{A}|\phi_j\rangle\langle\phi_j|\phi\rangle = \sum_j |c_j|^2 a_j$ となる．

（ii）物理量 A に対応する量子力学的演算子 $\hat{A}$ はエルミート演算子であり，その固有関数 ψ_j から規格直交系 $\{\psi_j\}$ がつくれる．$\{\psi_j\}$ は，その線形結合で系の任意の量子状態に対応する波動関数[†27] ψ を表すことができる基底系（完全系）である．

（iii）物理量 A の固有関数 $\{\psi_j\}$ で展開できる状態 $\psi = \sum_j c_j\psi_j$ に対して，A の測定を行うと，$\hat{A}\psi_j = a_j\psi_j$ を満たす固有値の 1 つ a_j が確率 $|c_j|^2/\sum_j|c_j|^2$ で得られる．この測定を多数回繰り返して得られた測定値の平均は期待値 $\langle\hat{A}\rangle$ と等しくなる．

11.5　演算子の交換関係

演算子 $\hat{A}$ の固有関数の全集合 $\{\psi_n\}$ が $\hat{B}$ の固有関数の全集合 $\{\varphi_n\}$ と同じで（各要素が一致 $\{\psi_n = \varphi_n\}$），系がそのなかのある固有状態にあるとき，対応する 2 つの物理量の測定値はばらつきがなく確定する．ψ_n に対して，

$$\hat{A}\psi_n = a_n\psi_n \tag{11.39}$$

$$\hat{B}\psi_n = b_n\psi_n \tag{11.40}$$

と表せるから，$\hat{A}$ と $\hat{B}$ の物理量をそれぞれ独立に測定すれば毎回 a_n と b_n が得られ，$\Delta A = \Delta B = 0$ である．同じ ψ_n に対して (11.39) 式と (11.40) 式が成立している場合，次式が成り立つ．

$$[\hat{A},\hat{B}]\psi_n = 0 \tag{11.41}$$

ここで，[,] は**交換子** (commutator) とよばれ，つぎのように定義されている．

$$[\hat{A},\hat{B}] \equiv \hat{A}\hat{B} - \hat{B}\hat{A} \tag{11.42}$$

【問 11.12】 (11.39) 式から $\hat{B}\hat{A}\psi_n = b_n a_n\psi_n$ が，(11.40) 式から $\hat{A}\hat{B}\psi_n = a_n b_n\psi_n$ が得られることを確かめ，(11.41) 式が成り立つことを証明せよ．a_n と b_n は単なるスカラーであるから，$a_n b_n = b_n a_n$ である．

(11.41) 式が成り立てば，完全系 $\{\psi_n\}$ で展開できる任意の波動関数 ψ に対して，次式が成り立つ．

$$[\hat{A},\hat{B}]\psi = \sum_n c_n[\hat{A},\hat{B}]\psi_n = 0 \tag{11.43}$$

ここで，(11.41) 式が完全系 $\{\psi_n\}$ のすべての固有関数に対して適用できることを使った．(11.43) 式から，$[\hat{A},\hat{B}]$ の作用を，その対象となる波動関数を明示しないで，

$$[\hat{A},\hat{B}] = 0 \tag{11.44}$$

[†27] 一般には，時間とともに変化する状態も含む．

と表しても差し支えない．(11.44) 式が成り立つとき，2つの演算子は交換可能，あるいは，**可換** (commutative) であるという．逆に，$\hat{A}$ と $\hat{B}$ が可換であれば，これら2つの演算子は同じ固有関数の集合をもつ[†28]．この対偶関係[†29]から，演算子 $\hat{A}$ の固有関数の全集合 $\{\psi_n\} \equiv \{\psi_1, \psi_2, \cdots\}$ と別の演算子 $\hat{B}$ の固有関数の全集合 $\{\varphi_n\} \equiv \{\varphi_1, \varphi_2, \cdots\}$ が異なる (一致しない) 場合，$\hat{A}$ と $\hat{B}$ は可換ではない (**非可換** noncommutative) ことがわかる．また，$\hat{A}$ と $\hat{B}$ が非可換の場合，それらの固有関数の要素は一致しない．たとえば，位置と運動量の演算子は非可換である．

$$[\hat{p}_x, x] = -i\hbar, \quad [x, \hat{p}_x] = i\hbar \tag{11.45}$$

一方，異なった自由度に属する演算子は互いに独立であるから，次式のように可換である．

$$[x, y] = 0, \quad \left[\frac{\partial}{\partial x}, \frac{\partial}{\partial y}\right] = 0, \quad \left[\frac{\partial}{\partial x}, y\right] = 0 \tag{11.46}$$

【問 11.13】 (11.45) 式の関係式を導け．任意の関数 $f(x)$ に作用させることを考え，

$$[\hat{p}_x, x]f(x) = \left[-i\hbar\frac{\partial}{\partial x}, x\right]f(x) = -i\hbar f(x) \tag{11.47}$$

となることを示せばよい．$[\hat{A}, \hat{B}] = -[\hat{B}, \hat{A}]$ は定義から自明である．

ここで，ある一定の状態 ψ に対して，$\hat{A}$ と $\hat{B}$ に対応する2つの物理量をそれぞれ別々に多数回測定することを考えよう．$[\hat{A}, \hat{B}] \neq 0$ の場合，得られた測定値の平均 $\langle\hat{A}\rangle$ からのばらつき (標準偏差) ΔA と，$\langle\hat{B}\rangle$ からのばらつき ΔB が両方とも0になることはなく，両者の積は，一般に，つぎの**ロバートソンの不等式**[†30]に従うことが知られている (導出は補足 C11.4 参照)．

$$\Delta A\,\Delta B \geq \frac{1}{2}|\langle[\hat{A}, \hat{B}]\rangle| \tag{11.48}$$ [†31]

---

†28　$\hat{B}$ の固有関数 φ_1 が満たす固有方程式 $\hat{B}\varphi_1 = b_1\varphi_1$ の両辺に左側から $\hat{A}$ を作用させ，$[\hat{A}, \hat{B}] = 0$ を使うと，$\hat{B}(\hat{A}\varphi_1) = b_1(\hat{A}\varphi_1)$ を得る．簡単のため，縮退がなく，1つの固有値に対応する固有関数は1つとすると，$\hat{A}\varphi_1$ は $\hat{B}$ の固有値 b_1 をもつ固有関数 φ_1 に比例する．つまり，$\hat{A}\varphi_1 = a_1\varphi_1$ と表すことができ，φ_1 が共通の固有関数であることがわかる．

†29　「A ならば B」が真であれば，その対偶「B でないなら A でない」も必ず成り立つ．

†30　ロバートソン (Robertson, H.P.) が 1929 年に量子力学に基づいて証明した．この不等式はハイゼンベルクの不等式ともよばれるが，付録 A11 の (A11.1) と (A11.2) 式も同じ呼称なので，ここでは「ロバートソンの不等式」を採用する．

†31　$\langle[\hat{A}, \hat{B}]\rangle$ は交換子 $\hat{A}\hat{B} - \hat{B}\hat{A}$ の期待値を意味している．

この式では誤差の出ない測定器で2つの物理量を独立に測ることを想定しており，ΔA や ΔB は系にもともと内在している量子的な“ゆらぎ”と見なせる．

【問 11.14】 (11.48) 式を使って，$\hat{x}$ と $\hat{p}_x$ の標準偏差の積が従う不等式

$$\Delta x \, \Delta p_x \geq \frac{\hbar}{2} \tag{11.49}$$

を導け[†32]．たとえば，Δx が小さくなると，Δp_x は大きくなる．

古典力学では，対象とする系に関する位置や運動量の力学量がすべて正確に各時刻で指定できる．一方，量子力学が支配する世界では，一般には2つ以上の力学量の同時刻での値を同時に正確に決定することはできず，その不確定さがプランク定数 h によって決まる．これがハイゼンベルク (Heisenberg, W.) が提唱した**不確定性原理** (uncertainty principle) である (付録 A11 参照)．この原理によれば，ミクロな系では，位置と運動量を同時に正確に測ることができない．

[†32] (11.49) 式の関係から，第10章10.5節で説明した「x を変数とするガウス関数の幅 Δx を広げていくと，フーリエ逆空間での幅は狭くなる」ことが理解できる．

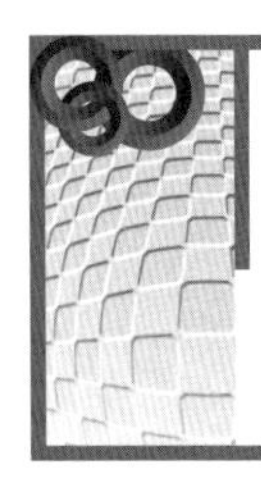

第12章
水素原子の量子力学

前章で学んだシュレーディンガー方程式はどのような系に対しても書き下すことができるが，その解法は数値計算によることが多い．一方，「調和振動子」や「箱の中の粒子」[†1] など解析的な解が得られるものは，具体的な問題への適用だけでなく，量子論に関する理解や考察を深めるのにも役立つ．水素原子もそのような一例で，水素原子の電子に関するシュレーディンガー方程式の解を求めることは，原子・分子の電子の状態を定量化する量子化学[†2] の基礎であり，分子の構造や化学反応を量子力学的に理解する第一歩となる．本章では，原子番号 Z (≥ 1) の原子核の周囲を電子 **1** 個が運動する **2** 粒子系の固有値問題を，第 **11** 章で学んだ量子力学の基礎知識を活用しながら解いていく．

12.1　2粒子系の重心運動と相対運動の分離

原子や分子では，電子と電子，あるいは，電子と原子核などが互いに力を及ぼし合う．水素原子では，電子と陽子の 2 粒子がクーロン引力によって相互作用している．まず，3 次元空間に存在する粒子 1 と 2 を考え，粒子 1 の質量を m_1，座標を $\boldsymbol{r}_1 = (x_1, y_1, z_1)$，粒子 2 の質量を m_2，座標を $\boldsymbol{r}_2 = (x_2, y_2, z_2)$ とする．たとえば，粒子 1 を陽子，粒子 2 を電子と考えれば，水素原子に対応する．電子や原子核が置かれているポテンシャルエネルギーを $V(\boldsymbol{r}_1, \boldsymbol{r}_2)$ と表すと，2 粒子系全体の古典力学のハミルトニアン H_T は，

$$H_\mathrm{T} = \frac{1}{2m_1}\boldsymbol{p}_1^{\,2} + \frac{1}{2m_2}\boldsymbol{p}_2^{\,2} + V(\boldsymbol{r}_1, \boldsymbol{r}_2) \tag{12.1}$$

[†1] たとえば，長さ L の平坦な底の両端が無限大のポテンシャルの壁になっている 1 次元井戸型ポテンシャルの問題である．その中の粒子に対するシュレーディンガー方程式は，三角関数を使って簡単に解ける．本シリーズの『量子化学』(大野公一 著) 3.3 節参照．

[†2] 原子・分子やそれらの集合体の構造・物性・反応の諸問題を，量子力学の原理に基づいて解明しようとする理論化学の一分野である．詳しくは次章で説明する．

で与えられる．ここで，$\boldsymbol{p}_1$ と $\boldsymbol{p}_2$ はそれぞれ粒子1と2の運動量 $m_1\dot{\boldsymbol{r}}_1$ と $m_2\dot{\boldsymbol{r}}_2$ である[†3]．本節では，粒子に働く相互作用 V が粒子間の相対座標[†4] $\boldsymbol{r} = \boldsymbol{r}_2 - \boldsymbol{r}_1$ だけで決まる場合，2粒子系のハミルトニアンが重心座標と相対座標それぞれに依存する部分に変数分離されることを示す．

相対座標 $\boldsymbol{r}$ の3成分を x, y, z と表すと，それらは次式で与えられる．

$$\boldsymbol{r} = (x, y, z) \equiv (x_2 - x_1,\ y_2 - y_1,\ z_2 - z_1) \tag{12.2}$$

2粒子系全体の**重心の座標** $\boldsymbol{r}_\mathrm{G} = (x_\mathrm{G}, y_\mathrm{G}, z_\mathrm{G})$ は，M を全質量 $M = m_1 + m_2$ とすると，次式で与えられる (付録 (A7.2) 式)．

$$\boldsymbol{r}_\mathrm{G} = \frac{m_1\boldsymbol{r}_1 + m_2\boldsymbol{r}_2}{M} \tag{12.3}$$

各粒子の位置は $\boldsymbol{r}$ と $\boldsymbol{r}_\mathrm{G}$ でつぎのように表せるので

$$\boldsymbol{r}_1 = \boldsymbol{r}_\mathrm{G} - \frac{m_2}{M}\boldsymbol{r}, \quad \boldsymbol{r}_2 = \boldsymbol{r}_\mathrm{G} + \frac{m_1}{M}\boldsymbol{r} \tag{12.4}$$

μ を換算質量 $\mu = m_1 m_2/(m_1 + m_2)$ とすると，$\boldsymbol{p}_1$ と $\boldsymbol{p}_2$ は次式で与えられる．

$$\boldsymbol{p}_1 = m_1\dot{\boldsymbol{r}}_1 = m_1\left(\dot{\boldsymbol{r}}_\mathrm{G} - \frac{m_2}{M}\dot{\boldsymbol{r}}\right) = \frac{m_1}{M}\left(\boldsymbol{p}_\mathrm{G} - \frac{m_2}{\mu}\boldsymbol{p}\right) \tag{12.5 a}$$

$$\boldsymbol{p}_2 = m_2\dot{\boldsymbol{r}}_2 = m_2\left(\dot{\boldsymbol{r}}_\mathrm{G} + \frac{m_1}{M}\dot{\boldsymbol{r}}\right) = \frac{m_2}{M}\left(\boldsymbol{p}_\mathrm{G} + \frac{m_1}{\mu}\boldsymbol{p}\right) \tag{12.5 b}$$

ここで，$\boldsymbol{p}_\mathrm{G}$ は重心の運動量 $M\dot{\boldsymbol{r}}_\mathrm{G} = \boldsymbol{p}_1 + \boldsymbol{p}_2$，$\boldsymbol{p}$ は相対運動量 $\mu\dot{\boldsymbol{r}} = (m_1\boldsymbol{p}_2 - m_2\boldsymbol{p}_1)/M$ である．(12.5) 式を (12.1) 式に代入すると，2粒子の運動エネルギーの和が重心成分 $\boldsymbol{p}_\mathrm{G}^2/(2M)$ と相対運動成分 $\boldsymbol{p}^2/(2\mu)$ の和で表せる．粒子に働く相互作用 $V(\boldsymbol{r}_1, \boldsymbol{r}_2) = V(\boldsymbol{r}_\mathrm{G}, \boldsymbol{r})$ が相対座標 $\boldsymbol{r}$ だけの関数 $V(\boldsymbol{r})$ である場合は，(12.1) 式の重心座標と相対座標は次式のように分離でき，両者は別々に扱うことができる．

$$H_\mathrm{T} = \frac{\boldsymbol{p}_\mathrm{G}^2}{2M} + \left[\frac{\boldsymbol{p}^2}{2\mu} + V(\boldsymbol{r})\right] \tag{12.6}$$

全エネルギーは重心運動のエネルギー $\boldsymbol{p}_\mathrm{G}^2/(2M)$ と [⋯] 内の相対運動のエネルギーの和で，それぞれは時間が経っても一定である保存量[†5]である．

---

†3　$\dot{\boldsymbol{r}}_1 \equiv \mathrm{d}\boldsymbol{r}_1/\mathrm{d}t$ である．

†4　どちらか一つの粒子を原点とした他方の粒子の座標．

†5　重心運動エネルギーの保存は，重心を移動させてもそのポテンシャルエネルギーが変化しないことによる．内部エネルギーの保存は，$V(\boldsymbol{r})$ が時間に依存しないことによる．詳しくは，7.3節の古典力学の保存量の説明参照．

(12.6) 式と同様の変数分離は，量子力学においても成り立つ．(12.1) 式のハミルトニアンに $p_{x_1} \to i\hbar\partial/\partial x_1$ のような置き換えを施し (第12章補足 C12.1 参照)，(12.2) 式と (12.3) 式を使えば，重心座標と相対座標に対する別々のシュレーディンガー方程式を導出することができる．また，以下のように，(12.6) 式の $\boldsymbol{p}_{\mathrm{G}}{}^2/(2M)$ と $\boldsymbol{p}^2/(2\mu)$ を量子力学的演算子に置き換えても，重心運動と相対運動に関するハミルトニアンが導ける．$\boldsymbol{p}_{\mathrm{G}}{}^2/(2M)$ の $\boldsymbol{p}_{\mathrm{G}} = (p_{x_{\mathrm{G}}}, p_{y_{\mathrm{G}}}, p_{z_{\mathrm{G}}})$ を対応する量子力学的演算子 $p_{x_{\mathrm{G}}} \to i\hbar\partial/\partial x_{\mathrm{G}}$，$p_{y_{\mathrm{G}}} \to i\hbar\partial/\partial y_{\mathrm{G}}, \cdots$ に置き換えれば[†6]，**重心運動のハミルトニアン$\hat{H}_{\mathrm{G}}$**

$$\hat{H}_{\mathrm{G}} = -\frac{\hbar^2}{2M}\left(\frac{\partial^2}{\partial x_{\mathrm{G}}{}^2} + \frac{\partial^2}{\partial y_{\mathrm{G}}{}^2} + \frac{\partial^2}{\partial z_{\mathrm{G}}{}^2}\right) \tag{12.7}$$

が導け，つぎのシュレーディンガー方程式が得られる[†7]．

$$\hat{H}_{\mathrm{G}}\chi(x_{\mathrm{G}}, y_{\mathrm{G}}, z_{\mathrm{G}}) = E_{\mathrm{G}}\chi(x_{\mathrm{G}}, y_{\mathrm{G}}, z_{\mathrm{G}}) \tag{12.8}$$

χ は固有関数，E_{G} は対応する固有値である．同様に，(12.6) 式 [⋯] 中の相対運動量 $\boldsymbol{p} = (p_x, p_y, p_z)$ に変換 $-i\hbar(\partial/\partial x), \cdots$ を施すと，**相対運動に対するハミルトニアン $\hat{H}$** を得る．

$$\hat{H} = -\frac{\hbar^2}{2\mu}\left(\frac{\partial^2}{\partial x^2} + \frac{\partial^2}{\partial y^2} + \frac{\partial^2}{\partial z^2}\right) + V(x, y, z) \tag{12.9}$$

そのシュレーディンガー方程式は，固有関数を ψ，固有値を E とすると，次式で表せる．

$$\hat{H}\psi(x, y, z) = E\psi(x, y, z) \tag{12.10}$$

この式は，ポテンシャルエネルギーが V で換算質量が μ である粒子の方程式であり，静止した原子核の場合の取り扱いと同じである．ミクロ系の粒子間の相対運動に対応する (12.10) 式から，物理的・化学的に重要な量子効果が現れる．

全系のシュレーディンガー方程式 $(\hat{H}_{\mathrm{G}} + \hat{H})\psi\chi = E_{\mathrm{T}}\psi\chi$ と (12.8), (12.10) 式から，全エネルギー E_{T} は，古典力学と同様に，重心の運動エネルギー E_{G} と相対運動

[†6] $\boldsymbol{p}_{\mathrm{G}} = \boldsymbol{p}_1 + \boldsymbol{p}_2$ に対応して $-i\hbar\partial/\partial x_{\mathrm{G}} = -i\hbar(\partial/\partial x_1 + \partial/\partial x_2)$，$\boldsymbol{p} = (m_1\boldsymbol{p}_2 - m_2\boldsymbol{p}_1)/M$ に対応して $-i\hbar\partial/\partial x = -i\hbar(m_1\partial/\partial x_2 - m_2\partial/\partial x_1)/M$ のような関係がある．詳細は補足 C12.1 参照．

[†7] 質量 M の運動エネルギーだけをもつ自由粒子の問題と見なせる．容器の中にある水素原子は3次元の無限大の障壁をもつ箱形ポテンシャル井戸の中の粒子として扱える．通常のマクロな容器 (たとえば，一辺 1 cm の立方体) では，原子や分子の重心の量子化されたエネルギー準位の間隔は熱エネルギーに比べて十分小さく，古典力学で扱うことができる．『量子化学』(大野公一 著) 3.3 節参照．

のエネルギー E の和 $E_{\mathrm{T}} = E_{\mathrm{G}} + E$ になる．一般に，ある物理量 A の演算子 $\hat{A}$ が時間 t にあらわに依存せず，全ハミルトニアン $\hat{H}_{\mathrm{T}}$ と可換なら，$\hat{A}$ の期待値は時間に依存しない[†8]．$\hat{H}_{\mathrm{G}}$ と $\hat{H}$ が可換であり，またそれぞれが全ハミルトニアン $\hat{H}_{\mathrm{T}} = \hat{H}_{\mathrm{G}} + \hat{H}$ とも可換であるから，$E_{\mathrm{G}}, E, E_{\mathrm{T}}$ が保存量として定まる．3 粒子以上の系でも，V が粒子間の相対座標だけに依存していれば，重心座標とその他の座標（粒子間の相対座標などの組合せ）とに分けることができる．

12.2　角運動量の量子力学的演算子と交換関係

本節では，水素原子の理解に必要となる角運動量演算子に関する知識を整理する．第 7 章で説明したように，古典力学では，粒子 1 の運動による**角運動量** l_1 は $\boldsymbol{r}_1 \times \boldsymbol{p}_1$ で与えられる．多粒子系の角運動量は，古典力学か量子力学かにかかわらず，重心と相対運動の 2 つに分かれる[†9]．古典力学では，2 粒子系の**全角運動量** $\boldsymbol{L} = \boldsymbol{r}_1 \times \boldsymbol{p}_1 + \boldsymbol{r}_2 \times \boldsymbol{p}_2$ は重心成分 $l_{\mathrm{G}} = \boldsymbol{r}_{\mathrm{G}} \times \boldsymbol{p}_{\mathrm{G}}$ と相対運動成分 $l = \boldsymbol{r} \times \boldsymbol{p}$ の和で表せる[†10]．量子力学の演算子を求めるには，各成分，たとえば，l の x 成分 $l_x = (yp_z - zp_y)$ に $p_z \to -i\hbar(\partial/\partial z)$ のような変換を施せばよい．

$$\hat{l}_x = -i\hbar\left(y\frac{\partial}{\partial z} - z\frac{\partial}{\partial y}\right) \tag{12.11}$$

$$\hat{l}_y = -i\hbar\left(z\frac{\partial}{\partial x} - x\frac{\partial}{\partial z}\right) \tag{12.12}$$

$$\hat{l}_z = -i\hbar\left(x\frac{\partial}{\partial y} - y\frac{\partial}{\partial x}\right) \tag{12.13}$$

角運動量の各成分 $\hat{l}_x, \hat{l}_y, \hat{l}_z$ はつぎのように可換ではない（問 12.1 参照）．

$$[\hat{l}_x, \hat{l}_y] = i\hbar\hat{l}_z, \quad [\hat{l}_y, \hat{l}_z] = i\hbar\hat{l}_x, \quad [\hat{l}_z, \hat{l}_x] = i\hbar\hat{l}_y \tag{12.14}$$

したがって，それぞれの演算子の固有関数の集合は異なる[†11]（脚注次頁）．一方，

[†8] ハミルトニアン $\hat{H}$ に支配された系の量子状態が時間 t とともに変化する場合，その波動関数 $\psi(\boldsymbol{r},t)$ は時間依存シュレーディンガー方程式 $i\hbar\partial\psi(\boldsymbol{r},t)/\partial t = \hat{H}\psi(\boldsymbol{r},t)$ に従う．物理量 A に対応する演算子 $\hat{A}$ が時間にあらわに依存しないとき，その期待値 $\langle\hat{A}\rangle$ の時間変化は $i\hbar\mathrm{d}\left[\int\psi^*(\boldsymbol{r},t)\,\hat{A}\psi(\boldsymbol{r},t)\,\mathrm{d}\boldsymbol{r}\right]/\mathrm{d}t = \int\psi^*(\boldsymbol{r},t)\,[\hat{A},\hat{H}]\,\psi(\boldsymbol{r},t)\,\mathrm{d}\boldsymbol{r}$ で表されることになる．したがって，$[\hat{A},\hat{H}] = 0$ なら $\langle\hat{A}\rangle$ は時間によらず一定となる．

[†9] 角運動量は一般に 3 次元空間の座標原点 O の選び方に依存する．多粒子系の場合その影響は重心の角運動量に現れ，相対運動の角運動量は原点 O の選択と無関係である．相対座標は原点の選び方に依存しないからである．

[†10] $\boldsymbol{L} = \boldsymbol{r}_1 \times \boldsymbol{p}_1 + \boldsymbol{r}_2 \times \boldsymbol{p}_2$ に (12.4) 式と (12.5) 式を代入すれば証明できる．

角運動量の各成分は大きさの二乗 $\hat{l}^2 = \hat{l}_x^2 + \hat{l}_y^2 + \hat{l}_z^2$ とは可換であるので，

$$[\hat{l}^2, \hat{l}_x] = [\hat{l}^2, \hat{l}_y] = [\hat{l}^2, \hat{l}_z] = 0 \tag{12.15}$$

となり，たとえば，$\hat{l}^2$ のすべての固有関数を $\hat{l}_z$ の固有関数に一対一で一致するように選ぶことができる[†12]．(12.15) 式の証明には公式

$$[\hat{A}\hat{B}, \hat{C}] = \hat{A}[\hat{B}, \hat{C}] + [\hat{A}, \hat{C}]\hat{B} \tag{12.16}$$

を利用して，

$$[\hat{l}^2, \hat{l}_z] = [\hat{l}_x^2 + \hat{l}_y^2, \hat{l}_z] = \hat{l}_x[\hat{l}_x, \hat{l}_z] + [\hat{l}_x, \hat{l}_z]\hat{l}_x + \hat{l}_y[\hat{l}_y, \hat{l}_z] + [\hat{l}_y, \hat{l}_z]\hat{l}_y \tag{12.17}$$

などを求め，(12.14) 式を代入すればよい．角運動量演算子の固有関数は 12.4 節で導く．

【問 12.1】 (12.14) 式を証明せよ．(12.11) ～ (12.13) 式の角運動量をつぎのように簡潔に表し

$$\hat{l}_x = y\hat{p}_z - z\hat{p}_y, \quad \hat{l}_y = z\hat{p}_x - x\hat{p}_z, \quad \hat{l}_z = x\hat{p}_y - y\hat{p}_x \tag{12.18}$$

(12.14) 式に代入すればよい．たとえば，$[\hat{l}_x, \hat{l}_y] = y\hat{p}_x[\hat{p}_z, z] + x\hat{p}_y[z, \hat{p}_z]$ を導いて，$[\hat{p}_z, z] = -i\hbar$ を使えばよい[†13]．残り 2 つの交換関係も同様に証明できる．

12.3 水素様原子の極座標表示のハミルトニアン

ここでは，原子番号 Z の原子核と 1 電子からなる水素様原子（または水素類似原子）を考える[†14]．水素様原子では，(12.9) 式の粒子間の相対座標 x, y, z で表されるポテンシャルエネルギー $V(x, y, z)$ はクーロン引力のエネルギーであり，粒子間の距離 r

$$r = \sqrt{x^2 + y^2 + z^2} \tag{12.19}$$

の関数である**クーロンポテンシャル** $V(r)$ で与えられる．

$$V(r) = -\frac{Ze^2}{4\pi\varepsilon_0 r} \tag{12.20}$$

[†11] たとえば，$\hat{l}_x$ の固有関数と $\hat{l}_y$ の固有関数の間では，固有値 0 の固有関数を除くと，一致するものはない．

[†12] 11.5 節の証明参照．

[†13] 交換子が複数の項をもつ場合は，$[\hat{A} + \hat{B}, \hat{C} + \hat{D}] = [\hat{A}, \hat{C}] + [\hat{A}, \hat{D}] + [\hat{B}, \hat{C}] + [\hat{B}, \hat{D}]$ のように各対の交換子の和になるので，単に非可換の対だけを残せばよい．交換子の積の中にある定数や，交換関係に関係しない演算子はどの位置においてもよい．

[†14] $Z = 1, 2, 3, \cdots$ に応じて，H, He^+, Li^{2+}, $\cdots$ となる．

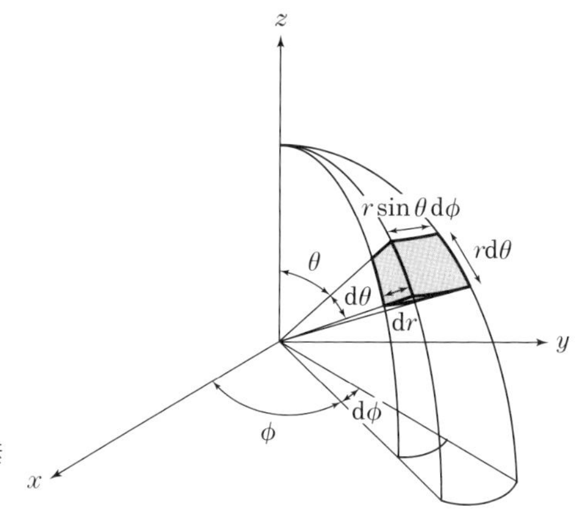

図 12.1　極座標 $\boldsymbol{r}, \boldsymbol{\theta}, \boldsymbol{\phi}$ とその体積要素 $\boldsymbol{r}^2 \sin\boldsymbol{\theta}\,\mathrm{d}\boldsymbol{r}\,\mathrm{d}\boldsymbol{\theta}\,\mathrm{d}\boldsymbol{\phi}$（灰色の領域）

相対運動のシュレーディンガー方程式 (12.10) 式に $V(r)$ を代入した微分方程式は，直交座標 x, y, z が $V(r)$ をとおして関係しており[†15]，そのままの形式で固有値問題を解くことはできない．変数を分離するには，直交座標の代わりに**図 12.1** で示した**極座標** (polar coordinates) r, θ, ϕ

$x = r\sin\theta\cos\phi$ (12.21)　$y = r\sin\theta\sin\phi$ (12.22)　$z = r\cos\theta$ (12.23)

を用いて，(12.9) 式を書き直す必要がある[†16]．極座標の定義域は $0 \leq r < \infty$, $0 \leq \theta \leq \pi$, $0 \leq \phi \leq 2\pi$ である．

(12.9) 式を極座標で表すには，式中の $\partial^2/\partial x^2$ などの直交座標の微分演算子を r, θ, ϕ やそれらの微分演算子を使って書き直せばよい．詳細は付録 A12.1 にゆずるが，丹念に計算を進めれば，**極座標表示のハミルトニアン**を得る．

$$\hat{H}(r,\theta,\phi) = -\frac{\hbar^2}{2\mu}\left[\frac{\partial^2}{\partial r^2} + \frac{2}{r}\frac{\partial}{\partial r} + \frac{1}{r^2}\hat{\Lambda}(\theta,\phi)\right] + V(r) \tag{12.24}$$

ここで，$\hat{\Lambda}$ は**ルジャンドリアン** (Legendrian) とよばれる演算子である．

$$\hat{\Lambda}(\theta,\phi) = \frac{1}{\sin\theta}\frac{\partial}{\partial\theta}\left(\sin\theta\frac{\partial}{\partial\theta}\right) + \frac{1}{\sin^2\theta}\frac{\partial^2}{\partial\phi^2} \tag{12.25}$$

極座標での固有関数を $\psi(r,\theta,\phi)$ と表すと，(12.10) 式に対応するシュレーディンガー方程式は次式で与えられる．

[†15] $V(r) = V_1(x) + V_2(y) + V_3(z)$ のように分けることができない．

[†16] 極座標などへの座標変換を量子力学で正しく行うためには，量子力学の演算子をまず直交座標で求めてから，その演算子に対して座標変換を行う手順を踏めばよい（古典力学のハミルトニアンに対して先に変数変換を施す場合は，複雑な手続きを踏まない限り，正しい量子力学のハミルトニアンに到達できない場合がある）．付録 A12.1 参照．

$$\hat{H}(r,\theta,\phi)\,\psi(r,\theta,\phi) = E\,\psi(r,\theta,\phi) \tag{12.26}$$

極座標における積分は直交座標の場合と違って，次式右辺のように，$r^2\sin\theta$ という**ヤコビアン**とよばれる量が入ることに注意する必要がある．

$$\int_{-\infty}^{\infty}\int_{-\infty}^{\infty}\int_{-\infty}^{\infty}|\psi(x,y,z)|^2\,\mathrm{d}x\,\mathrm{d}y\,\mathrm{d}z = \int_0^{2\pi}\int_0^{\pi}\int_0^{\infty}|\psi(r,\theta,\phi)|^2\,r^2\sin\theta\,\mathrm{d}r\,\mathrm{d}\theta\,\mathrm{d}\phi \tag{12.27}$$

極座標空間で r,θ,ϕ を $\mathrm{d}r,\mathrm{d}\theta,\mathrm{d}\phi$ だけ変化させた際に覆う空間は，図12.1では，灰色の空間に相当する．これは $(r\sin\theta\,\mathrm{d}\phi)(r\,\mathrm{d}\theta)(\mathrm{d}r) = r^2\sin\theta\,\mathrm{d}r\,\mathrm{d}\theta\,\mathrm{d}\phi$ であり，(12.27)式の右辺に現れる**体積要素** $r^2\sin\theta\,\mathrm{d}r\,\mathrm{d}\theta\,\mathrm{d}\phi$ に等しい[†17]．

つぎに，(12.11)～(12.13)式の相対運動の角運動量 $\hat{l}_x, \hat{l}_y, \hat{l}_z$ の極座標表示も与えておく（問12.2参照）．

$$\hat{l}_x = i\hbar\left(\sin\phi\frac{\partial}{\partial\theta} + \frac{\cos\phi}{\tan\theta}\frac{\partial}{\partial\phi}\right) \tag{12.28}$$

$$\hat{l}_y = i\hbar\left(-\cos\phi\frac{\partial}{\partial\theta} + \frac{\sin\phi}{\tan\theta}\frac{\partial}{\partial\phi}\right) \tag{12.29}$$

$$\hat{l}_z = -i\hbar\frac{\partial}{\partial\phi} \tag{12.30}$$

これらは r を含まない演算子である．(12.25)式と(12.28)～(12.30)式から，$-\hbar^2\hat{\Lambda}$ が角運動量の大きさの二乗 $\hat{l}^2$ に等しいことがわかる．

$$-\hbar^2\hat{\Lambda}(\theta,\phi) = \hat{l}^2 = \hat{l}_x^{\,2} + \hat{l}_y^{\,2} + \hat{l}_z^{\,2} \tag{12.31}$$

(12.24)式中の $-\hbar^2\hat{\Lambda}(\theta,\phi)/(2\mu r^2)$ は回転の運動エネルギーに相当し，古典力学では，(角運動量の大きさ)$^2/(2\mu r^2)$ で表される[†18]．(12.31)式は，粒子が原点 $r=0$ に近づくのを妨げ，全角運動量が決まった状態（$\hat{l}^2$ の固有状態）では，(12.24)式の $\hat{\Lambda}(\theta,\phi)$ の項は $1/r^2$ に比例した**遠心力ポテンシャル** (centrifugal potential)（遠心力障壁）を形成する[†19]．$\hat{l}_z$ や $\hat{l}^2$ の固有関数は，次節で示すように，極座標を使えば簡

[†17] 詳しい説明は省くが，『量子化学』(大野公一 著) や解析学の成書を参考にしてほしい．

[†18] 7.4節や11.2節より，角運動量は古典力学では μvr で与えられる．ここで，v は $\boldsymbol{r}$ に垂直な回転方向の速さである．(角運動量の大きさ)$^2/(2\,\mu r^2)$ は $(\mu vr)^2/(2\,\mu r^2) = \mu v^2/2$ であり，回転方向の運動エネルギーを表している．

[†19] 遠心力ポテンシャルの起源は，見かけの力である遠心力 $\mu v^2/r$ である（第11章補足C11.1参照）．等速円運動（角運動量を生み出す回転の加速度運動）をしている物体に固定した視点から見ると，クーロン引力が中心から遠ざける力である遠心力とつり合っているという説明になる．

潔に表現できる．(12.24) 式中の $-[\partial^2/\partial r^2 + (2/r)\partial/\partial r]\hbar^2/(2\mu)$ は動径(radial)[†20] 方向の動きの運動エネルギーであり，古典力学の $\mu(\mathrm{d}r/\mathrm{d}t)^2/2$ に対応する．

【問 12.2】 (12.11) ~ (12.13) 式に，(12.21) ~ (12.23) 式と，$\partial/\partial x$ などを極座標で表した付録 (A12.16) ~ (A12.18) 式を代入して，(12.28) ~ (12.30) 式を証明せよ．また，(12.31) 式も証明せよ．交換関係や保存則は，変数変換してもそのまま保たれる[†21]．

12.4　角運動量の固有関数

(12.24) 式の相対運動のハミルトニアン $\hat{H}$ の中に $\hat{l}^2 = -\hbar^2\hat{\Lambda}$ が入っていることから推測できるように，(12.26) 式の固有値問題には，角運動量の固有関数が利用できる．本節では，まず，角運動量の z 成分 $\hat{l}_z$ の固有関数を求め，つぎに $\hat{l}^2$ の固有関数の導出に取り組む．$\hat{l}_z = -i\hbar\partial/\partial\phi$ は 1 階微分であるので，その固有関数 $\Phi(\phi)$ は次式の形で与えられる[†22]．

$$\Phi_m(\phi) = e^{im\phi} \tag{12.32}$$

(12.30) 式の $\hat{l}_z$ を $\Phi_m(\phi)$ に作用させると，つぎの固有値方程式が導け，$\hat{l}_z$ の固有値が $m\hbar$ であることがわかる．

$$\hat{l}_z\Phi_m(\phi) = m\hbar\,\Phi_m(\phi) \tag{12.33}$$

$\Phi_m(\phi)$ が 1 価関数という要請 $\Phi_m(\phi) = \Phi_m(\phi + 2\pi)$，つまり，$1 = e^{2\pi mi}$ から，m は整数 $0, \pm1, \pm2, \cdots$ でなければならない．

N を規格化因子として，$\Phi_m(\phi) = Ne^{im\phi}$ と表すと，

$$\int_0^{2\pi}\Phi_m^*(\phi)\,\Phi_m(\phi)\,\mathrm{d}\phi = |N|^2\int_0^{2\pi}e^{-im\phi}e^{im\phi}\,\mathrm{d}\phi = 1 \tag{12.34}$$

より，$|N|^2 = 1/(2\pi)$ となる．通常，$N = 1/\sqrt{2\pi}$ とした固有関数を採用する[†23]．

$$\Phi_m(\phi) = \frac{1}{\sqrt{2\pi}}e^{im\phi} \tag{12.35}$$

区間 $[0, 2\pi]$ で定義されたこれらの関数の集まり $\{\Phi_m(\phi)\}$ は規格直交系を構成する．

[†20] 中心からの距離．

[†21] たとえば，(12.28) 式と (12.29) 式の右辺を使って $[\hat{l}_x, \hat{l}_y]$ を計算すると，$\hbar^2\partial/\partial\phi = i\hbar\hat{l}_z$ となり，直交座標で計算した (12.14) 式の一番左の式になる．

[†22] ここで導入された変数 m は粒子の質量ではない．慣例により，記号 m を使う．

[†23] 第 11 章 (11.31) 式下の議論にならって，一般解 $N = e^{i\theta}/\sqrt{2\pi}$ の位相 θ を 0 とする．

$$\int_0^{2\pi} \Phi_m^*(\phi)\,\Phi_{m'}(\phi)\,\mathrm{d}\phi = \delta_{mm'} \tag{12.36}$$

この関係は，第10章(10.38)式の区間$[-L, L]$で定義された複素指数関数の直交関係そのものである．10.4節の複素フーリエ級数の議論から，(12.36)式の規格直交系$\{\Phi_m(\phi)\}$が，$[0, 2\pi]$のϕ空間で完全系をなし，$[0, 2\pi]$で定義された任意の周期関数$f(\phi)$を展開できることがわかる．詳しい説明を補足C12.2に与えておく．

つぎに，角運動量の大きさの二乗$\hat{l}^2$の固有関数を求める．角運動量の大きさを特徴づける量子数を$l(=0, 1, 2, \cdots)$とする**球面調和関数**(spherical harmonics) $Y_{lm}(\theta, \phi)$がつぎの固有値方程式を満たすことが知られている．

$$\hat{l}^2\,Y_{lm}(\theta, \phi) = l(l+1)\hbar^2\,Y_{lm}(\theta, \phi) \tag{12.37}$$

$$\hat{l}_z\,Y_{lm}(\theta, \phi) = m\hbar\,Y_{lm}(\theta, \phi) \tag{12.38}$$

$\hat{l}^2$の固有値は$l(l+1)\hbar^2$で与えられている．(12.15)式からわかるように，$\hat{l}^2$と$\hat{l}_z$は可換なので，両者に共通する固有関数が存在するが，これが$Y_{lm}(\theta, \phi)$である．lとmに依存するその関数形は，$\hat{l}_z$の固有関数として(12.35)式ですでに与えられている$\Phi_m(\phi)$に，θの関数でlとmにも依存する関数$\Theta_{lm}(\theta)$をかけ合わせた形で表すことができる．

$$Y_{lm}(\theta, \phi) = \Theta_{lm}(\theta)\,\Phi_m(\phi) \tag{12.39}$$

(12.39)式は(12.38)式を満たしているので((12.30), (12.33)式を使う), $Y_{lm}(\theta, \phi)$は確かに$\hat{l}_z$の固有関数になっている．未定の$\Theta_{lm}(\theta)$は，(12.39)式を(12.37)式に代入し，(12.25), (12.31)式を使って得られるつぎの微分方程式から求められる．

$$\sin\theta\frac{\mathrm{d}}{\mathrm{d}\theta}\left(\sin\theta\frac{\mathrm{d}\Theta_{lm}(\theta)}{\mathrm{d}\theta}\right) + [l(l+1)\sin^2\theta - m^2]\,\Theta_{lm}(\theta) = 0 \tag{12.40}$$

これは**ルジャンドルの陪微分方程式**(associated Legendre differential equation)とよばれる2階常微分方程式と等価である．lが0または正の整数の場合だけ，物理的に許される有限な解をもち，それらは**ルジャンドルの陪関数**あるいは**陪多項式** $P_l^m(\cos\theta)$ (associated Legendre function or polynomial)とよばれている(詳しくは付録A12.2参照)．

$$P_l^m(\cos\theta) = \frac{1}{2^l l!}(1-\cos^2\theta)^{|m|/2}\frac{\mathrm{d}^{l+|m|}}{\mathrm{d}(\cos\theta)^{l+|m|}}(\cos^2\theta - 1)^l \tag{12.41}$$

$(\cos^2\theta - 1)^l$は$\cos\theta$の$2l$次の多項式であるから，$|m| > l$では$P_l^m(\cos\theta) = 0$となる[†24]．つまり，決まったlに対して，mは$0, \pm1, \cdots, \pm l$の$2l+1$個の値をとることになる．

規格直交条件（(12.27) 式の体積要素中の $\sin\theta$ に注意）

$$\int_0^{\pi} \Theta_{lm}(\theta)\,\Theta_{l'm}(\theta)\sin\theta\,\mathrm{d}\theta = \delta_{ll'} \tag{12.42}$$

を満たす $\Theta_{lm}(\theta)$ として本書では，次式を採用する[†25]．

$$\Theta_{lm}(\theta) = (-1)^{(m+|m|)/2}\sqrt{\frac{(2l+1)}{2}\frac{(l-|m|)!}{(l+|m|)!}}\,P_l^m(\cos\theta) \tag{12.43}$$

この $\Theta_{lm}(\theta)$ の規格化には付録 (A12.32) 式を利用した．$l \leq 2$ で $|m| \leq l$ の Θ_{lm} は以下のとおりである．

$$\begin{array}{llll} & m=0 & \pm 1 & \pm 2 \\ l=\left\{\begin{array}{l} 0 \\ \\ 1 \\ \\ 2 \end{array}\right. & \begin{array}{l} \Theta_{0,0}=\dfrac{1}{\sqrt{2}} \\ \Theta_{1,0}=\sqrt{\dfrac{3}{2}}\cos\theta \\ \Theta_{2,0}=\sqrt{\dfrac{5}{8}}(3\cos^2\theta-1) \end{array} & \begin{array}{l} \\ \Theta_{1,\pm1}=\mp\sqrt{\dfrac{3}{4}}\sin\theta \\ \Theta_{2,\pm1}=\mp\sqrt{\dfrac{15}{4}}\sin\theta\cos\theta \end{array} & \begin{array}{l} \\ \\ \Theta_{2,\pm2}=\sqrt{\dfrac{15}{16}}\sin^2\theta \end{array} \end{array} \tag{12.44}$$

【問 12.3】 $\Theta_{1,1}$ が (12.42) 式の規格化条件を満たしていることを示せ．また，$\Theta_{1,1}$ と $\Theta_{2,1}$ が直交していることを確認せよ．

(12.39) 式の球面調和関数 Y_{lm} は，上で導いた (12.35) 式と (12.43) 式を使ってつぎのように表せる．

$$\left\{\begin{array}{lll} Y_{0,0}=\dfrac{1}{\sqrt{4\pi}} & & \\ Y_{1,0}=\sqrt{\dfrac{3}{4\pi}}\cos\theta & Y_{1,\pm1}=\mp\sqrt{\dfrac{3}{8\pi}}\sin\theta e^{\pm i\phi} & \\ Y_{2,0}=\sqrt{\dfrac{5}{16\pi}}(3\cos^2\theta-1) & Y_{2,\pm1}=\mp\sqrt{\dfrac{15}{8\pi}}\sin\theta\cos\theta e^{\pm i\phi} & Y_{2,\pm2}=\sqrt{\dfrac{15}{32\pi}}\sin^2\theta e^{\pm 2i\phi} \end{array}\right. \tag{12.45}$$

[†24] m が $|m| > l$ の範囲の整数だと，角運動量の一成分の大きさの二乗 $m^2\hbar^2$ が角運動量の大きさの二乗 $l(l+1)\hbar^2$ を越えてしまい，物理的にも不合理である．

[†25] (12.43) 式の $\sqrt{\ }$ 記号の前の位相因子 $(-1)^{(m+|m|)/2}$ を付けない式を採用しているケースもある（『量子化学』(上・下) 原田義也 著，裳華房）．その場合は，(12.48) 式の昇降演算子が関係する (12.49) 式などの公式が複雑な位相因子をもつようになる．本書では，それを避けるため，(12.43) 式を採用した．

(12.36), (12.42) 式より，Y_{lm} はつぎの規格直交条件を満たす．

$$\int_0^{2\pi}\int_0^{\pi} Y_{lm}^*(\theta,\phi)\, Y_{l'm'}(\theta,\phi) \sin\theta\, \mathrm{d}\theta\, \mathrm{d}\phi = \delta_{ll'}\,\delta_{mm'} \tag{12.46}$$

【問 12.4】 $\hat{l}^2 = -\hbar^2\hat{\Lambda}$ に (12.25) 式を代入し，$\hat{l}^2 Y_{1,0} = 2\hbar^2 Y_{1,0}$ を証明せよ．この結果が (12.37) 式を満たしていることを確認せよ．

(12.46) 式の規格化に際して位相因子を $(-1)^{(m+|m|)/2}$ と選んでいるので，つぎの関係が成立する．

$$Y_{lm}^*(\theta,\phi) = (-1)^m\, Y_{l,-m}(\theta,\phi) \tag{12.47}$$

この位相関係においては，$Y_{lm}(\theta,\phi)$ を $Y_{l,m\pm1}(\theta,\phi)$ に変換する**昇降演算子**

$$\hat{l}_\pm = \hat{l}_x \pm i\hat{l}_y \tag{12.48}$$

に対して，つぎの関係が成り立つ（補足 C12.3 参照）．

$$\hat{l}_\pm\, Y_{lm}(\theta,\phi) = \sqrt{l(l+1) - m(m\pm1)}\;\hbar\, Y_{l,m\pm1}(\theta,\phi) \tag{12.49}$$

$\hat{l}_x$ や $\hat{l}_y$ は昇降演算子の線形結合で表せるので

$$\hat{l}_x = \frac{\hat{l}_+ + \hat{l}_-}{2}, \quad \hat{l}_y = \frac{\hat{l}_+ - \hat{l}_-}{2i} \tag{12.50}$$

と書ける．(12.49) 式を利用すると，様々な角運動量演算子の固有値や期待値を簡単に求めることができる．

【問 12.5】 (12.49) 式が成り立っていれば，(12.37) 式が成立することを示せ．次式

$$\hat{l}^2 = \frac{\hat{l}_+\hat{l}_- + \hat{l}_-\hat{l}_+}{2} + \hat{l}_z{}^2 = \hat{l}_-\hat{l}_+ + \hat{l}_z(\hat{l}_z + \hbar) \tag{12.51}$$

を証明し，(12.51) 式を $Y_{lm}(\theta,\phi)$ に作用させ，(12.49) 式を利用して $l(l+1)\hbar^2 Y_{lm}$ を示せばよい．

12.5　水素様原子の角運動量保存則とシュレーディンガー方程式の固有関数

本節では，まず，角運動量の保存則が量子力学においてどのように表されるかを考えてみる[†26]．水素様原子のように，相対運動に対するポテンシャルエネルギー $V(x,y,z)$ が，角度に依存せず $V(r)$ のように等方的な場合，(12.24) 式の $\hat{H}$ のなかで角度に依存する項は $-\hbar^2\Lambda(\theta,\phi) = \hat{l}^2$ だけなので，$\hat{H}$ と $\hat{l}^2$ が可換となる．

[†26] 古典力学の場合は，7.4 節参照．

$$[\hat{H}, \hat{l}^2] = 0 \tag{12.52}$$

つまり，$\hat{l}^2$ と $\hat{H}$ に共通する固有関数の完全系が存在し，エネルギーと角運動量の大きさの二乗が定まった固有関数が存在する．また，角運動量の各成分 $\hat{l}_x, \hat{l}_y, \hat{l}_z$ は，(12.15) 式より $\hat{H}$ のなかの $-\hbar^2 \Lambda(\theta, \phi) = \hat{l}^2$ と可換であるので，$\hat{H}$ とも可換である．

$$[\hat{H}, \hat{l}_x] = [\hat{H}, \hat{l}_y] = [\hat{H}, \hat{l}_z] = 0 \tag{12.53}$$

(12.15), (12.52), (12.53) 式より，$\hat{H}$, $\hat{l}^2$，そして角運動量の 1 つの成分（たとえば，z 成分 $\hat{l}_z$）が互いに可換であり，結局，それら 3 つの演算子に対して共通の固有関数の集まりを選ぶことができる．これらの固有関数に対しては，エネルギー E，角運動量の大きさの二乗，そして，角運動量の 1 つの成分が固有値として定まっている．角運動量の 3 成分がすべて定まっている古典力学と違い，$\hat{l}_z$ が確定値をとる状態では，残りの $\hat{l}_x$ と $\hat{l}_y$ は期待値として定まっているだけで量子的なゆらぎが存在する（(12.14) 式と問 12.6 参照）．

【問 12.6】 (12.49), (12.50) 式を使って，$Y_{lm}(\theta, \phi)$ に対する $\hat{l}_x$ と $\hat{l}_y$ の期待値は $\langle \hat{l}_x \rangle = \langle \hat{l}_y \rangle = 0$ であるが，分散は $\langle \hat{l}_x{}^2 \rangle = \langle \hat{l}_y{}^2 \rangle = [l(l+1) - m^2]\hbar^2/2$ となることを示せ．$\hat{l}_x$ と $\hat{l}_y$ の測定値は期待値の周りでばらつく（$l = 0$ の特別な場合を除いて）．

ここで，本題の水素様原子のシュレーディンガー方程式の解法に移ろう．まず，(12.26) 式の極座標表示のシュレーディンガー方程式から出発する．

$$\left\{-\frac{\hbar^2}{2\mu}\left[\frac{\partial^2}{\partial r^2} + \frac{2}{r}\frac{\partial}{\partial r} + \frac{1}{r^2}\hat{\Lambda}(\theta, \phi)\right] + V(r)\right\}\phi(r, \theta, \phi) = E\phi(r, \theta, \phi) \tag{12.54}$$

解 $\phi(r, \theta, \phi)$ は，$\mu \approx m_{\mathrm{e}}$ なので原子の中の電子の状態を表しており，**原子軌道** (atomic orbital) という．$\hat{H}$ の固有関数に対しては角運動量が保存するので，固有関数 $\phi(r, \theta, \phi)$ は球面調和関数 $Y_{lm}(\theta, \phi)$ と動径 r だけの関数 $R(r)$ との積の形をとる．

$$\phi(r, \theta, \phi) = R(r)\, Y_{lm}(\theta, \phi) \tag{12.55}$$

ここで，$Y_{lm}(\theta, \phi)$ は波動関数の**角度部分**，$R(r)$ は波動関数の**動径部分**とよばれる．実際，(12.55) 式は $\hat{l}^2$ と $\hat{l}_z$ の固有関数になっており[†27]，水素様原子においては，$Y_{lm}(\theta, \phi)$ は $\phi(r, \theta, \phi)$ の**角度依存性**を表している．未定の $R(r)$ が従う方程式は，(12.55) 式を (12.54) 式に代入し，その両辺に左から $-(2\mu/\hbar^2)r^2/[R(r)\, Y_{lm}(\theta, \phi)]$

[†27] $\hat{l}^2 R(r)\, Y_{lm}(\theta, \phi) = l(l+1)\hbar^2 R(r)\, Y_{lm}(\theta, \phi)$ と $\hat{l}_z R(r)\, Y_{lm}(\theta, \phi) = m\hbar R(r)\, Y_{lm}(\theta, \phi)$ の関係が成り立っている．

をかけて整理して得られる．

$$\frac{r^2}{R(r)}\left(\frac{\mathrm{d}^2}{\mathrm{d}r^2}+\frac{2}{r}\frac{\mathrm{d}}{\mathrm{d}r}\right)R(r)-\frac{2\mu r^2}{\hbar^2}[V(r)-E]=-\frac{[\hat{\Lambda}(\theta,\phi)Y_{lm}(\theta,\phi)]}{Y_{lm}(\theta,\phi)} \tag{12.56}$$

左辺は r だけの関数であるが，これが右辺の θ,ϕ の関数とその値が等しくなるためには，両辺は同一の定数値に等しいはずである．(12.37) 式と等価な $-\hat{\Lambda}(\theta,\phi)Y_{lm}(\theta,\phi)=l(l+1)Y_{lm}(\theta,\phi)$ から (12.56) 式右辺 $=l(l+1)$ がわかる．したがって，左辺 $=l(l+1)$ とすれば，$R(r)$ が従う固有値方程式が得られる．

$$-\frac{\hbar^2}{2\mu}\left[\frac{\mathrm{d}^2}{\mathrm{d}r^2}+\frac{2}{r}\frac{\mathrm{d}}{\mathrm{d}r}-\frac{l(l+1)}{r^2}\right]R(r)+V(r)R(r)=ER(r) \tag{12.57}$$

[…] 内の第3項は，角運動量の大きさが $\sqrt{l(l+1)}\,\hbar$ のときの遠心力ポテンシャルである (12.3節参照)．(12.57) 式を解くと，固有値 E の離散的な値と対応する $R(r)$ が得られる．

12.6 原子軌道の角度依存性

$R(r)$ を求める前に，(12.55) 式の $\psi(r,\theta,\phi)$ に含まれる $Y_{lm}(\theta,\phi)$ の角度依存性，つまり，どの方向に大きな値をもつ関数であるか説明する．原子軌道に関連しては，電子の**軌道角運動量** (orbital angular momentum) の大きさの二乗 $l(l+1)\hbar^2$ を与える l は**方位量子数** (azimuthal quantum number) とよばれ，$\hat{l}_z$ の固有値を与える m は**磁気量子数** (magnetic quantum number) †28 とよばれる．$l=0,1,2,3,4,\cdots$ の $Y_{lm}(\theta,\phi)$ を表す記号として，s, p, d, f, g, … が使われ †29，さらに記号の右下に m の値を付ける．たとえば，$l=1$ で $m=1$ の場合は p_{+1} のように記す．$l=0$ の場合には，$m=0$ しかないので単に s と記す．

球面調和関数は一般に複素関数になっているが，実関数にすると，σ 結合や π 結合など様々な化学結合の空間的な特徴を理解しやすい．下記のように，Y_{lm} と $Y_{l,-m}$ の線形結合を使うと実関数からなる規格直交系をつくれる †30．その規格直交性は，(12.46) 式を使えば自明である．

---

†28 この名前は，z 方向に磁場をかけると，水素原子の各準位のエネルギーが量子数 m に比例して変化することに由来する．波動関数が空間のどの向きに広がっているかを特徴づける量子数でもある．

†29 s, p, d, f は，原子スペクトル線の特徴を表す sharp, principal, diffuse, fundamental という用語の頭文字．g 以降は f に続くアルファベットを順につける．

$$Y_{1,0} = \sqrt{\frac{3}{4\pi}} \cos\theta \qquad \mathrm{p}_z \qquad (12.58\,\mathrm{a})$$

$$\frac{1}{\sqrt{2}}(Y_{1,-1} - Y_{1,1}) = \sqrt{\frac{3}{4\pi}} \sin\theta\cos\phi \qquad \mathrm{p}_x \qquad (12.58\,\mathrm{b})$$

$$\frac{i}{\sqrt{2}}(Y_{1,-1} + Y_{1,1}) = \sqrt{\frac{3}{4\pi}} \sin\theta\sin\phi \qquad \mathrm{p}_y \qquad (12.58\,\mathrm{c})$$

$$Y_{2,0} = \frac{1}{4}\sqrt{\frac{5}{\pi}}(3\cos^2\theta - 1) \qquad \mathrm{d}_{z^2} \qquad (12.58\,\mathrm{d})$$

$$\frac{1}{\sqrt{2}}(Y_{2,-1} - Y_{2,1}) = \sqrt{\frac{15}{4\pi}} \sin\theta\cos\theta\cos\phi \qquad \mathrm{d}_{zx} \qquad (12.58\,\mathrm{e})$$

$$\frac{i}{\sqrt{2}}(Y_{2,-1} + Y_{2,1}) = \sqrt{\frac{15}{4\pi}} \sin\theta\cos\theta\sin\phi \qquad \mathrm{d}_{yz} \qquad (12.58\,\mathrm{f})$$

$$\frac{1}{\sqrt{2}}(Y_{2,-2} - Y_{2,2}) = \sqrt{\frac{15}{16\pi}} \sin^2\theta(\cos^2\phi - \sin^2\phi) \qquad \mathrm{d}_{x^2-y^2} \qquad (12.58\,\mathrm{g})$$

$$\frac{i}{\sqrt{2}}(Y_{2,-2} + Y_{2,2}) = \sqrt{\frac{15}{4\pi}} \sin^2\theta\cos\phi\sin\phi \qquad \mathrm{d}_{xy} \qquad (12.58\,\mathrm{h})$$

(12.58) 式の関数の角度依存性を**図 12.2** に示す．詳しい描き方については，補足 C12.4 を参照してほしい．原子軌道の角度部分を表す (12.58) 式の右端にある "p_z" などは，それぞれの軌道の角度依存性を特徴づける記号である．l に対応する s, p, d, … の記号を用い，軌道の節面[†31] を直交座標で特徴づけた記号を下付としている．$l = 1$ の $(Y_{1,-1} - Y_{1,1})/\sqrt{2}$ は $\sqrt{3/(4\pi)}\,x/r$ と表せ，$x = 0$ を含む x 軸に垂直な面を節面とするので (x 軸方向に大きな値をもつ)，p_x と記す．$l = 2$ の場合，たとえば $(Y_{2,-1} - Y_{2,1})/\sqrt{2}$ は $\sqrt{15/(4\pi)}\,zx/r^2$ と表せるので d_{zx} と記す．その節面は原点を含み，x 軸に垂直な面と z 軸に垂直な面である．また，$(Y_{2,-2} - Y_{2,2})/\sqrt{2}$ は $\sqrt{15/(16\pi)}\,(x^2 - y^2)/r^2$ と書けるので，$\mathrm{d}_{x^2-y^2}$ と記す．$x^2 - y^2 = (x - y)(x + y)$ であるから，原点を含み，直線 $y = x$ に垂直な面と直線 $y = -x$ に垂直な面が節面である．これらの特徴を図 12.2 から読み取ることができる．

[†30] l は同じだが異なった m をもつ $\{Y_{lm}\}$ からなる線形結合 $\sum_{m=-l}^{l} c_m Y_{lm}$ は，$\hat{l}^2$ の固有値 $l(l+1)\hbar^2$ をもつ固有関数であるが，$\hat{l}_z$ の固有関数ではない．たとえば，(12.58 b) 式の p_x は $\hat{l}_x$ の固有関数 (固有値 0) である ((12.50) 式第 1 式参照)．(12.58) 式のような実数波動関数に対しては，$\hat{l}_x, \hat{l}_y, \hat{l}_z$ の期待値はすべて 0 である．

[†31] 関数の正負の符号が面の上下で変わる．

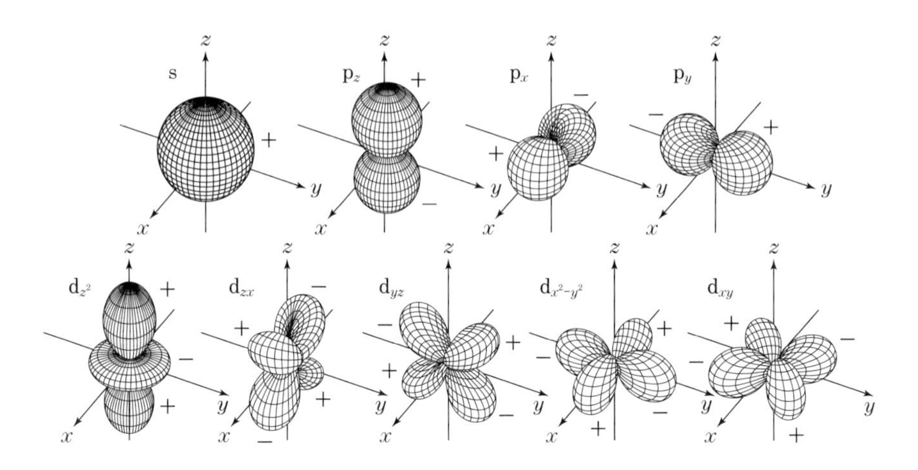

図 12.2 球面調和関数の実関数表示の角度依存性

関数の符号の領域による違いを + や − で示している．角度分布は，s 軌道では等方的であり，p_z 軌道では z 軸の上下方向で大きい．

12.7 動径部分の関数 $R_{nl}(r)$

つぎに，動径方向の固有値方程式 (12.57) 式の解 $R(r)$ と固有値 E の導出に関して概説する（付録 A12.3 参照）．(12.57) 式中の r を，距離のスケール α

$$\alpha = \frac{\hbar}{\sqrt{-2\mu E}} \tag{12.59}$$

を使ってつぎのように変換し，(12.57) 式を簡略化する（付録 A12.3 の (A12.36) 式）．

$$\rho = \frac{2r}{\alpha} \tag{12.60}$$

ここでは，原子核とのクーロン引力によって電子が自由に動けない $E < 0$ の束縛状態[†32]を考える．(12.20) 式の $V(r)$ も (12.57) 式に代入して，(12.60) 式の変数変換[†33]と

$$R = e^{-\rho/2}\rho^l f(\rho) \tag{12.61}$$

の置き換えを行うと[†34]，$f(\rho)$ が付録の (A12.38) 式で与えられる**ラゲールの陪微分**

---

†32 電子が連続エネルギー ($E \geq 0$) をもって自由に動けるイオン化状態より低い．

†33 付録 (A12.35) 式からわかるように，$\rho \to \infty$ で，R の指数関数部分が $\exp(-\rho/2)$ になる表示．

†34 (12.57) 式に l が含まれているので，R は l にも依存する．

方程式（associated Laguerre differential equation）に従うことが導ける（水素様原子では $\mu \approx m_e$ であるから，以降 $\mu \to m_e$ と近似する[†35]）．その微分方程式の解のうち，$0 \leq r < \infty$ の全領域で微分可能で発散しない束縛状態の固有関数 R を与えるのは，次式で定義した[†36]

$$n = \frac{Z\alpha}{a_0} \tag{12.62}$$

と l によって規定される**ラゲールの陪多項式**（associated Laguerre polynomial）$L_{n+l}^{2l+1}(\rho_n)$[†37] だけである（付録の（A12.41）式参照．詳しくは補足 C12.5）．

$$L_{n+l}^{2l+1}(\rho_n) = \sum_{j=0}^{n-l-1} \frac{(-1)^{2l+1+j}[(n+l)!]^2}{j!(2l+1+j)![(n+l)-(2l+1)-j]}\rho^j \tag{12.63}$$

ただし，n は次式を満たす整数でなければならず，

$$n \geq l+1 \tag{12.64}$$

$l = 0, 1, 2, \cdots$ より自然数となる．これは，（12.63）式の多項式の次数 $n-l-1$ が 0 以上でなければならないことに対応している．

n は**主量子数**（principal quantum number）とよばれ，ボーアの原子模型の n に対応している．（12.59）式と（12.62）式から，固有エネルギー E_n が次式で与えられることがわかる．

$$E_n = -\frac{\hbar^2}{2m_e a_0^2}\frac{Z^2}{n^2} = -\frac{e^2 Z^2}{8\pi\varepsilon_0\, a_0\, n^2} \tag{12.65}$$

1 電子クーロン系である水素様原子の束縛状態の固有エネルギーは，ボーアの原子模型と同様 n だけで決まっている．

（12.62）式から $\alpha = na_0/Z$ となるので，（12.60）式の ρ も n に依存している．

$$\rho_n = \frac{2Zr}{na_0} \tag{12.66}$$

（12.63）式の $L_{n+l}^{2l+1}(\rho_n)$ を（12.61）式の $f(\rho)$ に代入し，（12.27）式から得られるつぎの規格化条件[†38]（脚注次頁）

[†35] 精密な値が必要な場合は，すべての m_e を μ に戻せばよい．換算質量が問題となる例としては，物質に照射された陽電子（電子と同じ質量だが電荷が逆）が周囲の電子と対になった準安定なポジトロニウム（Ps）がある．この Ps の換算質量は $m_e/2$ なので，水素原子と比べると，ボーア半径 a_0 に相当する半径は 2 倍となり（第 11 章補足 C11.1 参照），（12.65）式に対応するエネルギー準位の間隔は半分となって，大きく異なる．

[†36] a_0 は水素様原子のボーア半径 $a_0 = 4\pi\varepsilon_0\hbar^2/(m_e e^2)$ である．

[†37] 補足 C12.5 のラゲールの陪微分方程式（C12.24）の解（C12.25）式．

$$\int_0^\infty R_{nl}^*(r)\, R_{nl}(r)\, r^2\, \mathrm{d}r = 1 \tag{12.67}$$

を満たすように定数[†39]をかけると，n と l に依存した動径部分の関数 $R_{nl}(r)$ を得る[†40]．

$$R_{nl}(r) = -\left\{\left(\frac{2Z}{na_0}\right)^3 \frac{(n-l-1)!}{2n[(n+l)!]^3}\right\}^{1/2} e^{-\rho_n/2} \rho_n^l L_{n+l}^{2l+1}(\rho_n) \tag{12.68}$$

$n \neq n'$ の場合，異なる固有値 E_n と $E_{n'}$ をもつ $R_{nl}(r)$ と $R_{n'l}(r)$ は互いに直交している．

$$\int_0^\infty R_{nl}^*(r)\, R_{n'l}(r)\, r^2\, \mathrm{d}r = \delta_{nn'} \tag{12.69}$$

(12.68) 式と Y_{lm} との積で与えられる水素様原子の波動関数 $\psi_{nlm}(r,\theta,\phi)$

$$\psi_{nlm}(r,\theta,\phi) = R_{nl}(r)\, Y_{lm}(\theta,\phi) \tag{12.70}$$

は，結局つぎの規格直交条件を満たすことになる．

$$\int_0^{2\pi}\int_0^{\pi}\int_0^{\infty} \psi_{n'l'm'}^*(r,\theta,\phi)\, \psi_{nlm}(r,\theta,\phi)\, r^2 \sin\theta\, \mathrm{d}r\, \mathrm{d}\theta\, \mathrm{d}\phi = \delta_{nn'}\delta_{ll'}\delta_{mm'} \tag{12.71}$$

図 12.3 に以下の $n \leq 3$ に対する動径部分の関数 $R_{nl}(r)$ を示す．

$$R_{1,0} = 2\left(\frac{Z}{a_0}\right)^{3/2} e^{-\rho_1/2} \tag{12.72 a}$$

$$R_{2,0} = \frac{1}{2\sqrt{2}}\left(\frac{Z}{a_0}\right)^{3/2} (2-\rho_2)\, e^{-\rho_2/2} \tag{12.72 b}$$

$$R_{2,1} = \frac{1}{2\sqrt{6}}\left(\frac{Z}{a_0}\right)^{3/2} \rho_2 e^{-\rho_2/2} \tag{12.72 c}$$

$$R_{3,0} = \frac{1}{9\sqrt{3}}\left(\frac{Z}{a_0}\right)^{3/2} (6-6\rho_3+\rho_3^2)\, e^{-\rho_3/2} \tag{12.72 d}$$

$$R_{3,1} = \frac{1}{9\sqrt{6}}\left(\frac{Z}{a_0}\right)^{3/2} \rho_3 (4-\rho_3)\, e^{-\rho_3/2} \tag{12.72 e}$$

[†38] (12.63) 式は ρ の有限次の多項式なので，$e^{-\rho/2}$ を有する (12.61) 式は全領域で有限の値に収まる．

[†39] 補足 (C12.28) 式の積分公式から得られる．

[†40] $\rho_n = 0$ の近傍で $R_{nl}(\rho_n) > 0$ となるように，(12.68) 式の右辺に負符号を入れている．

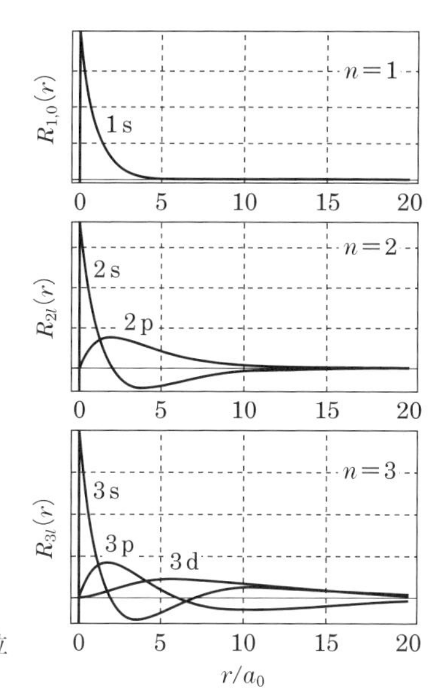

図 12.3　水素原子の動径波動関数 $R_{nl}(r)$
主量子数 n に続く s, p, d はそれぞれ方位量子数 $l = 0, 1, 2$ に対応している．

$$R_{3,2} = \frac{1}{9\sqrt{30}}\left(\frac{Z}{a_0}\right)^{3/2} \rho_3{}^2 e^{-\rho_3/2} \tag{12.72f}$$

原子軌道を完全に指定するには，s, p, d, … の記号の前に主量子数 n の値を入れる．p_{+1} で $n = 2$ なら $2\mathrm{p}_{+1}$ のように書く．

【問 12.7】 2s, 3s, 3p 軌道の動径部分の関数 $R_{nl}(r)$ の節の数はいくつか．

粒子（電子）の分布を原点（原子核）からの距離 r の関数として表した**動径分布関数**（radial distribution function）$P(r)$ は，水素様原子では，次式で定義される[†41]．

$$P(r) = r^2 |R_{nl}(r)|^2 \tag{12.73}$$

距離 r と $r + \mathrm{d}r$ の球面で囲まれた厚さ $\mathrm{d}r$ の球殻の中に電子を見いだす確率は $P(r)\,\mathrm{d}r$ で与えられる．(12.73) 式の右辺に r^2 が存在することは，半径 r の球殻の体積（つまり，その表面積）が r^2 に比例することからも理解できる．水素原子の 1s 軌道の場合は

$$P_{1\mathrm{s}}(r) = r^2 |R_{1,0}(r)|^2 = 4\left(\frac{1}{a_0}\right)^3 r^2 e^{-2r/a_0} \tag{12.74}$$

[†41] 角度方向を積分すると，$P(r) = \int_0^{2\pi}\int_0^{\pi} |\psi_{nlm}(r,\theta,\phi)|^2 r^2 \sin\theta\,\mathrm{d}\theta\,\mathrm{d}\phi = r^2|R_{nl}(r)|^2$ となる．

で与えられ，r の増大とともに単調減少する $|R_{1,0}(r)|^2$ とは違って，$r=0$ で $P_{1s}(r)=0$ であり，$r=a_0$ で極大をもつ関数である[†42].

【問 12.8】 1s 軌道の r の期待値 $\langle r\rangle$ はつぎのように a_0 より大きいことを証明せよ[†43].

$$\langle r\rangle = \int_0^\infty r|R_{1,0}(r)|^2 r^2 \, \mathrm{d}r = \frac{3a_0}{2} \tag{12.75}$$

積分公式 $\int_0^\infty x^j e^{-ax}\,\mathrm{d}x = j!/a^{j+1}$ を使えばよい[†44].

一般にポテンシャルエネルギー V が r^j に比例している系の定常状態に対して，運動エネルギー演算子 $\hat{K}$ の期待値 $\langle\hat{K}\rangle$ と期待値 $\langle V\rangle$ の間には次式が成立する.

$$\langle\hat{K}\rangle = \frac{j}{2}\langle V\rangle \tag{12.76}$$

これは，質点の位置ベクトル $\boldsymbol{r}$ と質点に作用する力 $-\nabla V$ の内積の $-1/2$ 倍が運動エネルギーに等しいという**ビリアル定理** (Virial theorem) から導ける (補足 C12.6 参照). 水素様原子のように V がクーロン相互作用の場合，(12.20) 式からわかるように，$j=-1$ である. したがって，

$$\frac{\langle V\rangle}{\langle\hat{K}\rangle} = -2 \tag{12.77}$$

が成り立ち[†45]，$\langle\hat{H}\rangle = \langle\hat{K}\rangle + \langle V\rangle$ より，全エネルギー E_n と $-\langle\hat{K}\rangle$ が等しい (正確な波動関数に対して成立).

【問 12.9】 水素様原子に対して，ビリアル定理を使って $E_n = \langle V\rangle/2$ を示し，$1/r$ の期待値が次式で与えられることを証明せよ.

$$\left\langle\frac{1}{r}\right\rangle = \frac{Z}{n^2 a_0} \tag{12.78}$$

図 12.4 で示しているように，主量子数 n の値に対して，l がとり得るのは 0 から $n-1$ までの整数であり，決まった l に対しては，$2l+1$ 個の異なる磁気量子数 m をもつ軌道が存在する. n に属する原子軌道の総数はつぎのようになる.

---

†42　$r=a_0$ で $\mathrm{d}P_{1s}(r)/\mathrm{d}r=0$ かつ $\mathrm{d}^2P_{1s}(r)/\mathrm{d}r^2<0$ であることを確認すればよい.

†43　核電荷 Z の水素様原子の軌道 ψ_{nlm} に対しては，$\langle r\rangle = a_0[3n^2 - l(l+1)]/(2Z)$ である.

†44　$\int_0^\infty e^{-ax}\,\mathrm{d}x = \frac{1}{a}$ の両辺を a に関して j 回微分すれば得られる.

†45　クーロンポテンシャルだけからなる一般の原子・分子系でも成立する. 調和振動子の場合は $j=2$ なので，$\langle\hat{K}\rangle = \langle V\rangle$ の関係が成立している.

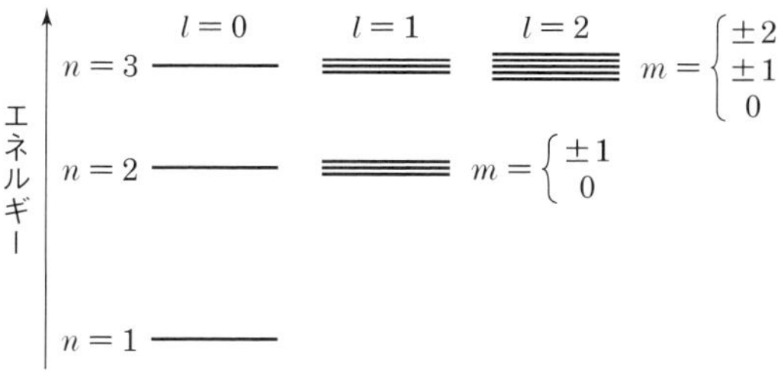

図 12.4 水素様原子の $n = 1, 2, 3$ のエネルギー準位
同じ n（同じエネルギー E_n）で異なった l や m をもつ原子軌道の準位を横に並べている．

$$\sum_{l=0}^{n-1}(2l+1) = 2\sum_{l=0}^{n-1} l + \sum_{l=0}^{n-1} 1 = n(n-1) + n = n^2 \qquad (12.79)$$

同じ n の原子軌道（異なった l, m をもつ）のエネルギー E_n は n^2 重に縮退（縮重）している（11.3 節参照）．n が同じ軌道をまとめて**殻**（shell）とよび，$n = 1, 2, 3, 4$ に対してそれぞれ K 殻，L 殻，M 殻，N 殻という呼称が使われている．複数の電子を有する一般の原子の場合，各原子軌道には最大 2 個の電子が入りうるので，それぞれの殻が収容する電子の最大数は $2n^2$ となる[†46]．

[†46] 高校化学で習ったように，K, L, M, N 殻の収容できる最大の電子数は，それぞれ，2, 8, 18, 32 である．

第13章 量子化学入門 ―ヒュッケル分子軌道法を中心に―

前章では1電子の水素様原子を量子力学的に扱い，原子軌道で記述される電子状態について学んだ．本章では，複数の電子をもつ原子と分子の電子状態について学ぶ．系の中の1つの電子に着目し，それ以外の電子との相互作用をある平均的な力の場で表す1電子近似の考えを紹介し[†1]，分子の電子状態を計算するための分子軌道法の1つであり，1電子近似を極限まで簡略化したヒュッケル法について説明する．ヒュッケル法は，ベンゼンなど共役二重結合を有するπ電子系の電子エネルギーを解析的に表すことができ，分子やその集合体の構造・物性・反応を解明しようとする量子化学の発展に大きな役割を果たしてきた．本章では，ブタジエンを例に，分子軌道と対応するエネルギーの求め方を解説する．

13.1　多電子原子の電子構造

$N\,(\geq 2)$ 個の電子をもつ原子番号 Z の原子のハミルトニアン $\hat{H}$ は次式で表せる．

$$\hat{H} = -\frac{\hbar^2}{2m_\mathrm{e}}\sum_{i=1}^{N}\left(\frac{\partial^2}{\partial x_i^2}+\frac{\partial^2}{\partial y_i^2}+\frac{\partial^2}{\partial z_i^2}\right)-\sum_{i=1}^{N}\frac{Ze^2}{4\pi\varepsilon_0 r_i}+\sum_{i=1}^{N}\sum_{j>i}^{N}\frac{e^2}{4\pi\varepsilon_0 r_{ij}} \qquad (13.1)$$

原子核は固定されているとし，r_i は電子 i と原子核との距離（電子 i の原子核からの位置ベクトル $\boldsymbol{r}_i$ の絶対値），x_i などは電子 i の直交座標，r_{ij} は電子 i と j との距離である．(13.1) 式の右辺第1項は電子の運動エネルギーの総和，第2項は電子と電荷 Ze の原子核とのクーロン引力のエネルギー，第3項は電子間のクーロン反発エネルギーを表している．(13.1) 式は，原子物理学や量子化学における数式を簡潔に表せる**原子単位** (atomic unit) では，次式のように書き直せる（詳細は付録 A13 参照）．

---

†1　クーロン相互作用によって，電子が互いに避けあって運動する効果（電子相関）は考慮されていない．

$$\hat{H} = -\frac{1}{2}\sum_{i=1}^{N}\nabla_i^2 - \sum_{i=1}^{N}\frac{Z}{r_i} + \sum_{i=1}^{N}\sum_{j>i}^{N}\frac{1}{r_{ij}} \tag{13.2}$$

原子単位では，ハミルトニアンのエネルギーは**ハートリー**（hartree）[†2] $E_\mathrm{h} = e^2/(4\pi\varepsilon_0 a_0)$ を単位として与えられ，座標や距離はボーア半径 $a_0 = 4\pi\varepsilon_0\hbar^2/(e^2 m_\mathrm{e}) = 0.5292\times10^{-10}\,\mathrm{m}$ を単位とした数値であり，∇_i^2 は電子 i のラプラシアンである．

$$\nabla_i^2 = \frac{\partial^2}{\partial x_i^2} + \frac{\partial^2}{\partial y_i^2} + \frac{\partial^2}{\partial z_i^2} \tag{13.3}$$

多電子系のシュレーディンガー方程式を解いて正確なエネルギーや波動関数を求めることは容易ではない．膨大な数値計算が必要で，高性能のコンピューターの力を借りなければならず，大きな分子には適用できないことが多い．したがって，近似的な解法を改良していく方法が実用的な観点から採用され，それらの方法の多くは「N 電子系のなかの 1 つの電子は，その他の $N-1$ 個の電子による平均の力の場と，原子核[†3]から生ずるポテンシャルの場の中を動く」と仮定する**1 電子近似法**を発展させたものである．1 電子近似は多電子の電子状態を理解するうえで基本となる考えで，最も簡単には，(13.2) 式中の電子間反発エネルギー $\sum_{ij}(1/r_{ij})$ が各電子に及ぼす平均的な効果を**有効ポテンシャル**（**平均場** mean field）$V_\mathrm{eff}(\boldsymbol{r})$ で置き換え[†4]，$\sum_{ij}(1/r_{ij}) = \sum_i V_\mathrm{eff}(\boldsymbol{r}_i)$ が成り立っていると仮定する[†5]．つまり，(13.2) 式が次式の有効 1 電子ハミルトニアン $\hat{h}_\mathrm{eff}(\boldsymbol{r}_i)$

$$\hat{h}_\mathrm{eff}(\boldsymbol{r}_i) = -\frac{1}{2}\nabla_i^2 - \frac{Z}{r_i} + V_\mathrm{eff}(\boldsymbol{r}_i) \tag{13.4}$$

の単なる和で表せるとする．

$$\hat{H} = \sum_{i}^{N}\hat{h}_\mathrm{eff}(\boldsymbol{r}_i) \tag{13.5}$$

(13.5) 式は個々の 1 電子ハミルトニアンの和であるので，そのシュレーディンガー方程式

$$\hat{h}_\mathrm{eff}(\boldsymbol{r})\,\varphi_l(\boldsymbol{r}) = \varepsilon_l\,\varphi_l(\boldsymbol{r}) \tag{13.6}$$

を解いて，1 電子軌道 $\{\varphi_l\}$ と軌道エネルギー $\{\varepsilon_l\}$ が得られれば[†6]（脚注次頁），電子

[†2] 原子核を固定した水素原子の基底状態エネルギー E_1s は $-E_\mathrm{h}/2$ で与えられる．$E_\mathrm{h} = 4.360\times10^{-18}\,\mathrm{J}$ である．また，$\mathrm{J = C\,V}$ の関係から，$E_\mathrm{h} = 27.21\,\mathrm{eV}$ である（$e = 1.602\times10^{-19}\,\mathrm{C}$）．

[†3] 分子の場合は，その構造を仮定して，原子核を空間に固定する．

[†4] V の下付き eff は effective（実効的）の略である．

[†5] この考えを分子に適用した方法が，次節で取り上げるヒュッケル分子軌道法である．

が互いにクーロン相互作用によって避けあって運動する効果（**電子相関** electron correlation）を無視した近似（1電子近似）のもとで，N電子系のシュレーディンガー方程式が解けたことになる．

ここで，電子の状態を考えたとき，1つの軌道に何個まで電子が入るかが問題になる．これに対する答えが，**パウリの排他原理**（Pauli exclusion principle）

「1つの軌道には，電子は最大で2個までしか入ることが許されない」

である．たとえば，(13.5)式の系が $N = 2n$ 個の偶数電子をもつとすると，エネルギーが最も低い基底状態を表す電子波動関数 Ψ は，エネルギーが最も低い φ_1 から順に φ_n まで2つずつ電子が占有した状態に対応する．

$$\Psi = \varphi_1(\boldsymbol{r}_1)\,\varphi_1(\boldsymbol{r}_2)\,\varphi_2(\boldsymbol{r}_3)\,\varphi_2(\boldsymbol{r}_4)\cdots\varphi_n(\boldsymbol{r}_{2n-1})\,\varphi_n(\boldsymbol{r}_{2n}) \tag{13.7}$$

この場合，全エネルギー E は占有軌道のエネルギーの和となる（各電子を独立に扱っている）．

$$E = 2\sum_{l=1}^{n}\varepsilon_l \tag{13.8}$$

パウリの排他原理は，原子だけではなく，分子など電子を含んだ系全般にあてはまる．この原理を理解するには，電子の内部自由度に起因する**スピン角運動量**（spin angular momentum）について知っておく必要がある．詳しくは，第13章補足C13.1を参照してほしい．ナトリウム蒸気を放電で励起すると，589.995 nm と 589.592 nm の波長のD線とよばれる2本の強い輝線が発光スペクトルに現れる．ウーレンベック（Uhlenbeck, G.）とハウトスミット（ゴーズミット）（Goudsmit, S.）らは，1925年ごろ，電子が「こま」のように回転し，その回転方向によって2つの角運動量成分 $\pm\hbar/2$ をとるため，2本の輝線[†7]が現れると考えた．これが現在**電子のスピン**[†8]とよばれるもので，軌道角運動量の z 軸成分が $\hbar$ の整数倍であるのに対して，電子のスピンは $\hbar$ の半整数倍をとる．空間的に不均一な磁場の中では，電子はそのスピン角運動量が正か負かに応じて異なった方向に力を受ける．動いている

[†6] ほとんどの場合，13.3節で説明する変分原理に基づいた変分法を使って，(13.6)式の固有値問題を解く．このような1電子近似の固有値問題の多くは，現在では，パーソナルコンピューターでも瞬時に解ける．

[†7] Naの最外殻M殻の電子に対するシュレーディンガー方程式からは，3p→3sの発光の遷移エネルギーはすべて等しく，対応する1本の輝線が予想されるだけである．実際には，電子はS極とN極（磁気双極子）をもつ小さな磁石のように働き，3p電子の磁気双極子（スピン）と軌道運動によって発生する電流がつくる磁場との相互作用によって，3p軌道のエネルギー準位が2つに分裂する（磁気双極子モーメントの向きに応じて分裂）．

[†8] 電子の自転によると捉えられていたので，このようによばれている．

荷電粒子が磁場の中でローレンツ力を受けることは5.4節で説明したが，止まっている電子も小さな磁石のように振る舞うわけである．全電子のスピン角運動量の和が0かそうでないかが，物質の磁性（磁石にくっつくかどうかなどの磁場への応答性）を決める主要因子になっている．

スピン角運動量は，軌道角運動量と違って，位置と運動量で記述することはできない．1つの電子のスピン角運動量の z 軸成分は固有値が $\hbar/2$ か $-\hbar/2$ のどちらかの値であり，それぞれに対応するスピンの状態を α と β という記号で表す．たとえば，電子 i が空間軌道 φ_j に α スピンをもって入っている状態は $\varphi_j(\boldsymbol{r})\,\alpha(i)$ のように表される．スピンまで含めると，パウリの排他原理は「電子座標で表される空間軌道部分とスピンすべてを含んだ多電子の波動関数 Ψ が，電子の交換に対して符号が反転しなければならない」ことを意味しており，Ψ は (13.7) 式のような単なる積ではなく，**スレイター行列式** (Slater determinant) とよばれる行列式の形で表される（補足 C13.1 参照）．この電子の交換に対する**反対称性** (antisymmetry) の視点からは，パウリの原理は「スピンまで同一の軌道には1つの電子しか入れない」ことと同じである．つまり，2つの電子が同じスピンをもって同一の空間軌道を占有することは許されない．1つの空間軌道を2個の電子が占める場合は，2つの電子のスピン角運動量ベクトルの向きは異なっていなければならない．

同じエネルギーをもつ軌道が他にない（縮退がない）場合は，エネルギーが低い軌道から順に電子が α と β スピンの対となって入った配置が最も低いエネルギーを与える．1つだけ入る場合は，磁場がなければ，α であれ β であれ，同じエネルギーを与えることになる．エネルギーが等しい縮退軌道があるときは，電子配置はつぎの**フントの規則** (Hund's rule)[†9] に従う．

「縮退した軌道がいくつかあるときにエネルギーが最も低くなる状態は，電子が同じスピン（α か β）をもって1つずつ別々の軌道に入る電子配置である」[†10]．

N 電子ハミルトニアンを1電子ハミルトニアンの和で近似する (13.5) 式に沿った解法は簡潔で理解しやすいが，そもそも $\hat{h}_{\text{eff}}(\boldsymbol{r})$ のなかの有効ポテンシャルは他の電子との反発があらわな形では入っていない．電子間反発を取り込んで最適なエネルギーを求める1電子近似法は，1928年に発表され，**ハートリー** (Hartree) **法**

---

†9　この規則が成立しない場合も例外的にある．

†10　酸素分子が液体で磁石に引き寄せられる性質（常磁性）を示すのは，同じエネルギーをもつ2つの軌道それぞれに同じスピンをもった電子が1つずつ入り，個々のスピン角運動量が相殺されず全スピン角運動量が0にならないからである．

とよばれている．ただし，この方法では電子波動関数が単に(13.7)式のような軌道の1つの積で表されていたので，1930年に，スピンの状態を考慮したスレイター行列式に基づいた1電子近似が提案された[†11]．これが，現在原子や分子の電子状態計算に広く使われている**ハートリー－フォック**(Hartree-Fock；HF)**法**である．

ハートリー法やHF法を実行する際の手順は以下のようなものである(数式を使った説明は補足C13.2にゆずる)．原子のN個の電子はいろいろな**原子軌道**(atomic orbital；AO)[†12] $\varphi_a, \varphi_b, \cdots$ に入っており，1つの電子はその他の電子から受ける平均場のなかにあるとする．しかしながら，平均場はそもそも各電子が入る未定の軌道や電子密度分布などの情報を含んでおり，既知のものではない．そのため，まず，N個の電子を収容しているAOに対して適切な電子密度分布を近似的に与える軌道(試行関数) $\varphi'_a, \varphi'_b, \cdots$ を考え，これらから1電子に対する“仮の”有効平均場を計算する．その平均場のもとで得られた1電子ハミルトニアン[†13]の固有関数 $\varphi_a, \varphi_b, \cdots$ を求め，それらをまた試行関数として同様の過程を繰り返す．試行関数 $\varphi'_a, \varphi'_b, \cdots$ と得られた固有関数 $\varphi_a, \varphi_b, \cdots$ が変わらなくなれば，**つじつまの合う場**(self-consistent field)に到達したことになる[†14]．収束した固有関数 $\varphi_a, \varphi_b, \cdots$ をHF軌道，対応する固有値 $E_a, E_b, \cdots$ を**軌道エネルギー**という．

多電子原子のHF軌道は，水素様原子の原子軌道と同様に3つの量子数 n, l, m で特徴付けられ，電子数によらず同じ量子数の組をもつ軌道の形は相似的である．多電子原子の特徴として，そのエネルギーが主量子数nだけに依存する水素様原子とは違って，軌道エネルギーが同じnでもlとともに高くなる．ns軌道よりnp軌道の方がエネルギーが高い．

13.2　分子の1電子近似 －ヒュッケル分子軌道法－

本節では，まず，量子化学の主要な対象である分子をどのように量子論で取り扱うかについて概説する．分子の場合は，原子と違って複数の原子核があるので，電

[†11] ハートリー法やHF法の全エネルギーは，1電子近似の枠内では電子間反発をあらわに取り込んでいるため，(13.8)式とは違って，軌道エネルギーの和とは一致しない．詳しくは補足C13.2参照．

[†12] 1電子の変数$\boldsymbol{r}$だけを含んだ1電子軌道関数である．分子の場合は，あとで述べる分子軌道を考える．

[†13] この平均場に原子核からの引力部分 $-Z/r$ と1電子の運動エネルギー演算子 $-(1/2)\nabla^2$ を加えたハミルトニアンであり，**フォック演算子**という(補足C13.2参照)．

[†14] このような方法を一般に**つじつまの合う場の方法**，あるいは**自己無撞着場の方法**(self-consistent field法，略してSCF法)という．

子の状態だけでなく，分子の原子核の振動と分子全体の回転の運動も存在する[†15]．原子核は質量が大きく電子に比べて動きがきわめて遅いので，まず，原子核が分子の構造に対応する位置 $\boldsymbol{R}$ に静止しているとして，電子ハミルトニアン $\hat{H}_{\mathrm{el}}(\boldsymbol{r}\,;\boldsymbol{R})$[†16] を定義する（複数の電子と原子核の位置ベクトルをそれぞれまとめて太字 $\boldsymbol{r}$ と $\boldsymbol{R}$ で表している）．

$$\hat{H}_{\mathrm{el}}(\boldsymbol{r}\,;\boldsymbol{R}) = -\frac{1}{2}\sum_i \nabla_i^2 + V(\boldsymbol{r},\boldsymbol{R}) \tag{13.9}$$

ここで，∇_i^2 は電子 i のラプラシアン，$V(\boldsymbol{r},\boldsymbol{R})$ はすべての電子間のクーロン反発ポテンシャルと電子-原子核間の引力ポテンシャルの和である．$\hat{H}_{\mathrm{el}}(\boldsymbol{r}\,;\boldsymbol{R})$ の固有値問題を解けば，原子核配置 $\boldsymbol{R}$ での電子波動関数 $\Psi_n(\boldsymbol{r}\,;\boldsymbol{R})$ と電子エネルギー $E_n(\boldsymbol{R})$ を得る．

$$\hat{H}_{\mathrm{el}}(\boldsymbol{r}\,;\boldsymbol{R})\Psi_n(\boldsymbol{r}\,;\boldsymbol{R}) = E_n(\boldsymbol{R})\Psi_n(\boldsymbol{r}\,;\boldsymbol{R}) \tag{13.10}$$

添字 n は，固有関数 $\Psi_n(\boldsymbol{r}\,;\boldsymbol{R})$ を指定する番号である[†17]．指定した n に対する $E_n(\boldsymbol{R})$ は $\boldsymbol{R}$ の空間の中で連続的につながっており[†18]，これに原子核間のクーロン反発エネルギーを加えたものを分子の**ポテンシャルエネルギー曲面** $V_n(\boldsymbol{R})$ という．この $V_n(\boldsymbol{R})$ の中を原子核が動いていると見なすと[†19]，電子状態，原子核の振動，分子回転の3種のエネルギーの和が分子の全エネルギー E_{M} となる．分子の安定構造は $V_n(\boldsymbol{R})$ の極小点 $\boldsymbol{R}_0$ に対応しており，その近傍での $V_n(\boldsymbol{R})$ の形が，原子核がどのように振動するか（振動の量子状態）あるいは回転するか（回転の量子状態）を決めている[†20]．

つぎに，分子の構造や反応性を電子状態の観点から議論するうえで最も基本となる**ヒュッケル分子軌道法**について説明する．**分子軌道**（molecular orbital；MO）とは，分子の電子波動関数を表すために用いられる1電子（近似）関数のことである．

---

†15　必要に応じて，分子全体の重心の並進運動も考慮すればよい．並進運動は，極低温の場合を除いて，古典力学で扱える．

†16　セミコロン（;）は，$\boldsymbol{R}$ が量子力学的に取り扱う変数ではなく，単に固定した原子核の位置を表すパラメーターであることを示す．

†17　たとえば，最もエネルギーが低い基底電子状態を $n=1$，つぎの第1励起状態を $n=2$ というように指定する．

†18　考慮すべき原子核座標 $\boldsymbol{R}$ が1つ，たとえば R_x しかなければ $E_n(\boldsymbol{R})$ は曲線，2つ以上あれば曲面を形成する．

†19　1927年にボルンとオッペンハイマー（Oppenheimer, R.）によって提案され，一般に**断熱近似**（adiabatic approximation）とよばれている．

†20　分子の振動・回転の固有関数やエネルギーは電子状態 n に依存する．

一般の多電子分子においても，原子の場合と同様に，HF 法に基づいて 1 電子近似の分子軌道を求めることができる．一方，ヒュッケル (Hückel, E.) は 1931 年に，HF 法のように平均場を具体的に求めなくても，MO の形の概略とその軌道のおおよそのエネルギーがわかることを示した．その方法はヒュッケル (分子軌道) 法とよばれ，分子の化学的性質を理解するうえで，その有用性は現在でも色あせていない．

ヒュッケル法の 1 電子近似の骨子は，すでに (13.4) ～ (13.8) 式で与えられている．(13.4) 式に対応する式が原子核を固定した有効 1 電子ハミルトニアン

$$\hat{h}^{\text{eff}}(\boldsymbol{r}_i\,;\boldsymbol{R}) = -\frac{1}{2}\nabla_i^2 - \sum_{k=1} \frac{Z_k}{|\boldsymbol{R}_k - \boldsymbol{r}_i|} + V_{\text{eff}}(\boldsymbol{r}_i\,;\boldsymbol{R}) \qquad (13.11)$$

で，その総和 $\hat{H}_{\text{el}}(\boldsymbol{r}\,;\boldsymbol{R}) = \sum_i \hat{h}^{\text{eff}}(\boldsymbol{r}_i\,;\boldsymbol{R})$ が (13.5) 式に対応する．(13.11) 式において，$\boldsymbol{R}_k$ は原子核 k の位置ベクトル，Z_k は原子核の電荷であり，右辺 2 項目は原子核 k と電子 i の間のクーロン引力項である．(13.6) 式に対応する 1 電子のシュレーディンガー方程式 $\hat{h}^{\text{eff}}(\boldsymbol{r}\,;\boldsymbol{R})\,\varphi_l(\boldsymbol{r}\,;\boldsymbol{R}) = \varepsilon_l(\boldsymbol{R})\,\varphi_l(\boldsymbol{r}\,;\boldsymbol{R})$ を解いて，分子軌道 $\{\varphi_l\}$ とエネルギー $\{\varepsilon_l\}$ が得られれば，分子に対しても，(13.7) 式のような全電子系の近似解 Ψ と (13.8) 式のような全電子の総エネルギー E が求められる．分子軌道や固有エネルギーも原子核配置 $\boldsymbol{R}$ に依存するが，以降は自明のこととして，$\boldsymbol{R}$ を省略する．

続いて，ヒュッケル法に導入されているさらにいくつかの近似を，ブタジエン分子を例に説明する．1,3-ブタジエン $CH_2=CH-CH=CH_2$ のような共役二重結合をもつ有機化合物では，分子中に広がっている MO が存在する[†21]．ヒュッケル法では，それらの MO は炭素原子間の結合軸に垂直 (すべての C 原子を含む分子面に垂直) な方向 z に広がった $2\mathrm{p}_z$ 原子軌道の線形結合で表され (**図 13.1**)，**π 軌道**とよばれている．π 軌道に入っている電子を **π 電子**という．これに対して，原子間の結合軸方向に広がった MO を **σ 軌道** (図 13.1 の実線に沿って広がる軌道)，その電子を **σ 電子**という[†22]．

図 13.1 のように，ブタジエンの端から C 原子に C^1, C^2, C^3, C^4 と番号をつけ，それぞれの $2\mathrm{p}_z$ 軌道を $\chi_1, \chi_2, \chi_3, \chi_4$ で表そう．$2\mathrm{p}_z$ 軌道が 4 つあるので，それらの線形結

---

†21　そのため，これらの化合物は近紫外光や可視光などの波長の長い光を吸収できる．吸収帯が可視部にあれば，その化合物の溶液は一般に色づいて見える．

†22　σ 軌道と π 軌道は，結合軸の方向に分布するか垂直方向に分布するかで区別できる．数学的には，σ 軌道は結合軸周りの角運動量が 0 の軌道であり，π 軌道は結合軸周りの角運動量が $\hbar$ あるいは $-\hbar$ の値をもつ軌道，あるいは，それらの線形結合である．

図 13.1　1,3-ブタジエンの4つの炭素原子 C^1, C^2, C^3, C^4 の $2p_z$ 原子軌道
これらの線形結合から分子全体に広がった4つの π 軌道が形成される．これに対して，σ 軌道は実線で示した原子間の結合軸に沿って広がる．

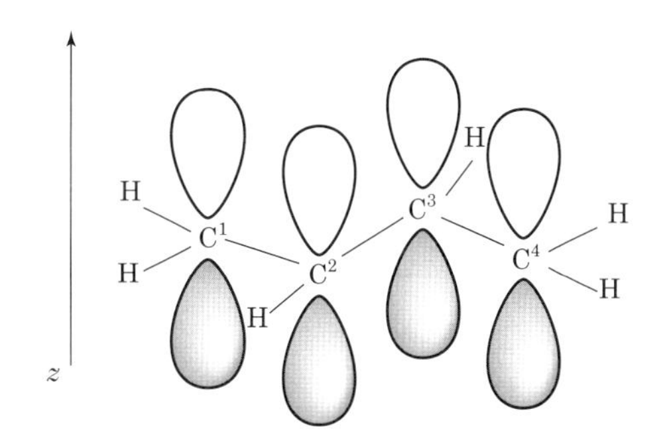

合からできる独立な π 軌道は4つある（N 個の原子軌道から N 個の MO ができる）．

$$\varphi_i = c_{i1}\chi_1 + c_{i2}\chi_2 + c_{i3}\chi_3 + c_{i4}\chi_4 \quad (i = 1,2,3,4) \tag{13.12}$$

1つの電子が i 番目の MO である φ_i に入っているとすると，その電子を原子 C^j の上に見いだす確率は，原子軌道（AO）の係数 c_{ij} の絶対値の二乗 $|c_{ij}|^2$ に比例する．(13.12) 式のように，MO を AO の線形結合で表す方法を **LCAO 法**（linear combination of atomic orbitals method）という．それぞれの C 原子は6個の電子をもち，そのうち1個の電子が π 軌道に収容されるので[†23]，合計で4個の電子が複数の π 軌道に収容されることになる．

(13.12) 式の係数はまだ決まっていないが，φ_i のエネルギー ε_i をつぎの (13.13) 式を使って表しておこう．φ_i の1電子ハミルトニアン $\hat{h}^{\text{eff}}(\boldsymbol{r})$ の期待値は

$$\varepsilon_i = \frac{\int \varphi_i{}^* \hat{h}^{\text{eff}} \varphi_i \, \mathrm{d}V}{\int \varphi_i{}^* \varphi_i \, \mathrm{d}V} \tag{13.13}$$

と書ける．$\mathrm{d}V$ は電子座標に関する積分の体積要素を表している．(13.13) 式の分子は

$$\int \varphi_i{}^* \hat{h}^{\text{eff}} \varphi_i \, \mathrm{d}V = \sum_{j=1}^{4} \sum_{j'=1}^{4} c_{ij}^* c_{ij'} \int \chi_j{}^* \hat{h}^{\text{eff}} \chi_{j'} \, \mathrm{d}V \tag{13.14}$$

分母は

$$\int \varphi_i{}^* \varphi_i \, \mathrm{d}V = \sum_{j=1}^{4} \sum_{j'=1}^{4} c_{ij}^* c_{ij'} \int \chi_j{}^* \chi_{j'} \, \mathrm{d}V \tag{13.15}$$

[†23] 6個の電子のうち，化学結合に関与しない 1s 軌道に2個，2s, $2p_x$, $2p_y$ からできる sp^2 混成軌道に3個関与するので，残りの1個が $2p_z$ に割り当てられることになる．

と表せる．以下，規格化したAOを用いることにする．

$$\int \chi_i \chi_i \, \mathrm{d}V = 1 \tag{13.16}$$

ヒュッケル法では，(13.14) 式と (13.15) 式中の積分を以下のように表す．まず，クーロン積分とよばれる電子の炭素原子内での安定化エネルギー

$$\int \chi_i \hat{h}^{\mathrm{eff}} \chi_i \, \mathrm{d}V = \alpha_i \tag{13.17}$$

を単に α_i で表す．i と j が隣り合う原子のときの積分

$$\int \chi_i \hat{h}^{\mathrm{eff}} \chi_j \, \mathrm{d}V = \beta_{ij} \tag{13.18}$$

は，**共鳴積分**（電子の隣り合う炭素原子間での共有による安定化エネルギー）とよばれ，β_{ij} で表す．それ以外の組合せのときは，χ_i と χ_j が離れているので，

$$\int \chi_i \hat{h}^{\mathrm{eff}} \chi_j \, \mathrm{d}V = 0 \tag{13.19}$$

と近似する．異なったAOの重なり積分も0と近似する．

$$\int \chi_i \chi_j \, \mathrm{d}V = 0 \qquad (i \neq j) \tag{13.20}$$

(13.19) 式と (13.20) 式のヒュッケル近似に基づいた分子軌道法が**ヒュッケル分子軌道法**である．

【問 13.1】 ヒュッケル近似のもとでは，ブタジエンの (13.14) 式と (13.15) 式がつぎのように表せることを示せ．

$$\begin{aligned}\int \varphi_i{}^* \hat{h}^{\mathrm{eff}} \varphi_i \, \mathrm{d}V = {} & \alpha (c_{i1}^* c_{i1} + c_{i2}^* c_{i2} + c_{i3}^* c_{i3} + c_{i4}^* c_{i4}) \\ & + \beta (c_{i1}^* c_{i2} + c_{i2}^* c_{i1} + c_{i2}^* c_{i3} + c_{i3}^* c_{i2} + c_{i3}^* c_{i4} + c_{i4}^* c_{i3})\end{aligned} \tag{13.21}$$

$$\int \varphi_i{}^* \varphi_i \, \mathrm{d}V = c_{i1}^* c_{i1} + c_{i2}^* c_{i2} + c_{i3}^* c_{i3} + c_{i4}^* c_{i4} \tag{13.22}$$

ただし，すべてC原子なので，$\alpha_i = \alpha, \beta_{ij} = \beta$ としている（スピン状態を表す記号 α，β と混同しないこと）．

(13.21)，(13.22) 式より，α と β が与えられているとすると，各軌道のエネルギー ε_i $(i = 1, 2, 3, 4)$ は原子軌道の係数の関数 $\{c_{ij}\}$ と見なせる．最後に係数をどう決めるかが問題になるが，各軌道のエネルギーが最も低くなるように決める．このよう

な手続きを**変分法** (variational method) といい，次節で説明する．固有値問題に変分法を適用して得られる行列式 $=0$ の形の**固有方程式**を解いて，分子軌道の波動関数とエネルギーを求めることになる．

13.3　ヒュッケル法の変分原理に基づいた解法とブタジエンへの適用

(13.13) 式の ε_i は，$c_{i1}, c_{i2}, c_{i3}, c_{i4}$ という 4 個の係数を変数とする関数と見なせる．では，この関数にどのような条件を課せば，係数が決まるであろうか．ここで，任意のハミルトニアン $\hat{H}$ に対するシュレーディンガー方程式の固有関数を $\Psi_1, \Psi_2, \Psi_3, \cdots$，そして，対応する固有値を $E_1 \leq E_2 \leq E_3 \cdots$ とする一般論から始めよう．

$$\hat{H}\Psi_k = E_k\Psi_k \tag{13.23}$$

任意の関数 Ψ に対して，$\hat{H}$ の期待値 $E[\Psi]$

$$E[\Psi] = \frac{\int \Psi^* \hat{H} \Psi \, \mathrm{d}V}{\int \Psi^* \Psi \, \mathrm{d}V} \tag{13.24}$$

が基底状態のエネルギー E_1 の上限を与え，E_1 より低くならないことがわかっている (問 13.2 参照)．

$$E[\Psi] \geq E_1 \tag{13.25}$$

つまり，どんな近似波動関数も真の基底状態のエネルギーより高い．等号が成り立つのは，Ψ がシュレーディンガー方程式 $\hat{H}\Psi = E_1\Psi$ を満たす真の基底状態の波動関数のときである．これが変分原理の内容である．

【問 13.2】 $\hat{H}$ の固有関数から構成された完全規格直交系 $\{\Psi_k\}$ で展開した Ψ

$$\Psi = \sum_k C_k \Psi_k \tag{13.26}$$

を (13.24) 式に代入して，(13.25) 式を証明せよ．(13.23) 式とつぎの関係式を使えばよい．

$$\sum_k |C_k|^2 E_k \geq E_1 \sum_k |C_k|^2 \tag{13.27}$$

(13.12) 式や (13.26) 式のような線形独立な基底関数の線形結合を使って最良の固有関数を求める方法は，**リッツの変分法** (Ritz variational method) とよばれている (詳しい説明は補足 C13.3 参照)．変分法を (13.13) 式に適用して固有値方程式を導くには，ε_i を $c_{i1}, c_{i2}, c_{i3}, c_{i4}$ という 4 個の係数を「変数」とする関数と見なし，ε_i が極小になる条件[†24] $\partial\varepsilon_i/\partial c_{ij}=0\ (j=1,2,3,4)$ を利用する．簡単のため原子軌道も係数も実数として，まず (13.13) 式に (13.21), (13.22) 式を代入して分母をはらい

$$\alpha(c_{i1}{}^2+c_{i2}{}^2+c_{i3}{}^2+c_{i4}{}^2)+2\beta(c_{i1}c_{i2}+c_{i2}c_{i3}+c_{i3}c_{i4})=\varepsilon_i(c_{i1}{}^2+c_{i2}{}^2+c_{i3}{}^2+c_{i4}{}^2) \tag{13.28}$$

この両辺を c_{i1} に関して偏微分する．

$$2\alpha c_{i1}+2\beta c_{i2}=2\varepsilon_i c_{i1}+\frac{\partial\varepsilon_i}{\partial c_{i1}}c_{i1}{}^2 \tag{13.29}$$

ここで，$\partial\varepsilon_i/\partial c_{i1}$ を極小の条件から 0 とし，両辺を 2 で割れば

$$(\alpha-\varepsilon_i)c_{i1}+\beta c_{i2}=0 \tag{13.30}$$

を得る．

【問 13.3】 同様に，c_{i2}, c_{i3}, c_{i4} で (13.28) 式を偏微分して，次式を求めよ．

$$\beta c_{i1}+(\alpha-\varepsilon_i)c_{i2}+\beta c_{i3}=0 \tag{13.31}$$

$$\beta c_{i2}+(\alpha-\varepsilon_i)c_{i3}+\beta c_{i4}=0 \tag{13.32}$$

$$\beta c_{i3}+(\alpha-\varepsilon_i)c_{i4}=0 \tag{13.33}$$

得られた (13.30) ～ (13.33) 式の同次連立 1 次方程式が $c_{i1}=c_{i2}=c_{i3}=c_{i4}=0$ という自明な解以外の解をもつ条件は，固有値方程式とよばれる係数がつくる行列式 $=0$

$$\begin{vmatrix}\alpha-\varepsilon_i & \beta & 0 & 0\\ \beta & \alpha-\varepsilon_i & \beta & 0\\ 0 & \beta & \alpha-\varepsilon_i & \beta\\ 0 & 0 & \beta & \alpha-\varepsilon_i\end{vmatrix}=0 \tag{13.34}$$

を満足しなければならないことはすでに 6.5 節で説明した．(13.34) 式を満たす固有値 ε_i を代入した (13.30) ～ (13.33) 式から得られる $c_{i1}, c_{i2}, c_{i4}, c_{i4}$ が，対応する固有関数を与える．(13.34) 式左辺は ε_i に関する 4 次式であるから，4 つの ε_i だけが MO のエネルギーとして許されることになる．ε_i の下付 i を変えて同様の変分手続きを踏んでも，(13.34) 式の形は変化せず[†25]，新たなエネルギーが得られるわけではない．したがって，固有方程式では，ε_i を ε としておけばよい．

(13.34) 式の行列式を β で割って，

---

†24　ε_i は真の値より高いので，真の値に最も近づく条件になる．

†25　たとえば，$\varepsilon_{i'}$ とすると，(13.34) 式中の $\alpha-\varepsilon_i$ が $\alpha-\varepsilon_{i'}$ に変わるだけで，エネルギーに関する方程式としては変わらない．

$$\lambda = \frac{\varepsilon - \alpha}{\beta} \tag{13.35}$$

とおくと，簡潔な次式が得られる．

$$\begin{vmatrix} -\lambda & 1 & 0 & 0 \\ 1 & -\lambda & 1 & 0 \\ 0 & 1 & -\lambda & 1 \\ 0 & 0 & 1 & -\lambda \end{vmatrix} = 0 \tag{13.36}$$

【問 13.4】 (13.36) 式の左辺の行列式を展開して，次式を導け．

$$\lambda^4 - 3\lambda^2 + 1 = 0 \tag{13.37}$$

(13.37) 式を λ^2 に関して解くと，$\lambda^2 = (3 \pm \sqrt{5})/2$ となる．したがって，λ としてつぎの 4 つの解が得られる．

$$\lambda = \pm 1.618, \quad \lambda = \pm 0.618 \tag{13.38}$$

ε_i の i を 1 から 4 へとエネルギーが高くなるように選ぶと，4 つの MO のエネルギーはつぎのように表せる．

$$\varepsilon_1 = \alpha + 1.618\beta, \quad \varepsilon_2 = \alpha + 0.618\beta, \quad \varepsilon_3 = \alpha - 0.618\beta, \quad \varepsilon_4 = \alpha - 1.618\beta \tag{13.39}$$

イオン化エネルギーなどの実測値を再現する α と β は，負の値であることがわかっている．

(13.30) ～ (13.32) 式を β で割ると，つぎの関係式を得る．

$$-\lambda c_1 + c_2 = 0, \quad c_1 - \lambda c_2 + c_3 = 0, \quad c_2 - \lambda c_3 + c_4 = 0 \tag{13.40}$$

ただし，係数 c_{i1} などの下付 i は略してある．これらの式を利用すれば，c_1 からその他の係数を決めていける．

$$c_2 = \lambda c_1, \quad c_3 = (\lambda^2 - 1)c_1, \quad c_4 = \lambda(\lambda^2 - 2)c_1 \tag{13.41}$$

【問 13.5】 (13.40) 式を利用して，(13.41) 式を導け．

(13.41) 式を使えば，規格化条件を次式で表すことができる．

$$c_1{}^2 + c_2{}^2 + c_3{}^2 + c_4{}^2 = (2 + 3\lambda^2 - 3\lambda^4 + \lambda^6)c_1{}^2 = 1 \tag{13.42}$$

したがって，λ を (13.42) 式に代入すると c_1 が決まり，(13.41) 式を使えば，その他の係数も決まる．ε_1 に対応する $\lambda = 1.618$ を (13.42) 式に代入すれば $c_1 = 0.3717$ が決まり，続いて他の 3 つの係数も $c_2 = c_3 = 0.6015$，$c_4 = 0.3717$ と決まる．結局，最も低いエネルギー ε_1 に対応する MO は

$$\varphi_1 = 0.3717\chi_1 + 0.6015\chi_2 + 0.6015\chi_3 + 0.3717\chi_4 \qquad (13.43\,\mathrm{a})$$

と表せる．$\varepsilon_2, \varepsilon_3, \varepsilon_4$ に対応する MO は以下のとおりである．

$$\varphi_2 = 0.6015\chi_1 + 0.3717\chi_2 - 0.3717\chi_3 - 0.6015\chi_4 \qquad (13.43\,\mathrm{b})$$

$$\varphi_3 = 0.6015\chi_1 - 0.3717\chi_2 - 0.3717\chi_3 + 0.6015\chi_4 \qquad (13.43\,\mathrm{c})$$

$$\varphi_4 = 0.3717\chi_1 - 0.6015\chi_2 + 0.6015\chi_3 - 0.3717\chi_4 \qquad (13.43\,\mathrm{d})$$

MO の節の数は，φ_1 は 0 であり，$\varphi_2, \varphi_3, \varphi_4$ の順に 1 つずつ増えていく．

ブタジエンの π 電子は 4 個であるから，基底状態は φ_1 に 2 つ，φ_2 に 2 つの電子が入った電子配置である．ブタジエンの φ_2 のように，電子が入っている軌道のなかでエネルギーが最も高い軌道を**最高被占軌道** (highest occupied molecular orbital；**HOMO**) といい，φ_3 のように電子が入っていない軌道のなかでエネルギーが最も低い軌道を**最低空軌道** (lowest unoccupied molecular orbital；**LUMO**) という．C^a と C^b 間の π 結合の強さを表す **π 結合次数** (π-bond order) p_{ab} は，ε_j を占有する電子の数 n_j および ε_j 中の $2\mathrm{p}_z$ 軌道係数 c_{ja}, c_{jb} を使って次式のように定義できる．

$$p_{ab} = \sum_j n_j c_{ja} c_{jb} \qquad (13.44)$$

c_{ja} と c_{jb} が同符号で $c_{ja}c_{jb} > 0$ なら，原子 a と b の互いの原子軌道の振幅は互いに強め合い，結合力をもたらす核間の電子密度を高める (核間に節ができる $c_{ja}c_{jb} < 0$ の場合は，逆に，化学結合の力を弱める)[†26]．いま，原子軌道間の重なり積分を無視しているので，j 番目の分子軌道にある電子が原子 a の付近に見いだされる確率は $c_{ja}{}^2$ で与えられる．したがって，原子 a 上の **π 電子密度** (π-electron density) は，$c_{ja}{}^2$ の占有分子軌道に関する和 p_{aa} で定義できる[†27]．σ 結合を表す分子軌道まで含めて**全結合次数** P_{ab} を定義すると，$P_{ab} = 1, 2, 3$ は，それぞれ，原子 a と b との間の結合が単結合 (σ 結合)，二重結合 (σ 結合 + π 結合)，三重結合 (σ 結合 + π 結合 2 つ) であることを意味している[†28]．

【問 13.6】 ブタジエンの C^1-C^2 結合の長さは 1.34 Å で，C^2-C^3 の値 1.48 Å よりも短い．それぞれの π 結合の結合次数を求め，その値に基づいてこの長さの違いを説明せよ．

---

†26　『量子化学』(大野公一 著) 第 8 章参照．

†27　(13.42) 式のような規格化条件があるので，各原子 a の π 電子密度は，その総和が $\sum_a p_{aa} = \sum_j n_j \sum_a c_{ja} c_{ja} = \sum_j n_j$ のように全電子密度になるように定義されている．

†28　等核二原子分子 A_2 の全結合次数 P_{AA} は [(結合性軌道の電子数) − (反結合性軌道の電子数)]/2 と等しい．

演算子はその行列要素が定義できれば，その作用を行列として扱うことができる．たとえば，ブタジエンの $\hat{h}^{\mathrm{eff}}$ は $h_{ij}^{\mathrm{eff}} = \int \chi_i \hat{h}^{\mathrm{eff}} \chi_j \mathrm{d}V$ を要素とする行列 $\boldsymbol{h}^{\mathrm{eff}}$ として表せる．(13.17) ～ (13.19) 式を使うと，

$$\boldsymbol{h}^{\mathrm{eff}} = \begin{pmatrix} \alpha & \beta & 0 & 0 \\ \beta & \alpha & \beta & 0 \\ 0 & \beta & \alpha & \beta \\ 0 & 0 & \beta & \alpha \end{pmatrix} \tag{13.45}$$

と表せる．また，固有関数を列ベクトル $\boldsymbol{\varphi}$

$$\boldsymbol{\varphi} = \begin{pmatrix} c_1 \\ c_2 \\ c_3 \\ c_4 \end{pmatrix} \tag{13.46}$$

で定義すると，(13.30) ～ (13.33) 式と等価な表現が得られる．

$$\boldsymbol{h}^{\mathrm{eff}} \boldsymbol{\varphi} = \varepsilon \boldsymbol{\varphi} \tag{13.47}$$

【問 13.7】 (13.47) 式の両辺は列ベクトルで表せるが，その各要素に分けると，(13.30) ～ (13.33) 式に対応することを示せ．

(13.47) 式は，行列 $\{a_{ij}\}$ を要素とする n 次正方行列 $\boldsymbol{A}$ に対して，次式を満たすスカラー λ と n 次元列ベクトル $\boldsymbol{X}$ を求める固有値問題に相当する．

$$\boldsymbol{AX} = \lambda \boldsymbol{X} \tag{13.48}$$

この式を満足するスカラー λ が $\boldsymbol{A}$ の固有値，$\boldsymbol{X}$ が λ に対する固有ベクトルである．固有値問題は，本章で見てきたような量子化学におけるシュレーディンガー方程式の解法や，量子力学一般（第 11 章参照），化学反応速度論，電気回路などの理工学の問題のみならず，人口問題など社会科学にも現れる線形代数の重要な分野である．

数学的には，固有値問題は，n 次正方行列 $\boldsymbol{A}$ を対角行列 $\boldsymbol{D}$（非対角要素がすべて 0 になる行列）に変換する n 次正方行列 $\boldsymbol{P}$ を見つけ出す問題と同じである．

$$\boldsymbol{P}^{-1} \boldsymbol{AP} = \boldsymbol{D} \tag{13.49}$$

左辺のような変換を $\boldsymbol{P}$ による相似変換という．$\boldsymbol{D}$ が対角行列になっているとき，その対角要素には $\boldsymbol{A}$ の固有値 $\lambda_1, \lambda_2, \cdots, \lambda_n$ が並ぶ．詳しい説明は，固有値問題の数学的枠組みについてまとめた補足 C13.4 にゆずる．量子力学や量子化学に現れる固有値問題では，実数を成分とする対称行列だけでなく，複素数を成分として許す

エルミート行列 (Hermitian matrix) を対角化することもある．複素 n 次正方行列 A の転置行列要素を共役複素数にした行列を A の**エルミート共役** $A^\dagger$ といい，エルミート行列とは $A^\dagger = A$ が成り立つ行列である．(13.49) 式を満たす変換 $\boldsymbol{P}$ は，A が実対称行列なら直交行列 (要素は実数)，A がエルミート行列なら**ユニタリ行列** (unitary matrix) が用いられる (実数の場合は直交行列になる)．ユニタリ行列とは $\boldsymbol{P}^{-1} = \boldsymbol{P}^\dagger$ の関係を満たす行列である．エルミート行列とユニタリ行列の詳しい説明は補足 C13.5 に与えておく．

【問 13.8】 つぎの 2 次の実対称行列 A

$$A = \begin{pmatrix} 0 & 2 \\ 2 & 0 \end{pmatrix} \tag{13.50}$$

の 2 つの固有値が $\lambda_1 = -2$ と $\lambda_2 = 2$ であることを示せ．また，λ_1 と λ_2 に対するノルムが 1 に規格化された固有ベクトルがそれぞれ $\boldsymbol{X}_1$ と $\boldsymbol{X}_2$ で与えられることを示せ．

$$\boldsymbol{X}_1 = \frac{1}{\sqrt{2}}\begin{pmatrix} 1 \\ -1 \end{pmatrix} \qquad \boldsymbol{X}_2 = \frac{1}{\sqrt{2}}\begin{pmatrix} 1 \\ 1 \end{pmatrix} \tag{13.51}$$

実対称行列の固有値は実数で，$\boldsymbol{X}_1^T\boldsymbol{X}_2 = 0$ からもわかるように，固有ベクトルは互いに直交している．

【問 13.9】 A の固有値 $\lambda_1, \lambda_2, \cdots, \lambda_n$ と対応する固有ベクトル $\boldsymbol{X}_1, \boldsymbol{X}_2, \cdots, \boldsymbol{X}_n$ を求める問題は，A を作用させて得られるベクトル $A\boldsymbol{X}$ が $\boldsymbol{X}$ のスカラー倍 (固有値倍) になるような $\boldsymbol{X}$ を探す問題とも見なせる．問 13.8 で，$A\boldsymbol{X}_1 = -2\boldsymbol{X}_1$, $A\boldsymbol{X}_2 = 2\boldsymbol{X}_2$ が成り立っていることを確認せよ．

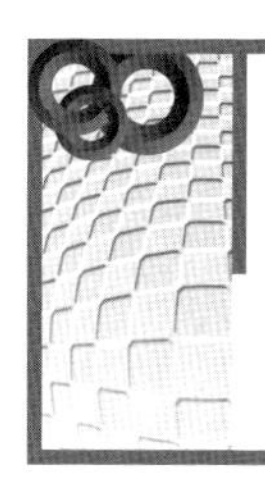

第14章
化学熱力学

熱力学 (thermodynamics) は，物体間の熱の移動がつり合っている熱平衡状態にある物質を巨視的な視点で扱う学問で，量子力学とともに，化学の理論体系を支える2本柱になっている．実際，物質の三態の間の変化 (融解，蒸発など) や，化学反応における平衡などの理解は，熱力学なくしては進まない．化学反応や相転移などを熱力学に基づいて扱う分野が，化学熱力学あるいは熱化学 (thermochemistry) である．本章では，まず，熱力学の最も基本的な対象である理想気体について触れたのち，温度や圧力などに代表される状態量，ならびに熱や仕事などの基本事項を復習する．さらには，熱力学の第1法則から第3法則を具体例とともに学び，エントロピーのような新しい概念を理解できるようにする．

14.1 熱力学第1法則

本節では，まず，気体の状態方程式について復習し，巨視的な系のエネルギー保存則である熱力学第1法則を導入する．つぎに，気体の体積変化を例に可逆変化と不可逆変化に関して説明する．一般に，高温と低温の物体があると，高温の物体から低温の物体に熱が流れ，最後には両方の温度が等しくなる．この「温度が等しくなった状態」を**熱平衡状態** (thermal equilibrium state) といい，この巨視的な状態を定める測定量を**状態量** (quantity of state) あるいは**状態変数** (variable of state) という．状態量としては，たとえば，温度 T，圧力 P，体積 V や**物質量** (amount of substance) n がある．n は物質を構成する粒子の個数をアボガドロ定数で割ったもので，mol を単位として定義される．状態変数のうち，系の体積あるいは質量に比例するものを**示量変数** (extensive variable)，依存しない T や P などを**示強変数** (intensive variable) という．物質の状態を状態量によって記述し，状態量の間に成立する関係や，状態量が異なった平衡状態間でどのように変化するかを与えるのが熱力学である†1 (脚注次頁)．

気体の状態を定める状態量の間にはある決まった関係が存在し，その関係を与える方程式を**気体の状態方程式**（equation of state）という．たとえば，分子間の相互作用が無視できる理想気体に対しては，次式が成り立つ．

$$PV = nRT \tag{14.1}$$

ここで，$R = 8.314\ \mathrm{J\ K^{-1}\ mol^{-1}} = k_\mathrm{B}N_\mathrm{A}$ は気体定数（gas constant）であり（k_B はボルツマン定数，N_A はアボガドロ定数），T は**絶対温度**[†2]（absolute temperature）である．T, P, V, n の間に決まった関係式が存在するので，独立な状態変数は 3 つである．

気体が容器の壁を押す圧力 P は分子運動によってもたらされている．容器の中を質量 m の分子 i が，x, y, z 方向に速度 v_{xi}, v_{yi}, v_{zi} で動いているとすると，熱平衡状態にある理想気体では，容器中の N 個の気体分子が x 方向に垂直な壁に及ぼす全圧力 P は次式で与えられる（x, y, z の 3 方向の運動に異方性はないとする）．

$$P = \frac{mN\langle v^2\rangle}{3V} \tag{14.2}$$

ここで，$\langle v^2\rangle$ は分子の重心の動き（並進運動）の速さ $v_i = \sqrt{{v_{xi}}^2 + {v_{yi}}^2 + {v_{zi}}^2}$ の二乗を分子 N 個全体で平均したものである．気体の分子運動論に関連した式の導出は補足 C14.1 に与えておく．全分子での並進運動のエネルギーの合計は $E_\mathrm{K} = Nm\langle v^2\rangle/2$ であるので，(14.2) 式は $PV = 2E_\mathrm{K}/3$ のように表せる．この式の左辺に (14.1) 式を代入すると，次式が成立する．

$$\frac{m\langle v^2\rangle}{2} = \frac{3k_\mathrm{B}T}{2} \quad \text{あるいは} \quad \frac{m\langle {v_x}^2\rangle}{2} = \frac{k_\mathrm{B}T}{2} \tag{14.3}$$

3 方向に異方性がないとしているので，$\langle v^2\rangle = \langle {v_x}^2\rangle + \langle {v_y}^2\rangle + \langle {v_z}^2\rangle = 3\langle {v_x}^2\rangle$ の関係が成り立つ．(14.3) 式は，分子 1 個あたりの平均の並進運動エネルギーが $3k_\mathrm{B}T/2$ であり，1 自由度あたりの平均エネルギーが $k_\mathrm{B}T/2$ に等しいという**エネルギー等分配則**（law of equipartition of energy）を表している[†3]．

[†1] 熱力学は，平衡に至っていない状態や平衡が達成される途中の状態（非平衡状態）を扱うことはできない．

[†2] 絶対温度は，14.4 節で導入する熱力学に基づいて定義される「熱力学的温度目盛」と同じである．エネルギー等分配則もこの絶対温度で表される．その単位であるケルビン（K）については，第 1 章補足 C1 で説明している．

[†3] 熱平衡状態にある多粒子系では粒子間の衝突が起こっている．その結果，温度 T で特徴づけられる粒子は乱雑な動きを示す．実在気体のように分子間の衝突に際して分子間力が無視できない場合でも，古典力学が成立する領域では正確に $k_\mathrm{B}T/2$ である．

(14.3) 式は，温度と運動エネルギーの比例関係を示している．エネルギーは，一般に，**熱** (heat)[†4] や**仕事** (work) を介して物体から物体へと移動する．熱力学において，乱雑な分子運動を引き起こす熱は，移動するエネルギーの一形態である．物体AとBが接触している場合，十分長い時間が経過すると，熱の移動速度がA→BとA←B両方向で等しくなり，両者の温度が同じになって熱の移動がなくなる．このように，「移動するもの」の両方向への速度がつり合っている状態が熱平衡状態[†5]であり，このときAとBは熱平衡にあるという．物体AとBが熱平衡で，またBとCも熱平衡なら，AとCも熱平衡になっている．これは**熱力学第0法則**とよばれる経験則である．

熱力学において，仕事も移動するエネルギーの一形態である．気体を**圧縮** (compression) すると外部からエネルギーが加えられ，逆に，**膨張** (expansion) させると外部にエネルギーが取り出せる．たとえば，外部との熱のやりとりがない**断熱系** (thermal insulation system) の気体をピストンを押して圧縮した場合，加速された分子の運動エネルギーは他の分子と交換され，その結果は，圧縮気体の温度上昇として現れる．膨張の場合は，温度が下がる．

ここで，系と外界，および関連した用語の定義をまとめておく．**系** (system) とは，測定の対象となる部分である．系の外側にある物質や空間を**外界** (surrounding) といい，熱の出入りがあっても温度がつねに一定と見なせる場合は，**熱源**あるいは**熱浴**という．系は，外界との間で許されるエネルギーや物質の移動の形態から**表14.1**のように分類される．**開いた系** (open system) では，熱や仕事に加えて，外界との物質の出入りまでも許されている．**閉じた系**

表14.1　系と外界との相互作用の分類

	物質の出入	熱の出入	仕事
開いた系	○	○	○
閉じた系	×	○	○
断熱系	×	×	○
孤立系	×	×	×

○はその出入りあるいは作用が許されている系を示している．

†4　熱量を表すのに，SI単位ではないカロリー (cal) が用いられることがある．国際規約によって，化学平衡論で用いられる熱化学カロリー (熱力学カロリー) は，1 cal = 4.184 J と定義されている．

†5　**定常状態** (stationary state) も時間的に変わらない状態と見なせるが，「移動するもの」の流れが一方向的である．たとえば，化学反応において反応中間体の生成速度と分解速度が等しい状態である (中間体濃度の時間変化を0とおく定常状態近似が妥当な状況)．これに対して，正逆両反応が同じ速度で起こっていれば，平衡状態である．量子力学では，定常状態という用語はエネルギーが一定の状態を指すのに用いられている．

(closed system) では，物質の出入りができない．外界とどのような相互作用もなければ，**孤立系** (isolated system) である．

熱や仕事は移動するエネルギーであるから，全エネルギーの保存則はこれらを考慮したものでなければならない．いま，ある閉じた系を考え，その熱平衡状態 A が，熱や仕事によって平衡状態 B に変わったとする．それに伴って，系の状態量の 1 つである**内部エネルギー**も，状態 A における U_A の値から状態 B の U_B に変わり，$\Delta U = U_B - U_A$ だけ変化する[†6]．系が外界から吸収する熱量を Q，外界からされる仕事 (仕事から得られるエネルギー) を W として，**エネルギー保存則**を巨視的な系に適用すると，

$$\Delta U = U_B - U_A = Q + W \tag{14.4}$$

が成り立つ．これが**熱力学第 1 法則** (first law of thermodynamics) で，閉じた系がある平衡状態 A から他の状態 B に移る過程で，和 $Q + W$ が系の変化の前後の状態 A，B のみにより決まることを意味している．一般に，ある熱力学量 F が状態量であれば，状態 A から B の F の変化量 $F_B - F_A$ は微小量 $\mathrm{d}F$ の積分として次式のように表せ，その**経路**によらない．

$$\Delta F = F_B - F_A = \int_A^B \mathrm{d}F \tag{14.5}$$

状態量 U にあてはめると，$\int_A^B \mathrm{d}U = U_B - U_A$ が成立している．(14.5) 式とあわせて，状態量が満たす互いに同等な数学的な性質 4 つを補足 C14.2 にまとめておく．

14.2　可逆・不可逆変化

熱 Q と仕事 W それぞれは一般には状態量ではない．$\int_A^B \mathrm{d}Q = Q_B - Q_A$ の形式の積分は成立しない．この積分は，状態 A から B にどのような経路を通って到達するかに依存し，Q_A や Q_B は状態量として定義できず，微分 $\mathrm{d}Q$ の記号を使った積分は意味がない．経路に依存した Q の微小変化を表すには別の表記が必要であり，14.5 節で説明する．

本書では，熱と仕事の符号を，系が外界から熱を受け取る場合 $Q > 0$，外界が系を圧縮する場合 $W > 0$ のように定義する (系の内部エネルギーが増大する方向を

[†6] 系が分子の集まりからできているとすると，内部エネルギーは各分子の並進，分子回転，分子振動，電子のエネルギーの和を全分子に関して足したものである．

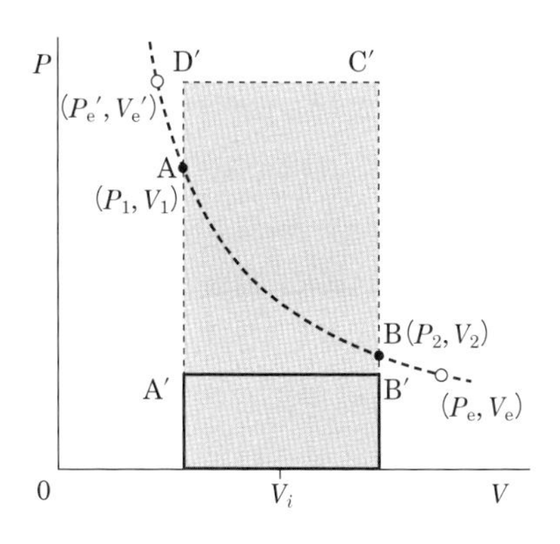

図 14.1　温度 T の熱平衡状態（●と○）をつなぐ状態方程式の P-V 等温曲線（破線）

A′ から B′ の過程は一定の外圧下 P_e での膨張過程，C′ から D′ の過程は外圧 P_e' での圧縮を表している．

正として定義）．$Q>0$ が**吸熱反応**（endothermic reaction），$Q<0$ が**発熱反応**（exothermic reaction）である．系が膨張すると，外部からの圧力（外圧）に抗した仕事を外界になすので $W<0$ である．なお，仕事にはこのような体積変化による仕事（力学的仕事）以外にも電気的な仕事などがあり，一般には「全仕事 $W=$ 体積変化の仕事 $+$ その他の仕事」となる[†7]．

つぎに体積変化による仕事について説明しよう．垂直に立てたシリンダーにピストンをつけ，気体を温度 T の状態で閉じ込めたとする．シリンダーは一定温度 T の熱源と接して，その内部の気体は熱平衡時には温度 T になるとする．止め金でピストンの位置を固定し，このときのシリンダー内の気体圧力（内圧）を P_1，体積を V_1 とする．この平衡状態 (T, P_1, V_1) を**図 14.1** に A として示す．ここで，ピストンに質量 M の重りをおき，止め金を外して，ピストンが高さ h だけ上昇し[†8]，体積が V_2 $(>V_1)$ となった位置で別の止め金を使って再度停止させる．その後，ピストン内の気体は，温度 T が定義できる熱平衡状態 B (T, P_2, V_2) に達する[†9]．

このピストン上昇に際して，一定外圧 P_e のもとでなされた力学的な仕事量 W は，

$$W=-P_e(V_2-V_1) \tag{14.6}$$

と表せる（体積変化による仕事に関しては補足 C14.3 の説明を参照）．簡単のためピストンを押し下げる空気圧はないとし，ピストンの頭頂部の断面積を D，重力加速度を g とすると，P_e はおもりによる圧力 Mg/D である（補足 C14.3）．この場合，(14.6) 式は重りのポテンシャルエネルギーの増加に対応した $W=-Mgh$ と等しい．膨張過程は図 14.1 の A′ から B′ に対応し，太線で囲んだ正方形領域の面積が

[†7] 14.6 節の最後に，体積変化以外で利用できる最大の仕事量について説明する．

[†8] ピストン自体には質量がなく，摩擦抵抗なしにシリンダー内を上下に動くとする．

[†9] 質量 M がつくる外圧 P_e は，ピストンが所定の体積 V_2 の位置まで上昇できる条件 $P_e<P_2$ を満たす．

(14.6) 式の仕事の絶対値である．

つぎに，最初の重りが質量 M_i (>M) で ($P_{e.i} > P_e$)，体積 V_i の所まで膨張したところで，質量 M の重りに変わる2段階膨張の仕事 W_i を考えよう．

$$W_i = -P_{e.i}(V_i - V_1) - P_e(V_2 - V_i) \tag{14.7}$$

(14.6) 式と (14.7) 式は $M_i = M$ の場合を除いて等しくならないので，一般に，仕事は経路に依存し，始状態と終状態だけで決まる状態量ではないことがわかる[†10]．B(P_2, V_2) から V_1 へ1段階の圧縮で到達するには，少なくとも外圧 $P_e' > P_1$ の C′ から D′ のような過程でなければならない．この条件下で系になされる仕事は

$$W' = -P_e'(V_1 - V_2) = P_e'(V_2 - V_1) \tag{14.8}$$

となる．外圧 P_e' の圧縮過程の仕事は図 14.1 の影をつけた領域の面積になる．$P_e' > P_e$ なので，$W' > |W|$ であり，圧縮過程の仕事 ≥ |膨張過程の仕事| の関係がある．つぎに，両者の絶対値が等しくなる場合を考える．

(14.6) 式や (14.8) 式より，一般に，外圧 P_{ex} のもとで体積が微小量 dV だけ変化すると，その仕事は $-P_{ex}\mathrm{d}V$ で与えられることがわかる．V_1 から V_2 への連続的な膨張に対しては (P_{ex} の値を漸減させていく)，仕事はつぎの積分で表せる．

$$W_{exp} = -\int_{V_1}^{V_2} P_{ex}\,\mathrm{d}V \tag{14.9}$$

この積分の絶対値が最も大きくなる値 W_{exp}^{max} は，P_{ex} が膨張の各段階で可能な限り大きな値をとる場合に得られる．膨張に際しては P_{ex} がシリンダー内の気体の平衡圧 P (内圧) より小さくなければならないが，P_{ex} を P よりつねに無限小量だけ小さくした膨張を考えると，W_{exp}^{max} はつぎの極限値になる．

$$W_{exp}^{max} = -\int_{V_1}^{V_2} P\,\mathrm{d}V \tag{14.10}$$

圧縮の場合は，P_{ex} を P より無限小量だけ大きくとれば最小の仕事 W_{com}^{min} が得られる．

$$W_{com}^{min} = -\int_{V_2}^{V_1} P\,\mathrm{d}V \tag{14.11}$$

つまり，外圧が温度 T で規定される内圧と等しい極限では，膨張も圧縮も**等温曲線** (isotherm) 上で起こる (圧縮の仕事 = |膨張の仕事| で，図 14.1 の P-V 曲線の AB 間の下方領域の面積)．等温過程は，熱平衡状態から極めてわずかしかずれない

[†10] (14.4) 式左辺が状態量なので，熱も経路に依存していなければならない．

ように，ゆっくりとピストンを動かすことによって実現される．このような過程を**準静的過程** (quasistatic process) という．等温曲線に沿って準静的に起こる変化を**等温変化** (isothermal change) という．対応する膨張と圧縮をそれぞれ等温膨張，等温圧縮といい，膨張時には系は熱を吸収し，圧縮時には熱を放出する[†11]．

【問 14.1】 温度 T の理想気体に対して，(14.10) 式の $W_{\mathrm{exp}}^{\mathrm{max}}$ が次式で与えられることを示せ．

$$W_{\mathrm{exp}}^{\mathrm{max}} = -nRT\ln\frac{V_2}{V_1} \qquad (14.12)$$

状態 A と B の間の行き来には様々な経路が存在しうる．たとえば，A から重りによる外圧を P_2 に等しくして膨張させ，B に到達後外圧を P_1 にして A に戻る過程がある (サイクル I)．このサイクル (循環過程)[†12] の正味の仕事は

$$W = -P_2(V_2 - V_1) - P_1(V_1 - V_2) = (P_1 - P_2)(V_2 - V_1) > 0 \qquad (14.13)$$

となり，図 14.1 の A と B をつなげた直線を対角線とする長方形の面積になる．これは，サイクル I で消費される仕事量である．サイクルの始-終状態間の内部エネルギーの差は 0 なので，(14.4) 式から，W に等しい熱量が系から外界に放出されていることがわかる．系は始めの状態に戻っているが，外界はもとの状態に戻っていない．

【問 14.2】 サイクル I の前後での重り全体のポテンシャルエネルギーの減少分は，膨張時の重りの質量を M_2，圧縮時の重りの質量を M_1 とすると，$(M_1 - M_2)gh$ である．重り全体のポテンシャルエネルギーの減少分が，(14.13) 式の仕事量そのものであることを示せ．

つぎに，(14.10) 式と (14.11) 式の準静的な膨張と圧縮で往復するサイクルを考える (サイクル II)．このサイクルでの仕事は 0 で ($W_{\mathrm{exp}}^{\mathrm{max}} + W_{\mathrm{com}}^{\mathrm{min}} = 0$)，熱の正味の出入りもない．したがって，この場合は，サイクル後に外界も同じ状態に戻る[†13]．外界に何の変化も残さずに最初の状態に戻ることができる過程は，**可逆過程** (reversible process) とよばれている．平衡状態に限りなく近い状態を保ちながら進む

[†11] 等温膨張 (あるいは圧縮) では，微小量の熱の吸収 (放出) とそれに伴う膨張 (圧縮) が準静的に起こっており，系と外界の温度が等しい熱平衡状態からのずれが無限に小さいと見なせる．

[†12] 一般に，ある状態から一巡して元の状態に戻る過程を指す．

[†13] 膨張時にシリンダーから降ろしていった無限小の重りを圧縮時に回収していく．

可逆過程は正確に定義でき，その道筋を使って状態量の変化を計算できる．A から B への可逆的な道筋は無数にあるが，系の温度を一定に保った可逆変化 (等温変化) の道筋はユニークに (ただ一つに) 決まる．

これに対して，サイクルⅠのような過程では，ピストンが急に動くので，もはや状態は T, P, V では表せない (T や P が定まらない)．急激な膨張や圧縮のような過程を**不可逆過程** (irreversible process) という．その途中では，シリンダー内部のあらゆる箇所の状態は均一ではなく状態量が定義できず，もはや可逆過程ではない[†14]．不可逆過程を含むサイクルの前後では，外界の状態が変わる．実際には無限にゆっくりした過程を実現することはできないので，自然に起こる過程は正確にいうとすべて不可逆であるが，可逆である条件を近似的に満たす実験は行える．仕事に関しては，つぎのことがいえる．系が同じ温度の状態間の膨張によって外界になす仕事量 $|W_{\mathrm{exp}}|$ は，可逆変化のとき最大で $|W_{\mathrm{exp}}^{\mathrm{max}}|$ で，不可逆変化では $|W_{\mathrm{exp}}| < |W_{\mathrm{exp}}^{\mathrm{max}}|$ である．圧縮のときは，外界が系になす仕事量は，可逆変化のとき最小で $|W_{\mathrm{exp}}^{\mathrm{min}}|$ となる．

14.3　反応熱と熱容量

前節で，熱や仕事が状態量ではなく，経路に依存することを示した．では，化学反応の**反応熱** (heat of reaction) はどのように決められているのであろうか．熱力学第1法則 (14.4) 式は，熱と仕事は個々には状態量ではないが，その和は状態量 (内部エネルギーの変化) になることを示している．この関係から，状態 A と B の間で行われる仕事に何らかの条件を課すと，熱量 Q を状態量のように扱うことができる[†15]．たとえば，系の仕事が体積変化だけによるとすると，体積を一定とした反応 (固定容器内での反応) では $W = 0$ であり，$\Delta U = U_{\mathrm{B}} - U_{\mathrm{A}}$ は Q と等しくなる．このとき，熱はそのまま内部エネルギーの変化量となり，その熱量を**定積 (定容) 反応熱** Q_V という．

$$\Delta U = Q_V \tag{14.14}$$

一定圧 P のもとでの定圧反応では[†16]，仕事は $W = -P(V_{\mathrm{B}} - V_{\mathrm{A}})$ で与えられ，次

---

†14　一般にはピストンとシリンダーとの間に摩擦が生じる．重りによる力がかかったピストンは，さらに摩擦力に抗して動かなければならず，その際には熱が不可逆的に発生する．

†15　「定圧」,「定積」,「等温」,「断熱」のいずれかの条件を課せば，熱や仕事も状態量のように扱える．

†16　定圧変化とは外圧 P_{ex} が一定の変化で，仕事は P_{ex} のもとでなされる．最初と最後の平衡状態では $P_{\mathrm{ex}} = P$ になっているので，(14.15) 式が成り立つ．

式の**定圧反応熱** Q_P が定義できる．

$$U_B - U_A = Q_P - P(V_B - V_A) \tag{14.15}$$

並べ換えると，Q_P は次式で表せる（右辺はすべて状態量である）．

$$Q_P = (U_B + PV_B) - (U_A + PV_A) \tag{14.16}$$

ここで，**エンタルピー**（enthalpy）とよばれる状態量 H をあらたに導入しよう．

$$H \equiv U + PV \tag{14.17}$$

H のように状態量を組み合わせてできる量は状態量になる．H を使うと，Q_P を定圧での H の差 ΔH として定義できる[†17]．

$$Q_P = \Delta H = \Delta U + P\Delta V \tag{14.18}$$

ここで，$\Delta V = V_B - V_A$ である．反応熱は反応の前後の温度を同じとして定義されている．これは，内部エネルギーやエンタルピーの化学反応による変化量を温度変化による変化量と区別して，純粋に反応に伴う反応熱を得るためである．

第1章で与えた反応熱は，温度25℃で圧力1 atm（1013 hPa）の定圧反応熱である．熱力学における**標準状態**（standard state）は，以前はこのように圧力1 atmで定義されていたが，現在では1981年のIUPACの勧告により 10^5 Paを使うことが推奨されている（温度の指定はない）．標準状態にある最も安定な純物質から，標準状態にある別の物質をつくる際の反応のエンタルピー変化 ΔH_f° を，**標準生成熱**（standard heat of formation）あるいは**標準生成エンタルピー**という[†18]（反応前後の温度は通常 $T = 25$℃）．純物質が標準状態で最も安定な状態を考え，そのエンタルピーを基準値0とする．たとえば，常温では酸素の最も安定な状態は酸素ガス O_2(g) であり（gは気体（gas）を表す），その標準状態でのエンタルピー $H^\circ[O_2(g)]$ を酸素の基準値0とする．化合物の標準エンタルピー H°（化合物）は，その化合物をつくり出す最も安定な純物質成分からの標準生成熱 ΔH_f°（化合物）で与えられる．任意の化学反応の標準エンタルピー変化は，その反応に関与する化学種の標準生成エンタルピーから算出できる．

【問14.3】 $\Delta H_f^\circ(H_2O, l) = -286$ kJ mol^{-1}，$\Delta H_f^\circ(Fe_2O_3, s) = -824$ kJ mol^{-1} を使って，つぎの反応の反応熱が -34 kJ mol^{-1} の発熱反応であることを示せ．

$$Fe_2O_3(s) \ + \ 3H_2(g) \ \longrightarrow \ 2Fe(s) \ + \ 3H_2O(l)$$

記号s，lは，それぞれ，固体（solid），液体（liquid）の**相**（phase）を意味している．

---

†17　「反応熱が反応物と生成物によって一義的に決まり，反応経路に依存しない」という**ヘスの法則**（Hess' law）が成り立つ．

†18　上付きの○は標準状態を表す．プリムソル（Plimsoll）記号 ⦵ が使われることもある．

物質の温度を単位温度だけ上昇させるのに要する熱量を**熱容量** (heat capacity) という．1 mol あたりの熱容量は**モル熱容量** (モル比熱) とよばれ，1 g あたりの場合は比熱とよばれる．定積，定圧で得られた熱容量は，それぞれ，**定積熱容量** C_V，**定圧熱容量** C_P とよばれ，次式で定義される．

$$C_V = \lim_{\Delta T \to 0} \frac{Q_V}{\Delta T} = \lim_{\Delta T \to 0} \frac{\Delta U}{\Delta T}\bigg|_{V=一定} \tag{14.19}$$

$$C_P = \lim_{\Delta T \to 0} \frac{Q_P}{\Delta T} = \lim_{\Delta T \to 0} \frac{\Delta H}{\Delta T}\bigg|_{P=一定} \tag{14.20}$$

ここで，T と V を独立な 2 変数とすると，U は関数 $U(T, V)$ と表せ，(14.19) 式の最右辺は V 一定条件での U の T による偏微分になる．

$$C_V = \left(\frac{\partial U}{\partial T}\right)_V \tag{14.21}$$

(14.20) 式も同様に偏微分で表せる．

$$C_P = \left(\frac{\partial H}{\partial T}\right)_P = \left(\frac{\partial U}{\partial T}\right)_P + P\left(\frac{\partial V}{\partial T}\right)_P \tag{14.22}$$

この式はさらにつぎのように表せる (問 14.4 参照)．

$$C_P = C_V + P\left(\frac{\partial V}{\partial T}\right)_P + \left(\frac{\partial U}{\partial V}\right)_T\left(\frac{\partial V}{\partial T}\right)_P \tag{14.23}$$

右辺第 2 項は定圧下での単位温度上昇あたりの気体膨張の仕事で，温度を上昇させるには，定圧過程では，定積過程よりも余分の熱を取り込まなくてはならない．その結果，$C_P > C_V$ の関係が成立する．理想気体の C_P，C_V の計算結果を補足 C14.4 に与えておく．右辺第 3 項は分子間力によって互いに引き合っている分子同士を引き離すのに必要なエネルギーに対応し，前の 2 項に比べるときわめて小さい[†19]．

【問 14.4】 (14.23) 式を導出せよ．$U(T, V)$ の全微分[†20] $\mathrm{d}U$ が

$$\mathrm{d}U = \left(\frac{\partial U}{\partial T}\right)_V \mathrm{d}T + \left(\frac{\partial U}{\partial V}\right)_T \mathrm{d}V = C_V \mathrm{d}T + \left(\frac{\partial U}{\partial V}\right)_T \mathrm{d}V \tag{14.24}$$

のように表されることを利用して，偏微分 $(\partial U/\partial T)_P$ を求め，(14.22) 式に代入すればよい．

[†19] 定圧下での温度上昇に対して体積が膨張し ($(\partial V/\partial T)_P > 0$)，それに応じて実在気体では内部エネルギーが変化する ($(\partial U/\partial V)_T \neq 0$)．詳しくは補足 C14.5 参照．

[†20] 3.5 節参照．

系が真空中に膨張しながら(**自由膨張** free expansion), 外界と熱のやりとりもしなければ(**断熱過程** adiabatic process), 内部エネルギーは変化しない.

$$\Delta U = W + Q = 0 \tag{14.25}$$

理想気体では, 内部エネルギーが変化しなければ温度も変化しないので, 断熱自由膨張に際して温度変化はない. 一方, 分子間力が存在する実在気体では, 断熱自由膨張に際して温度変化が生じる. $(\partial U/\partial V)_T \neq 0$ に起因するこのような効果は, 一般に**ジュール-トムソン効果**とよばれている(詳しくは補足 C14.5 参照).

a と b が平衡状態で, それらの体積と温度が (V_a, T_a) から (V_b, T_b) に変わる理想気体の断熱膨張(圧縮)過程では, 内部エネルギーの変化 $\Delta U_{ab} = U_b - U_a$ は, (14.24)式に理想気体の条件 $(\partial U/\partial V)_T = 0$ を代入することによって得られる $dU = C_V dT$ から求められる. ΔU_{ab} は状態量の変化であるから経路に依存せず, 次式で与えられる.

$$\Delta U_{ab} = \int_{T_a}^{T_b} C_V dT = C_V(T_b - T_a) \tag{14.26}$$

また, 断熱過程では $Q = 0$ なので, ΔU_{ab} は仕事 W_{ab} と等しく, $dU = -P dV$ である.

$$\Delta U_{ab} = W_{ab} = -\int_{V_a}^{V_b} P dV \tag{14.27}$$

$C_V dT = -P dV$ の関係も得られるので, この式に(14.1)式を代入して得られる $(C_V/T) dT = -(nR/V) dV$ の左辺を T_a から T_b まで, 右辺を V_a から V_b まで積分すると

$$C_V \ln \frac{T_b}{T_a} = -nR \ln \frac{V_b}{V_a} \tag{14.28}$$

を得る. これより, 断熱変化の前後の状態変数の間の関係式[†21]を得る.

$$\frac{T_b}{T_a} = \left(\frac{V_a}{V_b}\right)^{\gamma-1} \tag{14.29}$$

ここで, $\gamma = C_P/C_V$ であり, 理想気体に対しては $C_P - C_V = nR$ の関係がある(補足 C14.4 参照). $\gamma > 1$ なので, 断熱膨張(圧縮)すると温度は下がる(上がる).

【問 14.5】 $C_P - C_V = nR$ の関係を使って(14.28)式を書き直し, (14.29)式を導け.

[†21] この断熱過程における $TV^{\gamma-1} = 一定$ の関係を**ポアソンの式**という.

14.4　熱力学第2法則 －巨視系の自発変化の方向－

状態変化に伴う内部エネルギー変化は，熱と仕事の和で与えられる．これが熱力学第1法則である．では，状態はどの方向に変化していくのか．たとえば，接触した2つの物体の低温側の温度が下がり，高温側が上がるという変化は，自然には起こらない．自然界で起こる現象には方向性があり，これを法則として述べたものが熱力学第2法則である．この法則を理解するために，以下で，カルノー（Carnot,N. L.S.）が思考した仮想的な熱機関に関して簡単に説明する（理想気体の場合の具体例を補足C14.6に与える）．これは**カルノーサイクル**とよばれ，系が高温熱源[†22]（温度 T_1）から熱を受け取りながら外部に仕事を行い，低温熱源（温度 T_2）に熱を捨てて元の状態に戻る**図14.2**のような可逆サイクルである．

この熱機関では，図14.2のように，シリンダー中の作業物質を4状態A,B,C,D間で膨張・圧縮させて，その内部のピストンの往復運動から仕事を取り出す[†23]．

（i）T_1 の熱源との接触によるAからBへの等温膨張（$Q_1 > 0$）

（ii）BからCへの断熱膨張

（iii）温度 T_2 でのCからDへの等温圧縮（$Q_2 < 0$）

（iv）DからAへの断熱圧縮

（ii）の過程では，系が外界から熱を吸収することなしに膨張して外界に仕事をするので，温度は高温熱源の T_1 からそれより低い T_2 になる（(14.29)式参照）．外界になす全仕事は，A-B-C-D-Aの曲線で囲まれた面積になる．

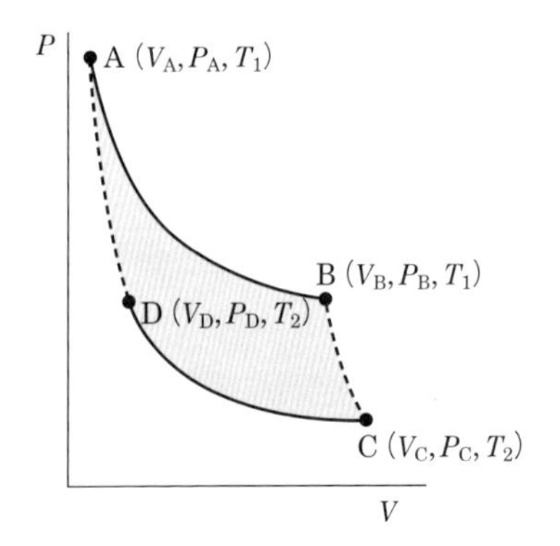

図14.2　カルノーサイクルを構成する4つの可逆過程
AからBへの高温 T_1 での膨張，BからCへの断熱膨張，CからDへの低温 T_2 での圧縮，DからAへの断熱圧縮からなる．

---

†22　系と接触して熱を交換しても，温度が一定と見なせる装置．

†23　膨張だけを使って仕事を取り出そうとすると，無限に長いシリンダーが必要になる．

【問 14.6】 A から A に戻るサイクルでの内部エネルギーの変化が $\Delta U = 0$ であることから，1サイクルでの全仕事 W が次式で与えられることを示せ．

$$W = -(Q_1 + Q_2) \tag{14.30}$$

$|Q_1| > |Q_2|$ であれば，外界に仕事をして最初の状態に戻る熱機関の条件 $W < 0$ を満たす．

ここで，カルノーサイクルにおいて吸収される熱量と放出される熱量の比を使って，2つの等温過程の温度をつぎのように定義する[†24]．

$$\frac{T_2}{T_1} = -\frac{Q_2}{Q_1} \tag{14.31}$$

この温度は**熱力学的温度** (thermodynamic temperature) 目盛とよばれており（詳細は補足 C14.7 参照），作業物質によらないことが証明されている[†25]．摩擦などのエネルギーの散逸がないこの熱機関の**効率** η は，高温熱源から受け取った熱量 Q_1 と，(14.30) 式の外界になした仕事 $(-W)$ の割合 $\eta = -W/Q_1$ で定義でき，(14.31) 式を使えば，つぎのように温度だけで表せる．

$$\eta = \frac{Q_1 + Q_2}{Q_1} = \frac{T_1 - T_2}{T_1} \tag{14.32}$$

可逆カルノーサイクルの作業物質を理想気体として，具体的にその熱効率を計算すると，やはり (14.32) 式が導ける（補足 C14.6 参照）．これは，(14.31) 式の熱力学的温度目盛と，$PV = nRT$ によって定義されている**理想気体温度** (ideal gas temperature) 目盛が，同じ温度スケールであることを意味している[†26]．

カルノーサイクルで外界に仕事をするには，高温熱源からの熱 Q_1 の吸入と低温熱源への熱 $|Q_2|$ の排出を必ず伴う．この熱力学的な意味は，つぎの**トムソンの原理** (Thomson's principle) として表現できる（これと同等なものとしては，補足 C14.8 で説明している**クラウジウスの原理**がある）．「サイクル内で熱源から熱をもらい仕事をするとき，低熱源に熱を全く捨てないで（他に何らの変化ももたらさずに），すべての熱を仕事に変えることは不可能である．」

以上の自然現象の変化の方向と平衡との関係をまとめたものが，**熱力学第2法則**

[†24] このようにして定義された温度は，補足 C14.6 で説明しているように，理想気体の運動エネルギーや状態方程式に現れる温度 T と等しい．

[†25] たとえば，『物理化学（上）』（ムーア著，東京化学同人）参照．

[†26] 熱力学的温度目盛は作業物質に依存しないので，もちろん理想気体の場合も (14.31)，(14.32) 式が成立する．補足 C14.6，C14.7 参照．

である．巨視的な熱的現象の自発変化は，一般に不可逆変化の方向に進むことを主張する法則である．次節で説明するように，エントロピーという状態量を用いれば，熱力学第2法則は，断熱系ならびに孤立系のエントロピーが不可逆変化によってつねに増大することを意味している．

14.5 エントロピーと熱力学第2法則，第3法則

一般に，不可逆サイクルでは仕事に使えない熱が発生するので，その外界になす仕事の効率は可逆機関の値より低くなる．14.2節で説明したように，同一温度の状態間での膨張・圧縮の場合，系が膨張によって外界になす仕事量は可逆変化のとき最大で，外界が圧縮によって系になす仕事量は可逆変化のとき最小であることからも理解できる．(14.32)式の効率 $-W/Q_1 = (Q_1 + Q_2)/Q_1$ は，図14.2のサイクルのなかに不可逆変化が入っていると，つぎの不等式を満たすことになる[†27]．

$$\frac{Q_1 + Q_2}{Q_1} \leq \frac{T_1 - T_2}{T_1} \tag{14.33}$$

等号が成立するのは，可逆であるカルノーサイクルの場合である．(14.33)式を変形すると $Q_2/Q_1 \leq -T_2/T_1$ となるが，$Q_1 > 0$ より，つぎの不等式を得る．

$$\frac{Q_1}{T_1} + \frac{Q_2}{T_2} \leq 0 \tag{14.34}$$

任意の可逆サイクルは，一般に，無数のカルノーサイクルの寄せ集め（細かく区切られた等温曲線と断熱曲線の集まり）として考えることができる（補足C14.9参照）．P-V 上の細分化された微小区間 i で温度 T_i の熱源と微小量 ΔQ_i の熱の出入りがあるとすると，不可逆変化を含む1サイクル全体の全微小区間の和は，(14.34)式を拡張した次式で表せる．

$$\sum_i \frac{\Delta Q_i}{T_i} \leq 0 \tag{14.35}$$

ここで，等号は全区間が可逆変化の場合であり，不等号の式は**クラウジウスの不等式** (Clausius inequality)[†28] という．$\Delta Q_i \to 0$ の極限を δQ とし，(14.35)式を経路が1周する周回積分で表すと，つぎのようになる．

---

†27 図14.2の膨張過程が，図14.1で説明した1段階あるいは多段階の不可逆膨張に置き換わるか，あるいは，圧縮過程が1段階あるいは多段階の不可逆圧縮に置き換われば，不可逆サイクルの外界になす仕事はA-B-C-D-A曲線の面積より小さくなる．

†28 より一般的には(14.41)，(14.42)式の不等号で表される式．

$$\oint \frac{\delta Q}{T_{\mathrm{ex}}} \leq 0 \tag{14.36}$$

T_{ex} は δQ の熱をやり取りする熱源の温度である．熱 Q が状態量ではないので，その微小変位を表すために，これまで使ってきた $\mathrm{d}U$ のような微分記号ではなく，δQ という別の記号を使っている．状態量に対応した前者のような微分を**完全微分** (exact differential)，後者を**不完全微分** (inexact differential) という（補足 C14.10 の説明参照）．状態量 F の周回積分はどのような経路を通ろうとも $\oint \mathrm{d}F = 0$ である．

可逆過程では (14.36) 式左辺の周回積分が 0 であるので，可逆過程での熱の出入り Q_{rev} に $1/T$ を乗じた Q_{rev}/T が状態量になっていることがわかる．可逆過程では，熱源の温度 T_{ex} と系の温度 T は等しい．この新しい状態量は**エントロピー**とよばれている．これを記号 S で表すと，状態 a から b の間でのエントロピーの変化 ΔS は次式で定義できる[†29]．

$$\Delta S = \int_{\mathrm{a}}^{\mathrm{b}} \frac{\delta Q_{\mathrm{rev}}}{T} \tag{14.37}$$

一般に，$\oint \delta Q \neq 0$ であるが，(14.37) 式は，状態量ではない量に適切な因子（積分因子とよばれている）を乗じると新たな状態量になり得ることを示している（数学的な意味とカルノーサイクルを例にした説明を補足 C14.11 に与えておく）．可逆断熱変化で結ばれる状態間では，$\delta Q_{\mathrm{rev}} = 0$ なので，つねに $\Delta S = 0$ である．状態 a から b の変化が不可逆なら，その際の熱量の出入り δQ を使って a と b の間のエントロピー変化 ΔS_{ab} を計算することはできない．その場合は，その状態間を何らかの可逆過程でつなげ，δQ_{rev} を実験，あるいは理論から求めて，ΔS_{ab} を計算する必要がある．

エントロピー変化は可逆過程の熱の出入りに対して定義され，熱が入れば必ず増し（系の内部運動や構造の乱雑さが増す），熱が放出されれば減る状態量である．氷と水が 0℃の同じ温度にあっても，それらのエントロピーは異なる．固体から液体への融解のように2つの相が共存する**相転移** (phase transition) は，等温可逆変化とみなせる．加えた熱は，その系の温度を変えず，一定圧のもとでは，液体と固体

[†29] PV 曲線の面積が仕事を与えるように，可逆変化の $\int_{\mathrm{a}}^{\mathrm{b}} T\,\mathrm{d}S$ はその道筋で出入りした熱量と等しいので（$T\,\mathrm{d}S = T\,\delta Q_{\mathrm{rev}}/T = \delta Q_{\mathrm{rev}}$），$TS$ 曲線の面積が熱を与える（熱も仕事もエネルギーの単位）．P と T が示強変数で，V と S が示量変数という対応がある．

のエンタルピーの差である融解の潜熱 $\Delta H_{\mathrm{m}} = H(\text{液}) - H(\text{固})$ として系に吸収される．ΔH_{m} を融解の転移温度 T_{m} で割ったものが，融解のエントロピー変化 ΔS_{m} になる．

$$\Delta S_{\mathrm{m}} = \frac{\Delta H_{\mathrm{m}}}{T_{\mathrm{m}}} \tag{14.38}$$

【問 14.7】 n mol の理想気体が体積 V_{a} から V_{b} に温度 T で等温膨張（圧縮）する際のエントロピー変化 ΔS が次式で与えられることを示せ．

$$\Delta S = \frac{Q_{\mathrm{rev}}}{T} = nR \ln \frac{V_{\mathrm{b}}}{V_{\mathrm{a}}} \tag{14.39}$$

また，理想気体 1 mol が可逆等温膨張で 2 倍になると，エントロピーが約 5.8 J $\mathrm{K^{-1}\ mol^{-1}}$ 増加することを示せ．

熱力学の重要な第 2 法則の課題「化学反応がどちらの方向に進むか，あるいは，どのような状態に変化していくか」にも，エントロピーが深く関わっている．(14.36) 式は，可逆変化（$T_{\mathrm{ex}} = T$）と不可逆変化で行き来する場合は，つぎのように分けることができる．

$$\int_{\mathrm{a}}^{\mathrm{b}} \frac{\delta Q}{T_{\mathrm{ex}}} + \int_{\mathrm{b}}^{\mathrm{a}} \frac{\delta Q_{\mathrm{rev}}}{T} < 0 \tag{14.40}$$

左辺 2 項目は (14.37) 式の状態 a から b へのエントロピー変化 ΔS に負符号をつけたものであるから，より一般的には次式で表せる．

$$\Delta S \geq \int_{\mathrm{a}}^{\mathrm{b}} \frac{\delta Q}{T_{\mathrm{ex}}} \tag{14.41}$$

可逆変化の場合，等号が成立する[†30]．S は状態量であるから，(14.41) 式はつぎのようにも表せる．

$$\mathrm{d}S \geq \frac{\delta Q}{T_{\mathrm{ex}}} \tag{14.42}$$

断熱系において不可逆変化（自発的な変化）が起こる場合は，(14.41) 式右辺において $\delta Q = 0$ なので，エントロピーが必ず増大している[†31]．

$$\Delta S > 0 \tag{14.43}$$

[†30] 理想気体のカルノーサイクル A → ⋯ → A のエントロピー変化 ΔS は，補足 C14.11 で説明しているように，$Q_1/T_1 + Q_2/T_2 = nR \ln (V_{\mathrm{B}} V_{\mathrm{D}} / V_{\mathrm{A}} V_{\mathrm{C}}) = 0$ であり，S が状態量であることを確認できる．最左辺の 1 項目は系が高温熱源より得るエントロピーで，2 項目は低温熱源に放出する負のエントロピーである．

孤立系も熱の出入りがないので，断熱系と同じように (14.43) 式が成り立つ．断熱系の自発変化によるエントロピー増加の例を補足 C14.12 に挙げておく．(14.41) ～ (14.43) 式は，熱力学第 2 法則の様々な表現のうちの 1 つである．

以上は，「断熱系はエントロピーが増大する方向 ($\Delta S > 0$) に変化する」とまとめることができる．また，系がそれ以上変化しない平衡状態では，エントロピー S が極大になっている．これらのことは，系のエントロピー S と外界のエントロピー $S_{外界}$ の和である全体のエントロピーに対しては必ず成り立っている (系と外界を合わせた全体は孤立系と見なせる)．系と熱源との間の熱の流れとそれに伴うエントロピー変化に関しては，補足 C14.13 を参考にしてほしい．

ここまでエントロピーの状態間での変化を議論したが，その絶対的な値は，すべての純物質の完全結晶のエントロピー S が絶対零度 $T = 0\,\mathrm{K}$ で 0 になるという，**熱力学第 3 法則**から決まる．

$$\lim_{T\to 0} S = 0 \tag{14.44}$$

これは，$T = 0$ で熱平衡状態にある系は，量子力学的には 1 つの基底状態にあることを反映している．このような微視的観点からのエントロピーの定義と意味については，補足 C14.14 で説明しておく．第 3 法則に従えば，固体，液体，気体の各相のエントロピーの絶対的な値を求めることができる (補足 C14.15 参照)．

14.6 自発変化の方向と自由エネルギー

自発 (不可逆) 変化は，(14.41) 式や (14.42) 式において不等式が成り立つ方向に進む．熱源の温度 T_{ex} が一定である定温変化では，(14.41) 式より次式の関係が導ける．

$$\Delta S \geq \int_{\mathrm{a}}^{\mathrm{b}} \frac{\delta Q}{T_{\mathrm{ex}}} = \frac{Q}{T_{\mathrm{ex}}} \tag{14.45}$$

この式に $\Delta U = Q + W$ を代入すると，次式のようになる．

$$\Delta U - T_{\mathrm{ex}} \Delta S \leq W \tag{14.46}$$

定温で準静的変化 (可逆変化) の場合は，つねに $T = T_{\mathrm{ex}}$ が成立する等温過程である．定温で不可逆変化の場合は，始状態 a と終状態 b でのみ温度 T が決まり，それらの 2 状態では $T = T_{\mathrm{ex}}$ である[†32] (脚注次頁)．(14.45)，(14.46) 式において

[†31] ΔS は a から b への可逆変化で評価されるエントロピー変化で定義されていることを忘れてはいけない．断熱系の可逆変化なら，$\Delta S = 0$．

は，変化の前後の平衡状態を比較しているので，可逆，不可逆にかかわらず $T = T_{\mathrm{ex}}$ としてよい．よって，(14.46) 式左辺を状態量だけで書くことができる．

$$\Delta U - T\Delta S \leq W \tag{14.47}$$

ここで，**ヘルムホルツ自由エネルギー** (Helmholtz free energy) とよばれる新しい状態量 A と，**ギブズ自由エネルギー** (Gibbs free energy) G を導入する．

$$A \equiv U - TS \tag{14.48}$$

$$G \equiv H - TS = U + PV - TS = A + PV \tag{14.49}$$

まず，定温変化に対しては

$$\Delta A = \Delta U - T\Delta S \tag{14.50}$$

となるので，(14.47) 式はつぎのように書ける．

$$\Delta A \leq W \tag{14.51}$$

この式から，「定温変化では，系が体積変化によって外界になす仕事 $|W|$ は可逆過程のとき最大で，その値はヘルムホルツ自由エネルギーの減少に等しい」といえる．仕事として体積変化しかない場合，定温定積では次式が成立する (定積変化では $W = 0$)．

$$\Delta A \leq 0 \tag{14.52}$$

定温変化におけるギブズ自由エネルギーの変化は，(14.49) 式より

$$\Delta G = \Delta H - T\Delta S = \Delta U - T\Delta S + P\Delta V + V\Delta P \tag{14.53}$$

となるから，(14.50)，(14.51) 式より

$$\Delta G \leq W + P\Delta V + V\Delta P \tag{14.54}$$

が導ける．定温定圧変化[†33] では

$$\Delta G \leq W + P\Delta V \tag{14.55}$$

である．したがって，定温定圧で，仕事が体積変化に限られるなら ($W = -P\Delta V$)，

$$\Delta G \leq 0 \tag{14.56}$$

となる．仕事が体積変化のみによるとき，平衡と変化 (反応) の方向をまとめると以下のようになる[†34]．

定温定積系の平衡条件：A 極小　　定温定積系の変化の方向：$\Delta A < 0$

定温定圧系の平衡条件：G 極小　　定温定圧系の変化の方向：$\Delta G < 0$

[†32] このように変化の前後でだけ系の温度が外界の一定温度と等しい場合は，本書では「**定温変化**」とよぶ．「等温変化」の意味は，その全過程が可逆である場合に限定する．

[†33] 定圧変化に関しては脚注16参照．

[†34] $\Delta A > 0$，あるいは $\Delta G > 0$ なら，逆方向に変化する．

なお，自由エネルギーは，その系がなし得る最大の仕事量の指標にもなっている．系が体積変化による仕事の他にも，電気エネルギーなどの利用できる仕事 w_{eff} をなし得るとすると，定温定圧下では $W = -P\Delta V + w_{\mathrm{eff}}$ なので，(14.55) 式から

$$-\Delta G \geq -W - P\Delta V = -w_{\mathrm{eff}} \tag{14.57}$$

となる．w_{eff} を**有効仕事**[†35] とよぶと，上式は，「定温定圧下で系がなし得る有効仕事は可逆過程のとき最大で，その値はギブズ自由エネルギーの減少分に等しい」ことを表している（補足 C14.16 に例を挙げておく）．

14.7　平衡の移動と化学ポテンシャル

ある平衡状態と別の平衡状態の間で種々の状態量がどれだけ違うかは，両状態を可逆変化で結びつけることによって計算できる．ここで，可逆変化に限定し，仕事 W は体積変化によるものだけとすると，熱力学第 1 法則 (14.4) 式 $\Delta U = Q + W$ の微小変化の極限は，$\Delta U \to \mathrm{d}U$，$Q \to \delta Q_{\mathrm{rev}}$，$W \to -P\mathrm{d}V$ の置き換えによって得ることができる（P は外圧と等しい系の圧力である）．つまり，内部エネルギーの微小変化 $\mathrm{d}U$ は次式のように表せる．

$$\mathrm{d}U = \delta Q_{\mathrm{rev}} - P\mathrm{d}V \tag{14.58}$$

また，(14.37) 式より，(14.58) 式中の δQ_{rev} は，状態量であるエントロピーと温度を使って $\delta Q_{\mathrm{rev}} = T\mathrm{d}S$ のように置き換えることができる（脚注 29 参照）．

$$\mathrm{d}U = T\mathrm{d}S - P\mathrm{d}V \tag{14.59}$$

さらに，$H = U + PV$ の微小変化 $\mathrm{d}H = \mathrm{d}U + P\mathrm{d}V + V\mathrm{d}P$ と (14.59) 式から次式が導ける．

$$\mathrm{d}H = V\mathrm{d}P + T\mathrm{d}S \tag{14.60}$$

A と G に関しても同様の手順を踏むと，$\mathrm{d}A = \mathrm{d}U - T\mathrm{d}S - S\mathrm{d}T$ と (14.59) 式から

$$\mathrm{d}A = -S\mathrm{d}T - P\mathrm{d}V \tag{14.61}$$

が得られる．また，$\mathrm{d}G = \mathrm{d}A + P\mathrm{d}V + V\mathrm{d}P$ と (14.61) 式から次式が得られる．

$$\mathrm{d}G = -S\mathrm{d}T + V\mathrm{d}P \tag{14.62}$$

V と S の関数 U の微小変化を偏微分で表すと

$$\mathrm{d}U = \left(\frac{\partial U}{\partial S}\right)_V \mathrm{d}S + \left(\frac{\partial U}{\partial V}\right)_S \mathrm{d}V \tag{14.63}$$

[†35] 本シリーズ『化学熱力学』（原田義也 著）などでは，正味の仕事（net work）ともよばれている．

であるので，これを (14.59) 式と比較するとつぎの関係が導ける．

$$\left(\frac{\partial U}{\partial V}\right)_S = -P \qquad \left(\frac{\partial U}{\partial S}\right)_V = T \tag{14.64}$$

同様の手続きを (14.60) 式に適用すると，

$$\left(\frac{\partial H}{\partial P}\right)_S = V \qquad \left(\frac{\partial H}{\partial S}\right)_P = T \tag{14.65}$$

が得られる．また，(14.61), (14.62) 式からは，つぎの4つの式が導ける．

$$\left(\frac{\partial A}{\partial V}\right)_T = -P \qquad \left(\frac{\partial A}{\partial T}\right)_V = -S \tag{14.66}$$

$$\left(\frac{\partial G}{\partial P}\right)_T = V \qquad \left(\frac{\partial G}{\partial T}\right)_P = -S \tag{14.67}$$

ルジャンドル変換を使えば，U から H, A, G のような新たな状態量を順次系統的に導入でき，(14.64) ～ (14.67) 式が自動的に導ける (補足 C14.17 参照)．

【問 14.8】 (14.62) 式を使って，一定温度 T の理想気体の圧力 P_0 と P の状態間のギブズ自由エネルギー変化 ΔG が次式で表せることを示せ．

$$\Delta G \equiv G(P, T) - G(P_0, T) = nRT \ln \frac{P}{P_0} \tag{14.68}$$

状態量 f に対しては，その微小変化は $\mathrm{d}f = (\partial f/\partial x)_y \mathrm{d}x + (\partial f/\partial y)_x \mathrm{d}y$ で表され，次式の交差偏微分が等しくなる (補足 C14.10 参照)．

$$\left[\frac{\partial}{\partial y}\left(\frac{\partial f}{\partial x}\right)_y\right]_x = \left[\frac{\partial}{\partial x}\left(\frac{\partial f}{\partial y}\right)_x\right]_y \tag{14.69}$$

(14.64) ～ (14.67) 式に (14.69) 式を適用すると，つぎの**マクスウェルの関係式** (Maxwell relations) が得られる．

$$\left\{\begin{array}{ll} \left(\dfrac{\partial T}{\partial V}\right)_S = -\left(\dfrac{\partial P}{\partial S}\right)_V & \left(\dfrac{\partial S}{\partial V}\right)_T = \left(\dfrac{\partial P}{\partial T}\right)_V \\ \left(\dfrac{\partial V}{\partial T}\right)_P = -\left(\dfrac{\partial S}{\partial P}\right)_T & \left(\dfrac{\partial T}{\partial P}\right)_S = \left(\dfrac{\partial V}{\partial S}\right)_P \end{array}\right. \tag{14.70}$$

【問 14.9】 マクスウェルの関係式を導け．

ここまでは，閉じた系を考え，その中の物質量（組成）が変わらないとしていた．一般には，混合物の成分 i の物質量 n_i は，化学反応や外界とのやりとりによって増減し（開いた系，あるいは開放系），様々な状態量が変化する．これまで使ってきた閉じた系の第1法則をそのような系まで拡張するには，成分 i の物質量の微小変化 $\mathrm{d}n_i$ に対してエネルギー変化 $\mu_i \mathrm{d}n_i$ を定義し，(14.59) 式にそれらの成分和を補えばよい．

$$\mathrm{d}U = T\,\mathrm{d}S - P\,\mathrm{d}V + \sum_i \mu_i\,\mathrm{d}n_i \tag{14.71}$$

ここで，μ_i は成分 i の変化 $\mathrm{d}n_i$ に伴うエネルギー変化を表すので，**化学ポテンシャル**（chemical potential）とよばれる．S，V 一定下で i 成分の物質量が $\mathrm{d}n_i$ だけ変化すると，それに応じて U が変化する．その U の変化量を単位物質量（1 mol）あたりに換算した示強変数が μ_i である．開いた系では，(14.64) 式に対応した式はつぎのようになる．

$$\left(\frac{\partial U}{\partial V}\right)_{S,\{n_i\}} = -P \qquad \left(\frac{\partial U}{\partial S}\right)_{V,\{n_i\}} = T \qquad \mu_i \equiv \left(\frac{\partial U}{\partial n_i}\right)_{S,V,\{n_{j\neq i}\}} \tag{14.72}$$

ここで，下付の $\{n_i\}$ はすべての成分の物質量を，$\{n_{j\neq i}\}$ は成分 i 以外の物質量を固定することを意味する．したがって，μ_i は一般に，各成分の割合，つまり，組成に依存する．

(14.60) ～ (14.62) 式に，(14.71) 式と同様に $\mu_i\,\mathrm{d}n_i$ の成分和を補えば，つぎの3式が得られる．

$$\mathrm{d}H = T\,\mathrm{d}S + V\,\mathrm{d}P + \sum_i \mu_i\,\mathrm{d}n_i \tag{14.73}$$

$$\mathrm{d}A = -S\,\mathrm{d}T - P\,\mathrm{d}V + \sum_i \mu_i\,\mathrm{d}n_i \tag{14.74}$$

$$\mathrm{d}G = -S\,\mathrm{d}T + V\,\mathrm{d}P + \sum_i \mu_i\,\mathrm{d}n_i \tag{14.75}$$

これらは (14.71) 式を使って順次導ける．たとえば，$\mathrm{d}H = \mathrm{d}U + V\mathrm{d}P + P\mathrm{d}V$ に (14.71) 式を代入すれば (14.73) 式になる．(14.71) 式と (14.73) ～ (14.75) 式から，つぎの4つの偏微分が同じ μ_i を与えることがわかる（固定する変数は異なる）．

$$\mu_i \equiv \left(\frac{\partial U}{\partial n_i}\right)_{S,V,\{n_{j\neq i}\}} = \left(\frac{\partial H}{\partial n_i}\right)_{S,P,\{n_{j\neq i}\}} = \left(\frac{\partial A}{\partial n_i}\right)_{T,V,\{n_{j\neq i}\}} = \left(\frac{\partial G}{\partial n_i}\right)_{T,P,\{n_{j\neq i}\}} \tag{14.76}$$

温度 T，圧力 P 一定の下では，(14.75) 式は次式になる[†36]．

$$dG = \sum_i \mu_i \, dn_i \tag{14.77}$$

左辺を0から G まで，右辺を対応する0から $\{n_i\}$ まで積分することによって，G とその組成での $\{\mu_i\}$ との関係を導くことができる（詳しくは補足C14.18参照）．

$$G(T, P, \{n_i\}) = \sum_i \mu_i n_i \tag{14.78}$$

この式より，純物質の場合，ギブズ自由エネルギー $G(T, P, n)$ を n で割ったものが化学ポテンシャル $\mu(T, P)$ であることがわかる．

$$\mu(T, P) = \frac{G(T, P, n)}{n} \tag{14.79}$$

純物質の U, H, A を n で割ったものは μ ではない．ギブズ自由エネルギーが化学ポテンシャルと (14.78) 式や (14.79) 式のような特別な関係をもつのは，T, P がともに示強変数なので，示量変数である $G(T, P, n)$ がその1 mol での値 $G(T, P, 1)$ が，n/mol 倍となるからである（補足C14.18参照）．その結果，純物質の場合には，$\mu(T, P)$ は1 mol あたりのギブズ自由エネルギー $G(T, P, 1)$/mol と等しい．したがって，(14.68) 式より圧力 P の理想気体の化学ポテンシャルは次式で表せる．

$$\mu(T, P) = \mu^\circ(T) + RT \ln \frac{P}{P_0} \tag{14.80}$$

$\mu^\circ(T)$ は標準圧力 P_0 での化学ポテンシャルである（標準化学ポテンシャル）．

(14.78) 式から得られる $dG = \sum_i (\mu_i \, dn_i + n_i \, d\mu_i)$ を (14.75) 式と比較すると，**ギブズ-デュエムの式** (Gibbs-Duhem equation) が導ける．

$$\sum_i n_i \, d\mu_i = -S \, dT + V \, dP \tag{14.81}$$

これは，圧力，温度，化学ポテンシャルの3つの示強変数の変化がどのように関係するかを示している．2成分以上が共存する平衡状態では，温度と圧力に加えて，化学ポテンシャルを通して組成 $\{n_i\}$ が平衡を決める自由度になっている．T と P が一定の条件では，(14.81) 式は $\sum_i n_i \, d\mu_i = 0$ となる．2成分系では，$d\mu_2/d\mu_1 = -n_1/n_2$ のように平衡の移動が組成に依存する（1成分系では $n \, d\mu = 0$ であり，物質量を変えただけでは，化学ポテンシャルは変化しない）．純物質単独とそれが混合

[†36] 外界との間で（あるいは，相間の境界を通って）物質が移動しない閉じた系（閉じた相）が平衡にあれば，各系（各相内）で $\sum_i \mu_i \, dn_i = 0$ が成立している．

物内にあるときとでは，一般に化学ポテンシャルの値は異なる．

【問 14.10】 組成が変わると，化学ポテンシャルは独立に変化せず，(14.81) 式のもとで変化する．2 成分系で $n_2 \gg n_1$ なら，μ_2 の変化が μ_1 の変化に比べて無視できることを示せ．

様々な相 α, β, γ が混在する不均一系のなかで，各成分が相間を行き来し平衡が成り立っているとき，それぞれの相にある同じ成分 i の化学ポテンシャルは互いに等しくなっている[†37]．

$$\mu_i^\alpha(T,P) = \mu_i^\beta(T,P) = \mu_i^\gamma(T,P) \tag{14.82}$$

その結果，物質系の相の数 p，成分数[†38] c，その平衡状態を規定する独立な示強変数（熱力学的自由度）の数 f との間に，**ギブズの相律** (Gibbs' phase rule) とよばれるつぎの関係が成立する．

$$f = c + 2 - p \tag{14.83}$$

1 成分系で 1 つの相しか存在しない場合，その独立な示強変数は，温度 T と圧力 P の 2 つになる．(14.83) 式の導出は補足 C14.19 に与えておく．

T, P 一定で 1 成分系の 2 相 α と β が平衡にあるとすると（たとえば，液相と気相），それらの化学ポテンシャル $\mu^\alpha(T,P)$ と $\mu^\beta(T,P)$ は等しい（(14.82) 式と脚注 37 参照）．温度を微小量 $\mathrm{d}T$ だけ変化させた新しい平衡状態では，圧力も変化する（変化量を $\mathrm{d}P$ とする）．各相での化学ポテンシャルの変化 $\mathrm{d}\mu^\alpha$ や $\mathrm{d}\mu^\beta$ は，(14.81) 式を相ごとに分けて n^α あるいは n^β で割った式から，

$$\mathrm{d}\mu^\alpha = \overline{V}^\alpha \mathrm{d}P - \overline{S}^\alpha \mathrm{d}T, \qquad \mathrm{d}\mu^\beta = \overline{V}^\beta \mathrm{d}P - \overline{S}^\beta \mathrm{d}T \tag{14.84}$$

のように表せる．ここで，$\overline{V}^\alpha$ はモル容積，$\overline{S}^\alpha$ はモルエントロピーである．新しい平衡状態でも両相の化学ポテンシャルは等しいので，$\mathrm{d}\mu^\alpha = \mathrm{d}\mu^\beta$ である．これより，つぎの**クラペイロンの式** (Clapeyron equation) が得られる．

$$\frac{\mathrm{d}P}{\mathrm{d}T} = \frac{\Delta S}{\Delta V} \tag{14.85}$$

ここで，$\Delta V = \overline{V}^\beta - \overline{V}^\alpha$，$\Delta S = \overline{S}^\beta - \overline{S}^\alpha$ である．

相転移は可逆過程として扱えるので，(14.85) 式の ΔS は相転移のエンタルピー

[†37] 平衡にある不均一系全体が閉じた系と見なせると，$\mathrm{d}G = \sum_i (\mu_i^\alpha \mathrm{d}n_i^\alpha + \mu_i^\beta \mathrm{d}n_i^\beta + \mu_i^\gamma \mathrm{d}n_i^\gamma + \cdots) = 0$ が成立する．たとえば純物質の気相 g と液相 l が平衡にあれば，$\mu^\mathrm{g} \mathrm{d}n^\mathrm{g} + \mu^\mathrm{l} \mathrm{d}n^\mathrm{l} = 0$ かつ $\mathrm{d}n^\mathrm{g} = -\mathrm{d}n^\mathrm{l}$ なので，$\mu^\mathrm{g} = \mu^\mathrm{l}$ が成立している．

[†38] 系のすべての相の組成を表すのに必要な化学種の数．

変化 $\Delta H = T\Delta S$ を使って表せる．液相から気相の転移では，$\Delta V \sim V_{気相} = RT/P$ となり（理想気体とする），(14.85) 式はつぎの**クラウジウス-クラペイロンの式**（Clausius-Clapeyron equation）で近似できる（補足 C14.20 参照）．

$$\left(\frac{1}{P}\right)\frac{\mathrm{d}P}{\mathrm{d}T} = \frac{\mathrm{d}\ln P}{\mathrm{d}T} = \frac{\Delta H}{RT^2} \tag{14.86}$$

ここで，ΔH の温度依存性が小さいとして，両辺を積分すると，次式を得る．

$$\ln P = -\frac{\Delta H}{RT} + 定数 \tag{14.87}$$

$\ln P$ の $1/T$ に対する傾きから，ΔH が求められる．水の飽和蒸気圧（補足 C14.21 参照）から蒸発エンタルピーを求める例を補足 C14.20 に挙げておく．

(14.84) 式からわかるように，一定圧下では，純物質の化学ポテンシャル μ は，温度とともに減少する ($S > 0$)．エントロピーは固相 s，液相 l，気相 g の順に大きくなるので，この順に μ は温度上昇とともに急激に減少するようになる．3 相における化学ポテンシャルの温度・圧力依存性と相間の平衡との関係は，補足 C14.22 で説明しておく．

14.8 化学平衡

化学ポテンシャルの応用として，反応物 A, B, … と生成物 L, M, … の化学反応を考える．

$$a\mathrm{A} + b\mathrm{B} + \cdots \longrightarrow l\mathrm{L} + m\mathrm{M} + \cdots \tag{14.88}$$

ここで，$a, b, \cdots, l, m, \cdots$ は化学量論係数である．この反応の進行の尺度を定量化するため，次式で定義される**反応進行度** ξ を導入する．

$$\xi = \frac{n_i - n_{i0}}{\nu_i} \tag{14.89}$$

ここで，n_{i0} は反応開始時の化学種 i の物質量である．ν_i は化合物 i の量論数とよばれ，反応物なら化学量論係数を負にした値（たとえば，$\nu_1 = -a$），生成物なら化学量論係数そのもので正の値である．ξ を使うと，物質量の変化をつぎのように表すことができる．

$$-\mathrm{d}n_\mathrm{A} = -(n_\mathrm{A} - n_{\mathrm{A}0}) = a\,\mathrm{d}\xi, \quad \mathrm{d}n_\mathrm{L} = n_\mathrm{L} - n_{\mathrm{L}0} = l\,\mathrm{d}\xi \tag{14.90}$$

ξ は化学種に依存せず，物質量と同じ単位になっている．

この反応の進行に伴う定温定圧下でのギブズ自由エネルギー変化は，(14.77) 式と (14.90) 式より，各成分の化学ポテンシャル $\{\mu_i(P, T)\}$ を含む次式で与えられることになる．

$$dG = \sum_i \mu_i \, dn_i = \{(l\mu_L + m\mu_M + \cdots) - (a\mu_A + b\mu_B + \cdots)\}d\xi \qquad (14.91)$$

反応が進行するかどうかは G の ξ 依存性から決まる．

$$\Delta' G \equiv \left(\frac{\partial G}{\partial \xi}\right)_{T,P} = \sum_{\text{生成物}} l\mu_L - \sum_{\text{反応物}} a\mu_A = \sum_{\text{化合物}} \nu_i \mu_i \qquad (14.92)$$

14.6 節の議論から，$\Delta' G < 0$ なら，ギブズ自由エネルギーが下がっていき，反応が正方向に進むことがわかる（$\Delta' G > 0$ なら逆方向）．$\Delta' G = 0$ の状態，つまり，$\sum_{\text{生成物}} l\mu_L = \sum_{\text{反応物}} a\mu_A$ は化学平衡の状態である．

ここで，気相反応を取り上げ，反応物質がすべて理想気体として扱えるとしよう．理想気体の i 成分の化学ポテンシャル μ_i は (14.80) 式で与えられるので，その分圧 P_i を標準状態の圧力 P_0 で割った相対圧をあらためて P_i と表記すると

$$\mu_i = \mu_i^\circ(T) + RT \ln P_i \qquad (14.93)$$

と表せる．これを (14.92) 式に代入すると，つぎのようにまとめることができる．

$$\Delta' G = \Delta G^\circ(T) + RT \ln \frac{P_L^l P_M^m \cdots}{P_A^a P_B^b \cdots} \qquad (14.94)$$

$\Delta G^\circ(T)$ は標準状態における反応系と生成系の自由エネルギーの差である．

$$\Delta G^\circ(T) \equiv \sum_i \nu_i \mu_i^\circ(T) \qquad (14.95)$$

平衡状態では，$\Delta' G = 0$ だから

$$\Delta G^\circ(T) = -RT \ln K_P \qquad (14.96)$$

ここで，K_P は**圧平衡定数** (pressure equilibrium constant) である．

$$K_P = \left[\frac{P_L^l P_M^m \cdots}{P_A^a P_B^b \cdots}\right]_{\text{平衡}} \qquad (14.97)$$

$\Delta G^\circ(T)$ は温度のみの関数で，全圧には依存せず，K_P も温度だけの関数である．濃度 $C_i = n_i/V$ を使うと，理想気体では $P_i = C_i RT$ なので，**濃度平衡定数** (concentration equilibrium constant) K_C はつぎのように表せる．

$$K_C = \frac{C_L^l C_M^m \cdots}{C_A^a C_B^b \cdots} = K_P (RT)^{-\Delta n} \qquad (14.98)$$

ここで，Δn は反応前後での気体分子数の増減を表す．

$$\Delta n = (l + m + \cdots) - (a + b + \cdots) = \sum_i \nu_i \qquad (14.99)$$

全圧を P, i 成分の**モル分率**を x_i とすると，$P_i = Px_i$ だから，K_P はつぎのようにも表せる．

$$K_P = \left[\frac{x_{\mathrm{L}}^{\,l}x_{\mathrm{M}}^{\,m}\cdots}{x_{\mathrm{A}}^{\,a}x_{\mathrm{B}}^{\,b}\cdots}\right]P^{\Delta n} \tag{14.100}$$

$[\cdots]$ 内のモル分率で表した平衡定数は全圧にも依存する．

(14.100) 式から，圧力を変えた場合に平衡が反応系か生成系のどちらに進むかがわかる．全圧 P を変えると $\Delta' G = 0$ を満たす別の平衡状態に移るが，温度のみの関数 K_P の値は変わらない．したがって，反応が進むと $\Delta n < 0$ で分子数が減る場合，全圧 P を上げると (圧縮すると)，(14.100) 式の $[\cdots]$ は増大し，生成物が増える方向に平衡が移動する．$\Delta n < 0$ の方向に反応が進むと体積が減少し，圧力が下がってしまうが，これを打ち消すように全圧を上げると生成物が増える．全圧を下げると反応系に傾く．$\Delta n > 0$ の場合は，全圧を下げると，生成物が増える方向に平衡が移動する．$\Delta n = 0$ では，全圧を変えても平衡移動はない．

平衡に及ぼす温度の影響を評価する際には，つぎの**ギブズ-ヘルムホルツの一般式**

$$\left(\frac{\partial (G/T)}{\partial T}\right)_{P,\{n_i\}} = -\frac{H}{T^2} \tag{14.101}$$

あるいは，標準状態に対する次式が役立つ．

$$\frac{\mathrm{d}\,(\Delta G^\circ/T)}{\mathrm{d}T} = -\frac{\Delta H^\circ}{T^2} \tag{14.102}$$

ΔG° と ΔH° はそれぞれ，反応の前後での標準ギブズ自由エネルギー変化と標準エンタルピー変化である．ΔH° は各成分の標準モルエンタルピー $\{\overline{H}_i^\circ\}$ を使って次式のように表せる ((14.101) ～ (14.103) 式の導出は補足 C14.23 参照)．

$$\Delta H^\circ = \sum_i \nu_i \overline{H}_i^\circ \tag{14.103}$$

ここで，理想気体の化学反応に戻る．(14.96) 式と (14.102) 式より，K_P は反応の標準エンタルピー変化とつぎのように結びつけられる．

$$R\,\frac{\mathrm{d}\,(\ln K_P)}{\mathrm{d}T} = \frac{\Delta H^\circ}{T^2} \tag{14.104}$$

この式は，$\mathrm{d}\,(\ln K_P)/\mathrm{d}\,(1/T) = -\Delta H^\circ/R$ のようにも表せる[†39]．ΔH° の温度依存性が小さければ，$\ln K_P$ と $1/T$ はほぼ直線関係になり，その傾きから ΔH° を求

[†39] $\mathrm{d}\,(1/T) = -(1/T^2)\,\mathrm{d}T$.

めることができる．

(14.104) 式両辺の積分は，ΔH° の温度依存性が小さければ，次式で近似できる．

$$\ln\frac{K_P(T_2)}{K_P(T_1)} = -\frac{\Delta H^\circ}{R}\left(\frac{1}{T_2}-\frac{1}{T_1}\right) \tag{14.105}$$

ΔH° とある温度 T_1 における $K_P(T_1)$ がわかれば，別の温度の K_P を計算することもできる．温度が上がるにつれて，発熱反応なら ($\Delta H^\circ < 0$)，$\ln K_P$ は減少，吸熱反応なら ($\Delta H^\circ > 0$)，$\ln K_P$ は増大する．以上の熱力学的因子の変動による化学平衡の移動の方向は，「外界から加えられた変動を減少させる方向に平衡が移動する」という**ル・シャトリエの法則**[†40] (Le Chatelier's law) に従っている．詳細は補足 C14.24 を参照してほしい．

【問 14.11】 (14.105) 式を導け．

[†40] 圧力や温度の変化に対しては，**平衡移動の法則** (law of mobile equilibrium) ともよばれている．

付　　録

第 2 章　指数関数，対数関数，三角関数

A2　三角関数の公式

三角関数の主要な公式を以下にまとめておく．

1．加法定理

$$\sin(A \pm B) = \sin A \cos B \pm \cos A \sin B$$

$$\cos(A \pm B) = \cos A \cos B \mp \sin A \sin B$$

$$\tan(A \pm B) = \frac{\tan A \pm \tan B}{1 \mp \tan A \tan B}$$

2．和と積の関係式（加法定理から導ける）

$$\sin A \pm \sin B = 2\sin\frac{A \pm B}{2}\cos\frac{A \mp B}{2}$$

$$\cos A + \cos B = 2\cos\frac{A + B}{2}\cos\frac{A - B}{2}$$

$$\cos A - \cos B = -2\sin\frac{A + B}{2}\sin\frac{A - B}{2}$$

$$\sin(A + B)\sin(A - B) = \sin^2 A - \sin^2 B = \cos^2 B - \cos^2 A$$

$$\sin(A \pm B)\cos(A \mp B) = \sin A \cos A \pm \sin B \cos B$$

$$\cos(A + B)\cos(A - B) = \cos^2 A - \sin^2 B = \cos^2 B - \sin^2 A$$

$$\sin A \cos B = \frac{1}{2}[\sin(A + B) + \sin(A - B)]$$

$$\cos A \cos B = \frac{1}{2}[\cos(A + B) + \cos(A - B)]$$

$$\sin A \sin B = -\frac{1}{2}[\cos(A + B) - \cos(A - B)]$$

3．倍角・半角の公式（加法定理から導ける）

$$\sin\frac{A}{2} = \pm\sqrt{\frac{1 - \cos A}{2}}$$

$$\cos\frac{A}{2} = \pm\sqrt{\frac{1 + \cos A}{2}}$$

$$\sin 2A = 2\sin A \cos A$$

$$\cos 2A = 2\cos^2 A - 1 = \cos^2 A - \sin^2 A$$

$$\tan 2A = \frac{2\tan A}{1 - \tan^2 A}$$

4．べき乗の公式（和と積の関係式の最後の2つの式の $A = B$ の場合）

$$\sin^2 A = -\frac{1}{2}(\cos 2A - 1)$$

$$\cos^2 A = \frac{1}{2}(\cos 2A + 1)$$

5．合成公式

$$a\cos A + b\sin A = \sqrt{a^2 + b^2}\sin\left(A + \tan^{-1}\frac{a}{b}\right)$$
$$= \sqrt{a^2 + b^2}\cos\left(A - \tan^{-1}\frac{b}{a}\right)$$

6．極限

三角関数に関連してよく使われる極限としては

$$\lim_{\theta\to 0}\frac{\sin\theta}{\theta} = 1$$

の関係があるが（$\theta \to 0$ の極限で $\sin\theta \to \theta$），本文（2.27）式と（2.30）式を用いれば

$$\frac{\sin\theta}{\theta} = \frac{y/r}{l/r} = \frac{y}{l}$$

が得られ，$\theta \to 0$ で $l \to y$ となることから証明できる．

7．逆三角関数に関する公式

$$\tan^{-1} x = \sin^{-1}\frac{x}{\sqrt{1 + x^2}}$$

第3章　微分の基礎

A3.1　積と合成関数の微分公式

本文（3.10）式の積の微分の公式は，次式の1行目の定義から出発して，分子にその値を変えない $-f(x)\,g(x + \Delta x) + f(x)\,g(x + \Delta x)$ を挿入すればよい．

$$\frac{\mathrm{d}}{\mathrm{d}x}(f(x)\,g(x)) = \lim_{\Delta x\to 0}\frac{f(x+\Delta x)\,g(x+\Delta x)-f(x)\,g(x)}{\Delta x}$$
$$= \lim_{\Delta x\to 0}\frac{f(x+\Delta x)\,g(x+\Delta x)-f(x)\,g(x+\Delta x)+f(x)\,g(x+\Delta x)-f(x)\,g(x)}{\Delta x}$$
$$= \lim_{\Delta x\to 0}\frac{[f(x+\Delta x)-f(x)]\,g(x+\Delta x)}{\Delta x}+\lim_{\Delta x\to 0}\frac{f(x)\,[g(x+\Delta x)-g(x)]}{\Delta x} \tag{A3.1}$$

結局，f の差分商だけが現れる第1項と，g の差分商だけが現れる第2項の和になり，(3.10) 式を導くことができる．第1項の $g(x+\Delta x)$ は，$\Delta x\to 0$ の極限で $g(x)$ になる．

(3.11) 式は

$$\frac{\mathrm{d}}{\mathrm{d}x}f(g(x)) = \lim_{\Delta x\to 0}\frac{f(g(x+\Delta x))-f(g(x))}{\Delta x}$$
$$= \lim_{\Delta x\to 0}\frac{f(g(x+\Delta x))-f(g(x))}{g(x+\Delta t)-g(x)}\frac{g(x+\Delta x)-g(x)}{\Delta x} \tag{A3.2}$$

と表せることから導ける．

A3.2　対数関数の導関数

$\log_a|x|$ の導関数を微分の差分商の定義 (3.3) 式を使って求める．x が正の場合，

$$\frac{\mathrm{d}}{\mathrm{d}x}\log_a x = \lim_{\Delta x\to 0}\frac{\log_a(x+\Delta x)-\log_a x}{\Delta x} = \lim_{\Delta x\to 0}\frac{1}{\Delta x}\log_a\left(1+\frac{\Delta x}{x}\right)$$
$$= \lim_{\Delta x\to 0}\log_a\left(1+\frac{\Delta x}{x}\right)^{\frac{1}{\Delta x}} \tag{A3.3}$$

となる．ここで，$1/\Delta x$ を N で置き換えて $N\to\infty$ の極限をとると，(3.29) 式が使える．その結果，対数関数のなかは指数関数 $e^{1/x}$ になって，やはり (3.35) 式に到達する．

$$\frac{\mathrm{d}}{\mathrm{d}x}\log_a x = \log_a e^{1/x} = \frac{\log_a e}{x} \tag{A3.4}$$

x が負の場合も同様に証明できる．

第5章　ベクトル

A5.1　勾配ベクトルの方向と等高線の接線との直交性

勾配ベクトルが等高線の接線に垂直な法線方向に向いていることを理解するため

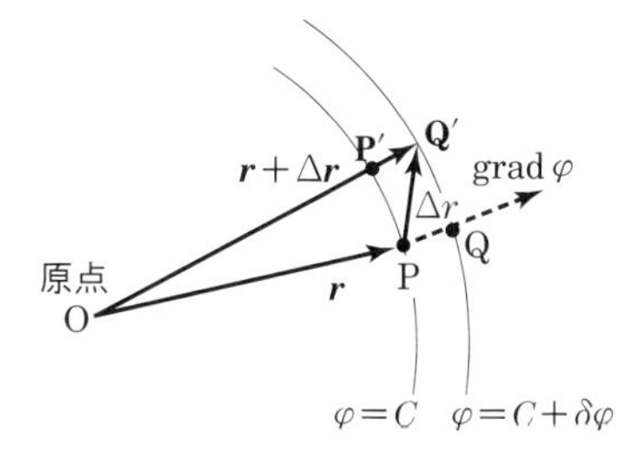

図 A5.1　$\varphi(\boldsymbol{r})$ の 2 つの等高線 $\varphi = C$ と $\varphi = C + \delta\varphi$
$\Delta\boldsymbol{r}$ は点 P から Q′ への変位ベクトル，破線で示した grad φ は点 P での勾配ベクトル（PQ 方向）である（$\delta\varphi > 0$ の場合）.

に，**図 A5.1** のように，ベクトル $\boldsymbol{r}$ で表した点 P と，その近くの $\boldsymbol{r}+\Delta\boldsymbol{r}$ で表した点 Q′ との間の φ の変化を調べてみる．点 P は等高線 $\varphi = C$ 上に，点 Q′ は別の高さの等高線 $\varphi = C+\delta\varphi$ 上にあるとする．$\varphi(\boldsymbol{r}+\Delta\boldsymbol{r})$ をテイラー展開し，$|\Delta\boldsymbol{r}|$ が十分小さいとして $\Delta x, \Delta y, \Delta z$ の 1 次まで残すと，φ の微小変化量 $\delta\varphi$ は

$$\begin{aligned}\delta\varphi &= \varphi(\boldsymbol{r}+\Delta\boldsymbol{r}) - \varphi(\boldsymbol{r}) \\ &= \varphi(x+\Delta x,\ y+\Delta y,\ z+\Delta z) - \varphi(x,y,z) \\ &\cong \frac{\partial\varphi}{\partial x}\Delta x + \frac{\partial\varphi}{\partial y}\Delta y + \frac{\partial\varphi}{\partial z}\Delta z = \Delta\boldsymbol{r}\cdot\mathrm{grad}\,\varphi \end{aligned} \tag{A5.1}$$

と近似できる．ここで，$\boldsymbol{r}+\Delta\boldsymbol{r}$ を $\boldsymbol{r}$ と同じ等高線 $\varphi = C$ 上（たとえば P′）にとると，$\delta\varphi = 0$ だから (A5.1) 式より $\Delta\boldsymbol{r}\cdot\mathrm{grad}\,\varphi = 0$ となり，grad φ が点 P の接線方向 $\Delta\boldsymbol{r}$[†1] と確かに直交していることがわかる（つまり，grad φ は等高線の法線方向）.

勾配ベクトルは $\varphi(\boldsymbol{r})$ の傾きが最も大きい方向に向いていることも以下のようにわかる[†2]．$\boldsymbol{n}$ を grad φ の向きをもつ単位ベクトルとすると（図 A5.1 では PQ 方向），$\mathrm{grad}\,\varphi = \boldsymbol{n}|\mathrm{grad}\,\varphi|$ であるので，φ の変化量 $\delta\varphi$ は (A5.1) 式より

$$\delta\varphi = \Delta\boldsymbol{r}\cdot\boldsymbol{n}\,|\mathrm{grad}\,\varphi| \tag{A5.2}$$

と表せる．$\Delta\boldsymbol{r}$ が $\boldsymbol{n}$ と同方向のとき，$\delta\varphi > 0$ なので，grad φ は φ が増加する方向に向いている．また，φ の単位長さあたりの変化率 $\delta\varphi/|\Delta\boldsymbol{r}|$ は $\delta\varphi/|\Delta\boldsymbol{r}| = (\Delta\boldsymbol{r}/|\Delta\boldsymbol{r}|)\cdot\boldsymbol{n}|\mathrm{grad}\,\varphi|$ であるから，$\Delta\boldsymbol{r}$ が $\boldsymbol{n}$（あるいは勾配ベクトル）と同方向のとき，$\varphi(\boldsymbol{r})$ の増加率が最大の値 $|\mathrm{grad}\,\varphi|$ になる[†3]．点 P に，ある質量をもつ点粒子（質点）を置くと，その直後は，点 P における勾配ベクトルと反対方向に動きだす.

[†1] $\Delta\boldsymbol{r}$ が十分小さいと点 P の接線方向を向く.

[†2] 勾配ベクトルを理解すると，山岳地図の等高線図から，登山コースに沿ってどの程度の傾斜があるかなどを読み取ることができる.

[†3] 図 A5.1 の等高線 $\varphi = C$ 上の点 P と最も近い $\varphi = C+\delta\varphi$ 上の点は，等高線の法線方向 $\boldsymbol{n}$ の点 Q である.

A5.2　回転（ローテーション）

ベクトル $\boldsymbol{A}$ の回転 $\mathrm{rot}\,\boldsymbol{A}$[†4] とは，$\nabla$ とベクトル $\boldsymbol{A}$ との外積で，本文 (5.24), (5.28) 式を使えば次式のように表せる．

$$
\begin{aligned}
\mathrm{rot}\,\boldsymbol{A} &= \nabla \times \boldsymbol{A} \\
&= \boldsymbol{i}\left(\frac{\partial A_z}{\partial y} - \frac{\partial A_y}{\partial z}\right) + \boldsymbol{j}\left(\frac{\partial A_x}{\partial z} - \frac{\partial A_z}{\partial x}\right) + \boldsymbol{k}\left(\frac{\partial A_y}{\partial x} - \frac{\partial A_x}{\partial y}\right) \\
&= \begin{vmatrix} \boldsymbol{i} & \boldsymbol{j} & \boldsymbol{k} \\ \dfrac{\partial}{\partial x} & \dfrac{\partial}{\partial y} & \dfrac{\partial}{\partial z} \\ A_x & A_y & A_z \end{vmatrix}
\end{aligned}
\tag{A5.3}
$$

最後は 6.4 節で導入する行列式による表現になっている．図 5.7～5.9 の例では $\mathrm{div}\,\boldsymbol{A} \neq 0$ であり，ベクトル $\boldsymbol{A}(\boldsymbol{r})$ はその向きに沿って大きさが変化したり，幅が広がっていった．ベクトル場の空間的な変化はこれら以外に，**図 A5.2** のように，ベクトル場がベクトルの向きに直交する方向に変化したり（図上），ベクトルの向きが回転していく場合がある（図下）[†5]．このような場合の回転の度合い（ベクトルの向きの変化の割合）や回転方向をベクトルとして表したものが $\mathrm{rot}\,\boldsymbol{A}$ である[†6]．

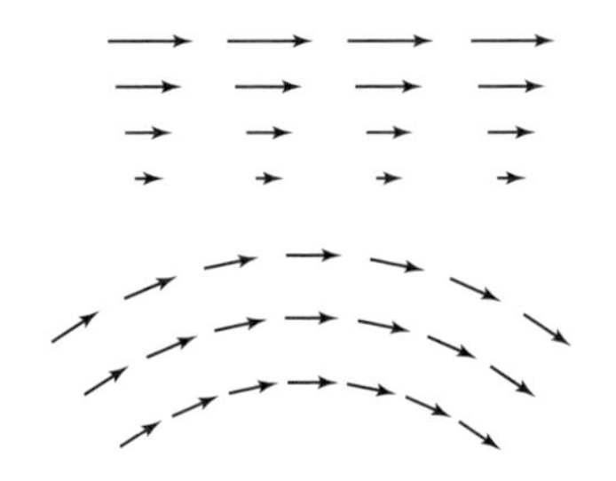

図 A5.2　ベクトル場がベクトルの向きに直交する方向に変化する例（上）とベクトルの向きが回転していく例（下）

具体的に，x-y 平面上の点 $\boldsymbol{r} = (x, y, 0)$ で定義される次式のベクトル場 $\boldsymbol{A}$ をまず例として考え，その $\mathrm{rot}\,\boldsymbol{A}$ を調べる．

$$
\boldsymbol{A}(\boldsymbol{r}) = \left(-\frac{y}{r}, \frac{x}{r}, 0\right) \tag{A5.4}
$$

ここで，$r = \sqrt{x^2 + y^2}$ である．**図 A5.3** に示したように，このベクトルはあらゆる点で大きさ $|\boldsymbol{A}(\boldsymbol{r})| = 1$ をもち，z 軸の周りで回転している．

[†4]　あるいは**カール** (curl) ともいい，$\mathrm{curl}\,\boldsymbol{A}$ と記す．

[†5]　これらの場合，$\mathrm{div}\,\boldsymbol{A} = 0$ である．

[†6]　図 A5.2 上や下のような流れに木の葉を浮かべると，ぐるぐると回る．図上では，物体の上下でかかる力が異なる．

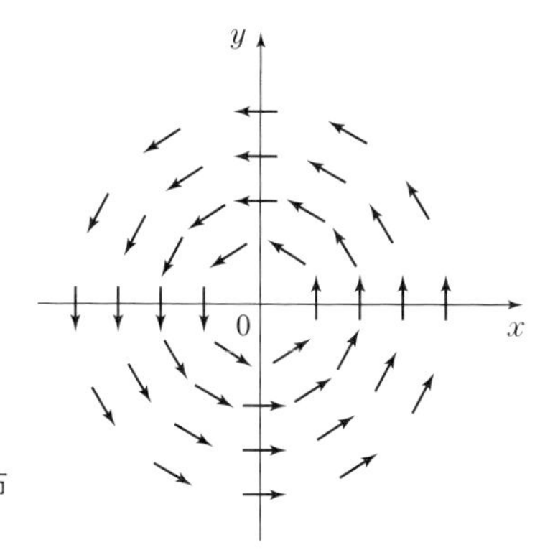

図 A5.3　x-y 平面上で回転する分布をもつ（A5.4）式のベクトル

$$\operatorname{rot}\boldsymbol{A} = \left(\frac{\partial A_z}{\partial y} - \frac{\partial A_y}{\partial z}, \frac{\partial A_x}{\partial z} - \frac{\partial A_z}{\partial x}, \frac{\partial A_y}{\partial x} - \frac{\partial A_x}{\partial y}\right)$$

$$= \left(0, 0, \frac{\partial}{\partial x}\frac{x}{r} + \frac{\partial}{\partial y}\frac{y}{r}\right) = \left(0, 0, \frac{1}{r}\right) \qquad \text{(A5.5)}$$

この場合，z 成分だけが値をもっているが，これはベクトルが z 軸周りに回転していることに対応している．一般に，$\boldsymbol{A}$ の回転軸はベクトルである $\operatorname{rot}\boldsymbol{A}$ の方向になっている[†7]．また，$|\operatorname{rot}\boldsymbol{A}|$ が大きいほど，ベクトルの進行方向が大きく変化していく．図 A5.3 からも，$|\operatorname{rot}\boldsymbol{A}|$ が大きな中心に近いほど，ベクトルの向きが大きく曲がっていくことがわかる．

流体の渦を定量化する渦度ベクトル $\boldsymbol{\Omega}$ はその流速ベクトル $\boldsymbol{v} = (v_x, v_y, v_z)$ の回転 $\operatorname{rot}\boldsymbol{v}$ として定義されている．

$$\boldsymbol{\Omega} = \operatorname{rot}\boldsymbol{v} = \left(\frac{\partial v_z}{\partial y} - \frac{\partial v_y}{\partial z}, \frac{\partial v_x}{\partial z} - \frac{\partial v_z}{\partial x}, \frac{\partial v_y}{\partial x} - \frac{\partial v_x}{\partial y}\right) \qquad \text{(A5.6)}$$

例として，x-y 平面を一定の角振動数 $\omega = 2\pi\nu$（ν は振動数）で反時計回りに渦を巻いている流体を考えよう．この場合，位置 $\boldsymbol{r} = (x, y, 0)$ での流速ベクトルは

$$\boldsymbol{v} = (-\omega y, \omega x, 0) \qquad \text{(A5.7)}$$

で与えられる[†8]．この式を（A5.6）式に代入すると

$$\frac{\partial v_y}{\partial x} - \frac{\partial v_x}{\partial y} = \omega + \omega \qquad \text{(A5.8)}$$

だけが 0 でないから，

---

†7　図 A5.3 の渦が逆に回る場合は，$\operatorname{rot}\boldsymbol{A} = (0, 0, -1/r)$ になる．

†8　$x = r\cos\omega t$, $y = r\sin\omega t$ として，それぞれを時間 t で微分すれば，$v_x = -\omega y$, $v_y = \omega x$ が導ける．1 周期 $2\pi/\omega$ の間に円周の長さを動く条件 $|\boldsymbol{v}| = \omega|\boldsymbol{r}|$ を満たしている．

$$\mathrm{rot}\,\boldsymbol{v} = (0, 0, 2\omega) \tag{A5.9}$$

である．つまり，流速ベクトルの回転 rot $\boldsymbol{v}$ の絶対値は，角振動数の2倍になっている．z 軸周りの渦の場合，rot $\boldsymbol{v}$ はやはり z 座標成分だけをもつ．渦度ベクトルの各座標成分は，渦がどれだけ速くその座標軸に垂直な平面上を回っているかを示している．渦が時計回りの場合は，rot $\boldsymbol{v} = (0, 0, -2\omega)$ となって，各成分が正か負かによって渦の回転方向がわかる．

最後に，grad, div, rot の合成演算の重要な関係式について結果だけを紹介しておく．まず，スカラー場（f としておく）の勾配は回転しないことが証明されている．

$$\mathrm{rot}(\mathrm{grad}\,f) = 0 \tag{A5.10}$$

スカラー場を山の高さとして考えると，回転が生じるような勾配ベクトル（山を最大傾斜方向に登り続けて元に戻ること）はあり得ない．また，

$$\mathrm{div}(\mathrm{rot}\,\boldsymbol{A}) = 0 \tag{A5.11}$$

であって，ベクトル場の回転成分のみを抽出するローテーション操作によって得られたベクトル場には，湧き出し・吸い込みを表す要素は存在しない．

第6章　行列と行列式

A6　行列式の性質

個々の証明は省くが，行列式に関して知っておくと便利な公式や性質をまとめておく．行列の積の行列式は個々の行列式の積になる．

$$|\boldsymbol{AB}| = |\boldsymbol{A}|\,|\boldsymbol{B}| \tag{A6.1}$$

この性質を使うと

$$|\boldsymbol{A}^{-1}| = \frac{1}{|\boldsymbol{A}|} \tag{A6.2}$$

であることがわかる．また，次式の関係が成り立つ．

$$|\boldsymbol{A}^{T}| = |\boldsymbol{A}| \tag{A6.3}$$

その他の性質としては以下のようなものがある．

（ｉ）ある1つの行（あるいは列）を α 倍すると，行列式も α 倍になる．

（ii）ある行（列）を和の形で表したものは2つの行列式の和になる．たとえば，j 列の要素が和の形で与えられている場合

$$\begin{vmatrix} a_{11} & \cdots & a_{1j}+a'_{1j} & \cdots & a_{1n} \\ a_{21} & \cdots & a_{2j}+a'_{2j} & \cdots & a_{2n} \\ \vdots & \cdots & \vdots & \cdots & \vdots \\ a_{n1} & \cdots & a_{nj}+a'_{nj} & \cdots & a_{nn} \end{vmatrix} = \begin{vmatrix} a_{11} & \cdots & a_{1j} & \cdots & a_{1n} \\ a_{21} & \cdots & a_{2j} & \cdots & a_{2n} \\ \vdots & \cdots & \vdots & \cdots & \vdots \\ a_{n1} & \cdots & a_{nj} & \cdots & a_{nn} \end{vmatrix} + \begin{vmatrix} a_{11} & \cdots & a'_{1j} & \cdots & a_{1n} \\ a_{21} & \cdots & a'_{2j} & \cdots & a_{2n} \\ \vdots & \cdots & \vdots & \cdots & \vdots \\ a_{n1} & \cdots & a'_{nj} & \cdots & a_{nn} \end{vmatrix} \tag{A6.4}$$

のように表せる．

(iii) 2つの行（列）を入れ替えると行列式は -1 倍され，符号が変わる（問 6.7 参照）．

(iv) ある行（列）を定数倍して他の行（列）に加えても行列式の値は変わらない．(A6.4) 式と「同じ要素の並びをもつ2つの行（列）が存在していれば行列式は0（問 6.7 参照）」から簡単に証明できる．

第7章　ニュートン力学の基礎

A7.1　束縛ベクトルの合成と重心

外力を加えても変形しない物体を**剛体** (rigid body) という．剛体に働く力は，そのベクトルを延長した直線（作用線）の上のどの点に移しても，その効果に変わりはない（作用線の定理）．これを利用すると，作用点の異なる2つの力ベクトル $\boldsymbol{F}_1$ と $\boldsymbol{F}_2$ を，その2つの作用線の交差点で合成することができる（1つの作用点を原点とするベクトルとして表せる）．2つの力が平行な場合は，両者の作用線が交わることはないので，上記の方法では合成できず，つり合いの条件を使って合成する．たとえば，**図 A7.1** で示しているように，異なった作用点 $\boldsymbol{R}_1$ と $\boldsymbol{R}_2$（原点Oからのベクトルで示す）をもつ同じ向きで平行な2つの力 $\boldsymbol{F}_1$ と $\boldsymbol{F}_2$ を考えた場合，その合力 $\boldsymbol{F}$ の作用点 $\boldsymbol{R}_F$ は，その周りで2つの力のモーメント[†9]（脚注次頁）が逆向きで大きさが等しくなる支点である．つまり，$\boldsymbol{r}_1 = \boldsymbol{R}_1 - \boldsymbol{R}_F$，$\boldsymbol{r}_2 = \boldsymbol{R}_2 - \boldsymbol{R}_F$ とすると，2つのモーメント[†10]（脚注

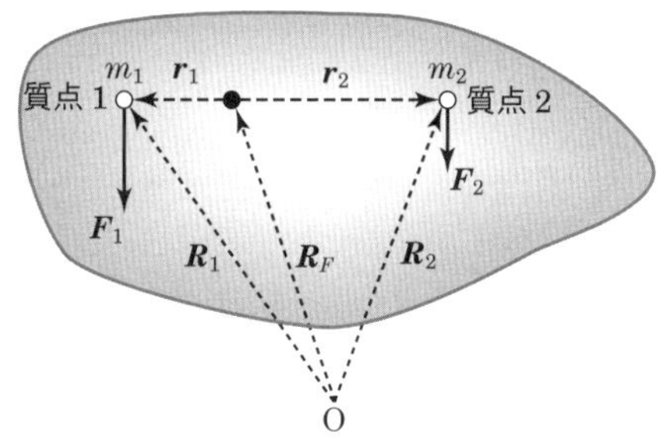

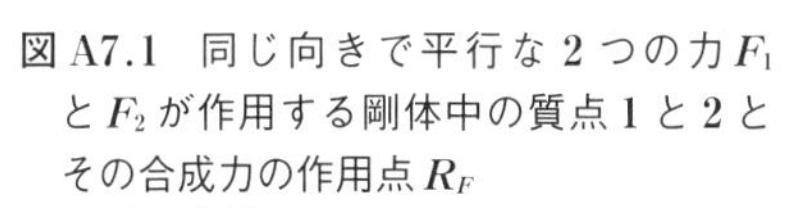
図 A7.1　同じ向きで平行な2つの力 F_1 と F_2 が作用する剛体中の質点1と2とその合成力の作用点 R_F
$|\boldsymbol{r}_1||\boldsymbol{F}_1| = |\boldsymbol{r}_2||\boldsymbol{F}_2|$ の関係が成り立っている．

次頁）$\boldsymbol{r}_1 \times \boldsymbol{F}_1$ と $\boldsymbol{r}_2 \times \boldsymbol{F}_2$ は逆向きで大きさが等しい（てこの原理を思い出してほしい）．合力 $\boldsymbol{F}$ の向きと大きさは，$\boldsymbol{R}_F$ を作用点とする2つの力の和 $\boldsymbol{F}_1 + \boldsymbol{F}_2$ の向きと大きさに等しい．$\boldsymbol{R}_F$ は，2つの力の逆比 $|\boldsymbol{F}_1|^{-1} : |\boldsymbol{F}_2|^{-1}$ で，2つの作用点間の距離を $|\boldsymbol{r}_1| : |\boldsymbol{r}_2|$ に内分する点である．

つぎに，剛体が複数の質点で構成され，それぞれの質点に力が作用する場合を考える．その力が重力の場合は，重力が1点に集中して働く作用点 $\boldsymbol{R}_F$ は重心 $\boldsymbol{R}_G$ に他ならない．いま，質量 m_1 と m_2 の2つの質点が位置 $\boldsymbol{R}_1$ と $\boldsymbol{R}_2$ にあり，質量を無視できる棒でつながれているとする（**図 A7.1**）．それぞれの質点に働く重力は互いに平行で[†11]，$m_1 g$ と $m_2 g$ である（g は重力加速度）．平行な2力の作用点周りのモーメントの大きさは等しいので，次式の左辺と右辺で与えられる $\boldsymbol{R}_G$ 周りの時計・反時計回りの重力のモーメントの大きさも等しくなければならない．

$$m_2 g|\boldsymbol{R}_2 - \boldsymbol{R}_G| = m_1 g|\boldsymbol{R}_1 - \boldsymbol{R}_G| \tag{A7.1}$$

この等式を満たす $\boldsymbol{R}_G$ は

$$\boldsymbol{R}_G = \frac{m_1 \boldsymbol{R}_1 + m_2 \boldsymbol{R}_2}{m_1 + m_2} \tag{A7.2}$$

であり，重心は質点の位置に質量の重みを加重した平均になっている．これは質量中心で，剛体に作用する重力を平行力とみる近似では重心と等しい．(A7.2) 式を (A7.1) 式に代入すれば，等式が成り立っていることは容易に確認できる．x 方向の重心座標 X は

$$X = \frac{m_1 x_1 + m_2 x_2}{m_1 + m_2} \tag{A7.3}$$

となる．y や z 成分についても同様である．N 個の質点からなる系の場合，

$$\boldsymbol{R}_G = \frac{\sum_{j=1}^{N} m_j \boldsymbol{R}_j}{M} \tag{A7.4}$$

で与えられる．ここで，M は全質量 $M = \sum_{j=1}^{N} m_j$ である．

[†9] 点Pにあるベクトル量 $\boldsymbol{F}$ と，座標原点OからPにいたる位置ベクトル $\boldsymbol{r}$ とのベクトル積 $\boldsymbol{r} \times \boldsymbol{F}$ を，O周りのモーメントという．詳しくは7.4節の説明参照．

[†10] この力のモーメントはトルクとよばれ，(7.48) 式に関連して説明してある．

[†11] 地球に比べて小さな系を対象にするので，重力の大きさと向きは場所によらないとしてよい．地球の自転による遠心力があるため，厳密には，両極と赤道以外の地点では地球の中心への向きからずれている．

A7.2 作用反作用の法則

作用反作用の法則はニュートンの運動の第3法則ともよばれており,「2つの物体が相互に及ぼし合う力は必ず同一線上にあって向きが反対である」という法則である. 例として, N 個の質点からなる系 $\{i, j, \cdots\}$ を考え, 並進対称性があるとしよう（全質点の空間座標を $\boldsymbol{r}_j \to \boldsymbol{r}_j + \boldsymbol{a}$ のように平行移動させてもポテンシャルエネルギー V の値が変わらない性質). この並進対称性のある系のポテンシャルエネルギー V から質点 j に働く力 $\boldsymbol{F}_j$ の x 成分 F_{jx} を求めると, 次式のように他の質点 i から受ける力の和として表せる.

$$F_{jx} = -\frac{\partial V}{\partial x_j} = -\sum_{\substack{i=1 \\ i \neq j}}^{N} \frac{\partial V}{\partial (x_j - x_i)} \frac{\partial (x_j - x_i)}{\partial x_j} = -\sum_{\substack{i=1 \\ i \neq j}}^{N} \frac{\partial V}{\partial (x_j - x_i)} \qquad \text{(A7.5)}$$

最後の等式の右辺にある項 $-\partial V/\partial (x_j - x_i)$ は質点 j が i から受ける力の x 成分と見なせ, 質点 i が j から受ける力 $-\partial V/\partial x_i$ の x 成分

$$-\frac{\partial V}{\partial (x_i - x_j)} = \frac{\partial V}{\partial (x_j - x_i)} \qquad \text{(A7.6)}$$

と絶対値が等しく符号が異なる. つまり, 向きが反対になっている. これが, 作用反作用の法則である.

第9章 線形常微分方程式の解法

A9 微分方程式の数値解法

第9章では, 主に, 常微分方程式の解析的な解法を紹介している. ただし, 一般には, 微分方程式は解析的に解けるとは限らず, むしろ現実に即したモデルにならった複雑な微分方程式は解析的に解けない場合が多い. そのような場合は, コンピューターを使って数値的に解くことになる. 例として, つぎのような濃度 $x(t)$ に関する1階微分を含む化学反応速度式を考えよう.

$$\frac{\mathrm{d}x(t)}{\mathrm{d}t} = g(x(t), t) \qquad \text{(A9.1)}$$

取り扱う問題によって変わる $g(x(t), t)$ が, どのような複雑な関数であっても, 1階微分 $\mathrm{d}x/\mathrm{d}t$ に対してはつぎのような差分法に基づいた置き換えができるので,

$$\frac{\mathrm{d}x(t)}{\mathrm{d}t} \longrightarrow \frac{x(t + \Delta t) - x(t)}{\Delta t} \qquad \text{(A9.2)}$$

(A9.2) 式を (A9.1) 式左辺に代入した次式を使って $x(t)$ の時間変化を追うことができる.

$$x(t+\Delta t) \approx x(t) + g(x(t), t)\Delta t \tag{A9.3}$$

数値的に与えられた初期値 $x(t=0)$ を (A9.3) 式の右辺に代入し，$x(0) + g(x(0), t=0)\Delta t$ を計算すると，$x(\Delta t)$ を得る．つぎに，$x(\Delta t)$ を (A9.3) 式右辺に代入すると，$x(2\Delta t)$ が求められる．これを繰り返せば (A9.1) 式の微分方程式を近似的に解くことができる．この簡単な数値計算アルゴリズムは**オイラー法** (Euler method) とよばれ，正しい解に近づけるには，Δt を小さくしていく必要がある．

たとえば，つぎの微分方程式にオイラー法を適用してみる．

$$\frac{\mathrm{d}x}{\mathrm{d}t} = -xt \tag{A9.4}$$

$t=0$ での初期値を $x=1$ とすると，(A9.4) 式の厳密解 $x(t) = \exp(-t^2/2)$ で与えられる（この厳密解の導出は第4章補足 C4.2）．(A9.4) 式に対する (A9.3) 式は，次式になる．

$$x(t+\Delta t) \approx x(t)\,[1 - t\Delta t] \tag{A9.5}$$

時刻を $t_n = n\Delta t$ と置くと，$x(t_n)$ に $1-n(\Delta t)^2$ を乗ずれば $x(t_{n+1})$ の値が得られる．

$$x(t_{n+1}) \approx x(t_n)\,[1 - n(\Delta t)^2] \tag{A9.6}$$

この式を使った数値計算結果の例と厳密解を**表 A9.1** にまとめておく．時間刻みを $\Delta t = 0.1$ から $\Delta t = 0.05$ へと小さくしていくと，予想通り厳密解に近づいていく．Δt をさらに小さくしていけば，数値解が必要な精度を満たす程度に収束しているかどうか検証することができる．

化学反応のなかには，含まれている化学種の濃度が時間・空間的に振動したり，一定の時間が経過した後にそれらの濃度が突然変化するものがある．そのような反応は，**振動反応** (oscillating reaction) あるいは時計反応とよばれており，セリウムイオンを触媒とし，マロン酸 $CH_2(COOH)_2$ からブロモマロン酸 $BrCH(COOH)_2$ を生じる**ベロウソフ-ジャボチンスキー** (Belousov-Zhabotinsky) **反応**などが代表例である[†12]．

表 A9.1 $\mathrm{d}x/\mathrm{d}t = -xt$ の厳密解とオイラー法による数値計算結果の比較

t	0	0.1	0.2	0.3	0.4	0.5
数値計算 $x(t)$ （$\Delta t = 0.1$）	1.0	1.0	0.990	0.970	0.941	0.903
数値計算 $x(t)$ （$\Delta t = 0.05$）	1.0	0.998	0.985	0.963	0.932	0.893
厳密解 $x(t)$	1.0	0.995	0.980	0.956	0.923	0.882

[†12] この反応をベロウソフが発見した1951年ごろまでは，化学反応は最終的な平衡状態に向かって進行していくだけと考えられており，多くの化学者は化学反応が周期的な現象を示すことについては懐疑的であった．現在では，このような振動反応は，熱平衡状態から離れた状態を対象とする非平衡熱力学に基づいて説明されている．

この反応では，静かに放置すると，Ce^{3+} が濃い領域と Ce^{4+} が濃い領域とが空間的時間的に交代する現象を示し，撹拌すると，Ce^{3+} の濃度と Ce^{4+} の濃度が時間的に交互に増減する[†13]．このような反応は非線形の複雑な微分方程式によって表され，その解法には，オイラー法より高いレベルの近似法であるルンゲ-クッタ (Runge-Kutta) 法などが用いられる．いずれにせよ，このような計算アルゴリズムを使えば，複雑な化学反応の速度式や粒子の運動方程式などの微分方程式を数値的に解くことができる．

第10章　フーリエ級数とフーリエ変換 ―三角関数を使った信号の解析―

A10.1　フーリエ変換と波の位相

フーリエ変換に波の位相情報がどのように現れるかを，本文問10.8の時刻 $t=0$ から指数関数的に減衰する信号 $f(t)$ を例に示す．時間 t に対応する変数を角振動数 ω で表すと，簡単な計算から，(10.56) 式のフーリエ変換が次式で与えられることがわかる (実質的には $t=0$ から ∞ の積分)．

$$F(\omega) = \frac{1}{\sqrt{2\pi}}\int_{-\infty}^{\infty} \mathrm{d}t\, e^{-i\omega t} f(t) = \frac{1}{\sqrt{2\pi}}\left(\frac{a}{a^2+\omega^2} - i\frac{\omega}{a^2+\omega^2}\right) \quad \text{(A10.1)}$$

$-i = e^{-i\pi/2}$ の関係を使うと，フーリエ逆変換から

$$f(t) = \frac{1}{2\pi}\int_{-\infty}^{\infty} \mathrm{d}\omega \left[\frac{a}{a^2+\omega^2} e^{i\omega t} + \frac{\omega}{a^2+\omega^2} e^{i\left(\omega t - \frac{\pi}{2}\right)}\right] \quad \text{(A10.2)}$$

と信号 $f(t)$ を再構築できる．その結果，指数関数的減衰は，$e^{i\omega t}$ およびそれから位相が $\pi/2$ 遅れた $e^{i(\omega t-\pi/2)}$ の2つの波の成分からなっていると見なせる．各成分量は ω に依存している．

A10.2　拡散方程式の解

本文 (10.77) 式の $P(k,0)$ を与える $\rho(x,0)$ を，x_0 を中心とする幅 a のガウス分布[†14]

$$\rho(x,0) = \sqrt{\frac{1}{2\pi a^2}}\exp\left[-\frac{(x-x_0)^2}{2a^2}\right] \quad \text{(A10.3)}$$

とした例を示す．この場合，$\rho(x,0)$ のフーリエ変換 (10.71) 式に (10.54) 式のガウス積分公式を適用できる．その結果は

---

†13　フェロインという鉄系の酸化還元指示薬を添加すると，Ce^{3+} の濃い領域が淡青色，Ce^{4+} の濃い領域が橙赤色を示し，濃度の変化が色やその模様の変化として現れる．

†14　このガウス分布の値が $x=x_0$ での値の半分になるところは，$x-x_0=\sqrt{2\ln 2}\,a$ となる．この中心 x_0 からの距離を半値半幅，その2倍を半値全幅という．

$$P(k,0)=\sqrt{\frac{1}{2\pi}}\exp\left(-ikx_0-\frac{a^2k^2}{2}\right) \tag{A10.4}$$

となり，(10.78) 式に代入し，再度ガウス積分を行うと，(10.70) 式の解 $\rho(x,t)$ が求まる．

$$\rho(x,t)=\frac{1}{\sqrt{2\pi(a^2+2Dt)}}\exp\left[-\frac{(x-x_0)^2}{2(a^2+2Dt)}\right] \tag{A10.5}$$

ここまでの手続きが拡散方程式を満たす解を正しく導いたかを，(A10.5) 式を拡散方程式 (10.70) の両辺に代入して確認しておけばよい．

(A10.5) 式のガウス分布の幅 $\sqrt{a^2+2Dt}$ は，最初 $2Dt \ll a^2$ の間は

$$\sqrt{a^2+2Dt}\approx a+\frac{Dt}{a} \tag{A10.6}$$

で t に比例するが（初期分布の幅 a が狭いほど速い），$2Dt \gg a^2$ になると

$$\sqrt{a^2+2Dt}\approx\sqrt{2Dt} \tag{A10.7}$$

のように $\sqrt{t}$ でしか拡がらなくなる．これは拡散現象の一般的な特徴である．

第11章 量子力学の基礎

A11 不確定性原理

1927年，ハイゼンベルクは，短波長の光（ガンマ線）を使った顕微鏡の思考実験[†15]において，物体の位置 x を精密に測定しようとして波長の短い光を使うと，物体の運動量 p_x が光子から運動量を与えられ乱されてしまうことを見いだした．したがって，位置測定の誤差 $\varepsilon(x)$[†16] と運動量の乱れ（擾乱（じょうらん））$\eta(p_x)$ との積には下限があると考え，つぎの不等式を提唱した．

$$\varepsilon(x)\,\eta(p_x)\geq\frac{\hbar}{2} \tag{A11.1}$$

これは位置と運動量を同時に正確に知ることはできないことを意味しており，古典力学の考えとは異なった衝撃的なものであった．

(A11.1) 式の不等式を一般の物理量 A と B に拡張したものが次式である．

[†15] 2つの物理量の値を同時刻で同時に決めようという実験を考えており，量子ゆらぎ（標準偏差）ΔA や ΔB の測定とは異なる．ΔA を求めるには，物理量 A を毎回正確に測定する必要があるが，その際の測定が他の物理量 B に影響を及ぼしても問題ではない．ΔB は別の測定によって求めるからである．

[†16] この誤差は測定値と「真の値」の差の二乗平均と定義できるが，量子力学において“真の値とは何か”は根源的な問いとして残されている．

$$\varepsilon(A)\,\eta(B) \geq \frac{1}{2}|\langle[\hat{A},\hat{B}]\rangle| \qquad \text{(A11.2)}$$

(A11.1) 式や (A11.2) 式の関係式は[†17]，「**ハイゼンベルクの不確定性関係** (Heisenberg uncertainty relation)」，または「**ハイゼンベルクの不等式** (Heisenberg inequality)」とよばれている．(A11.2) 式は，ある状態 ϕ に対して A あるいは B を測定しようとしたとき，A (または B) の測定により ϕ が影響を受けていろいろな状態に移るため，B (または A) の値を確定することができないことを表している．すなわち，ϕ の状態を保ちながら A と B を同時に確定することができないので，測定値にずれが生じる．そのずれの偏差が $\varepsilon(A)$, $\eta(B)$ である．(11.49) 式と (A11.1) 式，また，(11.48) 式と (A11.2) 式は似ているが，それらの左辺に現れる物理量は異なった測定量であることに注意してほしい．いずれの場合も，測定方法に起因する誤差は考えておらず，これらの関係は原理的なものである．

第12章　水素原子の量子力学

A12.1　極座標表示のハミルトニアン

直交座標表示のラプラシアン中の微分演算子を，極座標 r,θ,ϕ を使って表そう．r,θ,ϕ がそれぞれ x,y,z の関数 $r(x,y,z)$, $\theta(x,y,z)$, $\phi(x,y,z)$ で表されると考えて，第3章補足 C3.3 の 2 変数の合成関数の微分 (C3.10), (C3.11) 式[†18]を 3 変数に拡張すると次式が得られる．

$$\frac{\partial}{\partial x} = \frac{\partial r}{\partial x}\frac{\partial}{\partial r} + \frac{\partial \theta}{\partial x}\frac{\partial}{\partial \theta} + \frac{\partial \phi}{\partial x}\frac{\partial}{\partial \phi} \qquad \text{(A12.1)}$$

$$\frac{\partial}{\partial y} = \frac{\partial r}{\partial y}\frac{\partial}{\partial r} + \frac{\partial \theta}{\partial y}\frac{\partial}{\partial \theta} + \frac{\partial \phi}{\partial y}\frac{\partial}{\partial \phi} \qquad \text{(A12.2)}$$

$$\frac{\partial}{\partial z} = \frac{\partial r}{\partial z}\frac{\partial}{\partial r} + \frac{\partial \theta}{\partial z}\frac{\partial}{\partial \theta} + \frac{\partial \phi}{\partial z}\frac{\partial}{\partial \phi} \qquad \text{(A12.3)}$$

さらに微分 $\partial r/\partial x$, $\partial\theta/\partial x$, $\cdots$ を極座標で表す必要がある．そのため，本文 (12.21) ～ (12.23) 式を使って，以下の 3 つの式を導いておく．

[†17] (A11.1), (A11.2) 式は量子力学によって厳密に証明された原理ではない．2003 年に，(A11.2) 式を修正した**小澤の不等式** $\varepsilon(A)\,\eta(B) + \varepsilon(A)\,\Delta B + \eta(B)\,\Delta A \geq |\langle[\hat{A},\hat{B}]\rangle|/2$ が発表された．その後，(A11.2) 式は成立しないが，小澤の不等式には従う実験結果が報告され，100 年来の常識が問い直されている．

[†18] 1 変数の合成関数の微分に関しては，本文 (3.11) 式参照．2 変数の (C3.10), (C3.11) 式の u,v がここでは r,θ，さらに z と ϕ を含めて 3 変数にすればよい．

$$r^2 = x^2 + y^2 + z^2 \tag{A12.4}$$

$$\tan\phi = \frac{y}{x} \tag{A12.5}$$

$$\tan^2\theta = \frac{x^2 + y^2}{z^2} \quad \left(\text{あるいは} \quad \cos^2\theta = \frac{z^2}{x^2 + y^2 + z^2}\right) \tag{A12.6}$$

(A12.4) 式の両辺を x で偏微分すれば $2r\partial r/\partial x = 2x$ となるので，(12.21) 式を用いると，$\partial r/\partial x$ を極座標だけで表せる．

$$\frac{\partial r}{\partial x} = \frac{x}{r} = \sin\theta\cos\phi \tag{A12.7}$$

同様な手続きで $\partial r/\partial y$ と $\partial r/\partial z$ も求められる．

$$\frac{\partial r}{\partial y} = \frac{y}{r} = \sin\theta\sin\phi \tag{A12.8}$$

$$\frac{\partial r}{\partial z} = \frac{z}{r} = \cos\theta \tag{A12.9}$$

また，(A12.5) 式を x, y, z で偏微分すると[†19]

$$\frac{1}{\cos^2\phi}\frac{\partial\phi}{\partial x} = -\frac{y}{x^2}, \quad \frac{1}{\cos^2\phi}\frac{\partial\phi}{\partial y} = \frac{1}{x}, \quad \frac{1}{\cos^2\phi}\frac{\partial\phi}{\partial z} = 0$$

であるから

$$\frac{\partial\phi}{\partial x} = -\frac{\sin\phi}{r\sin\theta} \tag{A12.10}$$

$$\frac{\partial\phi}{\partial y} = \frac{\cos\phi}{r\sin\theta} \tag{A12.11}$$

$$\frac{\partial\phi}{\partial z} = 0 \tag{A12.12}$$

が導ける．さらに，(A12.6) 式から下記の 3 式が導ける．

$$\frac{\partial\theta}{\partial x} = \frac{1}{r}\cos\theta\cos\phi \tag{A12.13}$$

$$\frac{\partial\theta}{\partial y} = \frac{1}{r}\cos\theta\sin\phi \tag{A12.14}$$

$$\frac{\partial\theta}{\partial z} = -\frac{1}{r}\sin\theta \tag{A12.15}$$

(A12.7) ~ (A12.15) 式を使えば，(A12.1) ~ (A12.3) 式がつぎのように表せること

[†19] $\mathrm{d}\tan\phi/\mathrm{d}\phi = 1/\cos^2\phi$ を使う．

がわかる．

$$\frac{\partial}{\partial x}=\sin\theta\cos\phi\frac{\partial}{\partial r}+\frac{1}{r}\cos\theta\cos\phi\frac{\partial}{\partial\theta}-\frac{1}{r}\frac{\sin\phi}{\sin\theta}\frac{\partial}{\partial\phi} \qquad \text{(A12.16)}$$

$$\frac{\partial}{\partial y}=\sin\theta\sin\phi\frac{\partial}{\partial r}+\frac{1}{r}\cos\theta\sin\phi\frac{\partial}{\partial\theta}+\frac{1}{r}\frac{\cos\phi}{\sin\theta}\frac{\partial}{\partial\phi} \qquad \text{(A12.17)}$$

$$\frac{\partial}{\partial z}=\cos\theta\frac{\partial}{\partial r}-\frac{1}{r}\sin\theta\frac{\partial}{\partial\theta} \qquad \text{(A12.18)}$$

ラプラシアンのなかの2階微分，たとえば $\partial^2/\partial z^2$ は，f を任意の関数として，(A12.18) 式の右辺に同じものを作用させれば得られる．

$$\frac{\partial^2 f}{\partial z^2}=\frac{\partial}{\partial z}\left(\frac{\partial f}{\partial z}\right)=\left(\cos\theta\frac{\partial}{\partial r}-\frac{1}{r}\sin\theta\frac{\partial}{\partial\theta}\right)\left(\cos\theta\frac{\partial f}{\partial r}-\frac{1}{r}\sin\theta\frac{\partial f}{\partial\theta}\right)$$

結果をまとめると，(12.9) 式のラプラシアンの極座標表示に必要な2階微分は以下のようになる．

$$\begin{aligned}\frac{\partial^2}{\partial x^2}=&\sin^2\theta\cos^2\phi\frac{\partial^2}{\partial r^2}+\frac{\cos^2\theta\cos^2\phi+\sin^2\phi}{r}\frac{\partial}{\partial r}+\frac{2\sin\theta\cos\theta\cos^2\phi}{r}\frac{\partial^2}{\partial r\,\partial\theta}\\&-\frac{2\sin\phi\cos\phi}{r}\frac{\partial^2}{\partial r\,\partial\phi}+\frac{\cos^2\theta\cos^2\phi}{r^2}\frac{\partial^2}{\partial\theta^2}\\&-\frac{2\sin^2\theta\cos\theta\cos^2\phi-\cos\theta\sin^2\phi}{r^2\sin\theta}\frac{\partial}{\partial\theta}-\frac{2\cos\theta\sin\phi\cos\phi}{r^2\sin\theta}\frac{\partial^2}{\partial\theta\,\partial\phi}\\&+\frac{\sin^2\phi}{r^2\sin^2\theta}\frac{\partial^2}{\partial\phi^2}+\frac{2\sin\phi\cos\phi}{r^2\sin^2\theta}\frac{\partial}{\partial\phi}\end{aligned} \qquad \text{(A12.19)}$$

$$\begin{aligned}\frac{\partial^2}{\partial y^2}=&\sin^2\theta\sin^2\phi\frac{\partial^2}{\partial r^2}+\frac{\cos^2\theta\sin^2\phi+\cos^2\phi}{r}\frac{\partial}{\partial r}+\frac{2\sin\theta\cos\theta\sin^2\phi}{r}\frac{\partial^2}{\partial r\,\partial\theta}\\&+\frac{2\sin\phi\cos\phi}{r}\frac{\partial^2}{\partial r\,\partial\phi}+\frac{\cos^2\theta\sin^2\phi}{r^2}\frac{\partial^2}{\partial\theta^2}\\&-\frac{2\sin^2\theta\cos\theta\sin^2\phi-\cos\theta\cos^2\phi}{r^2\sin\theta}\frac{\partial}{\partial\theta}+\frac{2\cos\theta\sin\phi\cos\phi}{r^2\sin\theta}\frac{\partial^2}{\partial\theta\,\partial\phi}\\&+\frac{\cos^2\phi}{r^2\sin^2\theta}\frac{\partial^2}{\partial\phi^2}-\frac{2\sin\phi\cos\phi}{r^2\sin^2\theta}\frac{\partial}{\partial\phi}\end{aligned} \qquad \text{(A12.20)}$$

$$\begin{aligned}\frac{\partial^2}{\partial z^2}=&\cos^2\theta\frac{\partial^2}{\partial r^2}+\frac{\sin^2\theta}{r}\frac{\partial}{\partial r}-\frac{2\sin\theta\cos\theta}{r}\frac{\partial^2}{\partial r\,\partial\theta}\\&+\frac{\sin^2\theta}{r^2}\frac{\partial^2}{\partial\theta^2}+\frac{2\sin\theta\cos\theta}{r^2}\frac{\partial}{\partial\theta}\end{aligned} \qquad \text{(A12.21)}$$

(A12.19)～(A12.21) 式を足し合わせラプラシアンにすると，$\partial^2/\partial r\,\partial\theta$ や $\partial^2/\partial\theta\,\partial\phi$

などの交差偏微分の項は消え，(12.24) 式の [⋯] に一致することがわかる．

A12.2　ルジャンドルの多項式と陪多項式

本付録では，本文 (12.40) 式の解法とその解 $\Theta(\theta)$ について説明する．$x = \cos\theta$ と変換して (x は -1 から 1 の変数で，(12.21) 式の直交座標の x ではない)，$\Theta(\theta)$ を $y(x)$ と記せば，(12.40) 式はつぎのルジャンドルの陪微分方程式とよばれる 2 階常微分方程式になる[†20]．

$$(1-x^2)\frac{\mathrm{d}^2 y}{\mathrm{d}x^2} - 2x\frac{\mathrm{d}y}{\mathrm{d}x} + \left[l(l+1) - \frac{m^2}{1-x^2}\right]y = 0 \qquad \text{(A12.22)}$$

まず，(A12.22) 式で $m = 0$ としたルジャンドルの微分方程式の解について説明する．

$$(1-x^2)\frac{\mathrm{d}^2 y}{\mathrm{d}x^2} - 2x\frac{\mathrm{d}y}{\mathrm{d}x} + l(l+1)y = 0 \qquad \text{(A12.23)}$$

l が正の整数の場合，(A12.23) 式は有限で微分可能な解をもつ．これが x の l 次の多項式であるルジャンドルの多項式 $P_l(x)$ で，つぎのロドリゲス (Rodrigues) の公式で表せる．

$$P_l(x) = \frac{1}{2^l l!}\frac{\mathrm{d}^l}{\mathrm{d}x^l}(x^2-1)^l \qquad \text{(A12.24)}$$

$l \leq 2$ の $P_l(x)$ の具体的な関数形はつぎのとおりである．

$$P_0(x) = 1, \quad P_1(x) = x, \quad P_2(x) = \frac{3x^2-1}{2}, \quad P_3(x) = \frac{5x^3-3x}{2} \qquad \text{(A12.25)}$$

ここでは，(A12.24) 式が (A12.23) 式の解であることの証明は略すが，(A12.25) 式が (A12.23) 式を満たしていることは簡単に確認できる[†21]．ルジャンドルの多項式は，$x = -1$ から $x = 1$ の区間でつぎの規格直交関係を満たす完全系である．

$$\frac{2l+1}{2}\int_{-1}^{1} P_l(x)\,P_{l'}(x)\,\mathrm{d}x = \delta_{ll'} \qquad \text{(A12.26)}$$

$x = \cos\theta$ の場合は $\mathrm{d}x = -(\sin\theta)\,\mathrm{d}\theta$ であるから，A(12.26) 式は $\theta = 0$ から $\theta = \pi$ の区間の次式の積分でも表せる．

$$\frac{2l+1}{2}\int_{0}^{\pi} P_l(\cos\theta)\,P_{l'}(\cos\theta)\sin\theta\,\mathrm{d}\theta = \delta_{ll'} \qquad \text{(A12.27)}$$

[†20] $\mathrm{d}/\mathrm{d}\theta = (\mathrm{d}x/\mathrm{d}\theta)(\mathrm{d}/\mathrm{d}x) = -\sin\theta(\mathrm{d}/\mathrm{d}x)$ と $\sin^2\theta = 1 - x^2$ を使えばよい．

[†21] たとえば，$l = 2$ の場合，$P_2(x) = (3x^2-1)/2$, $P_2{}'(x) = 3x$, $P_2{}''(x) = 3$ を (A12.23) 式に代入すればよい．

つぎに，$m \neq 0$ に対する (A12.22) 式の解を求めよう．ルジャンドルの微分方程式 (A12.23) に解 $P_l(x)$ を代入して，$|m|$ 回微分すると，

$$(1-x^2)\frac{\mathrm{d}^{|m|+2}P_l(x)}{\mathrm{d}x^{|m|+2}} - 2(|m|+1)x\frac{\mathrm{d}^{|m|+1}P_l(x)}{\mathrm{d}x^{|m|+1}} - |m|(|m|+1)\frac{\mathrm{d}^{|m|}P_l(x)}{\mathrm{d}x^{|m|}} + l(l+1)\frac{\mathrm{d}^{|m|}P_l(x)}{\mathrm{d}x^{|m|}} = 0 \qquad \text{(A12.28)}$$

となる．この左側から $(1-x^2)^{|m|/2}$ をかけた式を用意して，つぎのルジャンドルの陪多項式 $P_l^m(x)$ を定義すれば，

$$P_l^m(x) = (1-x^2)^{|m|/2}\frac{\mathrm{d}^{|m|}}{\mathrm{d}x^{|m|}}P_l(x) \qquad \text{(A12.29)}$$

となって，$P_l^m(x)$ が (A12.22) 式を満たすことがわかる．(A12.23) 式のルジャンドルの多項式 $P_l(x)$ を (A12.29) 式に代入すると，ルジャンドルの陪多項式（陪関数）が求められる．$l \leq 3$ の $P_l^m(x)$ の具体的な形はつぎのとおりである ($P_l^0 = P_l$)．

$$\begin{cases} P_1^1(x) = (1-x^2)^{1/2} \\ P_2^1(x) = 3x(1-x^2)^{1/2} \qquad P_2^2(x) = 3(1-x^2) \\ P_3^1(x) = (3/2)(5x^2-1)(1-x^2)^{1/2} \quad P_3^2(x) = 15x(1-x^2) \quad P_3^3(x) = 15(1-x^2)^{3/2} \end{cases} \qquad \text{(A12.30)}$$

ルジャンドルの陪多項式の規格直交系関係は次式で与えられる．

$$\frac{2l+1}{2}\frac{(l-|m|)!}{(l+|m|)!}\int_{-1}^{1} P_l^m(x)\,P_{l'}^m(x)\,\mathrm{d}x = \delta_{ll'} \qquad \text{(A12.31)}$$

$$\frac{2l+1}{2}\frac{(l-|m|)!}{(l+|m|)!}\int_{0}^{\pi} P_l^m(\cos\theta)\,P_{l'}^m(\cos\theta)\sin\theta\,\mathrm{d}\theta = \delta_{ll'} \qquad \text{(A12.32)}$$

A12.3　波動関数の動径部分とラゲールの陪微分方程式

本付録では，波動関数の動径部分が従う固有値方程式（本文 (12.57) 式）から，(12.61) 式中の $f(\rho)$ が従うラゲールの陪微分方程式を導く．まず，$R(r)$ の $r \to \infty$ での振る舞いを (12.57) 式から考える．水素様原子のクーロン引力ポテンシャル (12.20) 式に対しては，r が大きいところでは，(12.57) 式は

$$\frac{\mathrm{d}^2}{\mathrm{d}r^2}R(r) \approx -\frac{2\mu E}{\hbar^2}R(r) \qquad \text{(A12.33)}$$

となり，$r \to \infty$ で $R(r)$ はつぎのような指数関数を含むようになる．

$$R(r) \approx \exp\left(\frac{\pm\sqrt{-2\mu E}\,r}{\hbar}\right) \qquad \text{(A12.34)}$$

対象とする $E<0$ の束縛状態では，$r\to\infty$ で $R(r)\to 0$ とならなければならないから，次式だけが漸近的に許される指数関数部分になる．

$$R(r)\approx\exp\left(\frac{-\sqrt{-2\mu E}\,r}{\hbar}\right) \tag{A12.35}$$

つぎに，この指数部の距離のスケールである (12.59) 式の α を使って，(12.57) 式の r を $\rho=2r/\alpha$ に変換することを考える．(12.20) 式の $V(r)$ を (12.57) 式に代入すると，次式を得る[†22]（ここから，すべての μ を含む変数において，$\mu=m_{\mathrm{e}}$ と近似している）．

$$\frac{\mathrm{d}^2R}{\mathrm{d}\rho^2}+\frac{2}{\rho}\frac{\mathrm{d}R}{\mathrm{d}\rho}+\left[-\frac{1}{4}+\frac{Z\alpha}{a_0\rho}-\frac{l(l+1)}{\rho^2}\right]R=0 \tag{A12.36}$$

ただし，$a_0=4\pi\varepsilon_0\hbar_2/(m_{\mathrm{e}}e^2)$ はボーア半径である（第 11 章 (11.8) 式中の a_0 と同じ）．さらに，(A12.35) 式の $\exp(-\sqrt{-2\mu E}\,r/\hbar)$ が $\exp(-\rho/2)$ と表せることを考慮して

$$R=e^{-\rho/2}\rho^l f(\rho) \tag{A12.37}$$

とおき[†23]（本文 (12.61) 式），(A12.37) 式を (A12.36) 式に代入すると，$f(\rho)$ が次式のラゲールの陪微分方程式[†24]の解となることがわかる．

$$\rho\frac{\mathrm{d}^2f(\rho)}{\mathrm{d}\rho^2}+(k+1-\rho)\frac{\mathrm{d}f(\rho)}{\mathrm{d}\rho}+(\eta-k)f(\rho)=0 \tag{A12.38}$$

ここで，k と η は次式で与えられている．

$$k=2l+1 \tag{A12.39}$$

$$\eta=\frac{Z\alpha}{a_0}+l \tag{A12.40}$$

ここから先の (A12.38) 式の解法は補足 C12.5 にゆずるが，k が自然数 $1,2,\cdots$ で，かつ η が $\eta\geq k$ を満たす整数の場合にだけ，(A12.38) 式の解 $f(\rho)$ が $0\leq r<\infty$ の全領域で微分可能で発散しない動径部分 R を与える．この束縛状態を与える $f(\rho)$ は，ρ の $\eta-k$ 次の多項式で，補足 (C12.25) 式のラゲールの陪多項式 $L_\eta^k(\rho)$ に他ならない．η が整数であるから，(A12.40) 式より，$Z\alpha/a_0$ がある整数 n でなければならない．これが (12.62) 式であり，$\eta\geq k$ は (12.64) 式を意味する．以下，$\eta\leq 3$ までの解を与えておく．

---

†22　$\mathrm{d}/\mathrm{d}r=(\mathrm{d}\rho/\mathrm{d}r)\mathrm{d}/\mathrm{d}\rho=(2/\alpha)\mathrm{d}/\mathrm{d}\rho$ や (12.59) 式などを使えばよい．

†23　$\rho\to\infty$ で，$f(\rho)$ が $e^{-\rho/2}$ よりゆっくりと 0 に収束すれば（たとえば，$f(\rho)$ が ρ の多項式の場合），$\rho\to\infty$ における $R(\rho)$ の ρ 依存性は (A12.35) 式の漸近形で表される．

†24　補足 C12.5 の (C12.24) 式に対応．

$$\begin{cases} L_1^1(x) = -1 \\ L_2^1(x) = 2x - 4 \qquad L_2^2(x) = 2 \\ L_3^1(x) = -3x^2 + 18x - 18 \qquad L_3^2(x) = -6x + 18 \qquad L_3^3(x) = -6 \end{cases} \tag{A12.41}$$

第13章　量子化学入門 －ヒュッケル分子軌道法を中心に－

A13　原子単位系

原子単位系では，質量，電荷および角運動量の単位を，それぞれ，電子の静止質量 m_e，電気素量 e，プランク定数の $1/(2\pi)$ の $\hbar$ とし，ガウス単位系（または静電単位系）を用いる．このとき，単位を省略すれば，$m_\mathrm{e} = e = \hbar = 4\pi\varepsilon_0 = 1$ となる．このように定義すると，長さ，エネルギー，時間の原子単位は，それぞれ，ボーア半径 a_0，ハートリー E_h，ボーア半径を回る軌道の周期の $1/(2\pi)$ に相当する $\hbar/E_\mathrm{h} = 2.419 \times 10^{-17}\,\mathrm{s}$ となる．

以上の置き換えを本文 (13.1) 式に施すと (13.2) 式が形式的に得られるが，エネルギーや座標が原子単位に変わったことは，(13.1) 式の両辺を $E_\mathrm{h} = e^2/(4\pi\varepsilon_0 a_0)$ で割れば確認できる．まず，左辺は E_h を単位としたハミルトニアンになる．(13.1) 式右辺のラプラシアンの項，たとえば，$(2m_\mathrm{e})^{-1}\hbar^2\partial^2/\partial x_i^2$ は

$$\left(\frac{\hbar^2}{2m_\mathrm{e}}\frac{\partial^2}{\partial x_i^2}\right)\Big/\left(\frac{e^2}{4\pi\varepsilon_0 a_0}\right) = \frac{4\pi\varepsilon_0\hbar^2 a_0}{2m_\mathrm{e}e^2}\frac{\partial^2}{\partial x_i^2} = \frac{a_0^2}{2}\frac{\partial^2}{\partial x_i^2} = \frac{\partial^2}{2\partial(x_i/a_0)^2} \tag{A13.1}$$

となり，座標が a_0 を単位としていることがわかる．また，ポテンシャルエネルギーの部分 $Ze^2/(4\pi\varepsilon_0 r_i)$ も

$$\left(\frac{Ze^2}{4\pi\varepsilon_0 r_i}\right)\Big/\left(\frac{e^2}{4\pi\varepsilon_0 a_0}\right) = \frac{Z}{r_i/a_0} \tag{A13.2}$$

となる．(A13.2) 式のエネルギーは E_h を単位とし，そのなかの座標や距離は a_0 を単位としている[†25]．

[†25] 原子単位系で数値を与える場合，a_0 や e など原子単位系の基本単位や，それらを組み合わせた記号を後ろに単位として付記する（たとえば，運動量は $2.1\,\hbar/a_0$ のように書く）．atomic unit を略した a.u. を数値の後ろに付ける流儀は，次元が明確ではなく，任意単位 (arbitrary unit) とも混同しやすいので，推奨できない．

問 題 解 答

第1章　化学数学序論

【問題】

(**1**) オゾン 2 mol を酸素原子に分解するのに必要なエネルギーは $2 \times 596 = 1192$ kJ.

$$2\,O_3 \longrightarrow 6\,O \qquad \Delta H = 1192\,\mathrm{kJ}$$

酸素分子 3 mol を原子にするのに必要なエネルギーは $(3/2) \times 988 = 1482$ kJ.

$$3\,O_2 \longrightarrow 6\,O \qquad \Delta H = 1482\,\mathrm{kJ}$$

上の式から下の式を引くと,

$$2\,O_3 \longrightarrow 3\,O_2 \qquad \Delta H = -290\,\mathrm{kJ}$$

であり, A の反応は 145 kJ の発熱反応である. したがって, (ア) $\underline{-145}$ となる.

(**2**) $O_3 \to 3\,O$ $\Delta H = 596$ kJ, $O_2 \to 2\,O$ $\Delta H = (988/2)$ kJ より, B の反応を起こすには少なくとも $E_T = 102\,\mathrm{kJ\,mol^{-1}}$ の光エネルギーが必要である. $\lambda = 250$ nm の場合, 光子 1 個がもつエネルギーは $E = hc/\lambda = (6.626 \times 10^{-34}\,\mathrm{J\,s})(2.998 \times 10^{8}\,\mathrm{m\,s^{-1}})/(250 \times 10^{-9}\,\mathrm{m}) = 7.95 \times 10^{-19}$ J となる. 光子数は $E_T/E = 1.28 \times 10^{23}$ となる.

(**3**) (イ) $\underline{[O_3]_t\,(1 - k\Delta t)}$

(**4**)

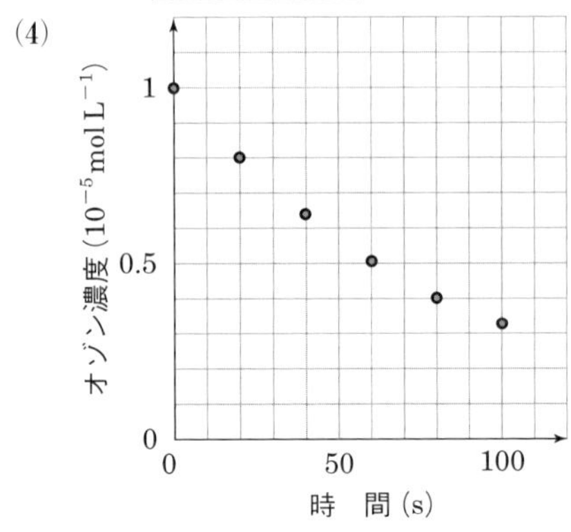

(**5**) (1.7) 式を変形して $\mathrm{d}[O_3]_t/[O_3]_t = -k\mathrm{d}t$ の両辺を $t = 0$ から t まで積分することによって,

$$\ln [O_3]_t - \ln [O_3]_0 = \ln \frac{[O_3]_t}{[O_3]_0} = -kt$$

を得る. したがって, $[O_3]_t = [O_3]_0 \exp(-kt)$ となり, $t = 20$ s で 0.819×10^{-5} mol dm^{-3} である. (**4**) の結果より, 少し大きい.

【1.1】 力は, 質量 × 加速度からもわかるように $\mathrm{MLT^{-2}}$ である. 仕事は $\mathrm{ML^2T^{-2}}$ となる.

【1.2】 (1.8) 式に (1.9) 式と $q_1 = q_2 = 1$ C, $r = 1$ m を代入すれば, 得られる. (1.8) 式

の単位は，$C^2\,F^{-1}\,m^{-1}$ になっているので，$F = C^2\,J^{-1}$ を代入すると，$J\,m^{-1}$ であることがわかる．

【1.3】 $1.602 \times 10^{-19}\,C \times 1\,V = 1.602 \times 10^{-19}\,C\,V$ より，$1\,eV = 1.602 \times 10^{-19}\,J$ の関係がある．また，$1\,kJ/(6.022 \times 10^{23}) = [1 \times 10^3/(1.602 \times 10^{-19})]\,eV/(6.022 \times 10^{23}) = 1.037 \times 10^{-2}\,eV$ である．

【1.4】 $1\,bar = 10^5\,Pa$ であるから，$1\,bar \times 10^{-3} = 10^2\,Pa$ となる．つまり，$1\,mbar = 1\,hPa$ である．

【1.5】 $de^{-kt}/dt = -ke^{-kt}$ であるから，e^{-kt} が (1.7) 式の厳密解になっていることがわかる．

第2章　指数関数，対数関数，三角関数

【2.1】 $(-a)[b + (-b)] = 0$ から，$(-a)b + (-a)(-b) = 0$ である．
また，$[a + (-a)]b = 0$ から，$ab + (-a)b = 0$ である．
得られた2つの式の差から，$(-a)(-b) - ab = 0$ の関係を得る．

【2.2】 (2.9) 式 $dy/dx = y$ の左辺は，$x = 0$ 近傍の微小区間 $\Delta x = x/N$ に対して，$[y(\Delta x) - y(0)]/\Delta x$ と表せるので，(2.9) 式を次式のように近似できる．

$$\frac{y(\Delta x) - y(0)}{\Delta x} \approx y(0)$$

これは，$y(\Delta x) \approx (1 + \Delta x)y(0)$ と書き直せる．つぎに，$x = \Delta x$ 近傍を考えると，つぎの関係が得られる．

$$y(2\Delta x) \approx (1 + \Delta x)y(\Delta x) \approx (1 + \Delta x)^2 y(0)$$

これを $x = N\Delta x$ まで繰り返すと，$y(N\Delta x) \approx (1 + \Delta x)^N y(0)$ が得られ，$N \to \infty$ とすると，

$$y(x) = \lim_{N\to\infty}\left(1 + \frac{x}{N}\right)^N y(0) = \lim_{N\to\infty}\left(1 + \frac{x}{N}\right)^N$$

となって，(2.10) 式の最右辺と等しいことがわかる．ここで，$y(0) = 1$ とした．

【2.3】 $y = f(x) = 2x + 1$ とすると，$x = f^{-1}(y) = (y - 1)/2$ と表せる．これらの f と f^{-1} に対して，$f^{-1}[f(x)] = f^{-1}(2x+1) = [(2x + 1) - 1]/2 = x$ が確かに成立する．

【2.4】 略

【2.5】 $xy = a^{s+t}$ を対数で表すと，

$$\log_a xy = \log_a a^{s+t} = s + t = \log_a x + \log_a y \tag{2.21}$$

となる．$x/y = a^{s-t}$ を対数で表すと，

$$\log_a \frac{x}{y} = \log_a a^{s-t} = s - t = \log_a x - \log_a y \tag{2.22}$$

となる．$x^b = a^{sb}$ の対数はつぎのように表せる．

$$\log_a x^b = \log_a a^{sb} = b \log_a a^s = b \log_a x \tag{2.23}$$

【2.6】 $4 = -\log[H^+]_{pH=4}$，$5.7 = -\log[H^+]_{pH=5.7}$ と表す．差はつぎのようになる．

$$4-5.7=-1.7=\log[\mathrm{H}^+]_{\mathrm{pH}=5.7}-\log[\mathrm{H}^+]_{\mathrm{pH}=4}=\log\frac{[\mathrm{H}^+]_{\mathrm{pH}=5.7}}{[\mathrm{H}^+]_{\mathrm{pH}=4}}$$

左辺 -1.7 はつぎのように表せるから，水素イオン濃度は 1/50 になる．

$$-1.7=-2+0.3=\log 10^{-2}+\log 2=\log(2\times 10^{-2})=\log\frac{1}{50}$$

【2.7】 (2.25) 式より，$\log_{10}x=\dfrac{\log_e x}{\log_e 10}$ が得られる．これは，$\log x=\dfrac{\ln x}{\ln 10}$ であり，(2.26) 式と一致する．

【2.8】 $z\to z+\lambda$ としても同じ $E_x(z,t)$ にならなければならないので，

$$\frac{2\pi\nu\lambda}{c}=2\pi$$

が成立しなければならない．したがって，波長 $\lambda=c/\nu$ である．また，周期を T とすると，$2\pi\nu T=2\pi$ を満たさなければならないから，$T=1/\nu$ で与えられる．つぎに，$z=0$ で $t=0$ の時空間の点を考える．$z/c-t=0$ であり，そのままこの点が (z',t') へ移動すると仮定すると，$z'/c-t'=0$ を満たさなければならない．つまり，$z'=ct'$ を満たすように波が速度 c で動いていくことがわかる．

【2.9】 △ ABC の面積は以下のように与えられる．

$$\frac{(a\sin z)b}{2}=\frac{(c\sin y)a}{2}=\frac{(b\sin x)c}{2}$$

これらを abc で割ると，

$$\frac{\sin z}{c}=\frac{\sin y}{b}=\frac{\sin x}{a}$$

となって，(2.42) 式を証明できる．また，$\overline{\mathrm{AB}}^2=\overline{\mathrm{AH}}^2+\overline{\mathrm{BH}}^2$ は，

$$c^2=\overline{\mathrm{AH}}^2+\overline{\mathrm{BH}}^2=(b-\overline{\mathrm{CH}})^2+(a\sin z)^2=(b-a\cos z)^2+(a\sin z)^2$$

と表せるので，(2.43) 式が求められる．

【2.10】 $E_1(t)\,E_2(t)=\sin 2\pi\nu_1 t\sin 2\pi\nu_2 t=\dfrac{1}{2}\{\cos[2\pi(\nu_1-\nu_2)t]-\cos[2\pi(\nu_1+\nu_2)t]\}$

【2.11】 $y=x$ に対して対称に描けばよい．

【2.12】 O-H の結合距離は $\sqrt{(0.71)^2+(0.55)^2}=0.90$ Å，$q=\tan(\theta/2)=0.71/0.55\approx 1.3$ である．$\theta/2=\pi/4$ で $q=1$，$\theta/2=\pi/3$ で $q=\sqrt{3}$ であるから，θ は 90° と 120° の間である．このモデルや実験値は，104.5° である．

【2.13】

	$x=-\infty$	$x=0$	$x=\infty$
$\sinh x$	$-\infty$	1	∞
$\cosh x$	∞	0	∞
$\tanh x$	-1	0	1

【2.14】 $y=(x+1)/(x^3-x+2)$ は $(x^3-x+2)y-(x+1)=0$ と表せる．また，$y=\sqrt{(x+1)/(x^2-x+1)}$ は両辺を二乗すると，$(x^2-x+1)y^2-(x+1)=0$ と表

せる.

第3章　微分の基礎

【3.1】プラス側からは $\lim_{\Delta x \to 0} \frac{\Delta f}{\Delta x} \equiv \lim_{\Delta x \to 0} \frac{\Delta x - 0}{\Delta x} = 1$

マイナス側からは $\lim_{\Delta x \to 0} \frac{\Delta f}{\Delta x} \equiv \lim_{\Delta x \to 0} \frac{0 - \Delta x}{\Delta x} = -1$

【3.2】 $\frac{\mathrm{d}}{\mathrm{d}t}\left(\frac{g}{f}\right) = \frac{g'}{f} + g\frac{\mathrm{d}}{\mathrm{d}t}\left(\frac{1}{f}\right) = \frac{g'}{f} + g\left(-\frac{f'}{f^2}\right) = \frac{g'f - gf'}{f^2}$

【3.3】 $\frac{\mathrm{d}\sqrt{3x^2+1}}{\mathrm{d}x} = \frac{1}{2\sqrt{3x^2+1}}\frac{\mathrm{d}(3x^2+1)}{\mathrm{d}x} = \frac{3x}{\sqrt{3x^2+1}}$ である．また，$\frac{\mathrm{d}y^2}{\mathrm{d}y} = 2y$，

$\frac{\mathrm{d}(3x^2+1)}{\mathrm{d}y} = 6x\frac{\mathrm{d}x}{\mathrm{d}y}$ であるから，(3.12) 式が成立している．

【3.4】 $\frac{\mathrm{d}}{\mathrm{d}x}b^{ax} = \frac{\mathrm{d}}{\mathrm{d}x}(e^{\ln b})^{ax} = (a\ln b)b^{ax}$ となる．

【3.5】 $\frac{\mathrm{d}\ln|f(x)|}{\mathrm{d}x} = \frac{\mathrm{d}\ln|f(x)|}{\mathrm{d}f(x)}\frac{\mathrm{d}f(x)}{\mathrm{d}x} = \frac{f'(x)}{f(x)}$ である．$|f(x)| = |f_1(x)|^{\alpha_1}|f_2(x)|^{\alpha_2}\cdots$ は

$\ln|f(x)| = \alpha_1\ln|f_1(x)| + \alpha_2\ln|f_2(x)|\cdots$ と表せるから，(3.36) 式を適用すれば，(3.37) 式を得る．

【3.6】 $\frac{\mathrm{d}(\sin^2 x + \cos^2 x)}{\mathrm{d}x} = 2\sin x\cos x + 2\cos x\frac{\mathrm{d}\cos x}{\mathrm{d}x} = 0$ より (3.39) 式が求められる．

【3.7】
$$\frac{\mathrm{d}}{\mathrm{d}x}\sin^{-1}\frac{x}{\sqrt{1+x^2}} = \frac{1}{\sqrt{1-\left(\frac{x}{\sqrt{1+x^2}}\right)^2}}\frac{\mathrm{d}}{\mathrm{d}x}\frac{x}{\sqrt{1+x^2}}$$
$$= \sqrt{1+x^2}\left(\frac{\sqrt{1+x^2} - \frac{x^2}{\sqrt{1+x^2}}}{1+x^2}\right) = \frac{1}{1+x^2}$$

【3.8】 $y = x^m$ の1階微分は $y^{(1)} = mx^{m-1}$，2階微分は $y^{(2)} = m(m-1)x^{m-2}$ となるので，n 階微分は一般に $y^{(n)} = \frac{m!}{(m-n)!}x^{m-n}$ となる．これは $n = m$ で定数になるので，それ以上の階数の微分は0になる．

【3.9】 $\frac{\mathrm{d}}{\mathrm{d}x}\sum_{n=0}^{\infty}\frac{(ax)^n}{n!} = \sum_{n=0}^{\infty}\frac{na^nx^{n-1}}{n!} = \sum_{n=1}^{\infty}\frac{na^nx^{n-1}}{n!} = \sum_{n=1}^{\infty}\frac{a(ax)^{n-1}}{(n-1)!} = \sum_{m=0}^{\infty}\frac{a(ax)^m}{m!} = ae^{ax}$

【3.10】 $\frac{\mathrm{d}}{\mathrm{d}x}\ln(1+x) = \frac{1}{1+x}$，$\frac{\mathrm{d}^2}{\mathrm{d}x^2}\ln(1+x) = \frac{\mathrm{d}}{\mathrm{d}x}\frac{1}{1+x} = -\frac{1}{(1+x)^2}$，

$$\frac{\mathrm{d}^3}{\mathrm{d}x^3}\ln(1+x) = -\frac{\mathrm{d}}{\mathrm{d}x}\frac{1}{(1+x)^2} = \frac{2}{(1+x)^3}$$ のようになる．

一般式 $\dfrac{\mathrm{d}^n}{\mathrm{d}x^n}\ln(1+x) = \dfrac{(-1)^{n-1}(n-1)}{(1+x)^n}$ に $x=0$ を代入し，マクローリン展開の公式を使うと，(3.63) 式が得られる．

【3.11】 $f(t+\Delta t/2)$ と $f(t-\Delta t/2)$ をテイラー展開すると

$$f\left(t+\frac{\Delta t}{2}\right) = f(t) + \frac{f(t)'}{2}\Delta t + \frac{f(t)''}{8}(\Delta t)^2 + \frac{f(t)'''}{48}(\Delta t)^3 + \frac{f(t)''''}{384}(\Delta t)^4 + O((\Delta t)^5)$$

$$f\left(t-\frac{\Delta t}{2}\right) = f(t) - \frac{f(t)'}{2}\Delta t + \frac{f(t)''}{8}(\Delta t)^2 - \frac{f(t)'''}{48}(\Delta t)^3 + \frac{f(t)''''}{384}(\Delta t)^4 + O((\Delta t)^5)$$

となるので，次式が導ける．

$$\frac{f(t+\Delta t/2) - f(t-\Delta t/2)}{\Delta t} = f(t)' + \frac{f(t)'''}{24}(\Delta t)^2 + O((\Delta t)^4) = f(t)' + O((\Delta t)^2)$$

【3.12】 簡単のため $k\Delta t = x$ とおき，マクローリン展開を利用すると

$$\exp(-nx) = 1 - nx + \frac{n^2}{2}x^2 - \frac{n^3}{6}x^3 + O(x^4)$$

$$(1-x)^n = 1 - nx + \frac{n(n-1)}{2}x^2 - \frac{n(n-1)(n-2)}{6}x^3 + O(x^4)$$

となる．両式の差が x^2 から始まることがわかる．

$$(1-x)^n - \exp(-nx) = -\frac{n}{2}x^2 + \frac{n(3n-2)}{6}x^3 + O(x^4)$$

【3.13】 $\partial f/\partial x = 2xy$，$\partial f/\partial y = x^2 + t$，$\partial f/\partial t = y$ を (3.75) 式に代入すると，(3.82) 式が得られる．$x = 3t^2$，$y = e^{-t}$ と $\mathrm{d}x = 6t\,\mathrm{d}t$，$\mathrm{d}y = -e^{-t}\,\mathrm{d}t$ を (3.82) 式に代入すると (3.83) 式になる．また，次式からも (3.83) 式が得られる．

$$\frac{\mathrm{d}}{\mathrm{d}t}(9t^4+t)e^{-t} = (36t^3+1)e^{-t} - (9t^4+t)e^{-t} = -(9t^4 - 36t^3 + t - 1)e^{-t}$$

第4章　積分と反応速度式

【4.1】 $\int_0^{2\pi}\cos x\,\mathrm{d}x = \Big[\sin x\Big]_0^{2\pi} = 0$，$\int_0^{2\pi}\sin x\,\mathrm{d}x = -\Big[\cos x\Big]_0^{2\pi} = 0$ から (4.18) 式が成立していることがわかる．また，付録 A2 の三角関数のべき乗の公式を使うと，(4.19) 式が導ける．

$$\int_0^{2\pi}\cos^2 x\,\mathrm{d}x = \int_0^{2\pi}\frac{1+\cos 2x}{2}\mathrm{d}x = \pi + \int_0^{2\pi}\frac{\cos 2x}{2}\mathrm{d}x = \pi + \frac{1}{4}\Big[\sin 2x\Big]_0^{2\pi} = \pi$$

$$\int_0^{2\pi}\sin^2 x\,\mathrm{d}x = \int_0^{2\pi}\frac{1-\cos 2x}{2}\mathrm{d}x = \pi$$

【4.2】 $g' = e^{ax}$，$f = x$ として (4.25) 式を使えば，(4.29) 式が導ける．

$$\int xe^{ax}\,\mathrm{d}x = \frac{1}{a}\left(xe^{ax} - \int e^{ax}\,\mathrm{d}x\right) = \frac{1}{a}\left(xe^{ax} - \frac{e^{ax}}{a}\right) + C$$

【4.3】 $\displaystyle\int_0^\infty e^{-ax}\,\mathrm{d}x = -\frac{1}{a}\Big[e^{-ax}\Big]_0^\infty = \frac{1}{a}$

となる．また，(4.29) 式の積分範囲を 0 から ∞ とすれば，(4.31) 式が求められる．

【4.4】 $\displaystyle\int \frac{1}{x}\,\mathrm{d}x = \int \frac{1}{x}\frac{\mathrm{d}x}{\mathrm{d}t}\,\mathrm{d}t = \int \frac{1}{x}\,kx\,\mathrm{d}t = \int k\,\mathrm{d}t$

となる．

【4.5】 $\displaystyle[\mathrm{B}] = [\mathrm{A}]_0(1 - e^{-k_1 t}) \approx [\mathrm{A}]_0\left[1 - \left(1 - k_1 t + \frac{k_1^2 t^2}{2} - \cdots\right)\right] = [\mathrm{A}]_0\left(k_1 t - \frac{k_1^2 t^2}{2} + \cdots\right)$

となる．

【4.6】 $\ln[\mathrm{A}] = \ln[\mathrm{A}]_0 - k_1 t$ は，$t = \tau$ では $\ln([\mathrm{A}]_0/2) = \ln[\mathrm{A}]_0 - k_1\tau$ となるので，$\tau = \ln 2/k_1 \approx 0.693/k_1$ となる．

【4.7】 $\mathrm{d}x/\mathrm{d}t$ の左辺は，[濃度][時間]$^{-1}$，$(a-x)(b-x)$ は [濃度]^2 だから．

【4.8】 $a = b$ の場合は，(4.59) 式から得られる

$$\frac{x}{a(a-x)} = k_2 t \quad \longrightarrow \quad \frac{a/2}{a(a/2)} = k_2\tau_2$$

より，2 次反応の半減期 τ_2 は $\tau_2 = 1/(k_2 a)$ と初濃度に逆比例する．また，1 次反応の半減期は

$$\tau_1 = \frac{\ln 2}{k_1}$$

なので，$\tau_1 = \tau_2$ と仮定すると，1 次反応の A の濃度が 1/4 になる時刻 τ_1' は $\tau_1' = \ln 4/k_1 = 2\ln 2/k_1 = 2\tau_1$ となる．一方，2 次反応の $x = 3a/4$ では，

$$\frac{x}{a(a-x)} = k_2 t \quad \longrightarrow \quad \frac{3a/4}{a(a/4)} = k_2\tau_2'$$

より，$\tau_2' = 3/(k_2 a) = 3\tau_2$ となって，2 次反応の方が 1/4 の濃度になるのに要する時間は長くなる．

【4.9】 $\displaystyle\frac{\mathrm{d}[\mathrm{A}]}{[\mathrm{A}]^2} = -2k_2\mathrm{d}t$ より $\displaystyle\int_{[\mathrm{A}]_0}^{[\mathrm{A}]_t}\frac{\mathrm{d}[\mathrm{A}]}{[\mathrm{A}]^2} = -2k_2\int_0^t \mathrm{d}t$ を得る．したがって，(4.61) 式に対応した次式が得られる．

$$\frac{1}{[\mathrm{A}]_t} - \frac{1}{[\mathrm{A}]_0} = 2k_2 t$$

【4.10】 (4.64) 式右辺は次式のように表せる．

$$\frac{c_a}{a-x} + \frac{c_b}{b-x} = \frac{c_a(b-x) + c_b(a-x)}{(a-x)(b-x)} = \frac{c_a b + c_b a - (c_a + c_b)x}{(a-x)(b-x)}$$

(4.64) 式左辺と比べて分子の x を消すには，$c_a = -c_b$ でなければならない．したがって，$c_a(b-a) = 1$ なので，つぎのようになる．

$$c_a = \frac{1}{b-a}, \quad c_b = -\frac{1}{b-a}$$

【4.11】 $\dfrac{1}{b-a}\ln\dfrac{a(b-a/2)}{b(a-a/2)} = k_2\tau$ より $\dfrac{1}{b-a}\ln\dfrac{(b-a/2)}{b/2} = k_2\tau \quad \longrightarrow$

$\dfrac{1}{k_2(b-a)}\ln\dfrac{b+b-a}{b} = \tau$　となって，(4.68) 式が得られる．

【4.12】 つぎのように (4.67) 式を変形してから x を求めると，(4.69) 式になる．

$$\frac{1}{b-a}\ln\frac{a(b-x)}{b(a-x)} = k_2t \longrightarrow \ln\frac{a(b-x)}{b(a-x)} = k_2t(b-a) \longrightarrow e^{-k_2t(b-a)} = \frac{a(b-x)}{b(a-x)}$$

【4.13】 $\mathrm{d}x/\mathrm{d}t = 3k_2(a-x)[(b/3)-x]$ に書き換えられるので，(4.56) 式において，$k_2 \to 3k_2$，$b \to b/3$ とおけばよい．したがって，(4.67) 式は

$$\frac{1}{(b/3)-a}\ln\frac{a(b/3-x)}{(b/3)(a-x)} = 3k_2t \quad \longrightarrow \quad \frac{1}{b-3a}\ln\frac{a(b-3x)}{b(a-x)} = k_2t$$

となって，(4.74) 式が得られる．

【4.14】 以下のようになる．

$$\lim_{x\to a}\frac{a-x}{(a-x)(b-x)(c-x)} = \frac{1}{(b-a)(c-a)} = c_a$$

$$\lim_{x\to b}\frac{b-x}{(a-x)(b-x)(c-x)} = \frac{1}{(a-b)(c-b)} = c_b$$

$$\lim_{x\to c}\frac{c-x}{(a-x)(b-x)(c-x)} = \frac{1}{(a-c)(b-c)} = c_c$$

第5章　ベクトル

【5.1】（ｉ）$c_1(1,1) + c_2(1,-1) = 0$ を満たすのは，$c_1 = c_2 = 0$ の場合だけなので，線形独立である．（ii）$\boldsymbol{a}_1 + 2\boldsymbol{a}_2 = 0$ なので線形従属である．

【5.2】 両者の差は，$0 = (c_1 - c_1')\boldsymbol{a}_1 + (c_1 - c_2')\boldsymbol{a}_2 + \cdots + (c_n - c_n')\boldsymbol{a}_n$ であり，$\{\boldsymbol{a}_1, \boldsymbol{a}_2, \cdots, \boldsymbol{a}_n\}$ が線形独立であることから，すべての n に対して $c_n = c_n'$ が成り立つことがわかる．

【5.3】 $\boldsymbol{a}\cdot\boldsymbol{b} = (a_x\boldsymbol{i} + a_y\boldsymbol{j} + a_z\boldsymbol{k} + \cdots)(b_x\boldsymbol{i} + b_y\boldsymbol{j} + b_z\boldsymbol{k} + \cdots)$　のうち，(5.18) 式から内積がゼロにならないのは，同じ基本ベクトルの内積だけ．したがって，(5.19) 式が得られる．

【5.4】 $c_1\boldsymbol{a}_1 + c_2\boldsymbol{a}_2 + \cdots + c_n\boldsymbol{a}_n = 0$ と $\boldsymbol{a}_j$ の内積は直交系では $\boldsymbol{a}_j\cdot\boldsymbol{a}_{j'} = \delta_{jj'}|\boldsymbol{a}_j|^2$ であるから，$c_j|\boldsymbol{a}_j|^2 = 0$ となる．$|\boldsymbol{a}_j|^2 \neq 0$ であるから，$c_j = 0$ である．すべての j に対して，$c_j = 0$ であるから，線形独立である．

【5.5】 (5.20) 式を使って $\boldsymbol{u}\cdot\boldsymbol{u}$ を計算すると，正規直交系では $\boldsymbol{a}_j\cdot\boldsymbol{a}_{j'} = \delta_{jj'}$ であるから，(5.22) 式の二乗になる．

【5.6】 同じベクトル同士の外積は (5.23) 式より，0 である．図 5.4 の $\boldsymbol{a}$, $\boldsymbol{b}$ を x 軸，y 軸に

沿ったベクトル $\boldsymbol{i}$, $\boldsymbol{j}$ とすると，その外積は z 軸方向の $\boldsymbol{i}\times\boldsymbol{j}=\boldsymbol{k}$ になる．他も同様に証明できる．

【5.7】 (5.24) 式を使うと

$$\begin{aligned}\boldsymbol{a}\times\boldsymbol{b}&=(a_x\boldsymbol{i}+a_y\boldsymbol{j}+a_z\boldsymbol{k})\times(b_x\boldsymbol{i}+b_y\boldsymbol{j}+b_z\boldsymbol{k})\\&=a_x\boldsymbol{i}\times(b_y\boldsymbol{j}+b_z\boldsymbol{k})+a_y\boldsymbol{j}\times(b_x\boldsymbol{i}+b_z\boldsymbol{k})+a_z\boldsymbol{k}\times(b_x\boldsymbol{i}+b_y\boldsymbol{j})\\&=a_xb_y\boldsymbol{k}-a_xb_z\boldsymbol{j}-a_yb_x\boldsymbol{k}+a_yb_z\boldsymbol{i}+a_zb_x\boldsymbol{j}-a_zb_y\boldsymbol{i}\end{aligned}$$

となって，(5.25) 式になる．

【5.8】 電流の流れる方向を左手の中指の向き，磁場の方向を人差し指とすると，力を表すそれらの外積は，図 5.5 のように親指方向になる．

【5.9】 問題文中の指示に従えば，$\mathrm{grad}\,\varphi$ の x 成分は

$$\frac{\partial\varphi(\boldsymbol{r})}{\partial x}=\frac{\partial\varphi(\boldsymbol{r})}{\partial r}\frac{\partial r}{\partial x}=-\frac{1}{r^2}\frac{x}{r}$$

となる．y, z 成分も同様に求められるので，それらから (5.32) 式が得られる．

第 6 章　行 列 と 行 列 式

【6.1】 $X=\begin{pmatrix}x_{11}&x_{12}\\x_{21}&x_{22}\end{pmatrix}$ とすると，$\begin{pmatrix}2+x_{11}&-1+x_{12}\\3+x_{21}&1+x_{22}\end{pmatrix}=\begin{pmatrix}5&2\\-1&4\end{pmatrix}$ より，つぎの 4 つの方程式を得る．

$$\begin{aligned}2+x_{11}=5,\quad -1+x_{12}=2\\3+x_{21}=-1,\quad 1+x_{22}=4\end{aligned}$$

これらより，$X=\begin{pmatrix}3&3\\-4&3\end{pmatrix}$ となる．

【6.2】 $\boldsymbol{x}^T=(x_1,x_2,\cdots,x_n)$ とすると，

$$\boldsymbol{x}^T\boldsymbol{y}=(x_1,x_2,\cdots,x_n)\begin{pmatrix}y_1\\y_2\\\vdots\\y_n\end{pmatrix}=\sum_{j=1}^{n}x_jy_j$$

となって，2 つのベクトルの内積 $\boldsymbol{x}\cdot\boldsymbol{y}$ に等しい．

【6.3】 (6.17) 式と (6.18) 式の積は

$$\begin{aligned}AA^{-1}&=\begin{pmatrix}a&b\\c&d\end{pmatrix}\frac{1}{ad-bc}\begin{pmatrix}d&-b\\-c&a\end{pmatrix}\\&=\frac{1}{ad-bc}\begin{pmatrix}a&b\\c&d\end{pmatrix}\begin{pmatrix}d&-b\\-c&a\end{pmatrix}=\frac{1}{ad-bc}\begin{pmatrix}ad-bc&0\\0&ad-bc\end{pmatrix}=I\end{aligned}$$

になる．$A^{-1}A=I$ も同様の計算で示される．あるいは，$A^{-1}(AA^{-1})=A^{-1}I=IA^{-1}$ に結合則を適用して得られる $(A^{-1}A)A^{-1}=IA^{-1}$ からも $A^{-1}A=I$ が導ける．

【6.4】 交換則が成り立たない非可換の例を考える．

$$\boldsymbol{AB} = \begin{pmatrix} a_{11} & a_{12} \\ a_{21} & a_{22} \end{pmatrix}\begin{pmatrix} b_{11} & b_{12} \\ b_{21} & b_{22} \end{pmatrix} = \begin{pmatrix} a_{11}b_{11} + a_{12}b_{21} & a_{11}b_{12} + a_{12}b_{22} \\ a_{21}b_{11} + a_{22}b_{21} & a_{21}b_{12} + a_{22}b_{22} \end{pmatrix}$$

$$\boldsymbol{BA} = \begin{pmatrix} b_{11} & b_{12} \\ b_{21} & b_{22} \end{pmatrix}\begin{pmatrix} a_{11} & a_{12} \\ a_{21} & a_{22} \end{pmatrix} = \begin{pmatrix} a_{11}b_{11} + a_{21}b_{12} & a_{12}b_{11} + a_{22}b_{12} \\ a_{11}b_{21} + a_{21}b_{22} & a_{12}b_{21} + a_{22}b_{22} \end{pmatrix}$$

$\boldsymbol{B} = \begin{pmatrix} 1 & 1 \\ 1 & 1 \end{pmatrix}$ とすると，$\boldsymbol{AB} = \begin{pmatrix} a_{11} + a_{12} & a_{11} + a_{12} \\ a_{21} + a_{22} & a_{21} + a_{22} \end{pmatrix}$，$\boldsymbol{BA} = \begin{pmatrix} a_{11} + a_{21} & a_{12} + a_{22} \\ a_{11} + a_{21} & a_{12} + a_{22} \end{pmatrix}$

となって，$\boldsymbol{A} = \begin{pmatrix} c & d \\ d & c \end{pmatrix}$ の形でなければ，非可換になる．

交換則が成り立つ可換の例としては，(6.17)，(6.18) 式のような $\boldsymbol{A}$ とその逆行列 $\boldsymbol{A}^{-1}$ がある．(6.19) 式より自明である．

【6.5】 $\boldsymbol{R}(\theta')\boldsymbol{R}(\theta) = \begin{pmatrix} \cos\theta' & -\sin\theta' \\ \sin\theta' & \cos\theta' \end{pmatrix}\begin{pmatrix} \cos\theta & -\sin\theta \\ \sin\theta & \cos\theta \end{pmatrix}$

$$= \begin{pmatrix} \cos\theta'\cos\theta - \sin\theta'\sin\theta & -\cos\theta'\sin\theta - \sin\theta'\cos\theta \\ \sin\theta'\cos\theta + \cos\theta'\sin\theta & -\sin\theta'\sin\theta + \cos\theta'\cos\theta \end{pmatrix}$$

$$= \begin{pmatrix} \cos(\theta' + \theta) & -\sin(\theta' + \theta) \\ \sin(\theta' + \theta) & \cos(\theta' + \theta) \end{pmatrix} = \boldsymbol{R}(\theta' + \theta)$$

【6.6】 $\begin{vmatrix} \boldsymbol{i} & \boldsymbol{j} & \boldsymbol{k} \\ a_x & a_y & a_z \\ b_x & b_y & b_z \end{vmatrix} = a_y b_z \boldsymbol{i} + a_z b_x \boldsymbol{j} + a_x b_y \boldsymbol{k} - a_z b_y \boldsymbol{i} - a_x b_z \boldsymbol{j} - a_y b_x \boldsymbol{k}$

$$= (a_y b_z - a_z b_y)\boldsymbol{i} + (a_z b_x - a_x b_z)\boldsymbol{j} + (a_x b_y - a_y b_x)\boldsymbol{k} = \boldsymbol{a} \times \boldsymbol{b}$$

のように，(5.25) 式と等しい．

【6.7】 行列式中の 2 つの行 (あるいは列) が等しいと，つぎのように 0 になる．

$$\begin{vmatrix} x & y & z \\ a & b & c \\ a & b & c \end{vmatrix} = xbc + yca + zab - zba - xcb - yac = 0$$

行列式 $|\boldsymbol{A}|$ とそのなかの 2 行を入れ替えた $|\boldsymbol{A}'|$ は

$$|\boldsymbol{A}| = \begin{vmatrix} a_{11} & a_{12} & a_{13} \\ a_{21} & a_{22} & a_{23} \\ a_{31} & a_{32} & a_{33} \end{vmatrix} = a_{11}a_{22}a_{33} + a_{12}a_{23}a_{31} + a_{13}a_{21}a_{32} - a_{11}a_{23}a_{32} - a_{12}a_{21}a_{33} - a_{13}a_{22}a_{31}$$

$$|\boldsymbol{A}'| = \begin{vmatrix} a_{11} & a_{12} & a_{13} \\ a_{31} & a_{32} & a_{33} \\ a_{21} & a_{22} & a_{23} \end{vmatrix} = a_{11}a_{32}a_{23} + a_{12}a_{33}a_{21} + a_{13}a_{31}a_{22} - a_{11}a_{33}a_{22} - a_{12}a_{31}a_{23} - a_{13}a_{32}a_{21}$$

となり，$|\boldsymbol{A}| = -|\boldsymbol{A}'|$ が成立している．2 つの列を入れ換えても符号が変わることは同様に証明できる．

【6.8】 (6.43) 式右辺と $|\boldsymbol{A}|$ が等しいことはつぎのようにすれば証明できる．

$$a_{11}|\boldsymbol{A}_{11}| - a_{12}|\boldsymbol{A}_{12}| + a_{13}|\boldsymbol{A}_{13}|$$
$$= a_{11}(a_{22}a_{33} - a_{23}a_{32}) - a_{12}(a_{21}a_{33} - a_{23}a_{31}) + a_{13}(a_{21}a_{32} - a_{22}a_{31}) = |\boldsymbol{A}|$$

【6.9】 (6.17) 式の行列 $\boldsymbol{A}$ の行列式 $|\boldsymbol{A}| = ab - cd$ と余因子行列の転置行列 $\tilde{A}^T = \begin{pmatrix} \Delta_{11} & \Delta_{21} \\ \Delta_{12} & \Delta_{22} \end{pmatrix} = \begin{pmatrix} d & -d \\ -c & a \end{pmatrix}$ を (6.46) 式に代入すると，(6.18) 式を得る．

【6.10】 まず，2つの連立方程式とも $|\boldsymbol{A}| = 0$ である．

$$\begin{cases} x + y = 10 \\ 4x + 4y = 40 \end{cases}$$

の場合，解は無限にあることは自明で (第1式の4倍でもう一方の式になる)，この連立方程式は不定である．(6.51) 式で与えられる $|\boldsymbol{A}_1|$ と $|\boldsymbol{A}_2|$ を求めると確かにともに0である．(x, y) 面に図示すれば，2つの直線が重なり，解が無限にあることがわかる．

$$\begin{cases} x + y = 10 \\ 4x + 4y = 28 \end{cases}$$

の場合は，上の式を4倍しても右辺は等しくないので，この連立方程式を満たす解はない．したがって，不能である．$|\boldsymbol{A}_1|$ と $|\boldsymbol{A}_2|$ は0ではない．図示すれば，2つの直線が交わらず平行であることがわかる．

【6.11】 (6.54) 式は $y = -ax/b$, $y = -cx/d$ だから，2直線の傾きが等しくなる条件は $ad - bc = 0$ である．

第7章　ニュートン力学の基礎

【7.1】 時速 60 km は秒速 (60×1000) m/3600 s $= (50/3)$ m s^{-1} であるから，平均加速度は $(50/3)$ m s^{-1}/3 s $= 5.55$ m s^{-2} となる．$g \approx 9.81$ m s^{-2} のおおよそ半分である．

【7.2】 (7.8) 式に三角関数の加法定理を適用すると，$A\sin(\omega t + \delta) = A(\sin\delta\cos\omega t + \cos\delta\sin\omega t)$ となる．これと (7.7) 式を比較すると $a = A\sin\delta$, $b = A\cos\delta$ である．したがって，$A = \sqrt{a^2 + b^2}$, $a/b = \sin\delta/\cos\delta = \tan\delta$ の関係を得る．

【7.3】 位置エネルギーは $V(x = 0 \to x = h) = -\int_0^h (-mg)\mathrm{d}x = mgh$ と表せる．

【7.4】 $V(x) - V(x_0) = \frac{1}{2}mv(t_0)^2 - \frac{1}{2}mv(t)^2$ より，$\frac{1}{2}mv(t)^2 + V(x) = \frac{1}{2}mv(t_0)^2 + V(x_0)$ となって全エネルギーが保存していることがわかる．また，$\boldsymbol{F}\cdot\mathrm{d}\boldsymbol{r} = m(\mathrm{d}\boldsymbol{v}/\mathrm{d}t)\cdot\mathrm{d}\boldsymbol{r}$ を $\boldsymbol{F}\cdot\mathrm{d}\boldsymbol{r} = m(\mathrm{d}\boldsymbol{v}/\mathrm{d}t)\cdot\mathrm{d}\boldsymbol{v}\mathrm{d}t$ と表し，両辺を積分した次式からも得られる．

$$\int_{r_0}^{r} \boldsymbol{F}\cdot\mathrm{d}\boldsymbol{r}' = m\int_{t_0}^{t} \frac{\mathrm{d}\boldsymbol{v}}{\mathrm{d}t}\cdot\boldsymbol{v}\mathrm{d}t$$

左辺は $-V(\boldsymbol{r}) + V(\boldsymbol{r}_0)$，右辺は $m\int_{t_0}^{t} \frac{\mathrm{d}\boldsymbol{v}}{\mathrm{d}t}\cdot\boldsymbol{v}\mathrm{d}t = \frac{m}{2}\Big[\boldsymbol{v}(t)^2\Big]_{t_0}^{t} = \frac{m}{2}\boldsymbol{v}(t)^2 - \frac{m}{2}\boldsymbol{v}(t_0)^2$

となるので，エネルギー保存則を一般的に導ける．

【7.5】 (7.30) 式に (7.28) 式を代入すると，

$$\frac{\mathrm{d}p_{xj}}{\mathrm{d}t} = -\frac{\partial H}{\partial x_j} = -\partial\Big[\sum_j \frac{\boldsymbol{p}_j^2}{2m_j} + V(\{\boldsymbol{r}_j\}, t)\Big]\Big/\partial x_j = -\frac{\partial V(\{\boldsymbol{r}_j\}, t)}{\partial x_j} = F_{xj}(\{\boldsymbol{r}_j\}, t)$$

とニュートンの運動方程式を導ける．また，$\dfrac{\mathrm{d}x_j}{\mathrm{d}t} = \partial\Big[\sum_j \dfrac{\boldsymbol{p}_j^2}{2m_j} + V(\{\boldsymbol{r}_j\}, t)\Big]\Big/\partial p_{xj} = \dfrac{p_{xj}}{m_j}$ から，確かに $p_{xj} = m_j(\mathrm{d}x_j/\mathrm{d}t)$ が成立している．

【7.6】 R_e では，6 eV のポテンシャルエネルギーがすべて運動エネルギーになっているから，$6 \times 1.6 \times 10^{-19}\,\mathrm{J} = m_\mathrm{H}v^2/2$ を満たす．$m_\mathrm{H} = 1.7 \times 10^{-27}\,\mathrm{kg}$ だから，$v = 3.4 \times 10^4\,\mathrm{m\,s^{-1}}$ となる．解離極限では 2 eV が運動エネルギーになるから，$2 \times 1.6 \times 10^{-19}\,\mathrm{J} = m_\mathrm{H}v^2/2$ より，$v = 1.9 \times 10^4\,\mathrm{m\,s^{-1}}$ である．

【7.7】 全質量を M とすると，重心の位置は $\boldsymbol{R}_G = \sum_{j=1}^N m_j\boldsymbol{R}_j/M$ で与えられるから，その速度は $\dot{\boldsymbol{R}}_G = \sum_{j=1}^N m_j\dot{\boldsymbol{R}}_j/M$ となる．これに M をかけて重心の運動量を求めると，$M\dot{\boldsymbol{R}}_G = \sum_{j=1}^N m_j\dot{\boldsymbol{R}}_j$ となって，各質点の運動量の和 (7.31) 式になる．

【7.8】 $(v_x, v_y) = (-r\omega\sin\omega t, r\omega\cos\omega t)$ だから，速さは $\sqrt{v_x^2 + v_y^2} = r\omega$ で一定である．加速度 $(\mathrm{d}v_x/\mathrm{d}t, \mathrm{d}v_y/\mathrm{d}t) = (-r\omega^2\cos\omega t, -r\omega^2\sin\omega t) = -r\omega^2(\cos\omega t, \sin\omega t)$ は常に位置ベクトルと逆向きで円の中心を向き，大きさは $r\omega^2$ である．

【7.9】 $J = |\boldsymbol{J}| = mvr$ が一定で，$r \to r/2$ であるから，速さは $v \to 2v$ で 2 倍となる．角振動数 $\omega = v/r$ は 4 倍で，周期は 1/4 になる．

【7.10】 (7.37) 式は，$\boldsymbol{J} = (yp_z - zp_y, zp_x - xp_z, xp_y - yp_x) = (-z_0p, 0, x_0p)$ となる．したがって，$|\boldsymbol{J}| = p\sqrt{x_0^2 + z_0^2}$ と一定である．

第 8 章　複素数とその関数

【8.1】 $z = x + iy$，$w = x' + iy'$ から

$$(z + w)^* = (x + x' + iy + iy')^* = x - iy + x' - iy'$$

を得る．一方，$z^* = x - iy$，$w^* = x' - iy'$ だから，$(z + w)^* = z^* + w^*$ が成立する．また，$(zw)^* = [(x + iy)(x' + iy')]^* = [xx' - yy' + i(xy' + x'y)]^* = xx' - yy' - i(xy' + x'y)$ と $z^*w^* = (x - iy)(x' - iy') = xx' - yy' - i(xy' + x'y)$ から，$(zw)^* = z^*w^*$ が成立する．

【8.2】 $|zw| = |(x + iy)(x' + iy')| = |xx' - yy' + i(xy' + x'y)|$
$= \sqrt{(xx' - yy')^2 + (xy' + x'y)^2} = \sqrt{(xx')^2 + (yy')^2 + (xy')^2 + (x'y)^2}$ と
$|z||w| = \sqrt{x^2 + y^2}\sqrt{x'^2 + y'^2} = \sqrt{(xx')^2 + (yy')^2 + (xy')^2 + (x'y)^2}$ から $|zw| = |z||w|$ が成立していることがわかる．つぎに，複素平面における原点 O, z, $z + w$ を頂点とする三角形を考える．3 つの辺 (原点 O から z)，(z から w)，(O から $z + w$) それぞれの長さは $|z|$, $|w|$, $|z + w|$ であるので，$|z + w| \leq |z| + |w|$ が成立する．

【8.3】 $\dfrac{1}{i} = \dfrac{-i}{i(-i)} = -i$

【8.4】 $\dfrac{a + bi}{c + di} = \dfrac{(a + bi)(c - di)}{(c + di)(c - di)} = \dfrac{(ac + bd) + (bc - ad)i}{c^2 + d^2}$

【8.5】 $e^{i\theta}=1+i\theta+\dfrac{(i\theta)^2}{2!}+\dfrac{(i\theta)^3}{3!}+\dfrac{(i\theta)^4}{4!}+\dfrac{(i\theta)^5}{5!}+\dfrac{(i\theta)^6}{6!}\cdots$

$$=1+i\theta-\frac{\theta^2}{2!}-i\frac{\theta^3}{3!}+\frac{\theta^4}{4!}+i\frac{\theta^5}{5!}-\frac{\theta^6}{6!}+\cdots$$

【8.6】 $e^{i\theta}=\left(1-\dfrac{\theta^2}{2!}+\dfrac{\theta^4}{4!}-\dfrac{\theta^6}{6!}+\cdots\right)+i\left(\theta-\dfrac{\theta^3}{3!}+\dfrac{\theta^5}{5!}+\cdots\right)=\cos\theta+i\sin\theta$

【8.7】 $|z_1|=\sqrt{12+4}=4$，$\operatorname{Arg} z_1=\tan^{-1}\dfrac{1}{-\sqrt{3}}+\pi=\dfrac{5\pi}{6}$ である．

また，$|z_2|=\sqrt{1+3}=2$，$\operatorname{Arg} z_2=\tan^{-1}\dfrac{\sqrt{3}}{1}=\dfrac{\pi}{3}$ である．

【8.8】 (i) $z=r_1e^{i\theta_1}+r_2e^{i\theta_2}$ より，$z=r_1(\cos\theta_1+i\sin\theta_1)+r_2(\cos\theta_2+i\sin\theta_2)=(r_1\cos\theta_1+r_2\cos\theta_2)+i(r_1\sin\theta_1+r_2\sin\theta_2)$ となる．したがって，実部は $r_1\cos\theta_1+r_2\cos\theta_2$，虚部は $r_1\sin\theta_1+r_2\sin\theta_2$ である．絶対値は

$$\begin{aligned}|z|&=\sqrt{(r_1\cos\theta_1+r_2\cos\theta_2)^2+(r_1\sin\theta_1+r_2\sin\theta_2)^2}\\&=\sqrt{r_1^2+r_2^2+2r_1r_2(\cos\theta_1\cos\theta_2+\sin\theta_1\sin\theta_2)}\\&=\sqrt{r_1^2+r_2^2+2r_1r_2\cos(\theta_1-\theta_2)}\end{aligned}$$

となる．

(ii) $z=\dfrac{r_1e^{i\theta_1}}{r_2e^{i\theta_2}}=\dfrac{r_1}{r_2}e^{i(\theta_1-\theta_2)}$ より $|z|=\dfrac{r_1}{r_2}$，$\arg z=\theta_1-\theta_2$ である．

(iii) $z=\dfrac{e^{i\theta_1}}{r_1+ir_2}=\dfrac{e^{i\theta_1}}{\sqrt{r_1^2+r_2^2}\,e^{i\tan^{-1}(r_2/r_1)}}=\dfrac{e^{i[\theta_1-\tan^{-1}(r_2/r_1)]}}{\sqrt{r_1^2+r_2^2}}$ より $|z|=\dfrac{1}{\sqrt{r_1^2+r_2^2}}$ である．また，偏角は $\arg z=\theta_1-\tan^{-1}\dfrac{r_2}{r_1}$ である．

【8.9】 $e^{iA}e^{\pm iB}=(\cos A+i\sin A)(\cos B\pm i\sin B)$

$$=\cos A\cos B\mp\sin A\sin B+i(\sin A\cos B\pm\cos A\sin B)$$

一方，$e^{i(A\pm B)}=\cos(A\pm B)+i\sin(A\pm B)$ であるから，(8.25)，(8.26) 式を一挙に証明できる．

【8.10】 (8.33) 式に $\theta=\pi/2$，$q=1$，$n=2$ を代入すればよい．$m=0,1$ に対して，(8.34) 式が得られる．複素平面上の半径 1 の円周上の偏角 $\pi/4$ と $5\pi/4$ の 2 点に相当する．

【8.11】 (8.33) 式において，$\theta=0$，$q=1$ を代入すれば (8.35) 式が求められる．ド・モアブルの公式から $(1^{1/n})^n=1$ を証明できる．

$$(1^{1/n})^n=\left(\cos\frac{2m\pi}{n}+i\sin\frac{2m\pi}{n}\right)^n=\cos 2m\pi+i\sin 2m\pi=1$$

【8.12】 $\sqrt{1}/\sqrt{-1}$ の偏角は $-\pi/2$ だが，最右辺の $\sqrt{-1}$ の偏角は $\pi/2$ になってしまっている．虚数 $\sqrt{-1}=i$ の偏角は $\pi/2$ で定義されているが，$\sqrt{1/(-1)}$ の偏角は定義されていない (平方根の中の $1/(-1)$ を先に計算する定義だとすると，誤った答え i になっ

てしまう）．$\sqrt{1}/\sqrt{-1}$ の分子分母に偏角が定義された $\sqrt{-1}$ を乗じれば，$-i$ が求められる．

【8.13】被積分関数は $x \to \infty$ で 0 になるので，積分は一定値に収束する．$e^{iax} = \cos ax + i\sin ax$ であるから，(8.57) 式はつぎの積分の虚部，(8.58) 式は実部である．

$$\int_0^{\infty} e^{-bx} e^{iax}\,\mathrm{d}x = \left[\frac{e^{iax-bx}}{ia-b}\right]_{x=0}^{x=\infty} = \frac{1}{-ia+b} = \frac{ia+b}{a^2+b^2}$$

第9章　線形常微分方程式の解法

【9.1】$y_q' + p(x)y_q = q(x)$ と $\{C\exp[-P(x)]\}' + p(x)C\exp[-P(x)] = 0$ を足し合わせると，

$$\{y_q + C\exp[-P(x)]\}' + p(x)\{y_q + C\exp[-P(x)]\} = q(x)$$

となって，(9.10) 式が (9.4) 式を満たし，未定係数 1 つをもつ (9.4) 式の一般解になっていることがわかる．

【9.2】(9.17) 式の一般解は，(9.14) 式から，

$$\begin{aligned}
[\mathrm{Y}] &= \int^t k_1[\mathrm{X}]_0 e^{-k_1 t'} \exp[-k_2(t-t')]\,\mathrm{d}t' + C\exp(-k_2 t) \\
&= k_1[\mathrm{X}]_0 \int^t e^{-k_1 t'} e^{-k_2(t-t')}\,\mathrm{d}t' + Ce^{-k_2 t} \\
&= k_1[\mathrm{X}]_0 e^{-k_2 t} \int^t e^{(k_2-k_1)t'}\,\mathrm{d}t' + Ce^{-k_2 t} = \frac{k_1}{k_2-k_1}[\mathrm{X}]_0 e^{-k_2 t}(e^{(k_2-k_1)t} - C') + Ce^{-k_2 t} \\
&= \frac{k_1}{k_2-k_1}[\mathrm{X}]_0 e^{-k_1 t} + C'' e^{-k_2 t}
\end{aligned}$$

ここで，C'' は $e^{-k_2 t}$ に関わる係数をまとめたものであり，これを (9.18) 式ではあらためて C とおいている．

(9.18) 式に $t=0$，$[\mathrm{Y}]=0$ を代入すると，$C = -k_1[\mathrm{X}]_0/(k_2-k_1)$ となる．したがって，

$$[\mathrm{Y}] = \frac{k_1}{k_2-k_1}[\mathrm{X}]_0(e^{-k_1 t} - e^{-k_2 t})$$

であり，これを t で微分すると，

$$\frac{\mathrm{d}[\mathrm{Y}]}{\mathrm{d}t} = -\frac{k_1}{k_2-k_1}[\mathrm{X}]_0(k_1 e^{-k_1 t} - k_2 e^{-k_2 t})$$

となる．これが 0 になる時刻は，$k_2/k_1 = e^{(k_2-k_1)t}$ を満たす $t = (k_2-k_1)^{-1}\ln(k_2/k_1)$ である．この時刻で[Y]が極大であることは，(9.16) 式をもう一度微分し，$\mathrm{d}[\mathrm{Y}]/\mathrm{d}t = 0$ を代入すると

$$\frac{\mathrm{d}^2[\mathrm{Y}]}{\mathrm{d}t^2} = k_1\frac{\mathrm{d}[\mathrm{X}]}{\mathrm{d}t} - k_2\frac{\mathrm{d}[\mathrm{Y}]}{\mathrm{d}t} = -k_1{}^2[\mathrm{X}] < 0$$

が負になることからわかる．

【9.3】(ii) の場合，虚根を $\alpha + i\beta$ と $\alpha - i\beta$ と書くと，解は

$$e^{(\alpha+\beta i)x} = e^{\alpha x}e^{i\beta x} = e^{\alpha x}(\cos\beta x + i\sin\beta x)$$
$$e^{(\alpha-\beta i)x} = e^{\alpha x}e^{-i\beta x} = e^{\alpha x}(\cos\beta x - i\sin\beta x)$$

である．この両式の線形結合をとると

$$e^{\alpha x}\cos\beta x,\ e^{\alpha x}\sin\beta x$$

も解であることがわかる．

【9.4】 以下，ω を単位とした γ を $\zeta = \gamma/\omega$ と定義する．

（ i ）$\zeta = 2 > 1$ の場合：

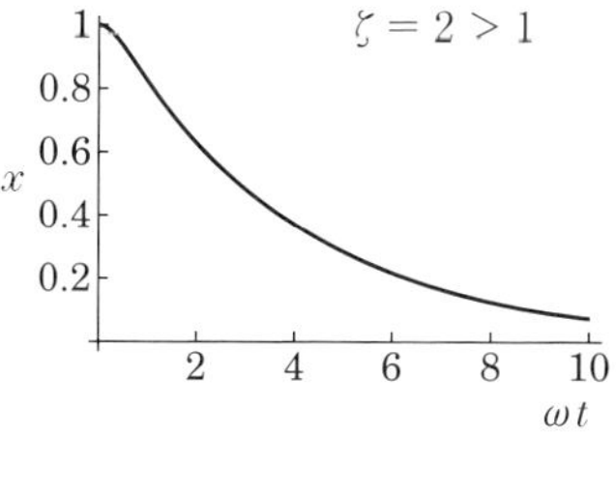

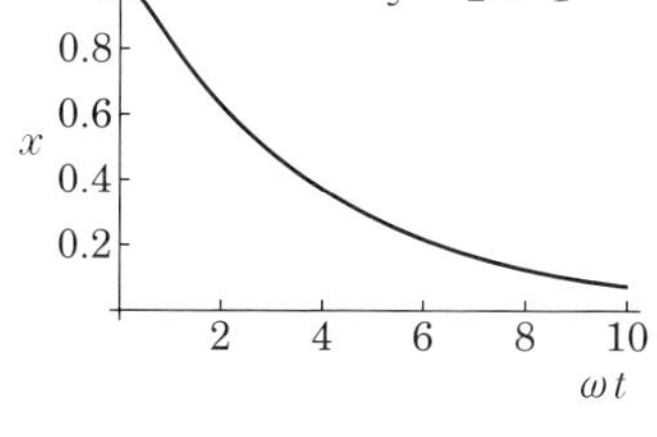

$$x = e^{-\zeta\omega t}\left(c_1 e^{\sqrt{\zeta^2-1}\omega t} + c_2 e^{-\sqrt{\zeta^2-1}\omega t}\right).$$

$t = 0$ で $x = 1$ より $c_1 + c_2 = 1$ であり，$\dot{x} = 0$ より $c_1 - c_2 = \zeta/\sqrt{\zeta^2 - 1} = 2/\sqrt{3}$ である．これらから c_1 と c_2 を決めて図を描けば，単調に減衰する関数になることがわかる．

（ ii ）$\zeta = 0.5 < 1$ の場合：

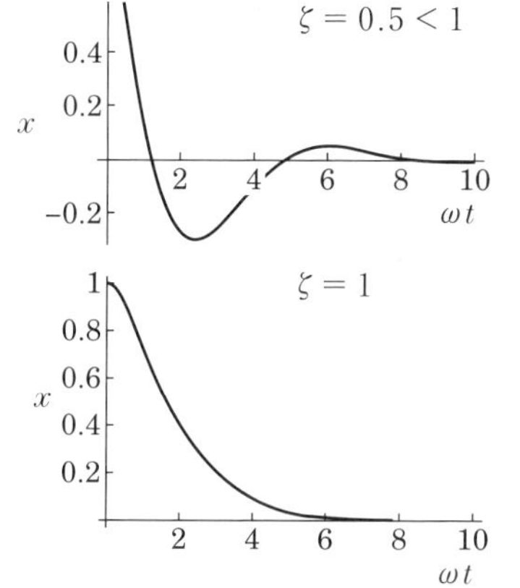

$$x = e^{-\zeta\omega t}\left(c_1\cos\sqrt{1-\zeta^2}\,\omega t + c_2\sin\sqrt{1-\zeta^2}\,\omega t\right)$$

$t = 0$ で $x = 1$ より $c_1 = 1$，$\dot{x} = 0$ より $c_2 = \zeta/\sqrt{1-\zeta^2}$ であり，減衰振動を示す．

（iii）$\zeta = 1$ の場合：$x = e^{-\omega t}(c_1 + c_2 t)$

$t = 0$ で $x = 1$ より $c_1 = 1$，$\dot{x} = 0$ より $c_2 = \omega$ である．

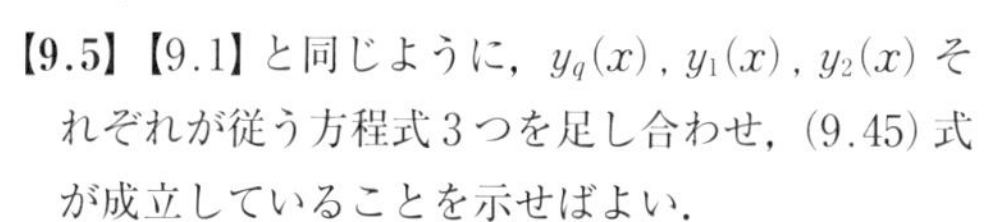

【9.5】【9.1】と同じように，$y_q(x)$，$y_1(x)$，$y_2(x)$ それぞれが従う方程式3つを足し合わせ，(9.45) 式が成立していることを示せばよい．

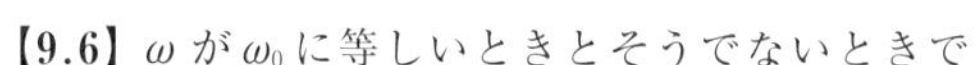

【9.6】 ω が ω_0 に等しいときとそうでないときで解の様子が大きく異なるので，それぞれの場合に分けて解を求める．

（ i ）$\omega \neq \omega_0$ の場合：

三角関数は2回微分するともとに戻る性質があるから，与えられた微分方程式の特解として

$$x_q(t) = A\sin\omega t$$

の形が予想される．これをもとの微分方程式に代入すると

$$(-\omega^2 + \omega_0^2)A\sin\omega t = F\sin\omega t$$

$$A = \frac{F}{\omega_0^2 - \omega^2}$$

したがって，特解は

$$x_q(t) = \frac{F}{{\omega_0}^2 - \omega^2} \sin \omega t$$

である．他方，同次微分方程式の一般解は $c_1 \cos \omega_0 t + c_2 \sin \omega_0 t$ だから，与えられた微分方程式の一般解は次式のようになる．

$$x = \frac{F}{{\omega_0}^2 - \omega^2} \sin \omega t + c_1 \cos \omega_0 t + c_2 \sin \omega_0 t$$

$t = 0$ で $x = 0$，$\mathrm{d}x/\mathrm{d}t = 0$ の初期条件を入れると，$c_1 = 0$，$c_2 = -\dfrac{\omega}{\omega_0} \dfrac{F}{{\omega_0}^2 - \omega^2}$．

上の解は ω が ω_0 の 2 つの振動成分からなるが，ω が ω_0 の値に近づくにつれて，特解の部分の絶対値が限りなく大きくなって解が発散する．$\omega = \omega_0$ のときには上で求めた解の形式は使えないので，この場合の解を別に導いてみる．

（ii）$\omega = \omega_0$ の場合：

右辺の非同次項が同次方程式の解と一致するときには多項式の次数を一つ上げる，という規則を適用する．具体的には特解を

$$x_q(t) = At \cos \omega_0 t + Bt \sin \omega_0 t$$

とおき，時間に関する 1 階，2 階微分を求める．

$$\dot{x}_q(t) = A \cos \omega_0 t - A\omega_0 t \sin \omega_0 t + B \sin \omega_0 t + B\omega_0 t \cos \omega_0 t$$

$$\ddot{x}_q(t) = -2A\omega_0 \sin \omega_0 t - A{\omega_0}^2 t \cos \omega_0 t + 2B\omega_0 \cos \omega_0 t - B{\omega_0}^2 t \cos \omega_0 t$$

$x_q(t)$ と $\ddot{x}_q(t)$ を使うと，もとの方程式の左辺は

$$\ddot{x}_q(t) + \omega_0^2 x_q(t) = -2A\omega_0 \sin \omega_0 t + 2B\omega_0 \cos \omega_0 t$$

となる．これが非同次項の $F \sin \omega_0 t$ と一致するためには係数を比較して

$$A = -\frac{F}{2\omega_0}, \quad B = 0$$

でなければならない．これより特解は

$$x_q(t) = -\frac{F}{2\omega_0} t \cos \omega_0 t$$

となる．この特解に，同次方程式の一般解を加えると，もとの非同次方程式の一般解として

$$x_q(t) = -\frac{F}{2\omega_0} t \cos \omega_0 t + c_1 \cos \omega_0 t + c_2 \sin \omega_0 t$$

が得られる．重要なことは特解の部分の三角関数の前に時間 t がかかっていることであり，$\omega = \omega_0$（共鳴）のときには図 9.1 のように振動の振幅が時間とともに増大する．これは共鳴という物理現象に該当する．$t = 0$ で $x = 0$，$\mathrm{d}x/\mathrm{d}t = 0$ の初期条件を入れると，$c_1 = 0$，$c_2 = F/(2\omega_0^2)$ となる．

第 10 章　フーリエ級数とフーリエ変換 ―三角関数を使った信号の解析―

【10.1】

(10.8) 式の証明：

$n \neq m$ のときは

$$\int_{-\pi}^{\pi} \cos nx \cos mx \, dx = \frac{1}{2}\int_{-\pi}^{\pi} [\cos(n+m)x + \cos(n-m)x] \, dx$$
$$= \frac{1}{2}\left[\frac{1}{n+m}\sin(n+m)x + \frac{1}{n-m}\sin(n-m)x\right]_{-\pi}^{\pi} = 0$$

$n = m \neq 0$ のときは

$$\int_{-\pi}^{\pi} \cos^2 nx \, dx = \frac{1}{2}\int_{-\pi}^{\pi} (\cos 2nx + 1) \, dx = \frac{1}{2}\left[\frac{1}{2n}\sin 2nx + x\right]_{-\pi}^{\pi} = \pi$$

(10.9) 式の証明：

$n \neq m$ のときは

$$\int_{-\pi}^{\pi} \sin nx \sin mx \, dx = -\frac{1}{2}\int_{-\pi}^{\pi} \cos(n+m)x \, dx + \frac{1}{2}\int_{-\pi}^{\pi} \cos(n-m)x \, dx$$
$$= -\frac{1}{2}\left[\frac{1}{n+m}\sin(n+m)x - \frac{1}{n-m}\sin(n-m)x\right]_{-\pi}^{\pi} = 0$$

$n = m \neq 0$ のときは

$$\int_{-\pi}^{\pi} \sin^2 nx \, dx = -\frac{1}{2}\int_{-\pi}^{\pi} \cos 2nx \, dx + \frac{1}{2}\int_{-\pi}^{\pi} dx = -\frac{1}{2}\left[\frac{1}{2n}\sin 2nx - x\right]_{-\pi}^{\pi} = \pi$$

(10.10) 式の証明：$n \neq m$ のときは

$$\int_{-\pi}^{\pi} \sin nx \cos mx \, dx = \frac{1}{2}\int_{-\pi}^{\pi} \sin(n+m)x \, dx + \frac{1}{2}\int_{-\pi}^{\pi} \sin(n-m)x \, dx$$
$$= -\frac{1}{2}\left[\frac{1}{n+m}\cos(n+m)x + \frac{1}{n-m}\cos(n-m)x\right]_{-\pi}^{\pi} = 0$$

【10.2】 (10.11) 式の両辺を区間 $-\pi < x \leq \pi$ で積分すると，$\cos nx$ と $\sin nx$ 自体の積分は 0 なので，

$$\int_{-\pi}^{\pi} f(x) \, dx = \int_{-\pi}^{\pi} \frac{a_0}{2} \, dx = \pi a_0$$

となる．つぎに，両辺に $\cos mx$ と $\sin mx$ $(m = 1, 2, \cdots)$ をかけて積分，(10.8) ～ (10.10) 式の直交関係から次式を得る．

$$\int_{-\pi}^{\pi} f(x) \cos mx \, dx = \pi a_m, \qquad \int_{-\pi}^{\pi} f(x) \sin mx \, dx = \pi b_m$$

以上をまとめると，(10.12)，(10.13) 式になる．

【10.3】 x^2 は偶関数なので，奇関数 $\sin nx$ との積を区間 $-\pi < x \leq \pi$ で積分すると，$b_n = 0$ となる．一方，偶関数 $\cos nx$ との積は，$n = 0$ のとき

$$a_0 = \frac{1}{\pi}\int_{-\pi}^{\pi} x^2\,\mathrm{d}x = \frac{2\pi^2}{3}$$

となり，$n \neq 0$ のときは部分積分より

$$a_n = \frac{1}{\pi}\int_{-\pi}^{\pi} x^2 \cos nx\,\mathrm{d}x = \frac{2}{\pi}\int_0^{\pi} x^2 \cos nx\,\mathrm{d}x$$

$$= \frac{2}{\pi}\left\{\left[\frac{x^2}{n}\sin nx\right]_0^{\pi} - \frac{2}{n}\int_0^{\pi} x \sin nx\,\mathrm{d}x\right\}$$

$$= \frac{2}{\pi}\left[\left(\frac{x^2}{n} - \frac{2}{n^3}\right)\sin nx + \frac{2}{n^2}x\cos nx\right]_0^{\pi}$$

$$= \frac{4}{n^2}\cos n\pi = \frac{4}{n^2}(-1)^n$$

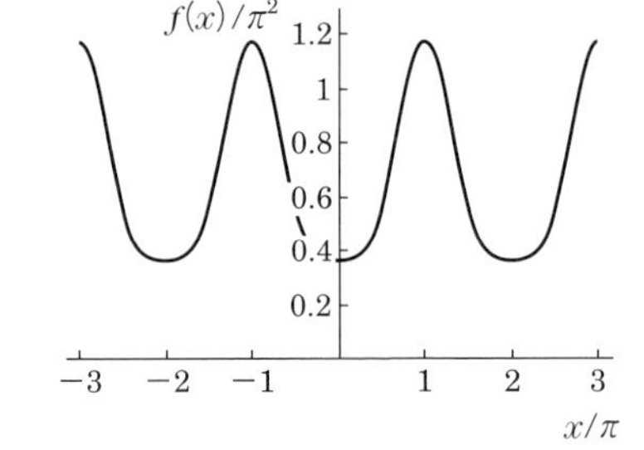

となる．以上より，$f(x) = (2/3)\pi^2 - 4\cos x + \cos 2x - (4/9)\cos 3x + \cdots$ となる．この 3 項目までの和（下図）は 2π 周期の x^2（上図）とは同じ周期をもつが，最大値，最小値ともずれは大きい．

2π 周期の x^2 が π の奇数倍のところでなめらかにつながっていないから項数を増やしても収束は遅いが，(10.16) 式に $x = \pm\pi$ を代入すると，

$$\frac{\pi^2}{3} + \sum_{n=1}^{\infty}\frac{4}{n^2}(-1)^n\cos(\pm n\pi) = \frac{\pi^2}{3} + \sum_{n=1}^{\infty}\frac{4}{n^2}(-1)^n(-1)^n$$

$$= \frac{\pi^2}{3} + \sum_{n=1}^{\infty}\frac{4}{n^2} = \frac{\pi^2}{3} + \frac{4\pi^2}{6} = \pi^2$$

と，与えられた関数 x^2 の値 π^2 に確かに収束している．また，$x = 0$ でも，$x^2 = 0$ に収束することが確認できる．

$$\frac{\pi^2}{3} + \sum_{n=1}^{\infty}\frac{4}{n^2}(-1)^n = \frac{\pi^2}{3} + \sum_{n=1}^{\infty}\frac{4}{n^2}(-1)^n = 0$$

【10.4】 $f(x)$ が Δx の微小範囲でも大きく変化する場合，含まれる三角関数の波長 λ は Δx 程度短い必要がある．一方，$\cos(n\pi x/L)$ や $\sin(n\pi x/\mathrm{L})$ は x と $x + (2L/n)$ で同じ値をもつ周期 $2L/n$ の関数であるから，$2L/n < \Delta x$，つまり，少なくとも $2L/\Delta x < n$ を満たす n をもつ三角関数まで含める必要がある．

【10.5】 $f(x)$ は周期 2 ($L = 1$) の偶関数なので，$\sin n\pi x$ との内積は 0 で，$b_n = 0$ である．また，

$$a_0 = 2\int_0^1 (1 - x)\,\mathrm{d}x = 1$$

$$a_0 = 2\int_0^1 (1 - x)\cos n\pi x\,\mathrm{d}x = \frac{2}{n^2\pi^2}[1 - (-1)^n] \qquad (n \geq 1)$$

から次式が得られ，これは (10.30) 式に等しい．

$$f(x) = \frac{1}{2} + \frac{4}{\pi^2}\left(\cos\pi x + \frac{1}{9}\cos 3\pi x + \frac{1}{25}\cos 5\pi x + \cdots\right)$$

$f(x)$ に $x = \pm 1$ を代入すると，

$$\frac{1}{2} + \frac{4}{\pi^2}\sum_{n=1}^{\infty}\frac{\cos[\pm(2n-1)\pi]}{(2n-1)^2} = \frac{1}{2} - \frac{4}{\pi^2}\sum_{n=1}^{\infty}\frac{1}{(2n-1)^2} = 0$$

$x = 0$ を代入すると 1 になる．

$$\frac{1}{2} + \frac{4}{\pi^2}\sum_{n=1}^{\infty}\frac{1}{(2n-1)^2} = 1$$

【10.6】 $\int_{-L}^{L} e^{i\frac{n\pi}{L}x}\left(e^{i\frac{m\pi}{L}x}\right)^* \mathrm{d}x = \int_{-L}^{L} e^{i(n-m)\frac{\pi}{L}x}\,\mathrm{d}x$

より，$n = m$ の場合は

$$\int_{-L}^{L} e^{i(n-m)\frac{\pi}{L}x}\,\mathrm{d}x = \int_{-L}^{L} e^0\,\mathrm{d}x = 2L$$

また，$n \neq m$ の場合は

$$\int_{-L}^{L} e^{i(n-m)\frac{\pi}{L}x}\,\mathrm{d}x = \frac{1}{i(n-m)\dfrac{\pi}{L}}\left[e^{i(n-m)\frac{\pi}{L}x}\right]_{-L}^{L} = \frac{1}{i(n-m)\dfrac{\pi}{L}}\left(e^{i(n-m)\pi} - e^{-i(n-m)\pi}\right) = 0$$

となり，(10.38) 式が証明できる．つぎに，(10.35) 式に $e^{-in\pi x/L}$ をかけると

$$\frac{1}{2L}\int_{-L}^{L} f(x)\,e^{-i\frac{n\pi}{L}x}\,\mathrm{d}x = \frac{1}{2L}\int_{-L}^{L}\sum_{m=-\infty}^{\infty} c_m e^{i\frac{m\pi}{L}x} e^{-i\frac{n\pi}{L}x}\,\mathrm{d}x = \frac{1}{2L}\int_{-L}^{L}\sum_{m=-\infty}^{\infty} c_m e^{i(m-n)\frac{\pi}{L}x}\,\mathrm{d}x$$

が得られ，これに (10.38) 式を適用すれば，最右辺は c_n となり，(10.36) 式を求めることができる．

【10.7】 (10.48) 式より，フーリエ変換した関数はつぎのようになる．

$$F(k) = \frac{1}{\sqrt{2\pi}}\int_{-\infty}^{\infty} e^{-ax^2} e^{-ikx}\,\mathrm{d}x = \frac{1}{\sqrt{2a}} e^{-\frac{k^2}{4a}}$$

【10.8】 $f(t)$ は $t > 0$ に対しては e^{-at}，$t < 0$ に対しては 0 だから，(10.48) 式より

$$F(\omega) = \frac{1}{\sqrt{2\pi}}\int_0^{\infty} e^{-at} e^{-i\omega t}\,\mathrm{d}t = \frac{1}{\sqrt{2\pi}}\int_0^{\infty} e^{-at} e^{-i\omega t}\,\mathrm{d}t = \frac{1}{\sqrt{2\pi}}\int_0^{\infty} e^{(-a-i\omega)t}\,\mathrm{d}t$$

$$= \frac{1}{\sqrt{2\pi}}\left[\frac{1}{-a-ik} e^{(-a-i\omega)t}\right]_0^{\infty} = \frac{1}{\sqrt{2\pi}}\frac{1}{a+ik}$$

となる．したがって，

$$|F(\omega)|^2 = \frac{1}{2\pi}\frac{1}{a^2+\omega^2}$$

となり，これは幅 a のローレンツ型関数である．

【10.9】 (10.50) 式で表した $f(x)$ を (10.59) 式左辺に代入し，(10.66) 式を使えば導ける．

$$\int_{-\infty}^{\infty} \mathrm{d}x |f(x)|^2 = \frac{1}{2\pi}\int_{-\infty}^{\infty} \mathrm{d}x \int_{-\infty}^{\infty} \mathrm{d}k' \int_{-\infty}^{\infty} \mathrm{d}k\, F^*(k')\, F(k)\, e^{i(k-k')x}$$
$$= \int_{-\infty}^{\infty} \mathrm{d}k \int_{-\infty}^{\infty} \mathrm{d}k'\, F^*(k')\, F(k)\, \delta(k-k') = \int_{-\infty}^{\infty} \mathrm{d}k |F(k)|^2$$

第11章　量子力学の基礎

【11.1】 波長 500 nm の光子 1 個のエネルギーはつぎのようになる.

$$h\nu = \frac{hc}{\lambda} = 6.626 \times 10^{-34} \times \frac{2.998 \times 10^8}{500 \times 10^{-9}}\ \mathrm{J\,s\,m\,s^{-1}\,m^{-1}} = 3.973 \times 10^{-19}\ \mathrm{J}$$

また, $T = h\nu/k_{\mathrm{B}} = 3.973 \times 10^{-19}\ \mathrm{J}/(1.381 \times 10^{-23}\ \mathrm{J\,K^{-1}}) = 2.877 \times 10^4\ \mathrm{K}$ より, この温度以下なら離散的に考えなければならない.

【11.2】 $1\ \mathrm{kW\,m^{-2}} = 1000\ \mathrm{J\,s^{-1}\,m^{-2}}$ であるから, これを $3.973 \times 10^{-19}\ \mathrm{J}$ で割ればよい. 2.517×10^{21} 個だから, $4.18 \times 10^{-3}\ \mathrm{mol}$ になる.

【11.3】 $p = \dfrac{h}{\lambda} = \dfrac{6.626 \times 10^{-34}\ \mathrm{J\,s}}{500 \times 10^{-9}\ \mathrm{m}} = 1.33 \times 10^{-27}\ \mathrm{kg\,m\,s^{-1}}$.

【11.4】 ボーア半径 $a_0 \equiv 4\pi\cdot_0\hbar_2/(m_{\mathrm{e}}e^2)$ に, $\varepsilon_0 = 8.8542 \times 10^{-12}\ \mathrm{C^2\,J^{-1}\,m^{-1}}$ や $e = 1.6022 \times 10^{-19}\ \mathrm{C}$ などを代入すれば得られる.

【11.5】 $\lambda = \dfrac{h}{p} = \dfrac{6.626 \times 10^{-34}\ \mathrm{J\,s}}{100\ \mathrm{kg\,m\,s^{-1}}} = 6.626 \times 10^{-36}\ \mathrm{m}$

【11.6】 100 V の電圧で加速された電子の運動エネルギーは次式で与えられる.

$$E = 100\ \mathrm{eV} = 100 \times 1.602 \times 10^{-19}\ \mathrm{C\,V} = 1.602 \times 10^{-17}\ \mathrm{J}$$

運動量から求めたド・ブロイ波長はつぎのようになる.

$$\lambda = \frac{h}{p} = \frac{h}{\sqrt{2m_{\mathrm{e}}E}} = \frac{6.626 \times 10^{-34}\ \mathrm{J\,s}}{\sqrt{2 \times 9.109 \times 10^{-31}\ \mathrm{kg} \times 1.602 \times 10^{-17}\ \mathrm{J}}} = 1.23 \times 10^{-10}\ \mathrm{m}$$

【11.7】 $\dfrac{\langle\psi|\hat{A}|\psi\rangle}{\langle\psi|\psi\rangle} = \dfrac{\langle\psi|a|\psi\rangle}{\langle\psi|\psi\rangle} = \dfrac{a\langle\psi|\psi\rangle}{\langle\psi|\psi\rangle} = a$

【11.8】 $\dfrac{\langle\psi|\hat{A}^2|\psi\rangle}{\langle\psi|\psi\rangle} = \dfrac{\langle\psi|\hat{A}\hat{A}|\psi\rangle}{\langle\psi|\psi\rangle} = \dfrac{\langle\psi|a^2|\psi\rangle}{\langle\psi|\psi\rangle} = a^2$より, $\Delta A = \sqrt{\langle\hat{A}^2\rangle - \langle\hat{A}\rangle^2} = 0$ となる.

【11.9】 (11.34) 式の両辺と ψ_j の内積をとり, 直交関係 $\{\langle\psi_i|\psi_j\rangle = 0\ (i \neq j)\}$ を使えばよい.

【11.10】 エルミート演算子の固有値は実であるので, (11.37) 式が成立する. (11.37) 式から (11.36) 式を引くと

$$\int (\hat{A}\psi_j)^*\psi_i\,\mathrm{d}\boldsymbol{V} - \int \psi_j^*\hat{A}\psi_i\,\mathrm{d}\boldsymbol{V} = (a_j - a_i)\int \psi_j^*\psi_i\,\mathrm{d}\boldsymbol{V}$$

となるが, 左辺は (11.33) 式より 0 なので, $a_j \neq a_i$ より $\int \psi_j^*\psi_i\,\mathrm{d}\boldsymbol{V} = 0$ が証明できる.

【11.11】 分子は $\langle\psi|\hat{A}|\psi\rangle = (\sum_j c_i^*\langle\psi_i|)(\sum_j c_j a_j|\psi_j\rangle) = \sum_i\sum_j c_i^* c_j a_j\langle\psi_i|\psi_j\rangle$ となる. これに

直交関係を使うと，$\sum_j |c_j|^2 a_j$ となる．また，$\hat{A} = \hat{I}$ とすると，$\langle\psi|\psi\rangle = \sum_j |c_j|^2$ を証明できる．

【11.12】 (11.39) 式に $\hat{B}$ を作用させ，(11.40) 式を使うと $\hat{B}\hat{A}\psi_n = b_n a_n \psi_n$，また，(11.40) 式に $\hat{A}$ を作用させると，$\hat{A}\hat{B}\psi_n = a_n b_n \psi_n$ が得られる．後ろの式から前の式を引くと

$$\hat{A}\hat{B}\psi_n = a_n b_n \psi_n (\hat{A}\hat{B} - \hat{B}\hat{A})\psi_n = a_n b_n \psi_n - b_n a_n \psi_n = 0$$

となって，(11.41) 式を証明できる．

【11.13】 $[\hat{p}_x, x]f(x) = \left[-i\hbar\dfrac{\partial}{\partial x}, x\right]f(x) = -i\hbar\dfrac{\partial}{\partial x}xf(x) - x\left(-i\hbar\dfrac{\partial}{\partial x}\right)f(x)$ より

$-i\hbar f(x) - i\hbar x\dfrac{\partial}{\partial x}f(x) + i\hbar x\dfrac{\partial}{\partial x}f(x) = -i\hbar f(x)$ となって，(11.45) 式を証明できる．

【11.14】 $[x, \hat{p}_x] = i\hbar$ より，$|\langle[\hat{x}, \hat{p}_x]\rangle| = \hbar$ となって，(11.49) 式が導ける．

第12章　水素原子の量子力学

【12.1】 たとえば，$[\hat{l}_x, \hat{l}_y] = [y\hat{p}_z - z\hat{p}_y, z\hat{p}_x - x\hat{p}_z] = [y\hat{p}_z, z\hat{p}_x] + [z\hat{p}_y, x\hat{p}_z] =$ $y\hat{p}_x[\hat{p}_z, z] + x\hat{p}_y[z, \hat{p}_z] = -i\hbar y\hat{p}_x + i\hbar x\hat{p}_y = i\hbar\hat{l}_z$ のように導ける．

【12.2】 たとえば，

$$\hat{l}_x = -i\hbar\left(y\frac{\partial}{\partial z} - z\frac{\partial}{\partial y}\right) = -i\hbar\left[r\sin\theta\sin\phi\left(\cos\theta\frac{\partial}{\partial r} - \frac{1}{r}\sin\theta\frac{\partial}{\partial\theta}\right)\right.$$
$$\left. - r\cos\theta\left(\sin\theta\sin\phi\frac{\partial}{\partial r} + \frac{1}{r}\cos\theta\sin\phi\frac{\partial}{\partial\theta} + \frac{1}{r}\frac{\cos\phi}{\sin\theta}\frac{\partial}{\partial\phi}\right)\right]$$

である．さらに計算を進めると，

$$-i\hbar r\left[\left(\cos\theta\sin\theta\sin\phi\frac{\partial}{\partial r} - \frac{1}{r}\sin^2\theta\sin\phi\frac{\partial}{\partial\theta}\right)\right.$$
$$\left. - \left(\cos\theta\sin\theta\sin\phi\frac{\partial}{\partial r} + \frac{1}{r}\cos^2\theta\sin\phi\frac{\partial}{\partial\theta} + \frac{1}{r}\frac{\cos\theta\cos\phi}{\sin\theta}\frac{\partial}{\partial\phi}\right)\right]$$
$$= -i\hbar\left[-\sin^2\theta\sin\phi\frac{\partial}{\partial\theta} - \left(\cos^2\theta\sin\phi\frac{\partial}{\partial\theta} + \frac{\cos\theta\cos\phi}{\sin\theta}\frac{\partial}{\partial\phi}\right)\right]$$

となって，$\sin^2\theta + \cos^2\theta = 1$ を使うと (12.28) 式が求められる．(12.29) 式と (12.30) 式も同様に求められる．つぎに，(12.28)～(12.30) 式を (12.31) 式に代入すればよい．

【12.3】 $\displaystyle\int_0^\pi |\Theta_{1,1}|^2 \sin\theta\,\mathrm{d}\theta = \int_0^\pi \left(-\sqrt{\frac{3}{4}}\sin\theta\right)^2 \sin\theta\,\mathrm{d}\theta = \frac{3}{4}\int_0^\pi \sin^3\theta\,\mathrm{d}\theta$

となる．この最右辺の積分は，つぎの関係を使うと 4/3 で

$$\int \sin^3\theta\,\mathrm{d}\theta = \frac{\cos^3\theta}{3} - \cos\theta + C$$

(12.42) 式に従って規格化されていることがわかる．また，

$$\int_0^\pi \Theta_{1,1}\Theta_{2,1}\sin\theta\,\mathrm{d}\theta = \int_0^\pi \sqrt{\frac{3}{4}}\sin\theta\sqrt{\frac{15}{4}}\sin\theta\cos\theta\sin\theta\,\mathrm{d}\theta$$

より，$\sin^3\theta\cos\theta$ の被積分関数が現れるが，これは $\theta=\pi/2$ を中心とした奇関数なので積分は0になり，直交していることがわかる．

【12.4】 $$\hat{\Lambda}(\theta,\phi)\sqrt{\frac{3}{4\pi}}\cos\theta = \sqrt{\frac{3}{4\pi}}\left[\frac{1}{\sin\theta}\frac{\partial}{\partial\theta}\left(\sin\theta\frac{\partial}{\partial\theta}\right)+\frac{1}{\sin^2\theta}\frac{\partial^2}{\partial\phi^2}\right]\cos\theta$$
$$= \sqrt{\frac{3}{4\pi}}\frac{1}{\sin\theta}\frac{\partial}{\partial\theta}\left(\sin\theta\frac{\partial}{\partial\theta}\right)\cos\theta = \sqrt{\frac{3}{4\pi}}\frac{1}{\sin\theta}\frac{\partial}{\partial\theta}(-\sin^2\theta)$$
$$= -2\sqrt{\frac{3}{4\pi}}\cos\theta$$

より，(12.37) 式に $l=1$ を代入した $\hat{l}^2 Y_{1,0} = 2\hbar^2 Y_{1,0}$ を満たしていることがわかる．

【12.5】 $[\hat{l}_+,\hat{l}_-] = [\hat{l}_x+i\hat{l}_y,\hat{l}_x-i\hat{l}_y] = -i[\hat{l}_x,\hat{l}_y]+i[\hat{l}_y,\hat{l}_x] = -2i[\hat{l}_x,\hat{l}_y] = 2\hbar\hat{l}_z$ より，$\hat{l}^2 = (\hat{l}_+\hat{l}_- + \hat{l}_-\hat{l}_+)/2+\hat{l}_z{}^2 = \hat{l}_-\hat{l}_+ + \hat{l}_z(\hat{l}_z+\hbar)$ が導ける．これを $Y_{lm}(\theta,\phi)$ に作用させて (12.49) 式を利用すると

$$\begin{aligned}&[\hat{l}_-\hat{l}_+ + \hat{l}_z(\hat{l}_z+\hbar)]Y_{lm}(\theta,\phi)\\ &= \hat{l}_-\sqrt{l(l+1)-m(m+1)}\,\hbar Y_{l,m+1}(\theta,\phi) + m(m+1)\hbar^2 Y_{lm}(\theta,\phi)\\ &= [l(l+1)-m(m+1)]\hbar^2 Y_{lm}(\theta,\phi) + m(m+1)\hbar^2 Y_{lm}(\theta,\phi)\end{aligned}$$

となって，(12.37) 式が成立することがわかる．

【12.6】 (12.49)，(12.50) 式より，$\hat{l}_x$ と $\hat{l}_y$ を $Y_{lm}(\theta,\phi)$ に作用させると $Y_{l,m\pm1}(\theta,\phi)$ のような項になるので，期待値は $Y_{l,m\pm1}(\theta,\phi)$ と $Y_{lm}(\theta,\phi)$ の内積で0である．また，$\hat{l}_x{}^2$ は

$$\hat{l}_x{}^2 = \frac{(\hat{l}_+ + \hat{l}_-)^2}{4} = \frac{\hat{l}_+\hat{l}_- + \hat{l}_-\hat{l}_+ + \hat{l}_+\hat{l}_+ + \hat{l}_-\hat{l}_-}{4}$$

のように表せるので，

$$\begin{aligned}\hat{l}_+\hat{l}_- Y_{lm}(\theta,\phi) &= \hat{l}_+\sqrt{l(l+1)-m(m-1)}\,\hbar Y_{l,m-1}(\theta,\phi)\\ &= [l(l+1)-m(m-1)]\hbar^2 Y_{lm}(\theta,\phi)\\ \hat{l}_-\hat{l}_+ Y_{lm}(\theta,\phi) &= \hat{l}_+\sqrt{l(l+1)-m(m+1)}\,\hbar Y_{l,m+1}(\theta,\phi)\\ &= [l(l+1)-m(m+1)]\hbar^2 Y_{lm}(\theta,\phi)\end{aligned}$$

となって，$\langle\hat{l}_x{}^2\rangle = \langle\hat{l}_y{}^2\rangle = [l(l+1)-m^2]\hbar^2/2$ が導ける．

【12.7】 2s，3s，3p 軌道の動径部分の関数 $R_{nl}(r)$ の節の数は，それぞれ，1, 2, 1 である．

【12.8】 $$\langle r\rangle = \int_0^\infty r|R_{1,0}(r)|^2 r^2\,\mathrm{d}r = 4\int_0^\infty\left(\frac{1}{a_0}\right)^3 e^{-2r/a_0} r^3\,\mathrm{d}r = 4\left(\frac{1}{a_0}\right)^3\left[\frac{3!}{(2/a_0)^4}\right]$$

となって，(12.75) 式を導ける．

【12.9】 $E_n = -\langle\hat{K}\rangle$ に $\langle V\rangle/\langle\hat{K}\rangle = -2$ の関係を代入すると，$E_n = \langle V\rangle/2$ となる．

$V(r) = -\dfrac{Ze^2}{4\pi\varepsilon_0 r}$ と $E_n = -\dfrac{\hbar^2}{2m_e a_0^2}\dfrac{Z^2}{n^2} = -\dfrac{e^2Z^2}{8\pi\varepsilon_0 a_0 n^2}$ を代入すれば，(12.78) 式が得られる．

第13章　量子化学入門 －ヒュッケル分子軌道法を中心に－

【13.1】 $\int \phi_i{}^* \hat{h}^{\mathrm{eff}} \phi_i \mathrm{d}V$ のなかで積分が α となって残るのは，同じ軌道同士の場合なので，$\alpha \sum_{j=1}^{4} c_{ij}{}^* c_{ij}$ になる．β となって残る係数の積は，$1 \leftrightarrow 2$, $2 \leftrightarrow 3$, $3 \leftrightarrow 4$ の組合せだけである．

【13.2】 $\langle \Psi | \hat{H} | \Psi \rangle = \sum_j \sum_k C_j{}^* C_k \langle \Psi_j | \hat{H} | \Psi_k \rangle = \sum_j \sum_k C_j{}^* C_k \varepsilon_k \delta_{ik} = \sum_k |C_k|^2 \varepsilon_k$ であるから，(13.27) 式と組み合わせると，(13.25) 式の関係が得られる．

【13.3】 (13.28) 式を c_{i2} で偏微分すると，

$$\alpha(2c_{i2}) + 2\beta(c_{i1} + c_{i3}) - \frac{\partial E_i}{\partial c_{i2}}(c_{i1}{}^2 + c_{i2}{}^2 + c_{i3}{}^2 + c_{i4}{}^2) - E_i(2c_{i2}) = 0$$

となる．$\partial E_i / \partial c_{i2} = 0$ を課すと，(13.31) 式となる．(13.32)，(13.33) 式の証明は省く．

【13.4】

$$\begin{vmatrix} -\lambda & 1 & 0 & 0 \\ 1 & -\lambda & 1 & 0 \\ 0 & 1 & -\lambda & 1 \\ 0 & 0 & 1 & -\lambda \end{vmatrix} = -\lambda \begin{vmatrix} -\lambda & 1 & 0 \\ 1 & -\lambda & 1 \\ 0 & 1 & -\lambda \end{vmatrix} - \begin{vmatrix} 1 & 1 & 0 \\ 0 & -\lambda & 1 \\ 0 & 1 & -\lambda \end{vmatrix} = \lambda^4 - 3\lambda^2 + 1$$

のように (13.37) 式が得られる．

【13.5】 $-\lambda c_1 + c_2 = 0$ より $c_2 = \lambda c_1$ を得る．つぎに，$c_1 - \lambda c_2 + c_3 = 0$ に $c_2 = \lambda c_1$ を代入すれば $c_3 = (\lambda^2 - 1)c_1$ を得る．最後に，$c_2 - \lambda c_3 + c_4 = 0$ に (13.41) 式中の前の 2 式を代入すると $c_4 = \lambda(\lambda^2 - 2)c_1$ が得られる．

【13.6】 $p_{12} = 0.3717 \times 0.6015 \times 2 \times 2 = 0.89$,　$p_{23} = (0.6015)^2 \times 2 - (0.3717)^2 \times 2 = 0.45$ より，$p_{12} > p_{23}$ である．したがって，C^1-C^2 結合の方が短いことを理論的にも示唆している．

【13.7】 行列 (13.45) 式を列ベクトル (13.46) 式に作用させて列ベクトルをつくり，$E\boldsymbol{\varphi}$ と比較すればよい．

【13.8】 下記の固有値方程式より，固有値 λ が $\lambda_1 = -2$ と $\lambda_2 = 2$ であることがわかる．

$$\begin{pmatrix} -\lambda & 2 \\ 2 & -\lambda \end{pmatrix} = \lambda^2 - 2^2 = 0$$

$\lambda_1 = -2$ に対して，固有値問題

$$\begin{pmatrix} 0 & 2 \\ 2 & 0 \end{pmatrix} \begin{pmatrix} c_1 \\ c_2 \end{pmatrix} = -2 \begin{pmatrix} c_1 \\ c_2 \end{pmatrix}$$

は $2c_2 = -2c_1$, $2c_1 = -2c_2$ と等しいので，$c_2 = -c_1$ の関係を得る．$c_1{}^2 + c_2{}^2 = 1$ となるように規格化すると，(13.51) 式の $\boldsymbol{X}_1$ になる．$\lambda_2 = 2$ の場合も同様にすれば $\boldsymbol{X}_2$ を導ける．

【13.9】 たとえば，$\boldsymbol{X}_2$ に関しては以下の関係が成り立っている．

$$\boldsymbol{A}\boldsymbol{X}_2 = \begin{pmatrix} 0 & 2 \\ 2 & 0 \end{pmatrix} \frac{1}{\sqrt{2}} \begin{pmatrix} 1 \\ 1 \end{pmatrix} = \frac{1}{\sqrt{2}} \begin{pmatrix} 2 \\ 2 \end{pmatrix} = 2\boldsymbol{X}_2$$

第14章　化学熱力学

【14.1】 $W_{\text{exp}}^{\max} = -\int_{V_1}^{V_2} P\mathrm{d}V = -\int_{V_1}^{V_2} \frac{nRT}{V}\mathrm{d}V = -nRT\ln\frac{V_2}{V_1}$

【14.2】 ピストン底面の面積を D とすると (14.13) 式をつぎのように変形できる．

$$W = (P_1 - P_2)(V_2 - V_1) = \left(\frac{M_1 g}{D} - \frac{M_2 g}{D}\right)(V_2 - V_1) = (M_1 - M_2)gh$$

【14.3】 生成系の標準生成熱から反応系のものを引くと，次式のようになる．

$$3(-286\ \mathrm{kJ\ mol^{-1}}) - (-824\ \mathrm{kJ\ mol^{-1}}) = -34\ \mathrm{kJ\ mol^{-1}}$$

【14.4】 (14.24) 式から得られる次式を (14.22) 式に代入すれば (14.23) 式になる．

$$\left(\frac{\partial U}{\partial T}\right)_P = C_V\mathrm{d}T + \left(\frac{\partial U}{\partial V}\right)_T\left(\frac{\partial V}{\partial T}\right)_P$$

【14.5】 $C_P - C_V = nR$ から $\gamma - 1 = nR/C_V$ であり，(14.28) 式を次のように変形できる．

$$\ln\frac{T_\mathrm{b}}{T_\mathrm{a}} = -\frac{nR}{C_V}\ln\frac{V_\mathrm{b}}{V_\mathrm{a}} = -(\gamma-1)\ln\frac{V_\mathrm{b}}{V_\mathrm{a}} = (\gamma-1)\ln\frac{V_\mathrm{a}}{V_\mathrm{b}}$$

【14.6】 $\Delta U = W + Q = 0$ に $Q = Q_1 + Q_2$ を代入すれば求められる．

【14.7】 n mol の理想気体が体積 V_a から V_b に温度 T で等温膨張すると，$\Delta U = 0$ なので，(14.12) 式の W に負符号を付けたものが系に吸収される熱量 $Q_{\text{rev}} = nRT\ln(V_\mathrm{b}/V_\mathrm{a})$ になる．これより，(14.39) 式が得られる．また，理想気体 1 mol が可逆等温膨張で 2 倍になると，エントロピーが $R\ln 2 = 8.31 \times 0.693 = 5.8\ \mathrm{J\ K^{-1}\ mol^{-1}}$ だけ増加する．

【14.8】 (14.62) 式 $\mathrm{d}G = -S\mathrm{d}T + V\mathrm{d}P$ は一定温度では $\mathrm{d}G = V\mathrm{d}P$ となるので，両辺を積分すれば (14.68) 式を得る．

$$\int_{G(P_0,T)}^{G(P,T)}\mathrm{d}G = \int_{P_0}^{P} V\mathrm{d}P = nRT\int_{P_0}^{P}\frac{1}{P}\mathrm{d}P = nRT(\ln P - \ln P_0)$$

【14.9】 たとえば，(14.64) 式

$$\left(\frac{\partial U}{\partial V}\right)_S = -P \qquad \left(\frac{\partial U}{\partial S}\right)_V = T$$

に (14.69) 式を適用すると，$f = U$ に対して，$x = V$，$y = S$ と選べば，

$$-\left(\frac{\partial P}{\partial S}\right)_V = \left(\frac{\partial T}{\partial V}\right)_S$$

が得られる．他のマクスウェルの関係式も同様に導ける．

【14.10】 T と P を一定に考えると，$\mathrm{d}\mu_2/\mathrm{d}\mu_1 = -n_1/n_2$ の関係がある．したがって，$n_2 \gg n_1$ なら $\mathrm{d}\mu_2/\mathrm{d}\mu_1 \ll 1$ である．

【14.11】 (14.104) 式より $R\mathrm{d}(\ln K_P) = (\Delta H^\circ/T^2)\mathrm{d}T$ となるので，次式のように両辺を積分すると (14.105) 式が得られる．

$$R\int_{K_P(T_1)}^{K_P(T_2)}\mathrm{d}(\ln K_P) = \int_{T_1}^{T_2}\frac{\Delta H^\circ}{T^2}\mathrm{d}T \approx -\Delta H^\circ\left[\frac{1}{T}\right]_{T_1}^{T_2} = -\Delta H^\circ\left(\frac{1}{T_2} - \frac{1}{T_1}\right)$$

索　引

著者略歴

河野（こうの） 裕彦（ひろひこ）

1953 年　大阪府に生まれる
1976 年　東北大学理学部化学第二学科卒業
1985 年　山形大学工学部助手
1991 年　東北大学教養部助教授
1993 年　東北大学理学部助教授
2006 年　東北大学大学院理学研究科教授
2019 年　東北大学名誉教授　現在に至る

物理化学入門シリーズ　**化学のための数学・物理**

2019 年 11 月 15 日　第 1 版 1 刷発行

検印省略

定価はカバーに表示してあります．

著作者　河野裕彦
発行者　吉野和浩
発行所　東京都千代田区四番町 8-1
電話　03-3262-9166（代）
郵便番号　102-0081
株式会社　裳華房
印刷所　三報社印刷株式会社
製本所　株式会社　松岳社

一般社団法人
自然科学書協会会員

ISBN 978-4-7853-3421-5

化学でよく使われる基本物理定数

量	記号	数値
真空中の光速度	c	2.99792458×10^{8} m s^{-1}（定義）
電気素量	e	$1.602176634 \times 10^{-19}$ C（定義）
プランク定数	h	$6.62607015 \times 10^{-34}$ J s（定義）
	$\hbar = h/(2\pi)$	$1.054571818 \times 10^{-34}$ J s（定義）
原子質量定数	$m_u = 1$ u	$1.66053906660(50) \times 10^{-27}$ kg
アボガドロ定数	N_A	$6.02214076 \times 10^{23}$ mol^{-1}（定義）
電子の静止質量	m_e	$9.1093837015(28) \times 10^{-31}$ kg
陽子の静止質量	m_p	$1.67262192369(51) \times 10^{-27}$ kg
中性子の静止質量	m_n	$1.67492749804(95) \times 10^{-27}$ kg
ボーア半径	$a_0 = \varepsilon_0 h^2/(8m_e e^2)$	$5.29177210903(80) \times 10^{-11}$ m
真空の誘電率	ε_0	$8.8541878128(13) \times 10^{-12}$ C^2 N^{-1} m^{-2}
ファラデー定数	$F = N_A e$	$9.648533212 \times 10^{4}$ C mol^{-1}（定義）
気体定数	R	8.314462618 J K^{-1} mol^{-1}（定義）
		$= 8.205736608 \times 10^{-2}$ dm^3 atm K^{-1} mol^{-1}（定義）
		$= 8.314462618 \times 10^{-2}$ dm^3 bar K^{-1} mol^{-1}（定義）
セルシウス温度目盛における ゼロ点	T_0	273.15 K（定義）
標準大気圧	P_0，atm	1.01325×10^{5} Pa（定義）
理想気体の標準モル体積	$V_m = RT_0/P_0$	$2.241396954 \times 10^{-2}$ m^3 mol^{-1}（定義）
ボルツマン定数	$k_B = R/N_A$	1.380649×10^{-23} J K^{-1}（定義）
自由落下の標準加速度	g_n	9.80665 m s^{-2}（定義）

数値はCODATA（Committee on Data for Science and Technology）2018年推奨値．
（　）内の値は最後の2桁の誤差（標準偏差）．

エネルギーの換算

単　位	J	cal	dm^3 atm
1 J	1	2.39006×10^{-1}	9.86923×10^{-3}
1 cal	4.184	1	4.12929×10^{-2}
1 dm^3 atm	1.01325×10^{2}	2.42173×10^{1}	1

単　位	J	eV	kJ mol^{-1}	cm^{-1}
1 J	1	6.24151×10^{18}	6.02214×10^{20}	5.03412×10^{22}
1 eV	1.60218×10^{-19}	1	9.64853×10^{1}	8.06554×10^{3}
1 kJ mol^{-1}	1.66054×10^{-21}	1.03643×10^{-2}	1	8.35935×10^{1}
1 cm^{-1}	1.98645×10^{-23}	1.23984×10^{-4}	1.19627×10^{-2}	1